P. BARNABÉ MEISTERMANN

GUIDE DU NIL AU JOURDAIN PAR LE SINAÏ ET PÉTRA

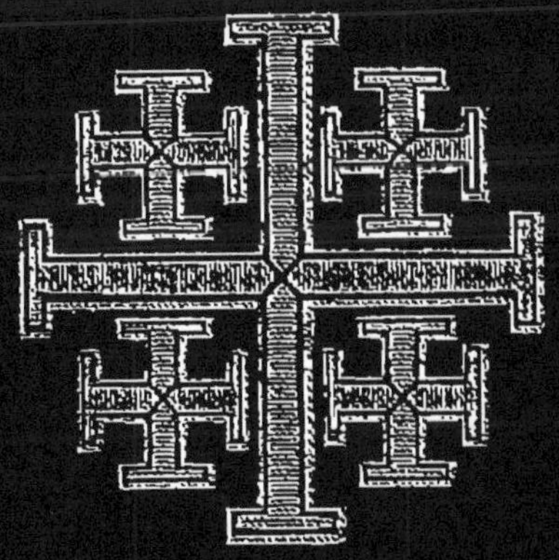

A. PICARD ET FILS ÉDITEURS

GUIDE

DU NIL AU JOURDAIN

PAR

LE SINAÏ ET PÉTRA

SUR LES TRACES D'ISRAËL

GUIDE

DU NIL AU JOURDAIN

PAR

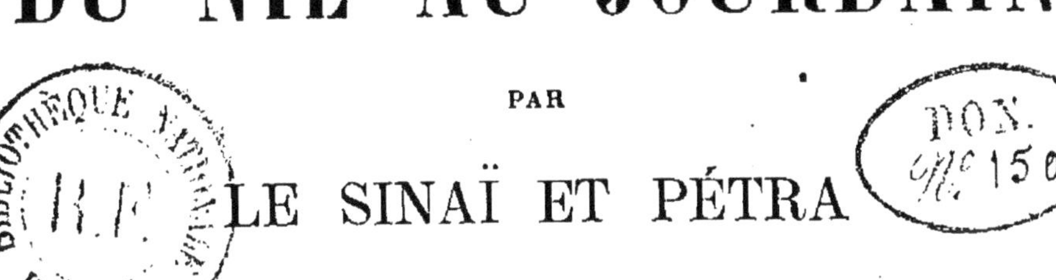

LE SINAÏ ET PÉTRA

Sur les traces d'Israël

Avec 9 Cartes en couleurs
13 Plans de villes et de monuments dans le texte
et hors texte et 72 Vues photographiques

PAR LE

P. Barnabé MEISTERMANN, O. F. M.

Missionnaire Apostolique

PARIS

ALPHONSE PICARD ET FILS, ÉDITEURS

82, RUE BONAPARTE, 82

—

1909

A SON ÉMINENCE

LE CARDINAL DE LAI

CET OUVRAGE

FRUIT DE SES AUGUSTES ENCOURAGEMENTS

EST RESPECTUEUSEMENT DÉDIÉ

COMME UN TÉMOIGNAGE

DE LA PROFONDE VÉNÉRATION

DE L'AUTEUR

Jérusalem, 26 Novembre 1908.

DECRETUM

In Dei nomine. Amen.

Cum opus quod inscribitur « Guide du Nil au Jourdain par le Sinaï et Pétra » *exaratum a R. P. Lectore Barnaba Meistermann, Miss. Apostolico, Prov. Franciae alumno, revisum fuerit, nostro missu et auctoritate, a duobus Patribus hujus S. Custodiae Lectoribus Jubilatis, ex quorum testimonio constat in eo opere nihil adversus fidem et mores inveniri, immo selectam eruditionem adesse, nihil obstat ex parte nostra quominus idem liber publici juris fiat.*

Datum Hierosolymis ex Nostro Conventu S. S. Salvatoris,
hac die 14 Junii 1908.

L. S.

Fr. Robertus Razzoli,
Custos Terrae Sanctae.

De mandato Rmi in Christo Patris,

Fr. Nazarius Rosati,
Terrae Sanctae a Secretis.

Imprimatur

Parisiis, die 2ª Novembris 1908.

G. Lefebvre.
Vic. Gen.

LETTRE DE SON ÉMINENCE LE CARDINAL DE LAI

A L'AUTEUR

Roma, 20 Ottobre 1908.

MIO CARO E M. R. PADRE,

Come con entusiasmo assistei l'anno scorso in Gerusalemme ai suoi preparativi pel pellegrinaggio al monte Santo del Signore, il Sinai, pensando al bene che ne doveva venire alla causa della fede e della scienza, vedo oggi avverarsi le previsioni e maturarsi il frutto delle sue fatiche con la pubblicazione della sua *Guide du Nil au Jourdain par le Sinaï et Pétra*, di cui ha voluto mandarmi i primi fascicoli.

Questa *guida*, conducendo il lettore attraverso il deserto sulle traccie d'Israele e quasi facendo assistere a quel prodigioso viaggio in cui Iddio volle dare tanta prova della sua potenza, della sua protezione pel popolo ebreo e dei suoi designi sulla Redenzione del genere umano, rende piu facile e chiaro quello che i libri santi riferiscono, e concorre egregiamente alla difesa di un libro sacro di tanta importanza quale è il Genesi. E cio è opportunissimo specialmente nei tempi nostri in cui una insana critica e uno spirito deleterio di scetticismo batte in breccia le più antiche e venerande tradizioni e verità della fede.

L'abbia dunque le mie più vive congratulazioni. Io mi auguro che questo suo lavoro sia tradotto nelle lingue moderne più parlate, come è avvenuto all' altra sua opera cosi pregiata ed utile, *La Guida della Palestina* e che al pari di questa porti in appendice i tratti più importanti dei libri sacri a cui si fa appello nel testo.

Io mi tengo altamente onorato che Ella voglia ricordare il mio nome in principio dell' opera, e trovo in cio una prova novella della sua amicizia che io ricambio con tutto il mio cuore.

Iddio le dia forza per poter ancora a lungo lavorare in difesa delle sacre tradizioni cristiane e dei monumenti della nostra redenzione che sono stati dalla Providenza affidati alla custodia del bene merito ordine francescano.

Con ogni ossequio mi creda

Suo affmo in G-C.

G. Card. DE LAI.

Rome, 20 Octobre 1908.

MON CHER ET TRÈS RÉVÉREND PÈRE,

L'an dernier, me trouvant à Jérusalem, j'assistai avec un vif intérêt aux préparatifs de votre pèlerinage à la montagne Sainte du Seigneur, le mont Sinaï. Je pensais alors au bien qui devait en résulter pour la cause de la foi et de la science. Je vois aujourd'hui se réaliser mes prévisions et, par la publication de votre *Guide du Nil au Jourdain par le Sinaï et Pétra*, dont vous avez eu l'amabilité de m'envoyer les premiers fascicules, arriver à maturité le fruit de vos peines.

Ce *Guide* conduit le lecteur à travers le désert sur les traces d'Israël et le fait, en quelque sorte, assister au voyage prodigieux au cours duquel Dieu se plut à faire éclater sa puissance, sa protection sur le peuple hébreu et ses desseins pour la Rédemption du genre humain. Par là, cet ouvrage facilite l'intelligence des faits consignés dans les livres saints et concourt éminemment à la défense d'un livre sacré de la plus haute importance : la Genèse. C'est un résultat qui arrive merveilleusement à son heure, dans nos temps où une critique insensée et un esprit délétère de scepticisme battent en brèche les traditions et les vérités de la foi les plus anciennes et les plus vénérables.

Recevez donc mes plus vives félicitations. Je souhaite que votre travail soit traduit dans les langues modernes les plus répandues, honneur que reçut déjà votre autre ouvrage si apprécié et si utile le *Nouveau Guide de Terre-Sainte ;* j'aimerais que, comme lui, il portât en appendice les traits les plus importants des livres saints auxquels il est fait allusion dans le texte.

Je me tiens hautement honoré que vous ayez bien voulu inscrire mon nom en tête du travail ; j'y trouve une nouvelle preuve de votre amitié. De mon côté, c'est de tout cœur que je vous assure de la mienne.

Que Dieu vous donne la force de travailler longtemps à la défense des saintes traditions chrétiennes et des monuments de notre Rédemption qu'une disposition de la Providence a confiés à la garde de l'Ordre bien méritant de saint François.

Avec tous mes respects, croyez-moi

Votre très affectionné en J.-C.

G. Card. DE LAI.

LETTRE DE M. L'ABBÉ F. VIGOUROUX

Secrétaire de la Commission biblique

A L'AUTEUR

Rome, 24 Juin 1908.

MON RÉVÉREND PÈRE,

Je viens de refaire sous votre conduite le pèlerinage du Sinaï. Que vous avez été bien inspiré en concevant et en exécutant le projet de servir de guide à ceux qui veulent suivre les traces de Moïse et de son peuple dans le désert, où la Providence leur a donné la Loi et les a préparés à la conquête de la Terre Promise ! Vous rendez ainsi presque aisé un voyage naguère si difficile. Grâce à vous, on pourra l'accomplir sans beaucoup de peine et surtout l'on pourra en goûter le charme et jouir de tout ce qu'il a d'intéressant, d'instructif et d'édifiant.

Sans doute vous n'avez pas expliqué toutes les difficultés et résolu tous les problèmes de l'Exode. Cela n'est pas possible aujourd'hui. La péninsule, si dissemblable du reste du monde, a été peu accessible pendant de longs siècles. Tout concourait à en éloigner les étrangers : difficultés de la locomotion, absence presque générale de routes viables, nécessité de parcourir à dos de chameau le désert, impraticable pour toute autre monture, impossibilité de s'y procurer des vivres, nécessité d'emporter des approvisionnements et par-dessus tout rareté extrême de l'eau et torture de la soif. Le Sinaï a donc été peu fréquenté par les voyageurs et les savants. De plus, la population a changé depuis les temps de l'Exode. Les traditions se sont ainsi en partie perdues ; les souvenirs antiques se sont plus ou moins effacés et nous ignorons beaucoup d choses que nous aurions grand intérêt à connaître.

Néanmoins, depuis quelques années, on a retrouvé bien des vestiges et fait de nombreuses découvertes. Les Egyptiens y ont laissé des souvenirs importants ; les restes de leurs exploitations minières, des inscriptions, des bas-reliefs, etc. ; on a tout relevé et étudié. Les Nabatéens, ces intrépides commerçants, ont couvert de leurs inscriptions les rochers de la péninsule et si leur contenu, demeuré longtemps une énigme, est loin de nous apprendre ce que nous désirerions, il fournit du moins une contribution à l'histoire du Sinaï. De vaillants explorateurs, des philologues, des naturalistes, de savants religieux ont parcouru en tous sens la contrée, recueilli précieusement les traditions qui subsistent encore dans le pays, étudié minutieusement les lieux et noté tout ce qui offre quelque intérêt. Grâce à toutes ces recherches, on a reconstitué dans ses traits essentiels la marche des Israélites dans le désert, et vous avez, mon Révérend Père, résumé avec soin et exactitude tous ces travaux, de manière à permettre aux pèlerins de refaire avec les Israélites leur Exode depuis la terre de Gessen jusqu'à la Terre Promise. Votre Guide sera pour les voyageurs modernes comme la colonne lumineuse qui les éclairera et dirigera leurs pas.

Quelles jouissances vous leur préparez, en leur épargnant beaucoup de fatigues ! A quel beau spectacle vous les conviez ! Ceux qui aiment les beautés de la nature ne peuvent imaginer rien de plus grandiose, de plus majestueux et de plus saisissant, comme vous le montrez fort bien. Tout est ici imprévu, inouï, paysages de rêves, visions féeriques, avec les contrastes les plus violents et les plus inattendus. Ici, quoique rarement, une végétation luxuriante; là, et d'ordinaire, aridité, désolation, stérilité, plaines blanchâtres et torrides; à côté, pics nus, collines et montagnes dépouillées, sans terre végétale, sans un brin d'herbe, et néanmoins, malgré cette pauvreté, éblouissant les yeux par les couleurs éclatantes des rochers, rouges, pourpres, roses, vertes de myrte, blanches et grises, ces dernières, avec des veines rouges, lilas, marron, cramoisi. Par endroits, des rocs se sont détachés de la montagne et s'avancent comme des promontoires, tantôt par groupes, tantôt isolés, dans les régions du granit et du gneiss, colosses aux formes fantastiques, basaltes et grès, qui se dessinent quelquefois pendant plusieurs lieues, sur le paysage nu, aussi nettement que les bandes du dos d'un zèbre. Et quel changement à vue, quand on arrive dans une vallée arrosée ? L'eau apporte avec elle à cette terre, fécondée par les rayons d'un soleil de feu, une végétation incomparable, dont on ne peut se lasser d'admirer la beauté, comme celle que vous décrivez par exemple, celle de l'ouâdi Feirân, l'ancien Raphidim de Moïse. Vos lecteurs seront déjà charmés en lisant vos descriptions dans votre Guide ; que sera-ce donc quand ils les verront réalisées de leurs propres yeux, sous ce ciel d'azur presque toujours sans nuages, dans cette atmosphère d'une transparence idéale, où une lumière resplendissante produit des merveilles de coloration qui ont fait l'admiration des peintres attirés par ce spectacle, comme le peintre Gérome, qui ne tarissait pas en parlant de sa beauté.

Cependant, quelque attrayante que soit pour le touriste la beauté de la nature sinaïtique, les souvenirs historiques que la péninsule réveille dans l'âme du chrétien et les émotions qu'elle fait naître sont d'un ordre bien plus élevé. On remarque dans plusieurs pages de votre livre, quelles impressions profondes produisit le Sinaï sur l'illustre pèlerine des Gaules, sainte Sylvie. Aucun des chrétiens qui le visitent comme elle, ne peut s'empêcher de les ressentir à son tour ; ces lieux ne peuvent nous être indifférents comme tant d'autres, et capables seulement d'exciter notre curiosité ; ils sont comme une partie de nous-mêmes, un chapitre de notre propre histoire ; ils nous sont chers et sacrés, parce qu'ils se rattachent à notre foi et à nos espérances. C'est sur le mont du Sinaï que le Décalogue nous a été donné par la main de Dieu, et quelque ancien que soit ce souvenir, nous en vivons toujours ; ce Décalogue est notre loi ; vénérer les lieux où il a été promulgué, adorer et remercier Dieu là où il a parlé au milieu des éclairs et des tonnerres, quelle consolation et quelle grâce ! Le pèlerinage du Sinaï est le complément du pèlerinage aux Lieux Saints.

En le rendant plus facile par votre beau travail, vous avez accompli, mon Révérend Père, une œuvre très utile, bien plus, une œuvre d'apostolat, pour laquelle je vous prie d'agréer mes remerciements et mes félicitations.

J'ai l'honneur d'être, mon Révérend Père, votre respectueusement dévoué en N.-S.

F. G. VIGOUROUX.

PRÉFACE

La péninsule de Sinaï a le don de séduire tout voyageur par la magie de ses paysages ; mais elle offre une spéciale attraction au chrétien par le souvenir des manifestations divines dont elle a été le théâtre.

Depuis cinquante ans, la géographie, l'histoire, l'épigraphie et les monuments de la région qui s'étend du Nil au Jourdain ont fait l'objet de nombreuses et sérieuses études, et, grâce à leurs heureux résultats, il est permis de reconstituer dans ses principaux jalons la route qu'avaient suivie les Israélites sous la conduite de Moïse. Dans ce merveilleux pays, chaque étape laisse entrevoir à travers les siècles les reflets de quelques-uns des prodiges par lesquels la Providence a délivré, conservé et formé son peuple avant de l'introduire dans la Terre promise.

Aussi, à peine le Nouveau Guide de Terre sainte *eut-il paru, que de divers côtés on nous a vivement engagé à condenser ces travaux, à coordonner leurs résultats pour les mettre à la portée de tous sous la forme d'un* Guide, *qui serait le complément de l'ouvrage précédent.*

Plusieurs manuels de voyages en Egypte ou en Palestine ont consacré, il est vrai, quelques pages à l'excursion dans les montagnes du Sinaï ; mais leurs descriptions sont très sobres et leurs informations restreintes, surtout au point de vue de l'histoire biblique. Quant aux opinions qu'ils émettent sur des questions de haute importance, nous ne pouvons pas toujours les suivre. « Le Guide *le plus en vogue, nous écrit, par exemple, un palestinologue, dit en tête de son excursion dans la péninsule de Sinaï : « La montagne sur laquelle Moïse reçut les tables de la loi, nommée parfois* Horeb, *d'autres fois* Sinaï, *se trouvait, d'après une ancienne tradition, non loin de la frontière sud du royaume de Juda ; ce n'est qu'après la captivité, époque à laquelle on fixa la liste des stations des Israélites pendant leur voyage, qu'on le transporta dans la presqu'île de Sinaï* [1]. » *L'auteur ne précise pas davantage la position de la célèbre montagne et n'indique pas la source de la soi-disant tradition primitive. Dans son itinéraire, il suit la tradition consignée dans l'Exode qui, selon lui, est postérieure à la captivité de Babylone. Mais ici encore, il n'hésite pas à dire que le Serbâl, « d'après Eusèbe et d'autres témoignages anciens, était autrefois considéré comme le Sinaï de la Bible* [2]. » *Rien n'est cependant moins exact... En dehors du mont Sinaï actuel, aucune autre montagne n'a été vénérée comme la cime d'où a été promulguée la Loi ; aucune autre ne répond avec tant d'harmonie aux données bibliques.*

« *Un nouveau* Guide, *qui aidera à suivre, dans ses traits essentiels, la marche du peuple de Dieu et permettra de commenter la Bible sur le théâtre même des évènements bibliques, se recommandera non seulement aux intrépides pèlerins qui auront la bonne fortune de pénétrer dans ces mystérieux pays, mais encore à tous ceux qu'intéresse l'étude de l'Écriture sainte...* »

Pour répondre à cette invitation, nous avons mis à

1. *Baedeker*, Palestine et Syrie, *3e éd., 1906, p. 179-180.* — 2. Id., Ibid., *p. 187.*

contribution à peu près toutes les recherches faites dans le domaine de la topographie biblique, comme dans celui de l'histoire et des rares monuments archéologiques de ces sombres déserts. Bref, nous avons suivi en cela la méthode que nous avons employée dans le Guide de Terre sainte.

*L'ouvrage est divisé en deux parties : La première comprend le voyage du pays de Gessen au mont Sinaï, sur les traces d'Israël, et de la montagne sainte au port de Tour. La deuxième partie comprend le trajet du mont Sinaï aux bords du Jourdain. Après la troisième station biblique, Haséroth, nous renonçons à suivre les allées et venues des Israélites dans les déserts arides et monotones de Pharan et de Sin, l'horrible haut plateau de Tîh. Nous nous contenterons d'indiquer sommairement leur marche. L'identification d'*aïn Qadis *avec Cadès-Barné et celle du* khirbet Fênân *avec Phunon, permettent aujourd'hui de suivre d'assez près l'itinéraire du peuple de Dieu jusqu'au pays des Amorrhéens. De là au Jourdain, la plupart des stations bibliques ont pu être identifiées avec assez de certitude.*

D'Haséroth, aïn el Houdrâ, *nous continuerons notre chemin jusqu'au bord du golfe élanitique, pour remonter à* Aqabah, *l'ancienne Elath, ville voisine d'Asiongaber, puis à Maân et à Pétra si remarquable par ses monuments rupestres. De là, la route traverse* Kérak, Dibân, Mâdaba *et le mont Nébo. De* Mâdaba, *centre d'intéressantes excursions, nous tracerons le chemin jusqu'à* Ammân *et* Djérasch.

Si l'on redoute les fatigues du voyage du mont Sinaï jusqu'au Jourdain, on entreprendra plus commodément ces dernières excursions en partant de Jérusalem. Même, de Beyrouth et de Caiffa, le chemin de fer transporte les voyageurs par Damas ou par Déraa sur la ligne du Hedjaz, qui passe par Ammân, Djizéh *(station de* Mâdaba) *et* Maân *(station de Pétra).*

Plusieurs cartes et plans facilitent l'intelligence du texte. Dans l'intérêt des lecteurs qui ne pourront entreprendre ces longues courses, nous avons illustré l'ouvrage par de nombreuses vues photographiques. La plupart de celles-ci ont été prises par nous-même ; d'autres ont été mises complaisamment à notre disposition par plusieurs personnes bienveillantes, auxquelles nous exprimons ici nos sincères remercîments.

Puisse ce modeste travail faciliter les excursions des intrépides voyageurs, ou instruire et édifier le lecteur !

TABLE DES MATIÈRES

On trouvera à la fin du volume la Table alphabétique des noms cités dans cet ouvrage.

RENSEIGNEMENTS GÉNÉRAUX

I. — PLAN DE VOYAGE

II. — ÉQUIPEMENT GÉNÉRAL

III. — ÉQUIPEMENT PERSONNEL

IV. — PASSE-PORT ET LAISSEZ-PASSER

PREMIÈRE PARTIE

Du Caire au mont Sinaï.

CHAPITRE Ier

LA TERRE DE GESSEN

CHAPITRE II

L'EXODE

CHAPITRE III

LA PÉNINSULE DE SINAÏ

CHAPITRE IV

LE DÉSERT DE SUR

CHAPITRE V

D'ÉLIM AU DÉSERT DE SIN

CHAPITRE VI

LA RÉGION DES MINES

CHAPITRE VII

RAPHIDIM

CHAPITRE VIII

LE MONT SINAÏ

CHAPITRE IX

DU MONT SINAÏ A TOUR PAR LA VALLÉE D'ISLÉH

CHAPITRE X

DE SUEZ AU MONT SINAÏ PAR TOUR

DEUXIÈME PARTIE

Du mont Sinaï au Jourdain.

CHAPITRE Ier

DU MONT SINAÏ A AQABAH

CHAPITRE II

ITINÉRAIRE D'ISRAEL D'HASÉROTH A ASIONGABER ET AU PAYS DE MOAB

CHAPITRE III

D'AQABAH A MAAN

CHAPITRE IV

DE MAAN A PÉTRA

CHAPITRE V

DE PÉTRA A CHOBAK

CHAPITRE VI

DE CHOBAK A KÉRAK

CHAPITRE VII

DE KÉRAK A MADABA

CHAPITRE VIII

EXCURSIONS AUTOUR DE MADABA

CHAPITRE IX

DE JÉRICHO A ES SALT, DJÉRASCH, AMMAN ET RETOUR PAR ARAQ EL ÉMIR

CHAPITRE X

DE MAAN A AMMAN ET DÉRAA EN CHEMIN DE FER

EXTRAITS DU PENTATEUQUE

Itinéraire des Israélites du Nil au Jourdain

EXODE

LES NOMBRES

LE DEUTÉRONOME

ILLUSTRATIONS

Cartes et Plans hors texte.

Plans et Vues dans le texte.

LISTE DES ABRÉVIATIONS

Abréviations des mots.

Cf., *Confronter.*
dr., *droite.*
E., *est.*
fr., *franc.*
g., *gauche.*
h., *heure.*
km., *kilomètre.*
m., *mètre.*
min., *minute.*
N., *nord.*
O., *ouest.*
p., *page.*
S., *sud.*
s., *siècle.*
st., *station*
V., *voir.*
V., *volume*

Abréviations des titres des ouvrages le plus souvent cités.

ÉCRITURE SAINTE

Gn., *Genèse.*
Ex., *Exode.*
Lév., *Lévitique.*
Nomb., *Nombres.*
Deut., *Deutéronome.*
Jos., *Josué.*
Jg., *Juges.*
I R., *I Rois (I Samuel).*
II R., *II Rois (II Samuel).*
III R., *III (I) Rois.*
IV R., *IV (II) Rois.*
Par., *Paralipomène (Chronique)*
Esd., *Esdras.*
Néh., *Néhémie.*
Ps., *Psaume.*
Is., *Isaïe.*
Jér., *Jérémie.*
Mach., *Machabées.*

AUTRES OUVRAGES

A. J., *Antiquités judaïques*, par Flavius Josèphe.
A. S. S. *Acta Sanctorum*, par les Bollandistes.
Barron T., *The topography and geology of the peninsula of Sinai*, Western portion, Le Caire, 1906.
Brünnow et Domazewski, *Die provincia Arabia*, 2 V. in-4°, Strasbourg, 1904.
D. B. H., *A Dictionnary of the Bible*, éd. J. Hastings, 5 V., 2° éd., Edimbourg, 1904.
D. B. V., *Dictionnaire de la Bible*, par F. Vigouroux, 5 V., Paris, 1895-1908.
Ebers G., *Durch Gosen zum Sinai*, 2° éd., Leipzig, 1881.
Flinders Petrie, *Researches in Sinai*, Londres, 1906.
Gamurrini, *S. Silviae Aquitanae Peregrinatio ad loca sancta*, Rome, 1888.
G. J., *Guerres juives*, par Flavius Josèphe.
Hume W. F., *The topography and geology of the peninsula of Sinai*, South-eastern portion, Le Caire, 1906.
Maspero, *Histoire ancienne des peuples de l'Orient classique*, 3 V., Paris, 1897.
M. P. G., Migne, *Patrologie grecque.*
M. P. L., Migne, *Patrologie latine.*
Musil A., *Arabia Petraea, I. Moab, II. Edom*, Vienne, 1907.
Naville Ed., *The schrine of Saft el Henneh and the land of Gosen*, Londres, 1887.
— *The store city of Pithom and the route of the Exodus*, Londres, 1888.
O. S., *Onomasticon sacrum*, par Eusèbe, éd. Klostermann, Leipzig, 1904.
Ordnance Survey of the peninsula of Sinai, 5 V. gr. in-4°, Londres, 1869-1872.
Q. S. = P. E. F. *Palestine Exploration Fund. Quarterly Statement.* Londres.
Palmer E. H., *The desert of the Exodus*, Cambridge, 1871.
R. B., *Revue biblique*, des Pères Dominicains de Jérusalem, Paris.
S. E. P., *Survey of Eastern Palestine*, Londres.
Vigouroux F., *La Bible et les découvertes modernes*, 6° éd., 6 V., Paris, 1896.
Z. D. P. V., *Zeitschrift des Deutschen Palaestina Vereins*, Leipzig.

OUVRAGES DU MÊME AUTEUR

Nouveau Guide de Terre Sainte. Paris, A. Picard et Fils, 1907, petit in-8, XLIII-610 pages, 23 cartes en couleurs et 110 plans de villes et de monuments dans le texte et hors texte.

Le même ouvrage, traduit en anglais : *New Guide to the Holy Land*, avec préface de Mgr Louis-Charles Casartelli, évêque de Salford, Manchester. Londres, Burns and Oates, 1907.

Le même ouvrage, traduit en espagnol par le P. Samuel Eiyân : *Nueva Guia de Tierra santa*, avec une lettre-préface de Mgr A. Lopez Pelaez, évêque de Jaca. Barcelone-Vich, Tipografia Franciscana, 1908.

Le même ouvrage, traduit en italien : Sous presse.

Le même ouvrage, traduit en allemand : Sous presse.

Le mont Thabor, notices historiques et descriptives. Paris, 1900, in-8, X-176 pages, 2 cartes, plans et figures hors texte.

La montagne de la Galilée où le Seigneur apparut aux Apôtres (*Matth.*, XXVIII, 16). Jérusalem, 1901, in-8, 164 pages, 1 plan.

Deux questions d'archéologie palestinienne : I. L'église d'Amwâs, l'Emmaüs-Nicopolis ; II. L'église de Qoubeibeh, l'Emmaüs de saint Luc. Jérusalem, 1902, in-8, 200 pages, 2 cartes, 2 plans et 20 figures.

Le Prétoire de Pilate et la forteresse Antonia. Paris, A. Picard et Fils, 1902, in-8, XXIV-250 pages, 32 plans et figures.

Questions de topographie palestinienne : Le lieu de la rencontre d'Abraham et de Melchisédech, avec un Appendice sur le Tombeau de sainte Anne à Jérusalem. Jérusalem, 1903, in-8, 156 pages, 1 carte et 4 plans.

Le Tombeau de la Sainte Vierge à Jérusalem. Jérusalem, 1903, in-8, XX-302 pages, 13 illustrations.

La Patrie de saint Jean-Baptiste, avec un Appendice sur Arimathie. Paris, A. Picard et Fils, 1904, in-8, VIII-290 pages, 28 plans et figures.

La Ville de David. Paris, A. Picard et Fils, 1905, in-8, XIV-242 pages, 25 illustrations.

Valeur des mots arabes souvent employés dans le « Guide ».

ab, *abou*, père.
aïn, pl. *ayoûn*, source.
bâb, pl. *abouâb*, porte.
bahr, mer.
bakchîche, pourboire.
bîr, pl. *abyâr*, puits.
birkéh, étang, piscine.
boueïb, petite porte.
boustân, jardin.
deir, couvent.
derb, chemin.
djami, mosquée.
djébel, montagne.
djisr, pont.
gafîr, pl. *ghoufara*, gardien.
garb, *maghreb*, ouest.
hadj, pèlerin de La Mecque.
hadjâr, pierre.
hammâm, bains.
haoûa, vent.
kébir, grand.
kibla, sud.
khayyâl, gendarme à cheval.
khirbéh, localité en ruines.
maghârah, grotte.
mar, saint, chez les chrétiens.
môyéh, eau.
nahr, fleuve, rivière.
nébi, prophète.
nousrâni, pl. *nasâra*, chrétien.
ouâdi, vallée.
oualad, pl. *oûlâd*, garçon.
ouéli, saint, chez les musulmans.
oumm, mère.
qabr, pl. *qouboûr*, tombeau.
qalâah, forteresse.
qasr, château.
ramléh, sable.
râs, pl. *roûs*, tête.
saghîr, petit.
sahl, plaine.
schark, est.
scheikh, chef.
schémâl, nord.
soûq, bazar, marché
taskaréh, passe-port.
tell, colline.

MÉDITERRANÉE
Jaffa
JERUSALEM
Naplouse
Hébron
Gaza
Damiette
Port Saïd
(Péluse)
El Kantarah
Ismaïliah
LE CAIRE
Suez
Plateau de Tih
Péninsule
Plateau de Tih
de Sinaï
Golfe de Suez
Golfe d'Aqabah
Mt Serbal
Mt Sinaï
PETRA
MER ROUGE
CARTE GÉNÉRALE
avec indication des cartes spéciales du
GUIDE
Echelle

RENSEIGNEMENTS GÉNÉRAUX

I. — *PLAN DE VOYAGE*

Mode de voyager.

Le voyage au mont Sinaï, et de là au Jourdain, ne ressemble en rien aux excursions qu'on fait dans les pays civilisés. Dans ces déserts arides et presque inhabités, la vie en plein air, le jour à dos de chameau et la nuit sous la tente, a, sans contredit, ses charmes et sa poésie, abstraction faite des merveilleuses beautés de la nature et de l'attrait des grands souvenirs historiques que le pays réveille dans l'âme du chrétien. Mais ce mode de voyager est plus que tout autre onéreux et fatigant. Il faut, en effet, songer aux moindres détails et se pourvoir de tout ce dont on aura besoin en cours de route, soit pour le logement, soit pour la nourriture.

Les renseignements et les conseils pratiques sur les conditions matérielles de cette vie nomade ne sauraient donc être ni superflus ni trop précis, et la prudence exige que tout voyageur en tienne compte. Il peut, à la rigueur, abandonner à un drogman expérimenté le soin des provisions de bouche et des fournitures de voyage ; mais il devra s'occuper personnellement de plusieurs autres détails, s'il ne veut pas compromettre les agréments de l'excursion.

Les personnes fortunées, qui n'ont pas à compter avec les dépenses, trouveront tout le confort que les agences de voyage peuvent procurer dans la solitude du désert. Les frais sont, naturellement, considérables. Une autre classe de voyageurs, à ressources limitées, renoncent volontiers à ce luxe et se contentent de voyager d'une manière plus simple et plus économique. Ce sont les pèlerins, les jeunes prêtres, les étudiants pleins de force et d'énergie, qui ne demandent qu'à parcourir ces merveilleuses contrées sans compromettre leur santé et sans gâter le charme de leurs courses par des excès de fatigue. C'est à eux, surtout, que nous devons les conseils pratiques et les renseignements utiles.

Itinéraire.

Peu de personnes entreprennent d'un trait le voyage de l'Egypte en Palestine par le mont Sinaï.

Le voyage de la sainte montagne à Gaza et de là à Jérusalem n'est pas à recommander. Non seulement on s'écarte par là de Pétra, la principale merveille de l'Orient, mais il faut de plus traverser sur un parcours de 300 kilomètres l'immense haut plateau de Tîh, qui est d'une aridité et d'une monotonie désolante, et qui n'offre tout le long du trajet que peu de souvenirs historiques. On atteint beaucoup plus aisément Bersabée, Gaza et Hébron à cheval en partant de Jérusalem. On peut même se rendre en voiture de Jaffa à Gaza et de Jérusalem à Hébron[1].

Le trajet entre le mont Sinaï et Pétra ne se fait d'ordinaire que dans un but scientifique et n'offre à la plupart des voyageurs qu'un intérêt secondaire. Ce tour, de Suez à Jéricho, exige cinq semaines de temps, y compris les jours de repos nécessaire. Il y a donc tout avantage à scinder ce long et pénible voyage et à visiter d'abord la péninsule en partant de Suez, puis les pays à l'orient du Jourdain et de la mer Morte en partant de Jérusalem. La visite de Pétra se fera plus commodément à cheval à partir de Jéricho. On pourra même profiter du chemin de fer de Damas à Médine, soit à l'aller, soit au retour. La ligne de Caiffa la rejoint à Déraa et celle de Beyrout aboutit à Damas. Les trains s'arrêtent à *Ammân* (Rabbat Ammon), à *Djizéh*, station située à 2 heures 1/2 de *Mâdaba*, et à *Maân*, à 7 heures de Pétra. On peut facilement comprendre dans ce tour la visite de *Djéraseh* (Gérasa).

Durée des voyages.

1° De Suez au mont Sinaï par l'oasis de Feirân à petites étapes, on compte 7 jours, et 6 jours pour retourner à Suez par le *debbet er Ramléh*. En y ajoutant un demi-jour d'arrêt aux Fontaines de Moïse et dans le *ouâdi Maghârah*, un jour dans l'oasis de *Feirân* (Raphidim), et 3 à 4 jours au couvent de Sainte-Catherine, il faut compter pour tout le voyage, aller et retour, 18 à 19 jours.

2° De Suez au mont Sinaï et de là à Aqabah, Pétra, Kérak, Mâdaba, Jéricho et Jérusalem, on ne met pas moins de 35 à

1. Voir notre ouvrage : *Le nouveau Guide de Terre sainte*, p. 242-261 et 500-513.

38 jours y compris les jours d'arrêt au Sinaï, à Pétra et dans d'autres localités.

3° Au lieu de retourner du mont Sinaï à Suez par terre, on peut s'y rendre par mer en allant au port de Tour par le *ouâdi Isléh*, 2 jours 1/2, et de là à Suez en bateau, 1 jour. Dans ce cas, toutefois, il est préférable de se rendre d'abord de Suez à Tour et revenir du mont Sinaï à Suez par la voie de terre ; car le paquebot ne va régulièrement de Suez à Tour qu'une fois par semaine. Il continue sa route jusqu'à Djeddah, visite le Port-Soudan sur la côte égyptienne, et ne revient à Tour, puis à Suez, qu'à des intervalles irréguliers de 9 à 11 jours. (Voir Renseignements pour le voyage de Suez au mont Sinaï par mer, p. 36 et 173).

4° Si, pressé par le temps, on veut se contenter de la visite du mont Sinaï, on prendra la voie de mer à l'aller et au retour. De Tour on ira au mont Sinaï par le *ouâdi Hebrân*, 3 jours, et l'on reviendra par le *ouâdi Isléh*, ou vice-versa. En prolongeant ce voyage d'un jour de plus, on passera par le *ouâdi Adjeiléh* qui longe le mont Serbal et mène à l'oasis de *Feirân* (Raphidim), d'où l'on continuera sa route jusqu'au mont Sinaï, pour revenir à Tour par le *ouâdi Isléh*.

De Jérusalem à Pétra. On se rend de Jérusalem à Jéricho à cheval ou en voiture.

De Jéricho à *Mâdaba* à cheval, 1 jour.

De *Mâdaba* à *Kérak*, 2 jours.

De *Kérak* à *Maân*, 3 jours.

De *Maân* à *Pétra*, 1 jour, non compris les jours d'arrêt dans ces localités.

D'*Ammân* à *Djizéh* (à 2 h. 1/2 de *Mâdaba*), en chemin de fer, 3 heures.

De *Djizéh* à *Mâan*, en chemin de fer, 9 à 10 heures.

Mâdaba est un centre d'excursion : 1° au mont Nébo, 1/2 jour ; — 2° au *Nahr Zerqa Mâïn, Makâour* (Machaerus) et *Atârous* (Atharoth), 1 jour ; — 3° à *Ammân* (Rabbath Ammon), 1 jour ; — 4° d'*Ammân* à *Djérasch* (Gérasa), *es Salt*, *Arâq el Emir* et Jéricho, 4 jours. On s'arrête un jour à Ammân et un autre à Djérasch.

Saison.

L'époque la plus favorable pour faire ces voyages est celle du mois d'octobre et du mois de novembre, puis celle de février mars et avril. Avec le mois de décembre commence la saison des pluies et des orages. Au printemps la végétation est plus belle et les sources sont plus abondantes ; mais les nuits sont généralement froides. Les personnes qui ne craignent pas la chaleur peuvent entreprendre leurs excursions déjà en septembre, ou les terminer au mois de mai.

Climat.

Le climat est des plus salubres, particulièrement dans la péninsule. L'atmosphère est en général d'une limpidité parfaite ; en dehors des jours de pluie ou de vent du midi, l'air est très sec et sans poussière, et le ciel splendide.

La température varie, naturellement, selon l'altitude et selon les saisons. Elle est tolérable sur les hauteurs même en été ; mais dans les plaines et au fond des vallées de la péninsule, elle devient parfois excessive au milieu du jour. On se garantit contre les insolations en se couvrant avec soin la tête et les épaules à la façon des Arabes.

Le *khamsin*, vent brûlant du sud-est, ne se fait sentir dans le désert qu'à de rares intervalles au printemps et en été. En toute saison la température baisse considérablement à la tombée de la nuit, ce qui produit d'abondantes rosées. Le thermomètre marque parfois une différence de 25° C. entre le soir et le matin. Mais il suffit d'être abrité par une tente pour supporter sans le moindre inconvénient une telle variation de température. En hiver, la neige couvre de temps en temps les sommets des hautes montagnes.

II. — *ÉQUIPEMENT GÉNÉRAL*

Provisions de bouche. A partir de Suez jusqu'au mont Sinaï on ne trouve rien à acheter. Au couvent de Sainte-Catherine, les moines donnent l'hospitalité, mais sans aliments. Ce n'est que par faveur qu'ils vendent aux étrangers des poulets, des légumes et des fruits lorsqu'ils en ont. Des Bédouins du voisinage on peut se procurer des moutons.

A Tour on trouve des denrées alimentaires de toutes sortes chez des négociants grecs, et à Maân on peut s'approvisionner partiellement dans un hôtel européen.

Il faut donc emporter, soit du Caire ou de Suez, soit de Jérusalem, des provisions de bouche suffisantes pour le voyage qu'on entreprend. Pour les premiers jours on peut emporter des poules, des pigeons et des dindons. Mais on doit faire surtout une bonne provision de pain, d'œufs, de lait concentré, de conserves de viande, de poissons, de légumes et de fruits, sans oublier la farine, le riz, le beurre, le fromage et d'autres denrées comme sucre, café, thé, biscuits, oranges, citrons, vin, bière, liqueurs selon son goût. On recommande de n'user qu'avec modération de salaisons et de charcuterie, ainsi que de liqueurs fortes.

Les denrées alimentaires se transportent commodément dans de grands paniers carrés en osier fermés à clef, ou enfermés dans de grands sacs.

Eau. Les trois premiers jours, de Suez au *ouâdi Gharandel*, on ne rencontre pas d'eau potable. Il est donc nécessaire de faire à Suez une bonne provision d'eau pour le boire et pour la toilette, ainsi que pour la cuisine. Elle se transporte dans des barillets ou, à défaut, dans des dames-jeannes enfermées dans des paniers d'osier. Les outres (en arabe *qirab*), même neuves, communiquent à l'eau une odeur désagréable. Celle qu'emportent les chameliers, généralement dans de vieilles outres plus ou moins pourries, devient détestable en peu de temps. Mais comme ceux-ci savent apprécier la bonne eau, barillets et dames-jeannes doivent être bouchés de manière que les Bédouin ne puissent pas facilement les ouvrir en cours de route.

Tentes. Au couvent du mont Sinaï on trouve des chambres modestement meublées. Pour tout le reste du voyage, on passera la nuit sous la tente. C'est un pavillon en grosse toile blanche, dressé autour d'un pivot ou d'un mât et tendu au moyen de nombreuses cordes que des chevilles de bois fixent au sol. Il se dresse verticalement à une hauteur de 1 m. 75 et se termine en cône. Tout l'intérieur est doublé d'une tenture aux dessins fantaisistes et aux couleurs criardes.

Une tente peut contenir deux lits et à la rigueur trois. Outre les tentes à coucher, on peut se servir d'une pour la toilette et d'une autre pour y prendre les repas. Une tente, plus simple, sert au cuisinier pour y installer ses fourneaux le matin et le soir, et pour y dormir pendant la nuit avec les autres serviteurs. Les Bédouins se couchent sur le sable en plein air, enveloppés de leurs manteaux.

Les meilleures couchettes sont les lits de fer munis de sangles, solides et légers, qui se montent et se démontent en un instant. Outre la literie, matelas, oreillers, couvertures, draps de lit et serviettes, il faut encore des pliants, soit comme tables, soit comme chaises.

Les Chameaux.

Les provisions de bouche, l'eau, les tentes, la batterie de cuisine, les valises et les malles sont transportées à travers la péninsule à dos de chameaux, tout comme les voyageurs. De Jéricho à Pétra, les voyageurs montent des chevaux et les bagages sont transportés à dos de mulets.

En Egypte et en Arabie on ne rencontre que le chameau à

une seule bosse, appelé dromadaire. Il est renommé pour la vitesse de sa course et sert pour cela de monture de guerre. Les Bédouins divisent les chameaux en deux classes : ceux qui sont dressés pour la course, qu'ils appellent dromadaires (*hedjîn* en Egypte et *déboûl* en Syrie), et ceux qui sont habitués à porter de lourdes charges, appelés simplement *djémâl*, chameau.

Dromadaires. Les chameaux sont d'une docilité remarquable et d'une humeur toujours égale. On peut se fier à eux, même sans être bon cavalier. Leur allure est un bon pas. Ils ont le pied très sûr et passent par-dessus les rochers polis sans broncher. La selle est un appareil ovale en bois, qui embrasse la bosse. Elle est recouverte d'un coussin en cuir garni de bourre et muni à ses deux extrémités d'un haut pommeau en bois. Pour être assis commodément entre les deux pommeaux, on étend sur la selle deux ou trois couvertures de voyage. Un coussin ou un oreiller n'est pas de trop.

L'art de voyager à dos de chameau. Monter un chameau n'est pas un art bien difficile ; il faut cependant un peu de pratique ; car, chargé de sa selle, il a 2 m. 50 à 3 mètres de hauteur, et, couché à terre, il est encore aussi haut qu'un cheval debout. A un sifflement particulier du chamelier, la bonne bête, toujours paisible et résignée, plie les genoux d'avant en arrière, puis de derrière en avant et en quatre mouvements il se couche le ventre contre terre. C'est alors que le voyageur grimpe sur la selle et s'assied entre les deux pommeaux. Aussitôt que le dromadaire sent l'homme sur son dos, il a l'habitude de se relever spontanément. Aussi faut-il recommander au chamelier de mettre le pied sur l'une des jambes de devant du coursier, jusqu'à ce qu'on soit bien installé sur la petite plate-forme. On s'accroche alors solidement au pommeau antérieur de la selle et l'on se penche en arrière ; car le chameau relève brusquement son arrière-train, ce qui, sans précaution, lancerait le cavalier contre le pommeau ou par-dessus la selle. Presque aussitôt on s'incline en avant, pendant que la bête relève les pieds de devant. Pour descendre du chameau, on use de la même manœuvre, mais en exécutant les mouvements dans un ordre inverse. Du reste, outre le chamelier qui maintient la monture, un autre Bédouin, à défaut de domestique, assiste le voyageur pour l'aider à monter et à descendre de la selle.

L'allure du dromadaire est une sorte d'amble. Comme il a les jambes de derrière plus hautes que celles de devant, le déhanchement lui imprime un mouvement comprimé de roulis et de tangage. Ce mouvement de bascule est un peu fatigant quand on monte le dromadaire pour la première fois ; mais on s'y habitue vite, si au lieu de se raidir, on se laisse balancer avec indolence au gré du mouvement.

Au commencement on se tient assis à peu près comme sur une chaise, en laissant pendre les jambes sur la nuque du chameau. Une grosse corde double, enroulée par son milieu autour du pommeau, sert avantageusement pour reposer les pieds en guise d'étriers. On apprend, peu à peu, à se tenir sur la selle dans des postures variées : à califourchon, ou en amazone en passant tour à tour l'une ou l'autre jambe autour du pommeau antérieur, ou encore à la façon des tailleurs, position que prennent généralement les Bédouins. La douceur de la monture, la régularité de ses mouvements et la sûreté de son pas permettent de converser, de lire, d'écrire ou de se livrer à des rêveries sans risquer d'être jeté dans la poussière ou contre les rochers par un caprice imprévu du dromadaire. Pour tout harnais, il ne porte qu'une simple corde en laine ou en poils de chèvre attachée à son long cou. Il est inutile que le cavalier la tienné en main. Le chamelier qui marche à pied à côté de la bête, tiendra, au besoin, le licou. Une longue baguette ou un simple roseau suffit pour empêcher le coursier, par une tape légère, de brouter à droite et à gauche le long du chemin.

Dans la péninsule on n'emploie que des chameaux. Cependant, parmi les anciens pèlerins plusieurs se sont rendus au mont Sinaï à dos de mulet. Récemment encore des touristes ont traversé la péninsule sur des mulets abyssins qui sont robustes, endurants et d'un pied très sûr. Mais dans ce cas, il faut emporter une bonne provision d'orge et d'eau, surtout pour les trois premiers jours.

Le chameau de somme peut porter 200 à 300 kilogrammes de bagage sur un bât dont la concavité embrasse la bosse. Pendant qu'on le charge, il se montre inquiet, quoiqu'immobile, et fait entendre un grognement rauque en signe de protestation anticipée contre toute charge excessive. Il a la réputation d'être vindicatif et même féroce quand il est injustement maltraité. Dans la péninsule ce n'est guère le cas ; car les Bédouins aiment leurs chameaux avec une sorte de tendresse et chacun prend grand soin de sa bête. En cours de route, les chameaux de charge marchent en file, attachés l'un derrière l'autre au moyen de longues cordes.

Société.

Parcourir tout seul les déserts de Sinaï et de l'orient de la mer Morte, c'est s'exposer à un voyage monotone et mélancolique, qui finirait par devenir insupportable ; car le touriste, dut-il connaître la langue du pays, ne pourrait s'entretenir avec ses conducteurs que de choses banales, et même avec le drogman il pourrait difficilement lier des conversations qui délassent l'esprit.

Il en est autrement si l'on a des compagnons avec lesquels on pourra causer à son aise, communiquer ses impressions et repasser gaîment les incidents de la journée. Le voyage devient une récréation. Mais comme dans ces tours on est, jusqu'à la fin, étroitement lié l'un à l'autre dans des circonstances exceptionnelles, il est important que les membres du groupe partagent tous à peu près les mêmes goûts et les mêmes vues et contribuent au succès du voyage par une condescendance mutuelle et par une bonne humeur constante. D'un côté, plus la caravane sera nombreuse, moins ses membres auront à dépenser ; car les frais généraux sont loin d'augmenter en proportion du nombre des voyageurs. D'un autre côté, une caravane considérable de personnes étrangères les unes pour les autres peut entraîner de graves inconvenients. Il est plus aisé de s'entendre avec un petit nombre de personnes bien connues ou amies, qu'avec un grand nombre de voyageurs réunis par le hasard.

Voyage avec un drogman.

Suez est le point de ralliement ou de départ de la caravane pour la péninsule ; mais les préparatifs de voyage se font généralement au Caire. Par l'entremise d'une agence de voyage ou d'une personne de confiance, on s'entendra avant tout avec un drogman expérimenté, connaissant bien les routes et muni de bonnes références. C'est lui qui se chargera de l'exécution matérielle du voyage.

On lui exposera l'itinéraire à suivre et on lui fera connaître les conditions dans lesquelles on désire voyager. Le nombre des tentes, des chameaux et des serviteurs, la qualité des aliments et du mobilier dépendent du confort plus ou moins grand exigé en cours de route. Les prix une fois débattus, on prendra la précaution de passer un contrat par écrit avec le drogman, soit au bureau de l'agence qui le présente, soit au consulat respectif si on l'engage directement. Nous donnerons plus loin un modèle de contrat.

Voyage sans drogman. Il est certain qu'un voyage entrepris sans drogman revient moins cher. Mais on ne saurait se passer de drogman que si dans le groupe un des membres connaissait bien la langue arabe et les mœurs du pays. Dans ce cas, il s'adressera au Supérieur du couvent du mont Sinaï au Caire, rue *Zaher*, quartier de *Daher*. C'est la résidence de l'archevêque du mont Sinaï. Il vaut mieux encore s'adresser directement (en langue arabe) au Procureur du mont Sinaï résidant à Suez, rue *Karacol es Souar*, non loin du sérail ou palais du gouverneur. Dans la lettre, qui doit lui arriver au moins une semaine avant le jour fixé pour le départ, il faut indiquer le nombre de chameaux de selle et celui de chameaux de somme dont on aura besoin, et préciser le jour du départ soit de Suez, soit de Tour. Si l'on se rendait de Suez à Tour, le moine grec aviserait ses confrères à Tour par télégramme, afin qu'au jour fixé les montures fussent prêtes. Le contrat sera rédigé à Suez la veille du départ. Nous indiquerons plus loin les prix fixés pour les chameaux.

Les moines du Sinaï ne fournissent strictement que les chameaux de selle et de somme avec les chameliers. C'est aux voyageurs de fournir tout le reste, tentes, literie, provisions de bouche, ustensiles pour l'eau, jusqu'aux cordes pour lier les bagages. Ce mode de faire les préparatifs de voyage est fort compliqué et ne saurait convenir qu'aux gens qui habitent l'Egypte et la Palestine, ou bien à ceux qui, louant une ou deux tentes et se munissant de couvertures et de vivres, voudraient voyager dans les conditions les plus économiques possibles.

Frais de voyage.

Dans la péninsule de Sinaï et à l'est de la mer Morte et du Jourdain, les frais de voyage sont beaucoup plus considérables qu'en Europe et même en Egypte et en Syrie, parce qu'il faut vivre en plein air et emporter avec soi tout ce qui est requis jusqu'à la fin du voyage. Les prix sont surtout très élevés si l'on veut faire ce que l'on est convenu d'appeler un voyage de luxe.

Les personnes qui demandent à traverser ces pays avec tout le confort qu'il est possible de se procurer dans le désert, exigent une belle tente par tête pour la nuit, deux autres qui servent de cabinet de toilette et de salle à manger et deux ou trois pour le drogman, le cuisinier et les serviteurs. Il leur faut un ameublement bien commode, une batterie de cuisine bien montée et surtout une nourriture variée et de premier choix. Le transport de tant de bagages et d'une forte quantité d'eau du Nil requiert un grand nombre de chameaux. De pareils voyages reviennent évidemment très cher, surtout si le nombre des voyageurs est restreint.

Voici par exemple le tarif de la compagnie de Thos Cook Son pour le voyage de Suez à Jérusalem par le mont Sinaï et Pétra ou par Gaza, tous frais compris :

1° Pour une personne seule, 236 fr. par jour ;

2° Pour deux personnes, 150 fr. par jour et par tête ;

3° Pour trois personnes, 108 fr. par jour et par tête, et ainsi de suite.

Un drogman indépendant, recommandé par cette même compagnie, Mahmoud Baroudy, nous donne pour un voyage semblable le tarif suivant :

1° Pour deux voyageurs, 100 fr. par jour et par tête ;

2° Pour trois voyageurs, 85 fr. par jour et par tête ;

3° Pour cinq voyageurs, 75 fr. par jour et par tête, et ainsi de suite.

Ceux qui savent se gêner et qui n'exigent en cours de route que le confort nécessaire pour se maintenir en bonne santé, trouveront des drogmans qui se contentent de 60 à 40 fr. par jour et par personne, selon que le groupe se compose de trois ou de cinq voyageurs. Le système des voyages à prix modéré n'est pas encore organisé en Egypte ; mais en s'adressant au couvent du Sinaï au Caire ou à quelque connaissance bienveillante, on n'aura pas de peine à trouver des drogmans qui veuillent se charger de ces entreprises modestes. Ils y trouveront bien leur compte.

Le drogman est obligé de se servir des chameaux et des chameliers des *Touârahs*, Bédouins de la péninsule, par l'entremise des moines du Sinaï. Les *Touârahs*, toutefois, ne peuvent conduire les voyageurs que dans les limites de la péninsule proprement dite, c'est-à-dire jusqu'à *Aqabah*. D'après le droit coutumier des habitants du désert, chaque tribu s'arroge le privilège de conduire les voyageurs à travers son propre territoire ; les Arabes étrangers au pays n'ont pas le droit d'y gagner de l'argent. A *Aqabah* il faudra renvoyer les *Touârahs* et s'adresser aux Bédouins de la tribu des *Alaouîn* pour continuer le voyage jusqu'à Pétra, à moins que le drogman ne les désintéresse en donnant à leur *scheikh* quelques pièces d'or en compensation. Comme le *scheikh* d'*Aqabah* passe fréquemment l'hiver au Caire, on pourra conclure avec lui un contrat pour le louage des chameaux, ou stipuler la somme requise comme dédommagement pour garder jusqu'à Pétra les chameliers et chameaux engagés au départ.

En règle générale, le dimanche, si l'on se repose toute la tournée, et pendant le séjour qu'on fait au mont Sinaï, on n'a rien à payer pour les chameaux.

Si l'on veut faire un tour au mont Sinaï seulement, sans engager un drogman, il faudra s'adresser directement aux moines sinaïtes (*V.* p. XXXVI). Autrefois, ceux-ci ont fait payer 20 piastres égyptiennes ou 5 fr. 18 par chameau et par jour. Ils ont maintenu ce prix ; seulement, pour se dédommager du voyage que les chameliers ont à faire pour arriver de l'intérieur de la péninsule à Suez et pour d'autres troubles, ils comptent 14 jours du Caire au mont Sinaï, bien qu'on parte de Suez et qu'on fasse le trajet en 7 ou 8 jours. Les chameaux restent donc à la disposition des voyageurs pendant 11 jours et même 12, le dimanche ne comptant pas si l'on ne se met pas en marche. On paye 2 livres égyptiennes 1/2 ou environ 65 fr. par chameau pour toute la durée du voyage. Dans ce prix sont compris les salaires des chameliers et du *scheikh*, leur chef responsable. Le voyage du mont Sinaï à Tour est considéré comme un tiers du voyage précédent. Les moines sinaïtes se réservent le droit de modifier ces conditions.

Outre les dromadaires montés par les voyageurs, il en faut un pour le *scheikh* et un autre pour le cuisinier qui sert à la fois de domestique. Pour 2 à 3 voyageurs il faut compter, dans ces conditions, au moins 6 à 7 chameaux. Pour 5 à 6 voyageurs, il en faudra 10 à 11. Le *scheikh* et le cuisinier prennent les petits bagages sur leurs montures.

La somme intégrale due pour le voyage de Suez au mont Sinaï est versée entre les mains du Procureur à Suez qui délivre une quittance. Pour le retour, on s'entendra avec le procureur du couvent de Sainte-Catherine.

Pères Dominicains. Tous les deux ans, à peu près, les Pères Dominicains de Jérusalem organisent une caravane de Suez au mont Sinaï, avec retour à Jérusalem soit par Gaza, soit par Pétra et Jéricho. Ce tour dure de 35 à 45 jours. Par faveur, les dames sont admises à y prendre part, ainsi que ceux qui ne professent pas la religion catholique. Les prix sont modérés. Pour plus de renseignements, s'adresser à la direction de la *Revue biblique* au couvent de Saint-Etienne à Jérusalem.

Modèle de contrat.

Le contrat que nous donnons ci-dessous comme modèle, demande à être modifié selon les circonstances et les conditions dans lesquelles on effectuera le voyage. Il importe que sa rédaction soit claire et précise et qu'elle embrasse tous les points à régler avec le drogman ou avec les moines, afin de s'épargner des contestations, toujours désagréables, à la fin du voyage.

Avec le drogman. Contrat passé entre les voyageurs N. N... d'une part, et le drogman N... d'autre part, aux conditions suivantes. (Si le drogman est recommandé ou garanti par une agence de voyage, on le spécifiera.)

1. Le drogman N... s'engage à conduire MM. NN... de Suez au mont Sinaï par l'oasis de *Feirân*, avec retour à Suez par un

chemin parallèle, (ou par mer en s'embarquant à Tour, ou bien de Suez au mont Sinaï, Aqabah, Pétra, Jéricho et Jérusalem. Indiquez les principaux jalons de la route qu'on veut suivre). Le drogman ne pourra pas permettre à d'autres personnes de se joindre au groupe, sans la permission des dits voyageurs.

II. Le drogman prend à son compte toutes les dépenses requises en cours de voyage, telles que frais de transport et de nourriture, salaires et pourboires pour le personnel de service et les chameliers, *bakchiche* pour l'escorte de soldats turcs entre *Aqabah* et Pétra et la garde des tentes si elle est nécessaire. (Comme le prix à payer au *scheikh* d'*Aqabah*, pour le libre passage à travers le territoire des *Alaouîn*, est aléatoire, les drogmans le laissent ordinairement à la charge des voyageurs).

Il est personnellement responsable pour la sécurité des voyageurs et pour leurs bagages.

III. Le drogman tiendra prêt pour le... du mois de... à ... heures du matin sur la rive orientale du canal maritime en face de Suez (ou près du lazaret égyptien) des dromadaires avec de bonnes selles au nombre de ... et des chameaux de somme au nombre de... Les chameaux doivent être sains et robustes pour ne pas causer du retard dans la marche. Si l'un d'eux venait à tomber malade, à périr ou à disparaître, le dommage sera tout entier à la charge du drogman qui est tenu, en outre, de le remplacer par un autre à la première occasion. (Le cuisinier, les serviteurs et le *scheikh* ou chef des chameliers montent des chameaux chargés de petits bagages. Il faut indiquer en outre si l'on traversera le bras de mer à Suez en chaloupe à vapeur ou en barque à voile).

IV. Le drogman fournira de bonnes tentes pour la nuit au nombre de... (Une tente ne peut contenir que deux lits). De plus, une tente-toilette et une autre pour les repas, avec tables et sièges pliants, sans compter celles du drogman, du cuisinier et des serviteurs.

Pour chaque voyageur il y aura un lit de sangle en fer, avec des matelas, oreillers, couvertures et draps. La literie sera renouvelée chaque semaine et les essuie-mains et serviettes deux fois par semaine. Tout sera propre et en bon état.

V. Il emmènera un bon cuisinier et des domestiques au nombre de..., pour lesquels il se porte garant. Il exigera d'eux d'être serviables et polis envers les voyageurs et leur interdira, ainsi qu'aux chameliers, d'attacher les bêtes trop près des tentes et de passer la nuit à causer à haute voix autour d'elles. Lui-même se montrera empressé et plein d'égards envers les voyageurs.

VI. Le drogman servira tous les jours, le matin un premier

déjeuner chaud composé de lait concentré, de café ou thé ou chocolat, d'œufs, de biscuits, etc. ; vers midi un deuxième déjeuner froid composé d'un plat de poulet ou de rôti, un autre de conserves ou d'œufs avec des fruits ou de la confiture ; à la fin de la journée, au campement, un dîner complet chaud, avec potage, deux plats de viande, légumes, dessert, thé ou café. (Spécifiez la boisson à servir. Les voyageurs feront bien d'acheter eux-mêmes le vin, la bière et les liqueurs, stipulant que leur transport reste à la charge du drogman).

VII. Le matin au lever et le soir à l'arrivée au campement, le voyageur sera pourvu d'une quantité suffisante d'eau bien propre pour la toilette. En cours de route et aux repas, il aura toujours une provision de bonne eau à boire.

VIII. Le voyage sera d'une durée minima de... jours. Les voyageurs sont libres de déterminer les routes à suivre par les voies praticables, d'indiquer les lieux de campement, de fixer la durée des haltes et les heures de repas et de départ le matin. (Les étapes se règlent d'après les sources et les places où les chameaux trouvent de quoi brouter). Arrivés au mont Sinaï, les voyageurs s'y arrêteront tant que cela leur plaira. S'ils veulent loger au couvent de Sainte-Catherine (V. p. 115), le drogman se chargera de tous les frais.

IX. Les voyageurs s'engagent à payer au drogman chacun... francs par jour. Le paiement sera effectué en or ou en billets de banque. La moitié de la somme stipulée pour le voyage sera versée entre les mains du drogman au Caire, avant le départ ; l'autre moitié à la fin du voyage.

X. Pour les deux jours que les chameaux mettent à aller du Caire à *esch Schatt* près de Suez (140 km.), ou aux Fontaines de Moïse (150 km.), le drogman recevra de chaque voyageur la somme de ... francs. On paye généralement le tiers du prix de la journée, c'est-à-dire, pour tout le trajet du Caire à Suez, les deux tiers du prix d'une journée. Il en est de même si le drogman expédie les bagages à Suez par le chemin de fer. On stipulera également, d'après les prix ci-dessus, l'indemnité à payer au drogman, lorsque les chameaux devront retourner en Egypte soit de Maân près de Pétra, soit de Gaza ou de Jérusalem. Remarquons, toutefois, que, d'habitude, les drogmans élèvent le prix de la journée en prévision du temps qu'il leur faudra pour le retour. C'est le cas pour les deux tarifs mentionnés ci-dessus (p. XXXVII-XXXVIII).

XI. Pour chaque jour de retard causé soit par un accident, maladie ou perte d'un chameau, soit par les difficultés créées par la mauvaise conduite des domestiques ou des chameliers, le drogman s'engage à payer à chaque voyageur la somme de ... francs.

XII. Tout différend qui naîtrait entre le drogman et les voyageurs, pour une clause non prévue ou mal stipulée ou bien mal exécutée, sera tranché par le consul de la nationalité des voyageurs à leur arrivée soit à Suez, soit à Jérusalem.

Suivent les signatures des voyageurs N. N... et du drogman N...

Lieu
Date

Reçu en acompte de M. M. N. N. ... pour le voyage mentionné ci-dessus la somme de ... francs.

Drogman N...
Lieu
Date

Ce contrat sera écrit en double forme ; une copie sera remise aux voyageurs, l'autre au drogman.

Si l'on est satisfait du service des domestiques, des chameliers et de leur *scheikh*, on leur donnera un pourboire à la fin du voyage. Mais il faut refuser toute demande de *bakchiche* faite en cours de route.

Les clauses que nous venons de formuler peuvent servir pour rédiger le contrat de voyage à cheval de Jérusalem à l'orient du Jourdain et de la mer Morte jusqu'à Pétra.

Avec les moines. Comme les moines ne fournissent que les chameaux, sans autre accessoire, ce contrat est moins compliqué que le précédent. Il se fait en langue arabe entre les voyageurs d'un côté, et le *scheikh*, guide reconnu de la tribu des *Djébéliyéhs*, de l'autre. Le Procureur de la filiale du couvent de Sainte-Catherine à Suez se porte garant de la fidélité du *scheikh*. Il tient un modèle de contrat tout prêt.

I. On règle le nombre de chameaux de selle et celui de chameaux de somme au prix d'environ 65 francs par bête pour le voyage de Suez au mont Sinaï, avec la faculté de rester 11 à 12 jours en route.

II. Le *scheikh* se charge de procurer l'eau à boire et celle qui est nécessaire pour la cuisine et la toilette. Il s'engage à dresser les tentes, à les plier au départ, à rendre aux voyageurs tous les services requis et à suivre les routes indiquées par eux. Il se charge en outre de fournir en cours de voyage le combustible nécessaire pour la cuisine. (Une provision de charbon est, néanmoins, indispensable, à moins qu'on ne possède un petit fourneau à alcool).

III. Le *scheikh* est personnellement responsable pour la sécurité des voyageurs et pour leurs biens. Si un chameau venait à tomber malade ou devenait impropre au service, le *scheikh* le remplacerait par un autre à la première occasion.

IV. Arrivés au mont Sinaï, les voyageurs s'arrêteront au couvent autant que cela leur plaira, sans devoir aucun dédommagement au *scheikh* pendant leur séjour. Celui-ci sera prévenu du départ deux jours d'avance, soit qu'on aille à Tour ou directement à Suez.

V. Pendant tout le voyage, le *scheikh* s'occupera lui-même de sa nourriture et de celle des chameliers.

VI. Le prix du voyage de Suez au mont Sinaï sera payé d'avance au Procureur de Suez. On fera un nouveau contrat avec le Procureur du couvent de Sainte-Catherine pour le retour, et on lui payera d'avance la somme qui est due.

A la fin du voyage, on donnera au *scheikh* une gratification de 30 à 50 francs pour tout le groupe des voyageurs, et de 20 piastres (*sâgh*) ou 5 fr. 18 à chaque chamelier.

III. — *ÉQUIPEMENT PERSONNEL*

Vêtements. Il faut prendre avec soi le linge nécessaire pour tout le voyage ; car on trouvera difficilement à le faire laver en cours de route. Les vêtements de dessous en laine ou en flanelle protègent contre les refroidissements.

Un costume léger pendant le jour, plus chaud de bon matin et à la tombée de la nuit, fera bon service, pourvu qu'il soit de couture solide. Si l'on voyage pendant la saison des pluies, un imperméable est plus avantageux qu'un parapluie.

Coiffure. Il faut se couvrir soigneusement d'un casque en liège ou d'un chapeau de paille à large bord recouvert de toile blanche. En cas de fortes chaleurs, on se protège la nuque et les épaules d'un voile de mousseline ou d'un foulard arabe (*kouffîéh*) que l'on attache au chapeau. On le plie en deux en forme de triangle ; l'extrémité retombe en pointe sur le dos, tandis que les deux bouts sont noués sous le menton à la manière arabe. Un parasol, grand et solide, n'est pas superflu.

Chaussures. Il faut se munir de bonnes chaussures pouvant résister aux arêtes aiguës des rochers granitiques. Une paire de souliers ou de bottines ne suffit pas, ordinairement, pour un voyage dans la péninsule.

Une bonne canne est indispensable pour se promener dans les montagnes, à moins qu'on ne puisse se servir, à cet effet, du parasol. En grimpant sur les rochers, il faut prendre garde aux entorses. Un petit accident pourrait gâter tout le voyage.

Boisson. On ne doit pas oublier de se procurer un gobelet en métal blanc et une ou deux gourdes ou gros bidons que le voyageur aura soin de tenir sur sa monture. Ils seront toujours garnis d'eau qu'on aura la précaution de couper avec quelques gouttes de liqueur et mieux encore avec du jus de citron, du thé ou du café. Ce dernier constitue la boisson la plus saine, la plus rafraîchissante et la plus tonique, s'il est préparé à la mode arabe, c'est-à-dire, peu torréfié, réduit en poudre impalpable et préparé au moyen d'une décoction rapide. On avale la poudre avec le liquide, comme on le fait pour le chocolat.

Besace. Pour avoir toujours sous la main les gourdes, les livres, l'appareil photographique, les jumelles, le thermomètre, la boussole, le couteau avec tire-bouchon, un peu de chocolat ou des biscuits, etc., une double sacoche en cuir ou un *khourdj* arabe, jeté sur le chameau, est fort commode.

Une ou deux épaisses couvertures de voyage sont également utiles ; elles servent à la fois pour se protéger contre la fraîcheur de la nuit, et à recouvrir la selle pour être assis plus à son aise.

Précautions hygiéniques. On ne trouvera de médecin qu'à Tour et à *Maân*. Il faut, en conséquence, se pourvoir d'une petite boîte à pharmacie contenant, pour les cas suivants, les remèdes qu'on se fera prescrire chez soi par un médecin : contre la diarrhée, qui peut dégénérer en dysenterie, la fièvre, les embarras gastriques, les maux de tête, l'inflammation des yeux, les accès de faiblesse, les piqûres d'insectes, les blessures et les écorchures.

Les fièvres et la diarrhée sont les conséquences habituelles d'un refroidissement négligé. Pour protéger les yeux contre la lumière éblouissante du soleil, on portera des conserves à verres fumés. Si l'on passe la nuit en plein air, en dehors de la tente, on aura soin de se bien couvrir les yeux ; car pendant la nuit, la fraîcheur leur est très nuisible.

Aux yeux des enfants du désert, tout Européen est médecin. Aussi ne manquent-ils pas de demander aux voyageurs de la quinine (*qinâ*), ou d'autres remèdes, soit pour eux-mêmes, soit pour quelque malade de leur famille ou de leur tribu.

Tabac. Les fréquentes distributions de cigarettes et de café servent à entretenir la bonne humeur des serviteurs et des chameliers, à stimuler leur zèle, ou bien à les récompenser si l'on est content d'eux. Mais on évitera une trop grande familiarité avec ces gens-là. Ils savent apprécier la dignité des Européens ; mais ils sont toujours enclins à abuser de leur bonté et de leur condescendance qu'ils ne parviennent pas à comprendre.

Armes. Dans la péninsule on n'a pas à craindre d'être attaqué par des brigands. Partout ailleurs la vie humaine est toujours respectée, à moins qu'on ne tombe sous le coup de la loi du sang, si, en faisant usage des armes, on blessait ou tuait même un voleur. Entre Aqabah et Pétra, les Bédouins ont quelquefois simulé des attaques; mais ce n'était que pour extorquer quelques pièces d'or aux voyageurs. Une escorte de deux soldats ou gendarmes (*khayyâl*) suffit pour traverser ces parages en toute sécurité. Les armes à feu ne servent qu'à produire de beaux échos dans les montagnes.

Dans le voisinage d'un camp de Bédouins ou d'un village, on fera veiller quelqu'un devant les tentes lorsqu'on s'absentera. A cet effet, on demandera un ou deux soldats au commandant ou au *Moudîr*, si l'on campe dans le voisinage d'une garnison ou d'une petite ville, ou bien un ou deux hommes au *scheikh* de l'endroit.

Les gamins qui rôdent autour des tentes sont généralement disposés à s'approprier n'importe quoi, en allongeant la main par-dessous et même par-dessus les panneaux de toile qui composent la tente. On écartera pour cela des bords intérieurs ce qui pourrait être saisi du dehors. En cas de disparition d'un objet, on adressera une plainte au *Moudîr* ou au *scheikh* de la localité voisine. Le voleur ne tarde pas, d'ordinaire, d'être arrêté.

La Bible. Bien qu'à la fin du volume nous reproduisions les passages du Pentateuque relatifs à l'itinéraire d'Israël, il importe d'avoir avec soi la sainte Bible, dont la lecture offre un charme spécial dans le désert.

Passeport et Laissez-passer.

Passeport. Un passeport est indispensable. Les consulats ne portent aide et protection qu'aux personnes qui produisent une pièce d'identité. Les banques aussi exigent un document de ce genre. Puis, le passeport est requis dans la plupart des ports de mer de l'Orient, où il faut l'exhiber à un agent de police.

Laissez-passer du Ministère de la Guerre en Egypte. Pour visiter la péninsule de Sinaï, il faut se munir d'un laissez-passer au bureau du Ministère de la Guerre, *Intelligence department of the egyptian war office*, au Caire, en déclinant son nom et son prénom, la profession, le lieu d'origine, et en indiquant le but du voyage.

Le laissez-passer sera présenté à Port-Tewfik près de Suez, au bureau situé près de l'appontement, avant de monter dans la barque ou dans la chaloupe à vapeur pour se rendre sur la rive orientale du golfe,

Lettre de crédit de l'archevêque du Sinaï. Pour être admis au couvent de Sainte-Catherine au mont Sinaï, il faut demander, par l'entremise de son consulat respectif ou par l'obligeance d'une personne connue, une lettre d'introduction que délivrera l'archevêque grec du Sinaï, résidant au couvent du mont Sinaï, rue Zaher, quartier Daher, au Caire. Cette lettre de recommandation sera présentée lorsqu'on arrivera à la porte du couvent de Sainte-Catherine. Elle assurera aussi un bon accueil de la part des moines grecs de Tour.

Pour Aqabah. Si du mont Sinaï on se rend à Aqabah ou à Gaza, on se fera délivrer au bureau central de la Police au Caire, par l'entremise de son consulat, un laissez-passer rédigé en arabe. Il sert de recommandation au *Moudîr* d'Aqabah ou au *Qaimaqam* de Gaza.

Pour Pétra. Si l'on se rend de Jérusalem ou d'une autre localité de l'ouest de la Palestine à Pétra, le passeport ottoman, *taskaréh*, délivré par l'autorité locale, ne suffit pas. Il faut demander, par l'entremise de son consulat, un permis du *Vali* de Damas, à moins que, en vertu de la Constitution octroyée par le sultan, les autorités de l'est de la mer Morte ne se montrent moins tracassières envers les Européens que par le passé.

Postes et Télégraphes.

L'Egypte et la Turquie font partie de l'union postale internationale.

Dans la péninsule de Sinaï, Tour seule possède un bureau de poste et de télégraphe international. Les télégrammes peuvent être rédigés en toute langue européenne.

Les moines du couvent de Sainte-Catherine trouvent fréquemment l'occasion d'envoyer la correspondance à Tour et se chargent volontiers d'expédier celle des voyageurs.

Dans l'empire ottoman, *Aqabah*, *Maân*, *Et Tafiléh*, *et Kérak*, *Mâdaba*, *Es Salt* et *Deraa* possèdent un bureau de poste et de télégraphe turc. Toute lettre doit porter sur l'enveloppe le lieu de destination traduit en arabe ou en turc.

Les télégrammes, y compris l'adresse, sont rédigés en arabe. Pour expédier un télégramme en Europe, il faudra l'adresser à Jérusalem, Jaffa, Caiffa ou Beyrouth, soit à son consulat, soit à une connaissance, qui le traduira et le réexpédiera plus loin.

Dans l'empire turc, un télégramme de 20 mots coûte environ 1 fr. dans l'extension du vilayet où se trouve le bureau télégraphique. En dehors du vilayet, il coûte 1 fr. 50. Le prix augmente pour chaque nouveau vilayet traversé par le télégramme. Comme les télégrammes se transmettent avec des lenteurs désespérantes, on fera bien de n'expédier que des télégrammes urgents. Mais ceux-ci coûtent le triple du prix ordinaire.

HORAIRE DES TRAINS

DU CAIRE A SUEZ

S'informer de l'heure exacte du départ des trains, en cas de changement d'horaire.

Prix des places du Caire à Suez : Ire classe, 990 mm. = 25 fr. 65. — IIe classe, 495 mm. = 12 fr. 85.

DU CAIRE A BENHA (ligne d'Alexandrie).

KIL.	STATIONS	MIXTE	EXPRESS	EXPRESS
		I, II, III cl. Matin.	I, II cl. Matin.	I, II cl. Soir.
	Le Caire	7 00	11 00	6 15
46	**Benha**	7 41	11 41	6 56

Les voyageurs pour Suez ne changent pas de train.

DE BENHA A SUEZ (ligne de Port-Saïd).

KIL.	STATIONS	MIXTE	EXPRESS	EXPRESS
—	**Benha**	7 46	11 46	7 01
0	Cheblanga	—	—	—
16	Mit Yazid	—	—	—
18	Mit el Gamh	—	—	7 25
22	Godaiedah	—	—	—
29	Zancaloun	—	Soir.	—
31	**Zagazig**	8 31	12 26	7 46
39	Abou Ahdar	8 46	—	—
50	Abou Hammâd	8 58	—	—
60	Tell el Kébir	9 14	—	—
72	Kassassine.	9 30	—	—
83	Mahsaméh.	9 40	—	8 55
93	Abou Soueir	9 52	—	—
105	Néfiche.	10 09	—	—
109	**Ismaïlia**	10 16	1 59	9 26

Les voyageurs pour Suez changent de train.

KIL.	STATIONS		I, II, III cl.	I, II, III cl.
109	**Ismaïlia**		2 15	9 45
113	Néfiche.		2 25	9 55
145	Fayed		3 01	10 31
164	Généfféh		3 26	10 51
201	**Suez** { **Rue Colmar**.		4 03	11 33
204	**Suez** { Terre-Plein . .		4 19	11 49
204	**Suez** { Docks		4 20	11 50

Gravé par E. Hausermann.

PREMIÈRE PARTIE

DU CAIRE AU MONT SINAÏ

CHAPITRE Ier

La terre de Gessen.

Du Caire à Benha (46 km.), le chemin de fer traverse l'une des campagnes les plus riantes et les plus animées du Delta. De tous côtés s'étendent à perte de vue des champs de coton, de blé, de maïs et de trèfle blanc, parsemés de villas et de villages. Les huttes de boue habitées par les *fellahs* sont cachées dans des nids de verdure, au milieu de magnifiques palmiers et d'autres arbres fruitiers.

Le bourg de *Benha l'Asal*, c'est-à-dire Benha le Miel, est baigné à l'ouest par le Nil, l'ancienne branche Phatnitique du fleuve, qui se jette à la mer près de Damiette. Ses superbes raisins, ses succulentes mandarines et ses oranges rouges greffées sur des grenadiers couvrent et égaient son territoire.

A trois kilomètres au nord de Benha, surgit un monticule qu'occupe un hameau nommé *Atrîb*. Là s'élevait la cité appelée ATHRIBIS par les Grecs et, dans les inscriptions hiéroglyphiques, *Hat-to-her-ab*, c'est-à-dire, Sanctuaire entre les deux (fleuves). Au nord du hameau, en effet, se détachait du Nil la branche Tanitique, dont le *bahr el Moëzz*, canal creusé en 975 par le calife fatimite el Moëzz, sillonne aujourd'hui le lit. Les fouilles pratiquées autour d'*Atrîb* ont mis au jour un beau sphinx en granit, portant le cartouche de Ramsès II [1].

Benha est le point de jonction de la ligne du chemin de fer pour Ismaïlia, Port-Saïd et Suez.

Après un parcours de 31 kilomètres à travers une plaine couverte d'une luxuriante végétation, le train s'arrête à Zagazig, ville moderne bâtie à côté de l'antique Bubaste.

1. Brugsch, *Recueil de monum. égypt.*, I, pl. X, 1-2.

Fig. 1. — Tell Bastah. Les ruines de Bubaste.

Bubaste.

Avant d'entrer dans la gare de Zagazig, on aperçoit au sud-est, à 20 minutes de la station, la colline de *tell Bastah*, vaste champ de ruines, entouré de pans de murs en terre de formes bizarres. C'est l'emplacement de la célèbre Bubastis des Grecs, la Pi Bastet des Egyptiens. A l'origine, sa divinité tutélaire possédait une tête de lionne et, sous cette forme, elle portait le nom de Sekhet ; mais dans la suite, elle est le plus souvent représentée avec une tête de chat et devient Bast, ou mieux Bastet, la Bastide.

Hérodote, décrivant la magnificence de cette ville, dit de son sanctuaire : « (En Fgypte) on remarque des temples plus grands et plus riches ; mais on n'en voit pas de plus élégant[1]. » De 1887 à 1889, M. Ed. Naville, égyptologue génevois, fit des fouilles au *tell Bastah* pour le compte de l'*Egypt Exploration Fund.* Au centre de la ville il retrouva les vestiges du célèbre temple, ainsi que ceux des vastes portiques et des lacs sacrés qui l'entouraient. Parmi les inscriptions hiéroglyphiques qui sortirent de terre, figurent les cartouches royaux de deux pharaons de la

1. *Historia*, II, 138, éd. Dindorf-Muller, 1887, p. 117.

IVe dynastie, Kéfren et Khéops, les constructeurs des deux plus grandes pyramides de Ghizéh. Pépi Ier, roi de la VIe dynastie, embellit le sanctuaire. Puis viennent les noms d'Amenemhat Ier et d'Ousertèn III, de la XIIIe dynastie[1].

On sait qu'après la XIVe dynastie la Basse-Egypte fut conquise par un peuple sémite, dont les pharaons furent appelés Hyksos, nom grécisé de *hiq* et de *shasou* qui en égyptien signifie chef des pillards ou des nomades, d'où l'on a créé le nom de *rois-pasteurs*. Au *tell Bastah* on mit au jour la statue d'un de ces rois, Apopi, probablement Apopi II[2]. Son cartouche a été remplacé par celui d'Osorkon de la XXIIe dynastie. La statue d'un autre roi-pasteur porte le nom de Ra-Jân ou Kheyân. Georges Syncelle (IXe s.) rapporte que, selon la tradition, Apophis (Apopi) était le pharaon de Joseph[3]. Il est même probable, dit M. Naville, que c'est à Bubaste que le fils de Jacob fut jeté en prison, puis élevé au rang de premier ministre de l'empire[4]. En tout cas, les Septante, Juifs égyptiens qui vers l'an 282 av. J.-C. ont traduit le Pentateuque en grec, laissent entendre que Joseph n'habitait pas Tanis, situé au nord. En traduisant le passage de la Genèse (XLVI, 28), où il est dit que Jacob avait envoyé Juda devant lui vers Joseph « pour préparer son arrivée en Gessen », ils écrivent « pour préparer son arrivée en Héroopolis, pays de Ramsès. » Puis, dans le verset suivant ils disent de nouveau : « Joseph fit atteler son char et y monta pour aller à Héroopolis (au lieu de *en Gessen*), à la rencontre de son père. » La version copte a rendu le mot Héroopolis par « Pithom dans la terre de Ramsès. » Or, Pithom ou Héroopolis est située à 50 kilomètres au sud de Tanis, à l'entrée du *ouâdi Toumilât* qui s'étend entre Zagazig et Ismaïlia.

Parmi les pharaons de la XVIIIe et de la XIXe dynastie, Ramsès II s'est spécialement distingué par son zèle à embellir le temple de Bastet. Dans le voisinage de la gare existe encore une grande colonne de granit rose, portant le cartouche de « Ramsès II, le bien-aimé de Set. » « Remarquons une fois pour toutes, dit M. G. Ebers, que Set (Typhon) est le dieu que les Egyptiens ont placé au même rang que le Baal des Sémites. Toute ville du Delta où un pharaon prend le titre de *bien-aimé de Set*, doit être regardée à bon droit comme une cité habitée par de nombreux Sémites[5]. » Set ou Suthekh était en effet le dieu national des Hyksos.

1. Naville, *Bubastis*, 1891. — 2. De tous les rois-pasteurs, Apopi II imita le plus les pharaons d'Egypte dans leur goût pour les monuments. — 3. *Chronographie*, éd. Dindorf, 1829, p. 115. — 4. J. H. Marruchi, *D. B. V.*, I, p. 1957-1962. — 5. *Durch Gosen zum Sinaï*, 2e éd. Leipzig, 1881, p. 20.

Quatre siècles après l'Exode, le pharaon Scheschonq, appelé Sésac dans la Bible, fit la conquête de Thèbes et réunit le sceptre de la Haute-Egypte à celui du Delta. Il fixa ensuite sa résidence royale à Bubaste, sa ville natale; c'est pourquoi la XXIIe dynastie, dont il est le fondateur, est appelée la *bubastique* [1].

Le culte licencieux de la déesse Bast était devenu tellement populaire en Egypte, que, selon Hérodote, 700.000 personnes, hommes et femmes, se rendaient annuellement en pèlerinage à Bubaste pour y fêter l'idole. La fête durait quinze jours et consistait en de véritables orgies [2]. Le même historien raconte aussi que de toutes les provinces de l'empire on y apportait des chats embaumés pour les ensevelir à l'ombre du sanctuaire de la Bastide, à laquelle ils étaient consacrés. Effectivement, sur une étendue de plusieurs hectares existe une nécropole où furent enterrés des millions de chats momifiés. Les uns furent inhumés dans des caveaux spéciaux, comme les bœufs Apis à *Sakkhara;* d'autres furent déposés en terre dans des boites en métal ou de petits cercueils en bois, au milieu d'une quantité prodigieuse de statuettes de toute grandeur, en bronze, en marbre ou en terre cuite émaillée, représentant la déesse ou les matous défunts. Ces objets remontent presque tous à l'époque des pharaons de la XXIIe à la XXIVe dynastie.

Dans ses prophéties contre l'orgueilleuse Egypte, Ezéchiel menace aussi la luxurieuse Bubaste. « Les jeunes gens d'Aven (On, Héliopolis), dit-il, et ceux de Pi-Beseth tomberont par l'épée et leurs femmes iront en captivité [3]. » M. Ebers a trouvé dans les ruines de Bubaste des preuves indéniables que la ville a été un jour livrée aux flammes [4]. L'inscription la plus récente que M. Naville y a découverte porte le nom de Ptolémée Evergète (247-222 av. J.-C.).

Depuis que les égyptologues ont exploré les ruines du *tell Bastah*, le sol a été complètement bouleversé par les *fellahs*. Les uns y vont prendre une terre noirâtre pour amender les champs, les autres y pratiquent des fouilles à tout hasard pour exhumer des statuettes et des momies de chats. Du temple de Bastet et de celui d'Hermès, relié au premier par un *dromos* ou voie sacrée de 1.000 pas de longueur, il reste si peu de vestiges apparents que le *tell* mérite à peine une visite.

1. C'est dans cette ville qu'il aura accueilli Jéroboam, sorti fugitif de Jérusalem, après avoir excité le peuple à la révolte contre Salomon. C'est de là aussi qu'il sera parti pour aller combattre Roboam, roi de Juda, s'emparer de Jérusalem et piller le temple du Seigneur (III (I) Rois, XIV, 25-26. — II Par. XII, 2-9). A son retour en Egypte, il consacra le souvenir de cette victoire à Thèbes, dans la célèbre inscription gravée sur un des pylônes du temple d'Amon, près du portique des Bubastides. — 2. II, 59 et 60. — 3. XXX, 17. — 4. *Op. cit.*, p. 18.

Zagazig.

La ville de Zagazig s'étend au nord du chemin de fer. Avant l'année 1830, ce n'était qu'un pauvre village. Le nom de Zagazig lui vient d'un poisson, le *zaghzig*, qui foisonne dans ses canaux. Grâce au pont-barrage que Méhémet-Ali fit construire sur le *bahr el Moëzz*, l'humble hameau prit un rapide essor. Il est devenu le siège d'un *moudîr* et le chef-lieu de la *Scharkiyéh*, riche province agricole de l'Egypte orientale. Plusieurs banques y ont établi des comptoirs pendant qu'on bâtit sur tous les points des filatures et des usines à égrainer le coton. Aujourd'hui, Zagazig, qui jouit d'une physionomie plus européenne qu'orientale, est le grand centre de commerce du coton et des céréales dans le Delta. Elle renferme une population d'environ 40.000 habitants. La plus grande majorité est musulmane. On n'y compte que 5 à 6.000 Grecs et Coptes schismatiques et 700 catholiques sous la direction des Pères des Missions africaines de Lyon.

La ville de Gessen.

Le bras le plus oriental du Nil se détachait du fleuve près de Memphis et débouchait dans la Méditerranée à Péluse, laissant la ville de Bubaste à une lieue de sa rive gauche.

La Bible nous permet de conjecturer que le pays où se fixa Israël se trouvait sur la rive droite de la branche Pélusiaque. La Genèse ne dit nulle part que la maison de Jacob eût à traverser le fleuve pour se rendre à la terre de Gessen. Lorsqu'il narre le départ des Hébreux pour le désert, l'Exode ne fait non plus aucune allusion au passage du fleuve. La tradition, de son côté, étend le pays de Gessen jusqu'au bras le plus oriental du Nil dans le voisinage de Bubaste, et les explorateurs y ont retrouvé le site de la ville qui a donné son nom au district.

Sainte Silvie d'Aquitaine, sœur de Rufin, ministre de l'empereur Théodose, fit un pèlerinage au mont Sinaï de 385 à 388. A son retour, elle passa par Clysma (Suez), visita Pithom, traversa les ruines de la ville de Ramsès et arriva « dans la ville d'Arabie en la terre de Gessen, » dit-elle, où elle fut reçue par l'évêque du lieu [1]. Dans ses pérégrinations, elle se servit de la version des Septante. Or ceux-ci, bien placés pour être exactement renseignés sur la géographie du Delta, se sont permis d'accorder les données géographiques de la Genèse avec la division administrative du pays, soit au temps de Moïse, soit à leur

1. *Peregrinatio ad loca sancta*, éd. Gamurrini, 1888, p. 17-18.

propre époque. C'est ainsi qu'ils font dire à Joseph s'adressant à son père : « Tu habiteras dans la terre de Gessen de l'Arabie[1]. »

Strabon[2] place l'Arabie d'Egypte entre le Nil, Péluse et le golfe arabique ou mer Rouge, et Ptolémée à l'orient de la branche Bubastique ou Pélusiaque, entre le nome de Sethroïte et celui de Bubaste.

Avant Séti Ier, la Basse-Egypte n'était divisée qu'en 15 nomes ou provinces, ayant chacune sa capitale et son administration particulière. La création de nouveaux canaux qui développaient et étendaient la fertilité du sol, et la croissance de la population firent augmenter le nombre des nomes. Sous les Ptolémées, la liste en comporte 22, dont le 20e est appelé Arabie[3]. Comme l'a remarqué en premier lieu M. Brugsch, cette province s'appelait aussi Sopt, Sopt-Akhem ou Sopt-Qhémès et sa capitale Pa-Sopt. Sopt est, d'après M. Naville, le nom d'un dieu qu'on retrouve à Dendérah associé au nom de Késem. Le même dieu est mentionné sur les monuments d'Edfou[4].

Le nom de Sopt a survécu dans celui de *Saft el Hennéh*, gros village qui s'élève sur une colline à 7 kilomètres à l'est de Zagazig, à 1 kilomètre 1/2 au sud de la station d'*Abou-Ahdar*, près de l'ancien canal pharaonique[5]. La contrée jouit d'une merveilleuse fertilité et les habitants s'occupent spécialement de la culture du *hennéh*, le *kôfer* des Hébreux, le *cypre* des Septante[6] et la *lawsonia alba* de Lamark[7].

Depuis longtemps les archéologues avaient remarqué que la colline était jonchée de poterie et de briques romaines. La

1. Gen., XLVI, 34. — 2. *Geographica*, IV, 5, éd. Muller, 1853, p. 682 et 685.

3. On a supposé que le pays de Sopt reçut le nom d'Arabie parce qu'il confinait à l'Arabie proprement dite ou parce qu'il était habité en grande partie par des Sémites venus de l'Orient. (Ebers, *op. cit.*, p. 501). M. Naville offre une explication plus acceptable : Au temple de Dendérah la ville de Pi-Toum (Pithom) est indiquée dans le pays de *Ro-Ab* qui veut dire *Entrée du Levant*. Le nom égyptien du canton oriental de la terre de Gessen, *Ro-Ab*, serait devenu Arabia dans la bouche des Grecs. (*The Store City of Pithom*, 1888, p. 9).

4. V. *The Shrine of Saft el Hennéh and the land of Goshen*. Fifth Memoir of the Eg. Expl. Fund, 1888.

5. A 5 km. de la gare de Zagazig, la voie ferrée croise un premier canal qui dérive du canal d'Ismaïlia près de Belbeis et qui court au N.-N.-E. Avant de passer sous le pont du chemin de fer, il se croise avec le canal qui part de Zagazig et longe à main droite la ligne, pour rejoindre le canal d'Ismaïlia à *Abbasah* près de la station de *Hammâd*. 2 km. plus loin, on traverse un second canal appelé *Abou el Mounagghé*, qui occupe le lit de l'ancienne branche Pélusiaque. C'est dans l'angle formé par ces deux derniers canaux que se trouve *Saft el Hennéh*.

6. Cant., I, 13 ; — IV, 13. — 7. Les fleurs parfumées de cet arbrisseau sont fort recherchées par les femmes en Orient, et la poudre de ses feuilles desséchées leur sert à teindre en rouge les cheveux, les ongles et le creux de la main.

mosquée est supportée par des colonnes dont quelques-unes sont encore surmontées de chapiteaux de style grec. Enfin, près de l'emplacement d'une ancienne synagogue on montre le *Puits de Moïse.*

De 1883 à 1885, M. Naville fit des fouilles à *Saft el Hennéh.* Les fragments d'inscriptions hiéroglyphiques découvertes dans les décombres ne laissent plus subsister de doute que ce ne soit la ville gréco-romaine d'Arabia, appelée Pi-Sopt et originairement Kes ou Késem par les Egyptiens. La ville de Késem a donné son nom à toute la région que le texte hébreu des Livres saints appelle *Gôsen.* Les Septante ont reproduit plus fidèlement le nom égyptien au point de vue phonétique, en l'écrivant *Gésem* et *Gésen.* La Vulgate porte celui de Gessen.

L'explorateur génevois exhuma, entre autres, une statue colossale en granit noir représentant Ramsès II, qui avait bâti à Kesem un temple important. Un *naos* monolithe en granit d'environ deux mètres de côté portait une inscription très longue ; malheureusement, ce monument a été brisé en morceaux par des chercheurs de trésors. D'après les fragments, Nekht-hor hebt Nectanébo Ier (378-361 av. J.-C.), restaura le temple de Sopt. La ville y est encore appelée Kès ; mais le plus souvent elle reçoit le nom de Sopd ou Pa-Sopt. Le plus récent monument égyptien de *Saft el Hennéh* est marqué du cartouche de Ptolémée Philadelphe (285-247 av. J.-C.)[1]. Au IVe siècle de notre ère, la ville de Gessen appelée Arabie, était, comme nous l'avons vu, le centre d'une chrétienté gouvernée par un évêque[2].

1. *V. The Shrine of Saft el Hennéh.* — 2. Ptolémée dit dans sa *Géographie* (IV, 5, 53) qu'à l'orient de la branche Bubastique ou Pélusiaque, entre le nome de Bubaste et celui de Sethroïte se trouvait le nome d'Arabie « avec Phakusa comme métropole. » Plusieurs savants, séduits par la consonnance des noms, ont voulu identifier Phakusa avec le *tell Fakoûs*, village situé à 25 kilomètres au nord-est de Saft el Hennéh. Mais cette identification n'est pas admissible ; car d'après Strabon « Phakusa » était le point d'où partait le canal du Nil à la mer Rouge (*Op. cit.*, XVII, 26, p. 684). D'un autre côté nous savons par Hérodote (II, 158) que le canal construit (ou mieux restauré) par Néchao entre le Nil et le golfe Arabique, commençait un peu au-dessus de Bubaste et passait par Patumos (Pithom). L'ancien canal, qui partait de la branche Pélusiaque dans le voisinage de Bubaste et qui suivait le *ouâdi Toumilât* en baignant la colline de *Saft el Hennéh* et le *tell Maskhoûta* (Pithom), a été entretenu jusqu'au VIIIe siècle de notre ère et fut retrouvé en 1798 par les ingénieurs de Bonaparte. F. de Lesseps en a utilisé plusieurs tronçons, lorsque de 1853 à 1858 il alimenta d'eau du Nil les chantiers du canal de Suez. Près du *tell Fakoûs*, jamais aucun canal n'a été dérivé du fleuve. D'ailleurs il eut été impossible d'en amener les eaux à Pithom. Les indications de Ptolémée, de Strabon et d'Hérodote nous ramènent nécessairement à *Saft el Hennéh.* Le nom de Phakus doit avoir pour racine Pi-Kès, ou Pha-Kès, maison ou temple de Kès, ce qui prouve que cette ville a longtemps conservé ses deux anciens noms, Kès et Sopt (Saft), conjointement avec celui d'Arabie.

Le pays des Israélites en Egypte.

Faute de documents, il n'est pas possible de délimiter avec précision la terre de Gessen. Cependant, les égyptologues s'accordent à l'intercaler entre Mendès et Tanis au nord, Bubaste à l'ouest et Héliopolis au sud [1]. La famille de Jacob n'était composée que de 70 membres. Mais les 318 vaillants qu'Abraham choisit parmi « les gens nés dans sa maison [2] », et les 400 serviteurs d'Esaü [3], laissent supposer que ceux de Jacob étaient fort nombreux. Les enfants d'Israël prospéraient et à mesure qu'ils se multiplièrent ils durent se répandre dans les parties habitables des environs. Il n'y a donc pas lieu de s'étonner qu'après un séjour de 430 ans en Egypte, ils se soient avancés jusque dans les campagnes de Tanis, comme le suppose le Psalmiste [4]. Ils ont même occupé toute la rive orientale de la branche Pélusiaque de Tanis à Memphis, ainsi que le rapporte le Livre de Judith [5]. Le pays occupé par Israël vers l'Exode renfermait d'après cela, outre le nome d'Arabie, celui de Sethroïte au nord, l'Héroopolitain [6] à l'est et l'Héliopolitain au sud. Dans ces dernières provinces, ils vécurent au milieu des Egyptiens, sans se mêler avec eux. « Les Bné Israël, écrit M. Maspéro, prospérèrent dans ces parages si bien adaptés à leurs goûts traditionnels : s'ils n'y devinrent pas le grand peuple qu'on s'imagina par la suite, ils n'y subirent pas le sort de tant de tribus étrangères qui, transplantées en Egypte, s'y étiolent et s'éteignent, ou se fondent dans la masse des indigènes au bout de deux ou trois générations. Ils continuèrent leur métier de bergers, pres-

1. Maspero, *Hist. anc. des peuples de l'Or. cl.*, 1897, II, p. 72. — 2. Gen., XIV, 14. — 3. Gen., XXXII, 7.

4. Ps. LXXVIII (LXXVII), 12, 43. — A Tanis ou Zoan, aujourd'hui *San*, les archéologues ont trouvé des preuves importantes du séjour des Hébreux en Egypte. Il est bien possible que ceux-ci furent également contraints de travailler à Tanis, où Ramsès II fit bâtir un temple immense précédé de 12 obélisques, sans parler de beaucoup d'autres constructions. La ville d'On ou Héliopolis était aussi le théâtre de l'activité de Ramsès II. Les débris du temple de Râ portent son cartouche et l'Aiguille de Cléopâtre transportée à Alexandrie par un Ptolémée avait été érigée par lui à On. Elle est probablement l'un des 4 obélisques que selon Pline (XXXVI, VIII, 14), Ramsès II, le Sésostris de la tradition, avait dressés dans cette ville. (*V.* Maspéro, *op. cit.*, II, p. 423).

5. Jud., I, 9, t. gr. — 6. Sur les monuments de Dendérah, d'Edfou et de Philé, dit M. Naville (*The Store City of Pithom*, p. 6), le 8e nome porte le nom de *nefer ab*. Le dieu local était Toum et la métropole Pi-Toum à Re-Ab, la porte orientale de l'Egypte. Or Hérodote cite Patumos comme ville d'Arabie. Les Septante appellent la terre de Gessen où ils placent Héroopolis (Pithom) « Gessen en Arabie ». Strabon localise l'Arabie entre le Nil, les lacs Amers et Péluse. Il semble donc que sous les Ptolémées le 20e nome, celui de Sopt ou d'Arabie, comprenait alors aussi le 8e, le nome d'Héroopolis, ou était confondu avec lui.

qu'en vue des riches cités du Nil, et ils n'abandonnèrent point le Dieu de leurs pères pour se prosterner devant les triades ou les Ennéades des Egyptiens [1]. »

De Zagazig à *Abou Hammâd* le voyageur peut se faire une idée assez exacte de l'aspect que devait offrir la terre de Gessen, au moins dans sa partie occidentale, au temps d'Israël. Le texte sacré nous vante sa merveilleuse fertilité, et Moïse nous apprend qu'elle était due à l'irrigation. « Le pays dont vous allez prendre possession, dit-il aux Hébreux sur les bords du Jourdain, n'est pas comme le pays d'Egypte d'où vous êtes sortis et qu'il n'y avait qu'à ensemencer et arroser du pied, comme un jardin potager [2]. » Les Israélites, de leur côté, avaient alors déjà exprimé combien ils regrettaient « leurs champs de blé, leurs figuiers, leurs vignes et leurs grenadiers [3], » mais surtout leurs jardins arrosés par des canaux poissonneux. « Il nous souvient, dirent-ils, des poissons que nous avons mangés pour rien en Egypte, des concombres, des melons, des poireaux, des oignons et de l'ail [4]. »

Aujourd'hui encore, partout où l'irrigation peut être pratiquée, les canaux abondent en poissons, les champs bien cultivés produisent 2 ou 3 récoltes, les arbres sont chargés de fruits délicieux et les jardins, d'une végétation luxuriante, fournissent les légumes tant regrettés par les Israélites et toujours recherchés par les Orientaux. Il ne faut pas oublier cependant, qu'aux temps pharaoniques l'irrigation, ce puissant moyen pour accroître la production du sol, était plus aisée et surtout plus étendue que de nos jours. A l'orient de Damiette se trouvaient alors 5 grandes artères, la Canoptique, la Sébennitique, la Meudésienne, la Tanitique et la Pélusiaque qui ont à peu près disparu depuis, par suite de l'abandon dans lequel elles sont tombées à l'époque romaine et surtout sous la domination des Mameluks. Un réseau de canaux reliaient les diverses branches du Nil, et de vastes terrains que l'eau n'atteignait pas par l'irrigation furent fécondés par infiltration. « L'Egypte est un don du Nil, » disait Hérodote pour exprimer la dépendance absolue dans laquelle se trouve le pays par rapport à son fleuve. A 22 siècles d'intervalle, Bonaparte formula le même axiome, mais en observateur plus judicieux et plus pratique. « Sous une bonne administration, dit-il, le Nil atteint le désert ; mais sous une administration mauvaise, le désert atteint le Nil. »

Avant l'entreprise du canal de Suez, les eaux du Nil n'arrivaient plus dans la vallée peu profonde de *Toumilât*. Aussi à partir d'*Abou Hammâd*, le territoire de Gessen s'est transformé

1. *Op. cit.*, II, p. 72. — 2. Deut., XI, 10. — 3. Nomb., XX, 5. — 4. Nomb., XI, 5.

en un affreux désert. Au nord de la ligne de chemin de fer s'étendent à perte de vue des monceaux de sables dépourvus de toute végétation. Au sud, il est vrai, le canal d'eau douce qui longe la voie ferrée a rendu la vie à une bande de terre large de 2 à 3 kilomètres ; mais au-delà de cette ligne de verdure on n'aperçoit que des dunes arides et nues. Le paysage restera le même sur une longueur de 55 kilomètres, jusque dans le voisinage d'Ismaïlia.

Saïd-Pacha, vice-roi d'Egypte, avait concédé à la Compagnie du canal de Suez tous les terrains que le canal d'eau douce peut arroser naturellement, sans le concours de machines élévatoires, au prix modique de 1.900.000 francs. Peu d'années d'une irrigation habilement distribuée au fond de cette vallée plate produisirent une belle végétation. En 1863, le vice-roi Ismaïl racheta la concession au prix de 10.000.000 de francs, en vertu d'une clause insérée dans le premier contrat. Depuis, les *fellahs* riverains sont restés abandonnés à leur propre industrie et à leurs faibles ressources, et n'ont imprimé que peu de progrès à l'agriculture dans cette région.

La ville de Ramsès.

Tell el Kébir (Station, km. 60) est un pittoresque village ombragé par des dattiers nombreux et superbes. Il a été le théâtre de la bataille du 13 septembre 1882, par laquelle le général Garnet, depuis Lord Wolseley, defit l'armée égyptienne commandée par le ministre de la guerre Arabi Pacha

Au sortir de la gare, on rencontre à droite un cimetière fort bien entretenu, où furent ensevelis les 450 soldats anglais tombés sur le champ de bataille. Un peu plus loin, on reconnait encore le camp retranché d'Arabi Pacha.

Près de la station de *Kassassine* (km. 72), s'élève le hameau de même nom, occupé le 28 août 1882 par le général Graham pour y établir les avant-postes de l'armée britannique.

C'est dans ces parages qu'il faut chercher l'emplacement de la ville de Ramsès.

Après l'expulsion des Hyksos, la terre de Gessen devint pour les enfants d'Israël une terre de servitude. Séti Ier avait inauguré la persécution en leur imposant des corvées extraordinaires. Ramsès II l'appliqua avec rigueur et pendant son règne de 70 ans, il imagina, pour les opprimer, les moyens les plus inhumains. Ce monarque vain et ambitieux se signala surtout par la construction d'un nombre prodigieux de monuments, de temples et de villes. « La guerre contre les Khâti (Héthéens), écrit M. Maspéro, n'avait pas suspendu les constructions et les travaux d'utilité publique ; la paix engagea le souverain à s'y consacrer tout entier. Il approfondit le canal de Zalou, il répara les murailles et les postes fortifiés qui couvraient la frontière du côté de la péninsule sinaïtique, il fonda des citadelles le long du Nil aux points que les incursions des nomades menaçaient le plus. Il fut le roi-maçon par excellence, et l'on peut affirmer sans crainte de se tromper qu'il n'y a peut-être pas un édifice sur les ruines duquel on ne lise son nom, de la seconde cataracte aux embouchures du Nil[1]. »

La fertile contrée habitée par les Hébreux semble être devenue le chantier par excellence du puissant constructeur, si bien que d'après la Genèse elle reçut son nom et s'appelait au temps de l'Exode « la terre de Ramsès[2]. » Le tyran ne se contenta pas d'employer à ces travaux les enfants d'Israël ; il les traita en vrais serfs du fisc. « Les Egyptiens établirent sur Israël des prévôts de corvées, afin de l'accabler par des travaux pénibles. C'est ainsi qu'il bâtit des villes pour servir de magasins à Pharaon, savoir Pithom et Ramsès. Mais plus on l'opprimait, plus il se multipliait et s'accroissait, et l'on prit en aversion les enfants d'Israël[3]. » Sous le règne de Ménephtah, un scribe mentionne la fondation de la ville de Ramsès en ces termes : « Sa Majesté (Ramsès II) s'est bâti une ville, dont le nom est Pa-Ramessu Anakhitou (ville de Ramsès le très Vaillant)[4]. »

Le pharaon en a fait son habitation de prédilection, comme on peut le conjecturer de l'épisode suivant : Il avait mené contre les Héthéens une guerre de 21 ans mêlée de succès et de revers. Ne pouvant triompher de ce vaillant peuple, il conclut avec le roi héthéen un traité d'alliance éternelle, offensive et défensive, et accepta sa fille aînée en mariage avec le titre de reine. Le traité fut rédigé en langue hittite et en langue égyptienne ; cette dernière rédaction a été retrouvée par les archéologues. Plus tard Ramsès invita son beau-père à le visiter dans ses Etats. Le roi accepta et fut accueilli en grande pompe à « Pa-Ramessu Anakhitou », ville que les Hébreux venaient de construire. Mais tel était l'orgueil des pharaons, que cette visite d'amitié du beau-père et du puissant allié est transformée dans les papyrus d'Anastasi II et IV en simple acte d'hommage et de soumission du roi des Héthéens envers le pharaon d'Egypte[5].

Le site de Ramsès n'a pas encore été identifié. La ville a dû être importante et belle à en juger par la peinture qu'en a faite Panbésa, scribe du règne de Ménephtah Ier. « Quand je suis arrivé à Pa-Ramessu Meri Amen, dit-il, je l'ai trouvée en bon

1. *Op. cit.*, II, p. 408-409. — 2. Gen., XLVII, 11. — 3. Ex., I, 11-12. — 4. F. Vigouroux, *La Bible et les découv. mod.*, 6e éd., II, p. 206. — 5. F. Ph. Virey, *R. B.*, 1900, p. 580. Nous verrons plus loin que Ménephtah Ier ne traite pas ce peuple avec plus de courtoisie.

état. C'est une cité fort jolie et qui n'a point sa pareille dans les fondations de Thèbes... Ses viviers sont pleins de poissons, ses étangs d'oiseaux aquatiques ; ses prés foisonnent d'herbage... Ses greniers sont remplis de blé et d'orge dont les monceaux s'élèvent jusqu'au ciel... Les galères arrivent au port ; les provisions et les richesses y abondent chaque jour [1]... »

La ville de Ramsès était située, comme on le voit, sur le canal du Nil à la mer Rouge et devait se trouver à peu près au centre du pays de Gessen, puisqu'elle servit de point de ralliement aux Israélites quand ils quittèrent l'Egypte. Sainte Silvie raconte qu'on lui en montra l'emplacement à 4 milles (6 km.) à l'orient de la ville d'Arabie et à 12 milles à l'occident de Pithom. Mais comme des ruines de Pithom à *Saft el Hennéh* on compte environ 50 kilomètres, les données de la pèlerine gauloise ne peuvent guère servir pour préciser la position de la ville en question. Du reste, à la place de Ramsès elle ne rencontra qu'un champ de ruines. Celles-ci étaient dominées par une grande stèle en granit, où figuraient deux personnages, « qu'on dit être Moïse et Aaron », ajoute-t-elle. Le monument représentait probablement Ramsès II sacrifiant au dieu Râ.

Le P. Jullien propose d'identifier Ramsès avec *esch Schoukafiéh*, qui veut dire Poteries cassées, située à une heure au sud de Tell el Kébir [2]. M. Naville prétend qu'en dehors des vestiges d'un camp romain, on ne voit à *esch Schoukafiéh* rien de bien antique. Il suppose que les ruines de *tell Rotâb* près de Kassassine couvrent celles de la ville de Ramsès. Les fouilles seules permettront de déterminer l'assiette véritable de Ramsès.

Pithom.

Après avoir dépassé de 8 kilomètres la station de *Mahsaméh* (km. 83), ou 2 kilomètres avant d'arriver à la gare d'*Abou-Soueïr*, on aperçoit à droite, au-delà du canal d'eau douce, un relèvement du sol qui porte un minaret moderne. C'est le *tell Maskhoûta*, la colline de l'Image. Pendant la construction du canal de Suez, il s'y était formé un florissant village qui depuis l'achèvement des travaux a disparu à peu près complètement. Le mamelon doit son nom à un groupe de 3 personnages sculptés sur un bloc de granit rouge qui émergeait des ruines.

Les fouilles pratiquées sur ce *tell*, principalement par M. Naville [3], démontrent d'une manière péremptoire qu'on est en présence de Pithom, l'une des deux villes que les Hébreux furent contraints de bâtir « pour servir de magasins à Pharaon [4]. »

1. Pour le texte complet, *V.* Vigouroux, *op. cit.*, II, p. 266-268. — 2. *Sinaï et Syrie*, 1893, p. 38. — 3. *The Store City of Pithom.* — 4. Ex., I, 11.

Les Septante désignent Ramsès et Pithom sous le nom de « villes fortes. » Ils ajoutent à ces deux villes « On qui est Héliopolis. » Cette dernière, antérieure à la XIIe dynastie, n'a pu subir qu'une restauration ou un agrandissement par les Israélites ; elle n'est pas mentionnée dans le texte original.

Pi-Toum signifie maison ou temple de Toum, nom du dieu Soleil couchant. Cette divinité est représentée tantôt sous la forme de Toum avec une tête humaine ornée d'un double diadème, tantôt sous celle de Héremkhu ou Harmakhis, avec une tête d'épervier surmontée d'un disque solaire, comme à Héliopolis, la ville du Soleil.

Le nom de Pi-Toum n'apparaît jamais dans les monuments antérieurs à Ramsès II. Mais il se trouve en toutes lettres dans un écrit daté de la 8e année de Ménephtah Ier, son fils, c'est-à-dire 4 à 5 ans après l'Exode, comme on le croit communément. Il y est question d'Edomites nomades autorisés à passer la forteresse de *Khétam* de Ménephtah dans le pays de *Thukel* (Soccoth) et de paître leurs troupeaux près des lacs de Pi-Toum de Ménephtah dans le pays de Thuket [1]. Il semble, d'après ce document, que Ménephtah a continué l'œuvre entreprise par son père. Néanmoins, son nom n'a pas été retrouvé dans les ruines, pas même sur les briques. Il paraît, de plus, que le grand temple, construit en pierre calcaire, n'a jamais été achevé entièrement. M. Naville y a rencontré un sphinx en granit noir qui remonte à cette époque et qui est resté à l'état d'ébauche.

Environ 400 ans av. J.-C., Hérodote appelle encore cette ville *Patumos* [2]. Les Septante, au contraire, la nomment, comme nous l'avons vu (p. 3), Héroopolis. En effet, au temps des Ptolémées, Pithom reçut le nom d'Héroopolis, que les Romains ont abrégé en Ero, comme le prouvent plusieurs inscriptions trouvées sur place. Etienne de Byzance dit textuellement qu'Ero était une ville égyptienne appelée Héroopolis par Strabon.

Comme parmi les titres d'un des prêtres de Pi-Toum on remarque celui de *Mer-ar*, gardien des magasins, M. Naville crut que le premier élément du mot Héroopolis n'était qu'une altération du mot égyptien *ar*, au pluriel *aru*, et qu'Héroopolis signifiait Ville des magasins. Mais dans l'inscription de l'obélisque d'Hermapion qu'on connaît par Ammianus Marcellinus, le fils du dieu Toum est aussi appelé fils du dieu Hérôn. Héro n'est donc qu'un autre nom de Toum et Héroopolis un équivalent de Pi-Toum.

Au *tell Maskhoûta* la commission française découvrit, en 1798, un monument en granit rouge représentant Ramsès II entre le dieu Râ, le soleil levant, et le dieu Toum, le soleil couchant. Le

1. *V.* Brugsch, *Hist. of Egypt*, 2e éd., II, p. 133. — 2. II, CLVIII, p. 124.

dos de ce beau bloc est tout couvert d'hiéroglyphes. C'est de ce monument que la colline reçut le nom de *tell Maskhouta*. Puis, lors de la construction du canal d'Ismailia, les ouvriers mirent au jour un monument semblable et deux sphinx en granit noir consacrés à Toum par Ramsès II. Ces 4 sculptures étaient alignées sur les deux bords du *dromos* ou avenue du temple. Ils exhumèrent aussi un *naos* ou petit sanctuaire votif en grès rouge, orné de l'image d'un sphinx consacré par Ramsès II dans le temple de Pi-Toum. Il était employé dans les fondements d'un mur romain en briques. Tous ces objets furent déposés dans un jardin public à Ismailia.

En 1883 et en 1885, M. Naville fouilla méthodiquement le mamelon et fit une ample moisson de documents du plus haut intérêt. Aucune des inscriptions ou sculptures trouvées dans les ruines n'est antérieure au règne de Ramsès II ; mais plusieurs attribuent formellement à ce roi la fondation du temple et de la cité. Celle ci était munie d'une enceinte carrée d'environ 221 mètres de côté. Les murs fort épais sont formés de grosses briques cuites au soleil. La plupart d'entre elles ont leur pâte mêlée de menue paille ou de brins de roseau. Une grande partie de cette place est occupée par de solides bâtisses en briques crues, dont les murs, soigneusement dressés, ont de 1 m. 10 à 2 m. 70 d'épaisseur. On n'y voit ni portes ni fenêtres, et les diverses pièces n'ont aucune communication entre elles. Ce sont des magasins dans lesquels on versait le blé et d'autres denrées par les ouvertures pratiquées dans la voûte ou la terrasse, comme nous l'apprennent les greniers représentés sur les monuments figurés. Les entrepôts de Naucratis, la Pamerti des Egyptiens, que M. Flinders Petrie a découverts en 1884 à *Nekrâsch*, à 20 kilomètres au sud-sud-est de Damanhour, sont édifiés sur le même plan[1].

Tous les détails fournis par l'Exode[2] sont d'une exactitude si minutieuse, dit M. Naville, que seul un témoin oculaire a pu les donner, soit quant à l'origine et à la nature des deux villes, qui étaient du nombre de celles qui servaient de magasins[3], soit quant à la fabrication des briques qui portent le cartouche de Ramsès II.

Comme nous aurons à parler un peu plus loin des intéressantes informations fournies par les inscriptions trouvées au *tell el Maskhouta*, nous nous contenterons d'énumérer ici les principales trouvailles égyptiennes faites par M. Naville :

Fragment de naos avec le nom de Ramsès II.

Stèle portant le cartouche de Scheschonq, le Sésac de la Bible.

1. *Naucratis*, p. 24. — 2. Ex., I, 11-14 ; — V, 10 19. — 3. Cf. III (I) Rois, IX, 19. — II Par., VIII, 4.

Petite statue en granit rouge d'un lieutenant d'Osorkon II, de la XXIIe dynastie, où le nom de Pi-Toum est répété trois fois.

Fragment d'une statue d'un prêtre de Thukhet (Soccoth).

Fragment d'une statue de prêtre où figure le nom de Pi-Toum.

Fragment d'un pilier où se trouve gravé le nom de Nectanébo Ier.

Base d'une statue de la reine Arsinoë II Philadelphe.

Grande stèle, bien conservée, de Ptolémée Philadelphe.

Pithom dura jusqu'à l'époque romaine et la dernière inscription latine où se lit le nom d'Ero remonte à l'an 360 de notre ère. Sainte Silvie visita ce lieu vers la fin du IVe siècle. Mais elle distingue la ville de Pithom de celle d'Héroopolis et non sans raison. Elle se rendit d'abord à « Phitona castrum » qui est sans contredit l'Ero-Castra des inscriptions latines. De là elle passa au « bourg d'Héroum » où elle trouva une église et plusieurs religieux. Or, les fouilles ont démontré que les Romains avaient etabli leur camp à l'emplacement de l'ancienne Pithom et relevé la ville d'Héroopolis un peu au nord-est du camp. La pèlerine nous apprend aussi que le Nil y envoyait encore ses eaux.

De la station d'*Abou Soueïr* (km. 93), on arrive à la gare de *Néfiche* (km. 105), puis à celle d'Ismaïlia (km. 109), située au nord-ouest de la ville.

Ismaïlia.

La ville d'Ismaïlia est placée à 75 kilomètres au sud de Port-Saïd et à 72 au nord-nord-ouest de Suez. Elle fut bâtie au milieu du désert en 1863, pour servir de métropole de l'isthme et de centre de l'administration et du ravitaillement du canal maritime. Les rues sont larges et régulières. Les avenues et les squares, émaillés de fleurs, sont bordés d'immenses accacias lebeks, qui, avec les jardins des alentours, donnent à la ville l'aspect d'une riante oasis plantée sur le bord du lac de *Timsah* ou des Crocodiles.

Dans l'avenue Victoria, en face de l'ancienne villa de Ferdinand de Lesseps (la première maison construite en ce lieu), un jardin public renferme plusieurs monuments égyptiens trouvés au *tell el Maskhouta*. Les bâtiments hydrauliques, le palais du vice-roi ou de l'impératrice Eugénie, l'hôpital de Saint-Vincent-de-Paul au débouché du canal dans le lac, au nord, le quai de Méhémet Ali offrent des buts d'agréables promenades à travers de magnifiques avenues Partout l'on jouit de superbes échappées de vue sur le lac bleu.

Dans la pittoresque avenue qui mène de la gare au débarcadère du lac, on rencontre deux hôtels.

Ismaïlia est la résidence d'un *mohâfiz* ou gouverneur égyptien. Les quartiers arabes s'étendent au sud-ouest de la ville et sont dominés par un beau minaret.

Le canal d'eau douce, qui alimente Ismaïlia, Port-Saïd et Suez, est d'un niveau supérieur à celui de la ville. Les infiltrations de l'eau du Nil à travers le sable produisent des exhalaisons malsaines qui causent des fièvres. Aussi Ismaïlia déchut-elle de

Fig. 2. = ISMAÏLIA.

son rang de métropole, et aujourd'hui elle compte à peine 7.000 habitants dont la grande majorité appartient à l'islam.

La paroisse latine et l'école pour les garçons sont dirigées par les Pères Franciscains. Les Sœurs Franciscaines et les Sœurs de Saint-Vincent-de-Paul tiennent les écoles pour les filles.

Avant de parler de la marche des Israélites à la sortie d'Egypte, il nous reste à traiter deux points importants : celui de l'ancien canal du Nil à la mer Rouge et celui de la configuration du golfe de Suez au temps d'Israël.

L'ancien canal du Nil à la mer Rouge.

La jonction de la mer Méditerranée et de la mer Rouge par le Nil et par un canal navigable semble avoir été entreprise au temps de Séti Ier ou d'un de ses prédécesseurs. Au temple d'Amon à Thèbes, une peinture publiée par Lepsius[1] représente Séti Ier revenant en Égypte après avoir vaincu les peuples de l'Asie. Le roi laisse derrière lui toute une ligne de fortins et arrive à un bassin d'eau plein de poissons de mer. A celui-ci aboutit à angle droit un autre bassin rempli de crocodiles, avec la mention *ta tenat*, c'est-à-dire, la percée ou le canal. Il n'y a pas de doute que ce tableau ne représente le canal d'eau douce dérivant du Nil et se jetant dans le golfe de la mer Rouge. A l'embouchure du canal, on remarque un pont flanqué de côté et d'autre d'une forteresse qui porte le nom de *khetam*. Strabon[2], le scribe Panbésa[3] et Aristote[4] attribuent l'exécution du canal à Sésostris ou Ramsès II ; mais, comme le remarque M. Maspéro[5], celui-ci ne fit que le réparer. Du reste, les auteurs grecs et latins qui en parleront dans la suite, en attribueront invariablement la fondation aux divers monarques qui l'ont restauré successivement ; car cette voie de communication entre le fleuve et la mer a été interrompue à diverses époques et son rétablissement a exigé des travaux considérables.

De 611 à 605 av. J.-C., Néchao II essaya de rétablir le canal, tout en élargissant son lit. « Psammétique, raconte Hérodote, laissa un fils nommé Néchao qui lui succéda sur le trône. Ce prince fut le premier à entreprendre la construction du canal de la mer Rouge. Cette œuvre fut ensuite achevée par Darius de Perse. Sa longueur est de quatre jours de navigation et sa largeur telle que deux trirèmes peuvent naviguer côte à côte. L'eau dérive du Nil un peu au dessus de Bubaste et court dans le golfe Arabique, qui est aussi appelée mer Rouge, près de Patumos, ville d'Arabie[6]. » L'entreprise de Néchao avait déjà coûté la vie à 120.000 ouvriers[7], lorsqu'il y renonça parce qu'un oracle lui avait prédit qu'il ne travaillait que pour les Barbares[8].

L'Égypte devint une satrapie persane sous Cambyse. Darius Ier (521-486) acheva l'entreprise de Néchao et fit élever le long du canal, des stèles en granit avec des inscriptions bilingues, en hiéroglyphes égyptiens et en caractères cunéiformes persans. On en a trouvé des débris au sud du *tell el Maskhouta*, au Sérapéum, à 2 kilomètres 1/2 à l'occident du canal maritime actuel, au *Kabret*, entre le petit et le grand

1. *V.* Brugsch, *Die Geographie des alt. Ægypten*, p. 261 s et pl. 48. — 2. XXVII, I, 25. — 3. *V.* Brugsch, *Hist. of Egypt*, II, p. 96. — 4. *Metrologia*, I, XIV. — 5. *Hist. anc. des peuples de l'Or. cl.*, II, p. 228. — 6. II, CLVIII. — 7. La corvée était fréquemment mortelle en Egypte. Lors de la construction du canal de *Mahmoudiyeh* d'Afteh à Alexandrie, par Méhémet Ali, 20.000 *fellahs* succombèrent à la peine, soit épuisés par l'excès du travail qui leur était imposé, soit par les fièvres produites par les miasmes qui s'exhalaient d'un sol fangeux. — 8. Hérodote, *loc. cit.*

bassin des lacs Amers, et près du *Chaloûf et Térabé* sur le chemin des pèlerins de La Mecque. Dans cette dernière stèle, il est dit que Darius, pour créer le canal, « aida la nature ».

D'après la grande stèle trouvée au *tell el Maskhoûta*, comme aussi d'après le rapport de Strabon[1], de Pline et de Diodore de Sicile, Ptolémée Philadelphe le restaura à son tour vers 277 av. J.-C., et le munit d'un « euripe », sorte d'écluse rudimentaire qui permettait, dit Strabon, de passer aisément du canal dans la mer et réciproquement. L'œuvre principale du roi consistait dans la fondation d'une nouvelle ville, d'une seconde station navale, à laquelle il donna le nom d'Arsinoë, en l'honneur de sa sœur qui était en même temps son épouse. Le canal reçut le nom d'*Amnis Ptolemœi*, fleuve de Ptolémée.

Trajan (98-117 ap. J.-C.) dut faire exécuter des travaux considérables pour rétablir une fois encore la communication entre la mer Rouge et le Nil. Il reporta la prise d'eau un peu plus au sud, à l'aide d'une section nouvelle allant du Caire à Belbeis. Il est vraisemblable qu'à cette occasion la traversée du lac Timsah a été abandonnée et que le canal fut dirigé d'Ero dans les lacs Amers. Le canal reçut alors le nom d'*Amnis Trajanus.*

Les derniers travaux de restauration sont dus au calife Omar qui ordonna à son lieutenant Amr en 645 de rétablir « le fleuve du prince des croyants », pour faciliter le transport des céréales de Fostat (Le Caire) à Qolzum (Suez) et les expédier de là à Médine et à La Mecque. Mais en 755, un calife abbasside, Abou Djâfar el Mansour, fit tout combler, afin de fermer l'accès de l'Egypte à l'armée de son oncle qui s'était mis en révolte contre lui. Les lacs Amers, désormais privés de toute communication avec le Nil et la mer Rouge, se transformèrent peu à peu en une lagune morte, puis en un vaste banc de sel marin.

Les Vénitiens en 1508, Leibnitz en 1674 et Bonaparte en 1798, songèrent bien à la création d'un nouveau canal maritime; mais la gloire de réaliser ce grandiose projet était réservée à Ferdinand de Lesseps.

La mer Rouge au temps d'Israël.

Il est probable que l'isthme de Suez est de formation récente et qu'à l'époque quaternaire la mer Méditerranée et la mer Rouge communiquaient librement par une sorte de bosphore, que les sables du désert et le limon du Nil ont comblé lentement sur plusieurs points. De plus, à une époque toute récente,

1. XXVII, I, 25.

l'isthme a subi d'importantes modifications par suite d'un soulèvement du sol.

Comme témoins de l'existence de ce détroit reste au nord la dépression du lac de *Menzaléh*, vaste campagne qu'ont envahie les eaux du Nil et celles de la mer. Il descend à 44 kilomètres au sud de Port-Saïd et n'est séparé des lacs *Ballah*, qui suivent, que par une digue naturelle formée par une série de dunes, dont le point culminant porte le nom d'*el Kantarah*, le Pont. La route qui menait de la vallée du Nil dans la Palestine, passait sur cette crête. Au sud des lacs *Ballah*, qui ont 16 kilomètres de longueur, du nord au sud, se présente un pli de terrain appelé *el Ghisr*. Ce seuil, le plus élevé de tous, est à 20 mètres au-dessus du niveau de la mer. Vient ensuite le lac *Timsah* avec une longueur de 8 kilomètres, suivi de deux nouveaux plis de terrain ; l'un est le seuil de *Toussoum* et l'autre est appelé, par les ingénieurs du canal, *Sérapeum*. Là, à une demi-heure à l'ouest du canal de Suez, on a retrouvé un fragment de l'une des stèles de Darius et les vestiges du canal pharaonique. C'est là aussi et là seulement, que les dragues rencontrèrent un banc de roche à 8 mètres au-dessous du niveau de la mer. A 10 kilomètres au sud du lac *Timsah*, s'ouvrent les lacs Amers formés d'un grand et d'un petit bassin. Ils s'étendent au sud-est sur une longueur de 40 kilomètres environ ; leur largeur maxima est de 10 à 12 kilomètres et leur plus grande profondeur d'environ 15 mètres. Entre ces lacs et le golfe de Suez se présente un dernier seuil, celui de Chaloûf qui s'élève de près de 5 mètres au-dessus du niveau de la mer. De là le terrain descend insensiblement jusqu'au rivage de la mer Rouge, distant d'environ 20 kilomètres.

Les auteurs anciens sont unanimes pour dire que Héroopolis était bâtie en tête du golfe. C'est pour cette raison que le bras de mer reçut le nom de golfe Héroopolitain, nom qu'il a conservé jusqu'à la domination musulmane, lorsque depuis plusieurs siècles s'élevait au sud, la ville d'Arsinoë, appelée plus tard Cléopâtris, puis celle de Clysma. Hérodote fait déboucher le canal du Nil dans la mer, près de Patumos, qui est Héroopolis [1]. Strabon écrit qu'Héroopolis était bâtie à l'extrémité du golfe Arabique [2]. Puis Agathémoros dit que le golfe Arabique commençait à Héroopolis [3]. Artémidoros, cité par Strabon, déclare que les galères partaient d'Héroopolis pour se rendre au pays des Troglodytes [4]. Au IIe siècle de notre ère, Ptolémée fixe la latitude de la tête du golfe à un sixième de degré au sud d'Ero, c'est-à-dire à l'extrémité septentrionale des lacs Amers.

1. II, 158. — 2. *Op. cit.*, XVII, 25, p. 683. — 3. *Geogr. græc. min.*, éd. Muller, II, p. 475. — 4. *Op. cit.*, XVI, p. 655.

Le *tell el Maskhoûta* se trouve assez éloigné du lac *Timsah* ; mais, comme l'ingénieur Linant de Bellefonds l'a déjà remarqué il y a plus de 80 ans[1], les vallons de *Saba Biar* et d'*Abou Balah* formaient anciennement une baie qui s'avançait jusqu'au bourg de *Magfar*, à 4 kilomètres à l'est du *tell el Maskhoûta*. Le port de Pithom se trouvait, en conséquence, dans l'embouchure du canal pharaonique.

D'un autre côté, les documents égyptiens nous apprennent qu'il y eut une mer intérieure appelée *Kémuer* ou *Kim Oïrit*, la Très-Noire, qui communiquait avec la mer Rouge. A la vingtième ligne de la grande stèle de Ptolémée Philadelphe trouvée au *tell el Maskhoûta*, il est dit : « Ensuite Sa Majesté se rendit dans le Kémuer et bâtit une grande ville à sa sœur. » C'est Arsinoé, qui formait avec Héroopolis, toujours d'après la même inscription, les deux points de départ pour les expéditions commerciales dans la mer Rouge. Quelques lignes plus loin, il est question de la flotte qui quitte les eaux de Kémuer et entre dans la mer proprement dite pour se rendre dans le pays des Troglodytes à la chasse des éléphants[2]. Puis les galères de la flotte royale reviennent de la mer Rouge, chargées d'éléphants et entrent « dans les ports de Kémuer »[3].

Il semble déjà être question de cette mer intérieure dans la biographie de Sénuhyt, dont les aventures remontent au règne d'Amenemhat Ier, fondateur de la XIIe dynastie. Sénuhyt s'enfuit de Memphis et passa le Nil un peu au nord de cette ville. Il arriva de nuit à la frontière orientale de l'Egypte et réussit à échapper à la surveillance des sentinelles postées dans une forteresse. Il se reposa un peu et le lendemain matin il arriva au lac de Kémuer ; mais il ne put étancher la soif brûlante qui le dévorait, parce que l'eau était salée[4].

De haute antiquité cette mer a été mise en relation avec la ligne de fortifications qui s'étendait au nord du lac Timsah ; car, dit M. Maspero, le nom de Kémuer est déjà suivi de l'hiéroglyphe de muraille ou de forteresse dans les textes des pyramides[5].

Kémuer ou *Kim Oïrit* signifie la Très Noire et s'applique à l'extrémité septentrionale de la mer Rouge, par parallélisme avec *Ouazit-Uer* ou *Ouaz-Oïrit*, la Très Verte, nom par lequel les Egyptiens désignaient à la fois la mer Rouge et la mer

1. *Mémoires sur les principaux travaux... en Egypte*, p. 105 ss. — 2. La flotte de Ptolémée Philadelphe, se rendit au pays situé entre Suakim et Massaouah, où un général du pharaon fonda la ville de Ptolémaïde-Théron, Ptolémaïs des Chasses. — 3. V. Max Muller, *Asien u. Europa n. altægypt. Denkmælern*, 1893, p. 40 ss. — 4. Max Muller, *op. cit.*, p. 38. — Après avoir franchi la frontière, le fugitif a dû s'approcher du lac salé sur sa rive nord-est. — 5. *Op. cit.*, I, p. 351 ss.

Méditerranée [1]. Dans le Pentateuque et le livre de Josué ce golfe est appelé *yam Suph*, la mer des Roseaux, ou simplement la mer. Le mot *Suph* est emprunté au mot égyptien *thuf*, *thufi*, qui signifie roseau, l'*arundo egyptiaca* et *isiaca* [2].

Quelle était anciennement la nature de cette mer intérieure ? D'après la stèle de Ptolémée Philadelphe, elle se trouvait « dans un pays marécageux [3]. » Strabon raconte que les eaux des lacs Amers, autrefois salées, s'étaient adoucies par la création du canal et la mixtion de l'eau du fleuve [4]. A l'époque de l'Exode, un canal navigable y déversait déjà au moins depuis un siècle les eaux limoneuses du Nil. Sous l'influence de l'eau douce, le golfe, qui par son caractère triste et sombre au milieu du désert méritait déjà le nom de Très Noir, a dû voir ses rives fangeuses se couvrir d'une abondante végétation, particulièrement de fourrés de roseaux, à l'instar du lac *Menzaléh* dans le voisinage des canaux qui s'y déversent.

Sept à huit siècles après le départ des Hébreux, les souverains d'Egypte sont forcés d'entreprendre de continuels travaux pour rétablir la communication, souvent interceptée, entre Pithom et la mer Rouge. Ils n'avaient pas tant à lutter contre les sables du désert et le limon du Nil que contre le soulèvement lent, mais continu, de toute la région. Le seuil d'*el Ghisr*, qui semble être le noyau central de ce mouvement, a acquis 20 mètres d'altitude, celui de Sérapéum 14 et celui du *Chaloûf* 5 seulement. Sur la côte occidentale de ce dernier, à quelques pas du nouveau canal maritime, M. de Lesseps en a retrouvé un ancien, sur le bord duquel il remarqua encore les petits tas de vase provenant du dernier curage. Le fond en est parfaitement plat ; mais par suite des oscillations de la croûte terrestre, il n'est plus qu'à un demi-mètre au-dessus du niveau de la mer [5]. Par un phénomène contraire, la côte septentrionale entre Péluse et Alexandrie subit un abaissement. Il y eut même de ce côté des bouleversements violents à une époque relativement récente. Ce qui le prouve c'est qu'en creusant le canal de Suez, on a trouvé sous une couche de vase d'un demi-mètre d'épaisseur, des champs encore couverts de leurs moissons de maïs et de *dourah*.

Les travaux mêmes qui ont été entrepris depuis Néchao jusqu'au calife Omar nous permettent de suivre pas à pas la transformation du golfe en une suite de lacs desséchés. Le premier obstacle au passage des trirèmes a dû se produire au bras de

1. Max Muller, *op. cit.*, p. 42. — 2. Fresnel, *Journal asiat.*, 1848, p. 274 ss. — 3. *V.* Naville, *The Store City of Pithom*, p. 8-9. — 4 *Op. cit.*, XVII, 25, p. 683. — 5. A 3 ou 4 m. au-dessus du niveau du canal maritime, on a constaté dans les berges des couches de sel entre de minces couches de sable.

mer qui correspond aux seuils de *Toussoum* et de Sérapéum. Là, la mer relativement peu large et peu profonde, se rétrécit par le soulèvement du sol et finit par ne plus offrir qu'un chenal sinueux où, sous les efforts du vent, une barre sablonneuse ne pouvait manquer de se fermer. C'est là que Néchao dut porter ses efforts ; mais, telles étaient les difficultés auxquelles il se heurta, qu'après avoir sacrifié des milliers et des milliers d'ouvriers, il désespéra de la réussite. Un oracle vint à propos pour ménager l'orgueil du pharaon. Darius fut plus heureux et crut devoir immortaliser son succès en érigeant plusieurs stèles en granit, dont l'une d'elles fut retrouvée au Sérapéum même. Le lac *Timsah* ne communiquait plus avec la mer que par un chenal moitié naturel, moitié artificiel. Le golfe dut subir le même rétrécissement là où se produisit plus tard le seuil de Chaloûf. Dans la stèle de Ptolémée il est, en effet, question des « lacs des Scorpions, » qui ne sont autres que « les lacs Amers » de Strabon. Ptolémée Philadelphe jugea opportun de construire sur le bord méridional des lacs Amers la ville d'Arsinoë, pour avoir une nouvelle station navale. Il est possible que ce pharaon ait déjà renoncé à sillonner de ses vaisseaux le lac Timsah ; mais il est certain que le canal de Trajan se rendait directement d'Ero aux lacs Amers. On a retrouvé les vestiges d'un canal débouchant dans la mer au nord-ouest de ces lacs.

Par l'abandon du chenal de Darius au Sérapéum, le lac *Timsah* se trouva bientôt isolé et ses eaux s'évaporèrent en abandonnant un dépôt de sel. Quand sous l'influence d'une haute marée ou de la violence du vent la mer s'élevait à une hauteur extraordinaire, les flots envahissaient de nouveau le bassin de *Timsah* et leur évaporation produisit une seconde couche de sel ; il en fut ainsi jusqu'à ce que le barrage, continuant son œuvre de séparation, le laissa pour toujours complètement à sec. C'est ainsi que s'est produite une croûte de sel de 10 à 12 mètres d'épaisseur, formée de diverses couches horizontales de 0 m. 50 à 0 m. 60, séparées les unes des autres par une couche de sable. La stèle de Darius au seuil de Chaloûf et « l'euripe » construite par Ptolémée laissent supposer que ces monarques avaient aussi à vaincre de grandes difficultés au sud, pour maintenir la communication entre la mer intérieure et la mer Rouge. Finalement le banc de craie de formation tertiaire qui occupait en cet endroit le fond du golfe continua à se soulever insensiblement et finit par former un barrage infranchissable. Dès lors les lacs Amers eurent le même sort que le lac *Timsah*.

CHAPITRE II

L'Exode.

Sur l'ordre du Seigneur, les Israélites célébrèrent pour la première fois la Pâque. C'était le 14e jour du mois de Nisan qui correspond à peu près à notre mois d'avril. Ils mangèrent l'agneau pascal debout, les reins ceints, les sandales aux pieds et le bâton à la main ; car la même nuit Jahvé devait frapper tous les premiers-nés dans le pays d'Egypte, fléau à la suite duquel le pharaon lui-même pressera Moïse d'aller avec son peuple sacrifier dans le désert. Le lendemain les Hébreux s'assemblèrent autour de Ramsès, ville centrale du pays qu'ils occupaient.

Soccoth.

De Ramsès ils allèrent à Soccoth où ils établirent leur premier campement.

Soccoth, en hébreu Sukkoth, signifie tentes ou huttes de branchage. Mais au fond, Soccoth n'est qu'une assimilation du nom égyptien *Thuket* ou *Thkut* à un nom hébreu ; la lettre égyptienne qui se prononce *th* est souvent rendue par celle de s dans les écrits des Hébreux, des Grecs et des Coptes.

Dans les documents égyptiens, Thuket ne figure jamais comme une ville, mais plutôt comme la contrée qui renferme Pithom ; ou bien, la capitale du *Nefer Abt*, 8e nome de la Basse-Egypte, porte le nom civil et profane de Thuket et le nom sacré et religieux de Pi-Toum.

Le papyrus écrit la 8e année du règne de Ménephtah et que nous avons déjà eu l'occasion de citer, parle de nomades Edomites autorisés à passer la forteresse (*khétam*) de Thuket qui protégeait la frontière orientale de l'Egypte et de paître leurs troupeaux près des lacs [1] de Pi-Toum de Ménephtah dans le pays de Thuket [2]. Dans les ruines du *tell el Maskhouta*, M. Na-

1. *V.* A. H. Sayce, *D. D. H.*, III, p. 886. — Ces shasous étaient destinés, semble-t-il, à remplacer dans le Thuket les Israélites qui l'avaient abandonné.

2. M. Brugsch (*Zeitschrift f. ægypt. Sprache*, 1876), dit que le lac sacré de Pithom s'appelait *bir'khata Kharmu*, lac des Crocodiles. Les Arabes ont conservé le nom de Crocodiles, *Timsah*, au lac d'Ismaïlia.

ville a retrouvé douze fois le nom de Toum accompagné du titre de « grand dieu de Thuket ». Dans la stèle de Ptolémée Philadelphe, il est encore question des « dieux de Pithom de Thuket. »

Etham.

De Soccoth les Israélites arrivèrent à Etham au bord du désert du même nom[1]. Le mot Etham a un cachet égyptien et, de l'avis commun, il ne diffère pas du mot *Khatem* qui veut dire muraille ou ligne de forteresses. Nous avons déjà vu (p. 95) que Séti Ier, revenant de l'Asie, arrive à une mer dans laquelle débouche un canal d'eau douce. Le canal est traversé par un pont flanqué à chaque extrémité d'une forteresse avec la mention *Khatem*. Bien des siècles auparavant, le fugitif Sénuhyt rencontre à la frontière orientale de l'Egypte « les murs du prince pour résister aux nomades[2]. »

Il n'y a cependant aucun motif de croire que l'isthme était fermé du nord au sud par une espèce de muraille de Chine. Sur cette ligne il y avait bien un cordon de forts dont treize ont été reconnus. Mais, d'après l'avis de M. Max Muller, il ne devait exister une muraille réelle que sur une longueur de trois à quatre kilomètres au nord du lac *Timsah*, en tout temps le point stratégique le plus important de toute la frontière[3].

A Etham s'ouvraient deux voies : la première poussait droit au nord dans le pays des Philistins. Ce n'est pas par ce chemin que Moïse devait se rendre au pays de Chanaan. L'autre descendait le long de la rive orientale du golfe et entrait dans la péninsule de Sinaï. Cette voie a été suivie par les mineurs égyptiens, qui, de temps à autre, furent expédiés dans les montagnes sinaïtiques à la recherche des turquoises et des minerais de cuivre.

Moïse ne devait pas laisser ignorer à Ménephtah dans quel pays il allait mener son peuple pour offrir un sacrifice au Seigneur. Il a dû faire entendre au souverain égyptien qu'il ne conduirait pas ses compatriotes en dehors de ses domaines. Le texte sacré porte à trois reprises différentes qu'il demanda l'autorisation de se rendre « dans le désert de trois jours de marche[4]. » Ces trois jours de marche, remarque M. F. Petrie[5],

1. De Ramsès à Etham les étapes étaient très courtes. Il fallait du temps pour organiser la marche et permettre à ceux qui vivaient éloignés de Ramsès de rejoindre la caravane.

2. Etham pourrait aussi venir d'*Atuma* ou *Atma* qui, d'après le papyrus d'Anastasi VI, était un pays de la frontière orientale, occupé plus tard par des *shasous* nomades. — 3. *Op. cit.*, p. 43. — 4. Ex., III, 18 ; — V, 3 ; — VIII, 27. — 5. *Researches in Sinai*, 1906, p. 203.

n'étaient pas destinés à colorer l'entreprise ; ils désignaient l'horrible désert de trois jours sans eau potable, entre les fontaines de Moïse et le *ouâdi Gharandel* ou Elim. Il est à présumer que ce désert faisait alors, comme aujourd'hui, l'épouvante de toute caravane obligée de le traverser. « Marcher pendant trois jours dans le désert » était probablement devenu une locution proverbiale pour signifier : descendre dans la péninsule de Sinaï. Quelle que soit la valeur de cette interprétation, il faut convenir qu'à Etham les Israélites étaient libres de passer les lignes de la frontière et de descendre dans la presqu'île avec tous leurs troupeaux et tous leurs biens. Les gardes les laissèrent avancer en paix, bien qu'ils les vissent disposés à faire soit un long voyage, soit un long séjour hors de l'Egypte.

Mais Dieu qui n'avait pas seulement résolu de délivrer son peuple du joug de ses oppresseurs, mais aussi de confondre l'orgueil du pharaon et de faire éclater sa propre puissance, en décida autrement. Il dit à Moïse : « Parle aux enfants d'Israël, qu'ils changent de direction et qu'ils viennent camper devant Phihahiroth entre Magdalum et la mer, vis-à-vis de Belséphon ; vous camperez en face de ce lieu près de la mer[1]. »

Moïse, animé d'une confiance surhumaine dans le Seigneur, fit aussitôt un mouvement brusque de retour, traversa le pont du canal représenté dans la peinture de Séti Ier et descendit vers le midi le long du rivage occidental de la mer, pour établir le campement à l'endroit indiqué par Dieu. A cette vue, le commandant de la garnison d'Etham s'empressa d'expédier à Tanis un messager, pour informer le pharaon que les Israélites avaient dévié de la route qu'ils étaient autorisés à suivre, et qu'ils étaient allés camper devant Phihahiroth. A cette nouvelle, le roi pouvait bien s'écrier : « Ils se sont égarés dans le pays ; le désert les tient enfermés[2]. »

Phihahiroth.

Dans les inscriptions du *tell el Maskhoûta*, M. Naville a retrouvé deux fois le nom de *Pi-Kéhéret*, le temple des Serpents. Cette ville, dotée d'un sanctuaire, est indiquée une fois dans le 8e nome, celui de Pithom, et une autre fois dans le Thuket ou Soccoth, plus près de la mer que Pithom, d'après l'explorateur suisse.

Phihahiroth de la Bible est de l'aveu de presque tous les égyptologues le même lieu que Pi-Kéhéret des documents égyptiens.

1. Ex., XIV, 1-2. — 2. Ex., XIV, 3.

Pi-Kéhéret, la demeure des Serpents, est la résidence d'Osiris et par conséquent un *Sérapéum* pour les Grecs. Des 42 Sérapéum élevés en Egypte, deux se trouvaient entre le Nil et la mer Rouge[1]. L'Itinéraire d'Antonin en marque un à 18 milles d'Ero et à 50 milles de Clysma. Les ingénieurs de la Compagnie du canal de Suez ont donné le nom de Sérapéum à une ruine située à peu près à mi-chemin entre le lac Timsah et les lacs Amers, à 5 kilomètres de la rive occidentale du canal maritime et à 25 kilomètres en ligne droite du *tell el Maskhouta*. Dans le voisinage, on a trouvé des fragments d'une stèle bilingue de Darius ; mais à l'endroit du prétendu Sérapéum, on n'a découvert que les ruines d'une tour de garde et de quelques autres constructions avec des monnaies romaines, mais aucune trace d'une ville ou d'un temple. Tout récemment on a repris les fouilles en ce même lieu, et rien de bien ancien n'a été mis au jour.

M. Naville propose de localiser le Sérapéum au pied du *djébel Mariam*[2], petite montagne qui s'élève à 21 kilomètres au sud-est du *tell el Maskhouta*, au nord de *Toussoum*. On n'y a trouvé que des traces d'une colonie romaine. M. Lepsius l'indique à 5 kilomètres plus au midi, à l'entrée du canal dans le grand bassin, où l'on a trouvé des débris d'un monument pharaonique.

Les Septante ont rendu Phihahiroth deux fois par le mot ἔπαυλις[3], qui signifie ferme ou domaine, et une autre fois par τὸ στόμα Ἑἰρώθ, entrée de Hiroth. Pi-Kéhéret semble en effet avoir été un domaine royal ; car d'après les inscriptions du *tell el Maskhouta*, on y envoyait beaucoup de chevaux et d'autre gros bétail en pâturage. Le papyrus d'Anastasi VI parle, du reste, d'un domaine de pharaon dans le pays de Thuket. Si avec tout cela on ne peut pas déterminer le site précis de Phihahiroth, il faut au moins le chercher au nord-ouest des lacs Amers[4].

1. Ebers, *op. cit.*, p. 528. — 2. D'après une légende arabe, ce serait sur cette montagne que Marie la prophétesse, sœur de Moïse, mécontente de son frère et de l'influence qu'il laissait à ses femmes, venait implorer Dieu et lui demander son assistance. Le livre des Nombres (XII, 1) dit que ce fut à Haséroth, près du désert de Pharan, que Marie murmura contre son frère, au sujet de la femme couschite qu'il avait prise.

3. Ex., XIV, 2, 9. — Nomb., XXXIII, 7. — 4. Sur la route des Pèlerins de La Mecque, à environ 18 kilomètres au nord-ouest de Suez, se dresse un vieux fort, *Adjroûd*, qui renferme un puits d'eau très saumâtre de 80 m. de profondeur et un *ouéli* ou sanctuaire d'un santon musulman. Ce nom présente quelque consonnance avec Pi-Hahiroth. Cependant, le géographe arabe Edrisi (XIIe s.) est le premier auteur connu qui parle de « Agiroûd ». Le désert où est situé ce fort répond mal au « domaine » des Septante et il est beaucoup trop éloigné pour représenter Pi-Kéhéret de Soccoth.

Magdalum.

On est surpris de trouver en Egypte une localité qui porte un nom hébreu, Migdol, Magdalum dans la Vulgate. Ici ce sont les Egyptiens qui ont emprunté le mot aux Sémites. « Les grandes guerres entreprises en Asie sous la XVIIIe dynastie, écrit M. Maspero, révélèrent aux Egyptiens des formes nouvelles de fortifications. Les nomades de la Syrie méridionale avaient des fortins où ils se réfugiaient sous la menace de l'invasion. Les villes cananéennes et hittites, Ascalon, Dapour, Mérom étaient entourées de murailles puissantes, le plus souvent en pierre et flanquées de tours ; celles d'entre elles qui s'élevaient en plaine, comme Qodschou, étaient enveloppées d'un double fossé rempli d'eau. Les pharaons transportèrent dans la vallée du Nil les types nouveaux dont ils avaient éprouvé l'efficacité dans leurs campagnes. Dès les commencements de la XIXe dynastie, la frontière orientale du Delta, la plus faible de toutes, était couverte d'une ligne de forts analogues aux forts cananéens ; non contents de prendre la chose, les Egyptiens avaient pris le mot et donnaient à ces tours de garde le nom sémitique de *magadilou* [1]. »

En effet, dans la peinture déjà citée (p. 00), sous le char de Séti Ier sont représentés trois forts dont l'un est accompagné du mot *Makhtel*. Le papyrus d'Anastasi V mentionne aussi un Migdol, *Maktira*, dans le pays de Thuket ou Soccoth [2]. Les Migdols étaient d'ailleurs aussi nombreux sur les frontières de l'Egypte qu'en Syrie, et par conséquent ce nom est beaucoup trop commun pour pouvoir servir de point de repère.

Baalséphon.

Baalséphon est un nom de physionomie purement sémitique. Il signifie Baal du Nord, ou mieux, d'après quelques savants, Baal du vent du Nord [3]. Les annales de Sargon mentionnent déjà cette divinité en Phénicie ou dans la Syrie septentrionale [4]. Elle a été naturalisée en Egypte, et dans quelques papyrus elle figure sous la forme féminine de Baàlàt Saphon, *biratidapuna*,

1. *L'archéol. égypt.*, 1887, p. 31. — 2. Max Muller, *op. cit.*, p. 134. — Dans sa carte des nomes de la Basse-Egypte, M. Maspero (*Hist. anc. des peuples de l'Or. cl.*, I, p. 75) place ce Migdol près du Sérapéum des ingénieurs français ; mais il n'indique nulle part pour quelle raison. — 3. Eusèbe et saint Jérôme font dériver *séphon* de sâfâh, mot hébreu qui veut dire observer et rendent Baalséphon par Baal de la Tour de garde (*De locis hebr.*, Migne, *P. L.*, XXIII, col. 786). Aujourd'hui on admet communément que *séphon* vient de sâfôn qui en hébreu signifie le Nord. — 4. Max Muller, *op. cit.*, p. 315, n° 6.

parmi les déesses étrangères honorées à Memphis [1]. Le nom de *Bâli Sapuna* se trouve aussi parmi les divinités étrangères dans un papyrus du *British Museum* à Londres, écrit en caractères hiératiques [2].

Baalséphon devait être un sanctuaire érigé par les marins phéniciens qui, dès la plus haute antiquité, fréquentaient la mer Rouge. Or, les races sémiques professaient, contrairement aux Egyptiens, le culte des hauts lieux, et les Phéniciens en particulier adoraient leur Baal au sommet des montagnes. Le sanctuaire de Baal couronnait, dans ce cas, une des hauteurs qui dominent la rive occidentale du golfe Héroopolitain. Le vent du sud-ouest ou du sud-est qui souffle parfois dans ces parages est dangereux pour la navigation ; celui du nord, au contraire, lui est très favorable. On conçoit donc sans peine que les Phéniciens offrissent des sacrifices à leur dieu national, afin qu'il soulevât le vent propice, lorsque de la mer intérieure ils avaient à s'aventurer sur la mer Rouge.

La première belle montagne que les Israélites rencontrèrent en descendant vers le midi, est le pic isolé de *Chébréouet* (180 m. d'alt.). Il se dresse à 33 kilomètres au sud d'Ismaïlia et à 5 ou 6 kilomètres des bords du grand bassin des lacs Amers. Immédiatement derrière ce pic s'étend la petite chaîne du *djébel Géneffèh*, qui court parallèlement aux rives des lacs Amers sur une distance d'environ 30 kilomètres, ne laissant qu'une bande plate large d'une lieue en moyenne entre ses contreforts rocheux et le lac.

Le nom de Baalséphon a disparu du sol, comme celui de Migdol et de Phihahiroth. A sainte Silvie, à Cosmas l'Indicopleuste et à Antonin de Plaisance on a montré ces sites bibliques d'une manière vague au *djébel Atâka*, parce qu'on leur indiquait le passage de la mer Rouge près de Clysma. Ces données ne sont pas de nature à nous inspirer une grande confiance. La mer était alors déjà refoulée jusqu'à cette ville, et de l'ancien golfe ne restaient que des lacs, qui ne communiquaient avec la mer que par un étroit canal. Rien n'était plus naturel que de montrer le lieu du passage miraculeux auprès du golfe lui-même plutôt que sur la terre ferme. Il ne nous reste que le récit biblique pour déterminer à peu près en quel point les Israélites traversèrent la mer à pied sec.

Le passage de la mer Rouge.

Vers la tombée de la nuit, l'armée de pharaon, montée sur des chariots de guerre, s'approcha du camp des fugitifs. « Les

1. Max Muller, *op. cit.*, p. 315. — 2. H. Marucchi, *D. B.V.*, I, col. 1346.

enfants d'Israël ayant levé les yeux, virent les Egyptiens en marche derrière eux ; et les enfants d'Israël, saisis d'une grande frayeur, poussèrent des cris vers Jahvé [1]. » D'autres, au lieu de prier, firent à Moïse d'amers reproches de les avoir conduits à une mort certaine. « Jahvé dit à Moïse : Pourquoi cries-tu vers moi ? Dis aux enfants d'Israël de se mettre en marche. Toi, lève ton bâton, étends ta main sur la mer et divise-la, afin que les enfants d'Israël passent au milieu à sec [2]. » Pendant ce temps l'ange de la nuée qui jusqu'alors avait précédé les Hébreux, se plaça derrière eux, entre leur camp et celui des Egyptiens. Cette nuée éclairait la nuit pour les premiers, tandis qu'elle était ténébreuse pour les seconds, et c'est ainsi qu'elle protégeait la marche de la masse du peuple s'avançant vers le rivage. « Moïse ayant étendu la main sur la mer, Jahvéh refoula celle-ci par un vent impétueux d'orient qui souffla toute la nuit et mit le lit à sec et les eaux se divisèrent. Les enfants d'Israël entrèrent au milieu de la mer mise à sec et les eaux formaient pour eux une muraille liquide à leur droite et à leur gauche [3]. »

Les Egyptiens, s'apercevant que les fugitifs leur échappaient d'une manière si merveilleuse, poussèrent la fureur jusqu'à les suivre dans le sein de l'onde. Mais à la veille du matin (à la troisième veille de la nuit, qui commençait à peu près à deux heures), Jahvé, « dans la colonne de feu et de fumée », jeta l'épouvante dans leurs rangs. Les guerriers de pharaon s'écrièrent alors : « Fuyons devant Israël, car Jahvé combat pour lui contre les Egyptiens [4]. » Mais aussitôt que le dernier Israélite eut gagné le rivage opposé, Moïse, sur l'ordre du Seigneur, étendit de nouveau sa main. Les eaux se rejoignirent avec la même soudaineté qu'elles s'étaient divisées et toute l'armée de pharaon fut engloutie dans les flots [5].

Le passage de la mer Rouge par les Hébreux et l'anéantissement de l'armée égyptienne sont deux évènements qui manifestent de la manière la plus éclatante l'intervention directe du Tout-Puissant pour sauver son peuple. Cependant, dans la merveilleuse délivrance d'Israël, le Seigneur se sert de la nature même pour arriver à ses fins. Il est du reste conforme aux voies ordinaires de la Providence d'opérer des prodiges par des moyens naturels appliqués surnaturellement. Mais dans ce cas, l'exégète doit tenir compte des causes secondes employées par Dieu, là surtout où ces causes sont clairement indiquées par le texte sacré lui-même. Or le dessèchement de la mer est attribué

1. Ex., XIV, 10. — 2. Ex., XIV, 15-16. — 3. Ex., XIV, 21-22. — 4. Ex., XIV, 25. — 5. L'Ecriture sainte ne dit pas que le pharaon lui-même ait été à la tête de ses trois cents chariots de guerre, ni qu'il se soit trouvé au nombre des noyés. Nous savons par l'histoire qu'il survécut à ce désastre.

à un vent impétueux d'orient, s'est-à-dire, au vent brûlant du sud-est, le siroco ou *Khamsîn* qui souffle parfois dans ces parages[1].

La vraisemblance commande donc de descendre à un point où la mer est assez peu profonde pour que l'action du vent se fasse sentir avec tant d'efficacité, et assez étroite pour rendre possible en quelques heures le passage rapide de la multitude des Israélites chargés de leurs enfants et de leurs effets et accompagnés de troupeaux.

Ces deux conditions sont réalisées au point où s'élève aujourd'hui le seuil de Sérapéum, entre le lac *Timsah* et les lacs Amers, et au seuil de *Châlouf*, au sud de ces derniers bassins. En ces deux endroits le golfe n'avait alors probablement qu'un à trois kilomètres de largeur et une profondeur plus que suffisante pour permettre le transit des vaisseaux égyptiens et phéniciens.

Plusieurs égyptologues localisent le passage de la mer Rouge au seuil de Sérapéum. Cette théorie offre plusieurs graves inconvénients. Elle suppose que les Israélites, après avoir traversé le canal du Nil, avaient établi leur vaste campement entre Pithom et le soi-disant Sérapéum, et qu'ils s'y étaient arrêtés plusieurs jours. Car le messager d'Etham ne mit pas moins d'un jour pour se rendre à Tanis situé à 55 kilomètres au nord-ouest du lac Timsah. Plus de trois jours durent donc se passer avant que l'armée égyptienne ne fit son apparition en face du camp d'Israël. Rien n'explique ce long arrêt du peuple hébreu dans le voisinage de Pithom au nord-nord-ouest de Sérapéum. C'est au contraire entre ces deux localités que les cavaliers égyptiens et la masse des fantassins qui accompagnèrent leurs chars auront établi leur campement à la tombée de la nuit[2]. Dans cette plaine on ne trouve, d'ailleurs, aucune montagne qui réponde au sanctuaire de Baalséphon.

Ces savants, il est vrai, reculent volontiers le campement des Israélites jusqu'au pied du *djébel Génefféh*, d'où ils les font remonter ensuite au Sérapéum. Mais il est d'abord bien invraisemblable que les enfants d'Israël. apercevant les chars égyptiens derrière eux, soient remontés vers le nord-est et aient ainsi prêté le flanc à leurs ennemis. Il est plus naturel que dans leur consternation ils se soient précipités vers le sud, fuyant devant ceux qui les poursuivaient. En second lieu, le texte sacré dit formellement que l'ange de la nuée se plaça « derrière

1. Dans la phraséologie de l'hébreu, le vent d'orient signifie tout vent qui souffle de ce point cardinal, soit du nord-est, soit du sud-est. Les Septante rendent le vent d'orient par ἄνεμος νότος, et le Vulgate par *ventus urens*, indiquant par là le vent brûlant du sud-est. — 2. Cf. Ex., XIV, 20.

les Hébreux, entre leur camp et celui des Egyptiens... c'est ainsi qu'elle protégeait la marche de la masse du peuple s'avançant vers le rivage [1]. » Tout nous reporte donc vers le midi, où le seuil de *Chaloûf* formait en ce temps un bras de mer peu profond et pas trop large pour permettre à la multitude des enfants d'Israël de le passer à pieds secs en quelques heures.

Nous nous rapprochons ainsi de la tradition chrétienne du IVe siècle. Le lieu précis où les Israélites passèrent la mer n'a sans doute jamais été bien connu. Mais le souvenir de la région où se produisit ce retentissant miracle a pu être conservé dans le pays qui vit naître la fameuse version des Septante. Mais, comme c'est naturel, la tradition a suivi la mer à mesure qu'elle fut refoulée vers le sud [2]. C'est ainsi qu au IVe siècle on indiqua ce lieu mémorable à sainte Silvie dans le voisinage de Clysma qui a succédé à Arsinoë. Le nom de Clysma qui signifie inondation, agitation ou bruit des flots est peut-être un souvenir du désastre de l'armée égyptienne. Qolzum, le nom de Clysma arabisé, signifie également destruction.

L'identification des points secondaires, comme Baalséphon, Magdalum et Phihahiroth ou Epauléum est plutôt raisonnée que traditionnelle. La pèlerine gauloise vit Epauléum en face de Magdalum « un camp romain » voisin de Clysma. Sur les flancs du *djébel Atâka* elle visita Béelséphon, « un champ qui domine la mer Rouge. » Deux siècles plus tard, le Pèlerin de Plaisance trouva sur les bords de la mer, près de Clysma, la chapelle de Moïse, qui marquait l'endroit où les Israélites sont entrés dans la mer. Sur la rive opposée, une chapelle dédiée au prophète Elie indiquait l'endroit où ils sont sortis de la mer.

1. Ex., XIV, 19, 20. — 2. Flavius Josèphe (*A. J.* II, XV, 1) s'était imaginé qu'à l'époque de l'Exode, le pharaon habitait Memphis. Il place, en conséquence, le point de départ des Israélites à Babylone (Le Caire) et les fait arriver à la mer Rouge au sud du *djébel Atâka*. Au XVIIIe s., le P. Sicard soutint énergiquement cette même théorie et fit grand bruit dans le monde des savants. M. l'abbé Vigouroux (*op. cit.*, II, p. 350-369) a réfuté ce système d'une manière péremptoire.

Au siècle dernier, M. Brugsch émit une théorie nouvelle : Dans quelques papyrus, Tanis porte aussi le nom de Pa-Ramessès. C'est sans doute à cause du vaste temple et des nombreuses constructions que Ramsès II y avait élevés. M. Brugsch soutint que Tanis était la Ramsès biblique d'où partirent les Israélites. Il leur traça donc un nouvel itinéraire, mettant à contribution sa vaste érudition. De Tanis il conduit Israël au nord-est et lui fait traverser la mer par une lagune de la Méditerranée près du mont Casius. De là il les ramène au sud, sur les bords de la mer Rouge d'où ils se rendent au mont Sinaï. Ce système, très en vogue pendant un certain temps, fut vivement combattu par quelques égyptologues. Depuis il a été abandonné par tous les savants, y compris son auteur lui-même. M. l'abbé Vigouroux en a fait une réfutation complète. (*Op. cit.*, II, p. 372-382).

L'Exode et la stèle de Ménephtah Ier.

Ménephtah ne poursuivit pas davantage les fugitifs. Pendant que les Israélites préparaient leur départ, les Lybiens se coalisèrent avec les tribus des îles de la Méditerranée et menacèrent l'empire égyptien par terre et par mer. L'an IV du règne de Ménephtah (peu après le départ d'Israël), ils envahirent le pays ; mais à la suite de plusieurs sanglantes batailles, ils furent repoussés par les armées égyptiennes.

En 1896, M. F. Petrie découvrit à Amenophium près de Thèbes la stèle de victoire de Ménephtah Ier, datée de l'an V de son règne.

La stèle en granit noir se compose de 28 lignes. En premier lieu vient le rapport des victoires remportées sur les Lybiens. Puis, toujours dans ce style poétique et plein d'emphase particulier aux scribes égyptiens, le document annonce que le bruit de la victoire s'était propagé par l'Asie et y avait découragé les velléités de révolte qui commençaient à se manifester. « Les chefs y font leurs salamalecs et nul ne hausse la tête parmi les nomades, depuis que les Lybiens sont écrasés. Le Hittite est en paix. Chanaan est prisonnier comme tous les mauvais ; l'Ascalonite est emmené ; Gézer est entraînée en captivité ; Jamnia est comme n'existant plus ; **Israilou (Israël) est déraciné et sans graine** ; Kharou (la Syrie) est comme une veuve de la terre d'Egypte. »

Dans cette liste, tous les noms des peuples sont déterminés avec le signe hiéroglyphique de territoire. Israilou seul figure comme une tribu sans pays propre. Ce peuple est comparé à une plante déracinée qui ne se reproduira plus. Par cette formule, l'historiographe égyptien a trouvé une expression qui ne semble pas être contraire à la vérité et qui d'autre part ménage l'orgueil du pharaon [1]. Celui-ci se flattait que les Israélites, dans le désert de Sinaï, étaient tous voués à une mort certaine. La prévision de Ménephtah eut été très juste, si ce même Dieu, qui avait délivré son peuple de l'oppression, n'avait pas veillé sur lui pendant quarante ans avec une tendresse paternelle.

1. V. Ph. Virey, *Note sur le pharaon Ménephtah et l'Exode*, R. B. 1900, p. 578. = Plus tard, comme nous le savons par Manéthon cité par Josèphe (*C. Apion*, I, 26), les Égyptiens prétendaient que les Hébreux furent chassés de l'Égypte et refoulés en Palestine par Aménophis III et Ramsès II. Aménophis, dont le nom s'écrit aussi Amenôthès, semble bien avoir été confondu avec son petit-fils, Ménephtah, dont le nom se lit aussi Amenophtès.

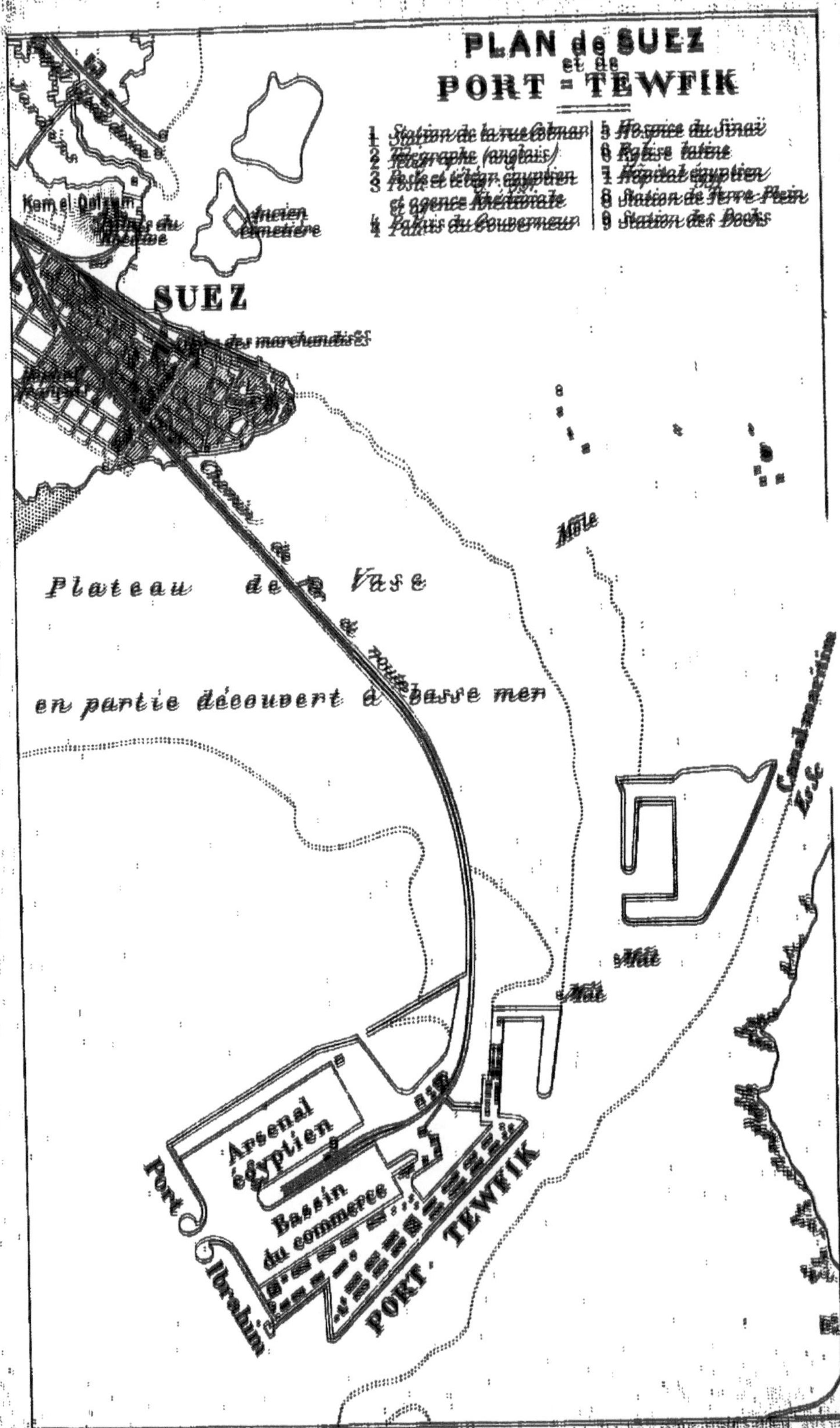
PLAN de SUEZ et de PORT-TEWFIK
1 Station de la rue Colmar
2 Télégraphe (anglais)
3 Poste et télégr. égyptien et agence Khédiviale
4 Palais du Gouverneur
5 Hospice du Sinaï
6 Église latine
7 Hôpital égyptien
8 Station de Terre-Plein
9 Station des Docks
Kom el Qolzum
Ancien cimetière
SUEZ
Plateau de la Vase
en partie découvert à basse mer
Môle
Arsenal égyptien
Bassin du commerce
Port Ibrahim
PORT TEWFIK

Fig. 3. — SUEZ, À LA MARÉE BASSE.

SUEZ.

Chemin de fer. Les voyageurs descendent à la station de la **rue Colmar**, au sud-ouest de la ville. Les trains du Caire de 4 h. 3 et de 11 h. 49 du soir continuent jusqu'à Terre-plein ou Port-Tewfik. — Toutes les demi-heures part un train de la station d'Arbaéen et de celle de la rue Colmar pour Terre-plein ou Port-Tewfik, et les Docks ou Port-Ibrahim, et vice-versa, depuis 5 h. 15 du matin jusqu'à 11 h. 40 du soir.

Hôtels. Autour de la station et dans la rue Colmar se trouvent plusieurs hôtels. Le principal, Hôtel Bachet, est à Port-Tewfik.

Consulats. L'Allemagne, l'Angleterre, l'Autriche, la Belgique, l'Espagne, les États-Unis, la France, l'Italie et la Russie sont représentés par des consuls ou agents consulaires.

Agences maritimes. Les agences des Messageries Maritimes, de Florio Rubbatino, du Lloyd autrichien et du Khédivial se trouvent établies le long du quai à l'orient de la ville; celle du Peninsular and Oriental Cie à Port-Tewfik.

La poste, les douanes et le télégraphe égyptiens sont installés sur le quai à l'est de la ville. L'Eastern telegraph Cie est située près de la gare de la rue Colmar.

L'Hospice des moines de Sinaï se trouve rue Karakol es Souar, non loin du Sérail, au centre de la ville.

Histoire. La ville d'Arsinoë fondée par Ptolémée Philadelphe reçut le nom de Cléopâtris de la reine Cléopâtre [1]. Au IIe siècle de notre ère, le géographe Ptolémée la mentionne encore sous son premier nom [2], bien qu'à cette époque existât déjà la ville de Clysma. Celle-ci fut construite probablement par Trajan et était, d'après Ptolémée, une place forte.

En 350, Clysma possédait déjà un monastère dans lequel saint Sisoès de Thèbes résida plusieurs fois. C'est là que cet abbé reçut la visite de saint Ammon, abbé de Raithou (Tour) [3].

Lorsque, au commencement de son règne, l'empereur Justinien ordonna la construction d'un couvent fortifié au mont Sinaï, il fit aussi bâtir à Clysma une église en l'honneur de saint Athanase [4]. Elle était probablement destinée à servir de cathédrale à l'évêque de la ville. La lettre souscrite par les évêques d'Egypte à l'adresse de l'empereur Léon le Grand (457-474) contient, en effet, le nom de « Poemen, évêque de Clysma [5]. »

Cette ville resta, comme Arsinoë qui l'a précédée et celles qui l'ont supplantée, un port commercial au milieu du désert. Saint Grégoire de Tours écrit au VIe siècle : « A l'extrémité du golfe (de la mer Rouge) s'élève la ville de Clysma, bâtie non pas à cause de la fertilité du sol, puisque rien n'est plus stérile, mais à cause du port où s'arrêtent les vaisseaux venant des Indes [6]. »

La ville se transporta vers le sud, et avec la restauration du canal sous le califat d'Omar, elle reçut le nom arabe de Qolzum, qui n'est peut-être qu'une corruption du mot Clysma. Le diacre Ephrem, moine arabe du XVIe siècle, parle encore dans son voyage au mont Sinaï « du château de Qulzum près de Souweis [7]. » Il s'élevait sans doute sur la colline artificielle appelée *Kôm el Qolzum*, au nord de la ville actuelle.

Suez, en arabe *Souoüeis*, est bâtie sur une péninsule triangulaire vers l'extrémité occidentale du golfe, auquel elle a donné son nom. Bien que le canal du Nil à la mer ait été obstrué en 755 par le calife Abou Djafâr (*V.* p. 18), la ville a conservé une certaine prospérité tant qu'elle servit d'entrepôt général au commerce entre les Indes et l'Europe. La décadence ne commença qu'avec la découverte de la route par le cap de Bonne-Espérance (1497). Sous Sélim Ier et Soliman II, elle était devenue l'arsenal de la flotte turque dans la mer Rouge.

1. A 7 km. au nord de Suez, sur la rive orientale du golfe, existent quelques ruines qu'on a voulu faire passer pour celles d'Arsinoë ; mais cette identification est invraisemblable et jusqu'ici sans fondement. — 2. IV, V. — 3. Cotelerius, *Eccl. gr. monum.*, I, p. 671. — 4. Eutychius d'Alex., *Ann.* Migne, *P. G.*, CXI, col. 1071. — 5. Harduin, *Act. Conc.*, II, p. 696 et 786. — 6. *Hist. Franc.*, I. — Migne, *P. L.*, LXX, col. 167. — 7. *R. B.*, 1906, p. 435.

Lorsqu'en 1798 Bonaparte passa à Suez, celle-ci n'était plus qu'un misérable village arabe. Le général français se rendit jusqu'aux fontaines de Moïse, méditant le projet de réunir la mer Rouge à la Méditerranée par un nouveau canal. En revenant, il traversa à cheval le golfe vers son extrémité, sur un fond fangeux, et faillit se noyer.

Sous Saïd Pacha (1854-1863), la construction du chemin de fer destinée à relier Suez au Caire en longeant la route des Pèlerins, éleva le chiffre de la population à 5.000 habitants. La ville prit un nouvel et rapide essor en 1863, quand le canal d'Ismaïlia lui amena de nouveau l'eau du Nil, pour remplacer l'eau saumâtre des fontaines de Moïse et de quelques puits, dont elle avait dû se contenter depuis le VIIIe siècle. Les travaux du percement de l'isthme firent monter sa population à peu près au chiffre qu'elle compte aujourd'hui : 30.000 habitants.

La population se répartit comme il suit :

	à Suez	à Port-Tewfik
Catholiques latins	1.200	500
Grecs schismatiques , . . .	2.500	500
Coptes schismatiques . . .	250	»
Protestants	40	80
Musulmans	25.000	»

Le port ne se trouve pas à Suez même, mais au débouché du canal maritime, à 3 kilomètres au sud de la ville. Aussi Suez reste-t-elle une cité morte au milieu du mouvement des bateaux à voile et à vapeur qui, chaque jour, défilent en grand nombre devant elle. Les navires ne font que traverser le port Tewfik, sans s'y arrêter au delà du temps requis pour remplir les formalités administratives. Suez n'est animé que deux fois par an par le passage à l'aller et au retour de 15 à 20.000 pèlerins de La Mecque.

Visite de la ville. Suez est divisée en deux grands quartiers, mais sans caractère bien déterminé : à l'est et au nord, le quartier arabe, assez malpropre, avec trois mosquées et un bazar sans importance ; au sud et à l'ouest, le quartier européen, régulier et bien tenu. Son artère principale est la rue de Colmar, qui comprend à son extrémité occidentale la gare la plus animée ; la grande station-terminus, à l'est, ne sert plus qu'aux marchandises. La rue de Colmar renferme aussi les principaux magasins de provisions et d'articles de voyage.

Au nord-ouest de la ville, on rencontre l'hôpital fondé par le gouvernement français. Il est dirigé par les Sœurs du Bon-Pasteur qui tiennent aussi une école et un orphelinat. Plus loin, vers le nord-est, s'élève le colline de *Kôm el Qolzum* avec le *chalet du Khédive;* l'enclos qui l'environne renferme quelques vieux canons. On y jouit d'une belle vue sur les alentours et sur le *djébel Atâka*. Au delà du *Kôm*, on rencontre les bâtiments hydrauliques et les écluses qui régularisent l'alimentation des conduites d'eau et la décharge du canal d'eau douce dans la mer. Les alentours sont couverts de magnifiques jardins potagers et de superbes vergers.

Au sud-est de la ville se trouve l'église paroissiale latine desservie par les Pères Franciscains, et l'école pour les garçons confiée aux Frères des Ecoles chrétiennes.

Le Terre-Plein ou Port-Tewfik.

Le Terre-Plein est une île d'environ 20 hectares de superficie, créée artificiellement au siècle dernier, en déchargeant sur ce point les masses de sable extrait de la construction du canal maritime. Il est relié à Suez par une chaussée en pierre, longue de 3 kilomètres et large de 15 mètres, qui sert à la fois de route pour les piétons et les voitures, et de ligne de chemin de fer.

Au sortir de la gare de Terre-Plein, on arrive au Port-Tewfik en se rendant vers l'orient et en traversant sur une digue le petit bassin de la Compagnie du canal. Le long du grand bassin, le port dans lequel débouche le canal maritime, s'étend du nord-est au sud-ouest, sur une longueur d'un kilomètre, la splendide avenue Hélène. Sur ce quai, ombragé par plusieurs rangées d'arbres, on rencontre l'église latine de Sainte-Hélène desservie par les Pères Franciscains, une école pour les garçons tenue par les Frères des Ecoles chrétiennes et une autre pour les filles, sous la direction des Sœurs de Saint-Vincent de Paul. Puis viennent le palais et les bureaux de la Compagnie, la statue du lieutenant anglais Waghorn, érigée par F. de Lesseps, et enfin le phare.

Le port égyptien, Port-Ibrahim, est adossé au Terre-Plein au nord-ouest. Il se compose de deux bassins, l'un pour les navires marchands, l'autre pour l'arsenal et les vaisseaux de guerre. On y a construit, en outre, un bassin de radoub de 124 mètres de longueur.

RENSEIGNEMENTS

POUR LE VOYAGE DE SUEZ AU MONT SINAÏ

(Voir ci-dessus les renseignements généraux).

I. **De Suez à Tour par mer.** Le lundi soir de chaque semaine un bateau à vapeur de la Compagnie Khédiviale quitte Suez pour se rendre à Tour. La durée de la traversée est d'environ 16 heures. Après avoir fait escale dans le port de Tour, le bateau se rend à Djeddah, d'où il revient au bout de 7 à 10 jours pour retourner ensuite à Suez. Pour plus de renseignements, voir plus loin : Chapitre X, de Suez au mont Sinaï par Tour.

II. **De Suez aux fontaines de Moïse.** On traverse Port-Tewfik. Avant de descendre dans la barque, il faut présenter au contrôleur, dont le bureau est voisin de l'appontement, le permis obtenu du *War Office*. (Voir ci-dessus : Renseignements généraux). Deux voies conduisent aux fontaines de Moïse : 1° de la jetée du Lazaret gouvernemental, et 2° d'*esch Schatt*, la Quarantaine de la Compagnie du canal.

1° En sortant du port, au sud, on traverse le golfe et l'on aborde sur la côte sinaïtique (12 km.) à une jetée construite dans la mer. Sur la plage s'élève le Lazaret fondé par le gouvernement égyptien pour les passagers du canal ou de la mer Rouge, qui ont à purger la Quarantaine. De là, une petite heure à dos de chameau conduit au but.

Ordinairement les caravanes du Sinaï ne choisissent pas cette voie, parce qu'au Lazaret on ne peut faire qu'une provision d'eau distillée, qui ne vaut pas celle du Nil.

2° Pour se rendre de l'appontement de Port-Tewfik à *esch Schatt*, la barque remonte le canal maritime à une hauteur de 2 kilomètres et s'arrête sur la rive orientale. On y rencontre un Lazaret destiné au personnel de la Compagnie du canal, particulièrement aux pilotes, lorsqu'ils descendent des bateaux contaminés. C'est là que les chameliers attendent habituellement les voyageurs et font la provision d'eau pour 3 jours au moins, au robinet de l'établissement.

Si les chameaux viennent du Caire, ils passent le canal maritime, la veille au soir ou de bon matin, sur un bac mobile, à 7 km. au N. de Suez. Ils descendent ensuite à *esch Schatt*, où les chameliers attendent les voyageurs.

Si l'on n'engage les chameaux qu'à Suez, ils viennent de l'intérieur de la péninsule et s'arrêtent au delà du canal à *esch Schatt*. Dans ce cas, les bagages sont transportés à Port-Tewfik par chemin de fer ou en voiture. De là, ils sont expédiés dans une barque sur l'autre rive au point de départ.

CHAPITRE III

La péninsule de Sinaï.

I. — *Aperçu géographique.*

Après avoir traversé la mer Rouge, les Israélites entrèrent dans la péninsule de Sinaï et y séjournèrent 40 ans. Dieu voulut les préparer par la vie pénible du désert à la conquête de la Terre promise. La montagne de Dieu, le mont Sinaï, où fut promulguée la Loi, donna son nom à la péninsule tout entière.

La péninsule de Sinaï forme un triangle isocèle, dont la base confine au désert de la Palestine méridionale, et dont la pointe s'enfonce dans la mer Rouge. Sur deux de ses côtés, elle est nettement limitée, à l'ouest par le golfe de Suez et la dépression qui renferme les lacs Amers ; à l'est par le golfe d'*Aqabah* et le *ouâdi Arabah* qui se prolonge jusqu'à la mer Morte. Elle forme ainsi entre l'Égypte, la Palestine et l'Arabie une région bien tranchée de 25.000 à 30.000 kilomètres carrés.

Géologiquement, la péninsule se compose de trois régions de nature et d'aspect différents. Au nord s'étend le désert de Tih, immense plateau calcaire, hérissé de collines crayeuses et semé de galets et de roches siliceuses. Cette vaste terrasse, monotone et aride, s'incline doucement vers le nord-ouest. Les nombreux vallons, dont elle est entrecoupée, aboutissent au *ouâdi el Arîsch*, appelé le torrent d'Égypte, qui lui-même débouche dans la Méditerranée à mi-chemin entre l'ancienne Péluse et Gaza. A l'ouest, le haut plateau est bordé d'une large plaine ondulée, mais complètement nue, et au sud, il s'appuie aux escarpements du *djébel et Tih*, dont l'altitude moyenne est de 1.000 à 1.200 mètres. Puis, au delà d'une large zone plate et sablonneuse appelée *debbet er Ramléh*, surgit le massif du Sinaï proprement dit.

Au nord du massif et le long du littoral courent plusieurs réseaux de collines calcaires et basaltiques ; puis viennent des montagnes de grès stratifiés, aux couleurs puissantes et variées et aux formes les plus étranges et les plus pittoresques. Au centre, s'élèvent majestueusement trois groupes de montagnes, immenses massifs de roches métamorphiques, granit,

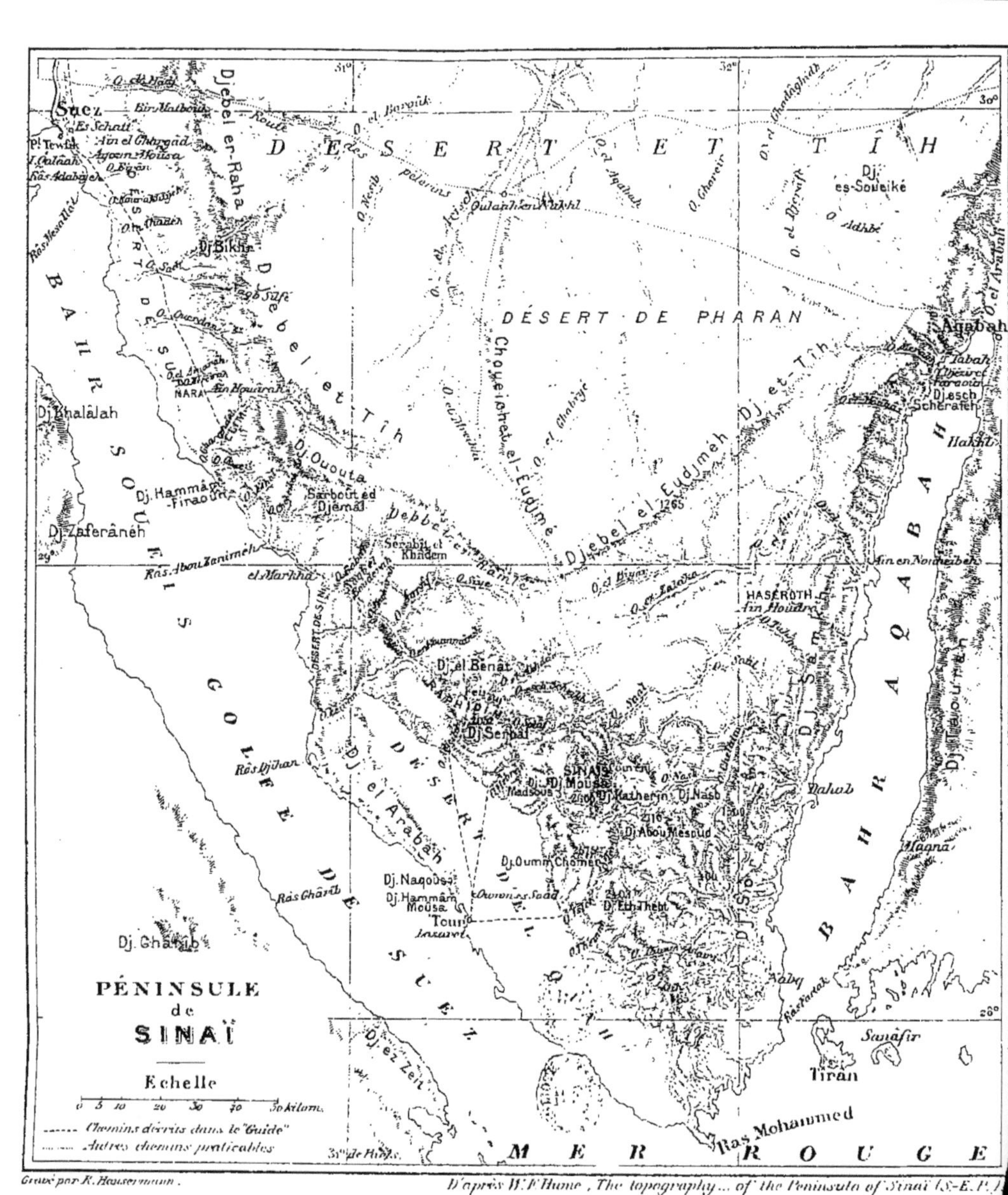
PÉNINSULE
de
SINAÏ
Echelle
DÉSERT DE PHARAN
MER ROUGE
GOLFE DE SUEZ
Gravé par R. Hausermann.
D'après W. F. Hume, The topography... of the Peninsula of Sinaï (S.-E. P.)

gneiss, micachiste, striées de larges filons de porphyre et de diorite. Elles couvrent toute l'étendue de la pointe de la presqu'île, ne laissant qu'une zone littorale le long des deux golfes. Vers l'est, le *djébel Katherîn*, qui s'élève à une altitude de 2.602 mètres, domine toutes les hauteurs de la péninsule. Une chaîne sinueuse s'en détache et rejoint à l'ouest le groupe du *djébel Serbâl* (alt. 2.052 m.) ; une autre se dirige au sud-ouest et rejoint le *djébel Oumm Chômer* (alt. 2 575 m.). De là, les montagnes s'abaissent par degrés et plongent dans la mer au *râs Mohammed.*

Un système compliqué de gorges profondes et d'étroits défilés sillonnent en tous sens ces chaînes enlacées et superposées. L'œil rencontre partout d'innombrables dentelures de roches cristallines, dans leur consolidation primitive, et avec une coloration où s'harmonisent toutes les nuances. Le blanc, le rose, le pourpre, le brun, le gris, le vert foncé, le noir, dominent tour à tour, selon les proportions des éléments minéraux que récèlent les rochers, ou selon le mode de structure qui résulte de la combinaison des molécules de feldspath, de mica, de quartz ou de silex plus ou moins pures, mélangées avec des oxydes de fer et de manganèse. Ce sont les Alpes de l'Arabie, mais les Alpes transportées dans le désert et en harmonie avec lui. Telles sont, dans ses traits les plus généraux, la conformation et la nature de cette célèbre région.

II. — *Aspect.*

Son aspect général est celui de la stérilité ; la végétation est rare, parce que l'eau fait défaut. La pluie y tombe avec beaucoup moins d'abondance qu'en Europe, et en général, il ne pleut qu'une vingtaine de jours pendant l'année, du mois de décembre au mois de mars. Mais parfois les pluies tombent avec une abondance tropicale. De loin en loin, éclate à l'improviste un violent orage. Des cimes et des versants abrupts et dénudés des montagnes, les eaux dévalent alors comme sur un toit d'ardoise. Bouillonnantes et écumantes, elles se précipitent par toutes les crevasses au fond des gorges, où elles forment en quelques heures des torrents impétueux d'une rapidité et d'une force irrésistible. Arrivé dans la plaine, le flot, emporté par la vitesse acquise, continue à descendre jusqu'à la mer.

Aussitôt que la tourmente a passé, le fleuve improvisé baisse rapidement, et le lendemain de l'orage, il ne reste plus qu'un filet d'eau qui ne tarde pas lui-même à se perdre dans le sable. Les flancs profondément fouillés des vallées, les blocs de rochers roulés, les masses de galets accumulés aux tournants et les traînées d'une épaisse couche de gravier indiquent seuls au voyageur que le chemin qu'il suit a servi de lit à un *seil*, nom que les Arabes donnent à ces torrents soudains, mais éphémères. Aussi, les indigènes, rendus prudents par l'expérience, évitent-ils de séjourner en hiver au fond des gorges.

Les pluies d'hiver raniment d'année en année la maigre végétation de la contrée. On voit alors les fonds et les plaines, même les penchants de certaines collines, se couvrir d'une verdure clairsemée, consistant surtout en herbes aromatiques comme le *beitharân*, *Artémisia judaïca*, la myrrhe, *Pyrrhethrum santalinoides*, le fenouil, *Ferula sinaica*, *chômer* en arabe. Mais à partir du mois de mars, le soleil darde des rayons ardents et parfois le vent brûlant du sud-est, le *khamsîn*, déchaîne des tempêtes de sable. L'humidité du sol s'évapore rapidement, et les vallées et les plaines redeviennent arides. Les plantes se dessèchent et ne conservent plus qu'un principe de vie, à peine suffisant pour attendre les pluies suivantes. C'est au Sinaï qu'on saisit les paroles de Job (XII, 15), ce peintre fidèle de l'Orient : « Si Dieu retient les eaux, tout se desséchera ; s'il les déchaîne, elles dévasteront la terre. » Quoique brûlées, sans suc et mortes en apparence, ces plantes servent toute l'année de pâture aux chameaux, ainsi qu'aux troupeaux de chèvres et de moutons, que les jeunes Bédouines mènent en pâturage.

L'aridité du Sinaï n'est, toutefois, pas sans exception, même au fort de l'été. Sur plusieurs points de la péninsule coulent des sources intarissables qui créent de véritables oasis, notamment à Tour, au *ouâdi Gharandel*, dans les vallées du mont Sinaï et particulièrement au *ouâdi Feirân*. Cette dernière vallée est arrosée sur un parcours de 4 à 5 kilomètres par un ruisseau qui ne tarit jamais. Sur ses deux rives s'élève une véritable forêt de dattiers entremêlés d'autres arbres fruitiers. A l'ombre de ce bois on cultive des jardins potagers et quelques champs de céréales. Plusieurs *ouâdis* conservent assez d'humidité sous une épaisse couche de cailloux et de sable pour entretenir la vie de nombreux acacias seyals, tamaris, palmiers nains, figuiers et jujubiers sauvages et divers autres arbustes.

Malgré l'émouvante surprise qu'éprouve le voyageur à la rencontre soudaine d'une oasis ou d'un bouquet d'arbres, le panorama général conserve son caractère aride et désolé, sans rien perdre, cependant, de sa grandeur et de son originalité. Il emprunte une beauté incomparable aux effets magiques d'une lumière resplendissante, qui enveloppe ce chaos de colosses en grès et en granit. Le ciel est presque toujours sans nuage, l'air est sec et pur et l'atmosphère d'une merveilleuse transparence.

Quand le soleil brille, il colore les rochers avec une intensité et un éclat qu'il est difficile de trouver ailleurs. Les couleurs si puissantes et si variées des masses de grès, posées crûment les unes sur les autres, n'ont plus rien de heurté et de blessant à l'œil; le soleil les enveloppe et les fond dans sa lumière. Il opère plus merveilleusement encore sur les pics granitiques. La vivacité de leurs teintes s'adoucit, tandis que la variété des couleurs produit un nombre infini de tableaux aux nuances délicates et aux lignes pleines d'harmonie. A chaque tournant, pour ainsi dire à chaque pas, se présente un panorama nouveau, toujours beau, toujours imposant.

Mais dans cette atmosphère sans vapeur et sans poussière, d'une limpidité parfaite quand elle est tranquille, la perspective est considérablement atténuée. Rien n'estompe les teintes des lointains horizons, en en vaporisant les contours. Les détails apparaissent de loin presque avec la même netteté que de près. Aussi, le voyageur est souvent déconcerté de ne pas atteindre le but dont il se croyait tout près; les arbres, les vallées, les montagnes semblent fuir devant lui. S'il se sert d'un kodak, il se plaint que ses vues photographiques manquent de profondeur, de perspective.

Une autre particularité caractéristique du Sinaï est le calme profond, le silence solennel du désert. On se sent transporté dans un monde mystérieux, au-dessus duquel planent les ineffables souvenirs du peuple de Dieu. L'âme se plonge dans le recueillement et éprouve un charme exquis à s'abandonner à des pieuses rêveries.

III. — *Flore et Faune.*

L'acacia seyâl, armé de fortes épines, produit en été une gomme résineuse connue dans le commerce sous le nom de gomme arabique. C'est le *sittah*, au pluriel *sittim*, des Hébreux. Son bois étant dur et incorruptible, Moïse s'en servit pour construire le tabernacle et son ameublement.

Le tamaris, *tamarix mannifera*, appelé *tarfah* par les Arabes, est une variété du *tamarix gallica* qu'on rencontre au sud et à l'ouest de la France. Piquée, croit-on[1], par une petite cochenille, *gossypia mannipara*, pendant les grandes chaleurs des mois de juin, de juillet et août, les tiges de l'arbrisseau secrètent une sorte de gomme, substance douce et laxative appelée vulgairement *manne*.

Le genêt, le *Retama retam* des botanistes, est très commun. Il est appelé *rôthem* dans la Bible, et *retem* par les Arabes.

1. *V.* p. 67, n. 6.

C'est l'arbrisseau sous lequel s'endormit le prophète Élie lorsqu'il s'enfuit au mont Horeb[1]. Le jujubier sauvage, *Zisiphus spina Christi*, en arabe *sidr*, se rencontre souvent aussi. Les câpriers, *Capparis spinosa*, *lassaf* en arabe, ornent volontiers la base des rochers. La coloquinte dorée, *Citrullus colocynthis*, *handsal* en arabe, se rencontre souvent dans le chemin, à l'extrémité de longs sarments verts à feuilles de vigne. Quand le fruit est mûr, il est jaune, rond et lisse comme une boule de billard.

M. Chichester Hart a publié 509 espèces de plantes qui poussent dans la péninsule du Sinaï, parmi lesquelles 33 espèces ne se trouvent, semble-t-il, que dans cette région[2].

La faune est représentée spécialement par la gazelle, en arabe *ghazâlé*, le bouquetin, *bedèn*, ou la chèvre sauvage de la Bible, le lièvre, *lepus sinaïticus*, *arnab*, le renard, *abou el hôsen*, le chacal, *tabeb*, le loup, *dib*, la hyène striée, *dhâba*, le lapin, la marmotte et la souris-porc-épic. Le léopard, *leopardus felix*, *nimr*, ne se montre que très rarement.

On y compte aussi une centaine d'espèces d'oiseaux, parmi lesquels on rencontre souvent deux sortes de perdrix, la bergeronnette ou hochequeue, l'alouette, le coucou et le corbeau. Le *boulboul*, qui a le plumage du corbeau et la voix du rossignol, et le bavard, *saxicolas*, font souvent entendre leur chant mélodieux. Le vautour et l'aigle ne se voient que rarement.

Notons encore la céraste, la vipère cornue des déserts, le scorpion et le frelon, qui inquiètent parfois les voyageurs[3].

IV. — *Aperçu historique.*

Grâce au déchiffrement des inscriptions lapidaires trouvées en grand nombre dans la péninsule, les égyptologues ont pu reculer l'histoire de ce pays jusqu'à l'aube des temps historiques.

Les Egyptiens avaient appliqué à cette région l'épithète de *Ta-Sou*, la terre de l'aridité, et à ses habitants le nom générique de *Monitou*, qui désigne les Asiatiques[4], ou celui de *Sou*, équivalent du mot *Shasou*, pillards ou Bédouins. Le plus souvent les indigènes figurent sous le nom de *Hirou Châïtou*, les Maîtres des Sables, ou sous celui de *Nominôn Châïtou*, les Coureurs des Sables. Ils sont rattachés aux *Aamou*, c'est-à-dire, à la race sémitique.

De bonne heure les *Seigneurs des Sables* avaient découvert dans les flancs des montagnes de grès, des veines de minerais

1. III (I) Rois, XIX, 4 ss. — 2. *Fauna and Flora of Sinai, Petra and wadi Arabah*, 1891. — 3. F. Chichester Hart, *op. cit.* — 4. Max Muller, *op. cit.*, p. 17-24.

métallurgiques et des gisements de turquoises. Ils apprirent à extraire des premiers le cuivre et le fer et exportèrent les pierres précieuses sur les marchés du Delta.

Les turquoises et les oxydes de cuivre, dont les artistes égyptiens tiraient les émaux bleus de toute nuance, excitèrent la convoitise des pharaons. Dès la première dynastie, des escouades d'habiles mineurs furent expédiés dans la péninsule et s'établirent de vive force dans le *Mafka*, appelé aujourd'hui *ouâdi Maghârah*, à deux journées de la mer. Les maîtres de céans n'acceptèrent point sans lutte cette usurpation de leurs droits ; mais ils succombèrent sous les coups des troupes régulières et bien disciplinées de l'Egypte, une première fois sous Semerkhet, 7e roi de la Ire dynastie et une seconde fois sous Snéferou, dernier pharaon de la IIIe dynastie. Soumis définitivement au joug de l'Egypte, les indigènes durent de gré ou de force prêter la main aux ouvriers venus des bords du Nil travailler chez eux.

Les stèles du Sinaï font connaître les noms de 39 pharaons qui depuis Semerkhet jusqu'à Ramsès IV, de la XXe dynastie, y ont envoyé des ouvriers pour exploiter les mines. L'organisation de ces expéditions était toujours la même : Après les grandes pluies, au mois de janvier, les ouvriers égyptiens, au nombre de 300 à 800 hommes, accompagnés d'une poignée de soldats, contournaient le golfe au nord, et descendaient à travers le terrible désert de trois jours sans eau jusqu'à la rade de *Râs Zanimèh*. Pendant ce temps, les trirèmes amenaient au même point les provisions de bouche et les ustensiles des mineurs. De là, des ânes (on en compta en une seule fois jusqu'à 300)[1], les transportaient au centre des chantiers. Les mêmes bêtes menaient ensuite au rivage le produit de l'exploitation, ainsi que les blocs de granit, de porphyre, de diorite, de serpentine, etc., qui étaient envoyés en Egypte. Au mois d'avril, lorsque la chaleur devenait intolérable dans ces gorges profondes et dénudées, ouvriers et soldats s'en retournaient en Egypte avec leur butin. Le haut fonctionnaire, qui présidait à l'expédition, se plaisait alors à faire graver à l'entrée de la galerie exploitée, une inscription destinée à faire connaître à la postérité le nom du pharaon et des chefs, ainsi que les circonstances dans lesquelles la tâche, souvent ardue, avait été menée à bonne fin.

Les expéditions ne se renouvelaient en général que tous les 3 ou 4 ans, quand le besoin du minerai se faisait sentir ; sou-

1. Le chameau n'était pas encore introduit en Egypte comme bête de somme, et les indigènes de la péninsule ne possédaient pas le cheval dans leurs montagnes. Lorsque Moïse revint du pays de Madian, il fit monter sa femme et ses enfants « sur des ânes. » (Ex., IV, 20).

vent elles furent interrompues par de très longs intervalles. Mais jamais, à aucune époque, dit M. Flinders Petrie auquel nous empruntons ces détails[1], il n'y eut une garnison permanente dans la péninsule.

Sanctuaire sémitique. Sous la XIIe dynastie, les ouvriers découvrirent des gisements de turquoises autour du *Sérabît el Khadem*, montagne située à 18 kilomètres à vol d'oiseau au nord du *ouâdi Maghârah*. Il y eut là, avant l'arrivée des Egyptiens, un sanctuaire, un haut lieu, de culte sémitique, dédié, suppose-t-on, à Ischtar ou Astaroth-Carnaïm. Les Egyptiens adoptèrent le culte de la divinité locale, la Dame de la Turquoise. Mais Ischtar, couronnée des deux cornes du croissant, devint pour eux, paraît-il, Hathor portant au front deux cornes de vache. Les pharaons de la XIIe dynastie et ceux de la XVIIIe à la XXe y firent construire un vaste temple sur le modèle de ceux qu'on rencontre en Egypte[2].

Inscriptions sémitiques. Des ouvriers sémites, *Aamou*, et syriens, *Retennou*, furent employés à la construction de cet édifice, comme à l'exploitation des mines. Or, parmi les découvertes que M. F. Petrie fit en explorant les importantes ruines de ce temple, se trouve un groupe de figures du type ordinaire des sculptures égyptiennes, mais d'un style lourd, gauche et un peu barbare. Un de ces monuments porte une inscription de gauche à droite en caractères alphabétiques. Plusieurs débris d'inscriptions de même système d'écriture furent mis à découvert dans les mêmes ruines, et une autre fut tracée sur un rocher à l'entrée d'une galerie de mine. M. F. Petrie les fait remonter à la XVIIIe dynastie. Après avoir tiré plusieurs judicieuses conséquences d'une telle trouvaille, le savant explorateur ajoute : « De simples ouvriers syriens (indigènes), qui n'arrivaient pas à la hauteur d'un sculpteur égyptien, étaient familiarisés avec un système d'écriture 1500 ans avant J.-C., et une écriture qui n'a rien de commun, soit avec les hiéroglyphes, soit avec les caractères cunéiformes[3]. »

Quel contraste entre la civilisation des habitants de ce pays il y a 3500 ans et celle des modernes *Maîtres des Sables !* Les Bédouins qu'on y rencontre aujourd'hui n'ont ni littérature, ni art, ni industrie ; ils ne connaissent l'école sous aucune forme. Les hommes abandonnent le travail de la terre et le soin des troupeaux aux femmes, et ne font usage de leur intelligence et de leurs forces physiques que pour ne pas succomber à la misère.

Tout le monde sait quelle place Moïse a donné au Sinaï dans

1. *Researches in Sinai*, 1906. — 2. En visitant ces lieux, le *Guide* fournira de plus amples détails. — 3. *Op. cit.*, p. 132.

les souvenirs de l'humanité. La glorieuse montagne où fut promulguée la Loi n'a pas été perdue de vue, à en croire Flavius Josèphe[1]. La Bible nous apprend, d'ailleurs, qu'Élie, le vaillant défenseur de la Loi, s'enfuit devant la colère de Jézabel et se rendit « à la montagne de Dieu, à Horeb[2] », sur les traces du législateur.

Les Nabatéens. Au IIe et au IIIe siècle de notre ère, un grand nombre de Nabatéens séjournèrent dans la presqu'île, comme le témoignent les milliers d'inscriptions qu'ils ont tracées sur les flancs rocheux des vallées ; mais on ignore quels évènements les avaient menés dans ces montagnes. On sait seulement que sous Trajan, l'an 106 ou 107 après J.-C., Cornélius Palma, préfet de Syrie, s'empara de Pétra, la capitale des Nabatéens, et réduisit leur royaume en province romaine. Il annexa ensuite la péninsule de Sinaï à l'empire. Cependant, on n'y a trouvé aucune trace d'une occupation par les légions romaines.

Pharan. A cette époque s'élevait au centre de la contrée la ville de Pharan dans l'admirable oasis du *ouâdi Feirân*. Vers le Ve siècle, elle devint le siège d'un évêché ; car elle constituait l'unique ville qui ait jamais existé dans les montagnes sinaïtiques. Sur le littoral du golfe occidental s'ouvraient trois ports, savoir, Clysma au nord, le port de Pharan près de l'embouchure du *ouâdi Feirân* et Raïthou ou Tour au sud. A l'extrémité septentrionale du golfe oriental s'élevait Aïla, aujourd'hui *Aqabah*, qui avait remplacé Elath et Asiongaber, le port de Salomon. Au centre du plateau de Tih, existait en outre, semble-t-il, la ville de Phœnicon, la Palmeraie, appelée aujourd'hui *Nakhl*, le Palmier.

Les anachorètes et les moines. Sous les règnes éphémères de l'empereur Maximin et de ses successeurs (235-248), la persécution contre les chrétiens sévit sans relâche. Sous l'empereur Décius (249-251), son préfet Sabinius se montra d'une cruauté telle qu'en quelques mois les déserts de Sinaï, comme ceux de la Thébaïde, se peuplèrent d'anachorètes. Le pays prit alors un nouvel aspect et une grande animation. Près de chaque source s'élevait un petit monastère, chaque vallée renfermait une laure et chaque grotte hébergeait un ermite. A force de travail et d'industrie, ces solitaires créèrent sur tous les points du sol des champs d'une étendue restreinte, mais fertiles, et par-dessus tout des vergers riches en dattiers, en figuiers et en oliviers. Les pèlerins et les marchands y accouraient des divers ports, les uns dans le but de visiter les Lieux saints, les autres pour approvisionner les moines et les pèlerins de tout ce que nécessitait leur subsistance ou l'entretien du culte. Une pèle-

1. A. J., II, XII, 1. — 2. III (I) Rois, XIX, 8.

rine gauloise, sainte Silvie d'Aquitaine, visita la péninsule de l'an 385 à l'an 388. Elle traversa Pharan et rencontra à 35 milles de là, vers l'orient, le mont Sinaï habité par de nombreux anachorètes. Ceux-ci y avaient bâti quatre églises, dont la principale s'élevait au lieu traditionnel du Buisson ardent.

Le silence de ces solitudes fut néanmoins profondément troublé par des bandes de Sarrasins que la cupidité amenait de l'orient du golfe d'Aqabah, et par les Blemmyes qui, sous Dioclétien, s'étaient emparés de la Nubie jusqu'à Éléphantine et faisaient de continuelles incursions en Egypte et en Asie. Vers l'an 305, 370 et 400, ces hordes passèrent par la péninsule comme un ouragan, dévastèrent surtout les ermitages et les églises du mont Sinaï et de Raithou, et tuèrent un grand nombre de religieux, comme nous le rapportent des témoins oculaires, Ammonius et saint Nil.

Pour mettre les serviteurs de Dieu à l'abri de ces effroyables surprises, l'empereur Justinien fit construire en 527 le couvent actuel du mont Sinaï, qui reçut vers le IXe siècle le nom de monastère de Sainte-Catherine. Une splendide basilique fut érigée près de la chapelle du Buisson ardent, et tous les bâtiments furent entourés de hautes et solides murailles semblables à celles d'une forteresse.

Tandis que les moines de la montagne de Dieu se maintinrent fidèles à la religion catholique et fournirent à l'Eglise une longue série de saints illustres, ceux de Pharan tombèrent dès le Ve siècle dans les hérésies des monophysites et végétèrent comme le sarment séparé du cep de vigne.

Après la conquête de l'Egypte et de la Palestine par le calife Omar, les Arabes devenus musulmans s'établirent en grand nombre dans la fertile oasis de Pharan et usurpèrent peu à peu son sol. Ils rendirent aux moines et aux autres chrétiens la vie tellement insupportable, que ceux-ci se virent contraints d'abandonner la ville. Celle-ci ne tarda pas à tomber en ruines, et le siège épiscopal resta vacant. Au IXe siècle, les titulaires de Pharan reparaissent avec le titre d'évêques ou d'archevêques du mont Sinaï, où désormais ils avaient établi leur résidence.

A l'époque des Croisades, la péninsule fut incorporée au royaume latin de Jérusalem et fit partie de de la seigneurie de Kérak. L'archevêque grec de Sinaï devint lui-même suffragant de l'archevêque latin de Pétra résidant à Kérak. Les Francs, toutefois, n'ont laissé que peu de traces de leur occupation.

Après leur départ, le pays retomba dans la barbarie. Aujourd'hui la ville de Pharan a complètement disparu, les laures sont vides et les monastères en ruines, si l'on excepte celui de Sainte-Catherine, occupé par des moines grecs qui professent les doctrines de Photius. Raitou ou Tour, le port de mer du mont Sinaï, resta également un petit centre de chrétiens.

V. — *Population*.

La population de la péninsule se compose exclusivement de Bédouins semi-nomades, hormis les moines et quelques familles grecques établies au village de Tour. Ils sont connus sous le nom générique de *Touârah*, au singulier *Touri*, qui signifie les montagnards ou les Sinaïtes. Ce nom, dérivé des mots grecs τό ὄρος, la montagne, savoir le mont Sinaï, a même remplacé celui du port de mer de Raïthou qui depuis douze siècles s'appelle Tour.

La population entière de la péninsule s'élève, d'après les uns à 4.000 âmes, d'après les autres à 5.000 ou à 6.000. Les Bédouins se divisent en plusieurs tribus ayant chacune à leur tête un ou plusieurs *scheikhs*, savoir :

1° Les *Aleïqât* et les *Haméda* au nombre d'environ 2.000, sont soumis au même chef. Ils occupent la région qui s'étend au nord du *ouâdi Maghârah*, autour du *Sérabit el Khadem*.

2° Les *Saoualîha* et les *Ouarma* (200 âmes), occupent le *djebel* et le *debbet er Ramléh* et une partie du *ouâdi Feirân*. Aux *Saoualîha* se rattache la puissante tribu des *Sadiyéh* ou *Aoualâd Saïd* établis le long du *ouâdi Feirân*.

3° Les *Mézeimiéh*, tribu importante d'environ 1.000 âmes, en possession du littoral du golfe d'*Aqabah* jusqu'au *râs Mohammed*.

4° Les *Djébélîyéh*, nom qui veut dire les gens de la montagne. Ceux-ci, étrangers aux autres tribus, descendent de 100 esclaves domestiques romains et de 100 autres égyptiens qui furent cantonnés dans les montagnes de Sinaï avec leurs femmes et leurs enfants par l'empereur Justinien, pour protéger les moines contre les pillards. Les autres Bédouins les tiennent en médiocre estime, comme des vassaux, et les appellent par dérision *Sébayât ed Deir*, les domestiques du couvent, ou bien encore des *fellahs nazaréens*, ou *chrétiens*, bien que depuis des siècles ils aient renoncé au christianisme pour embrasser l'islâm. Ils se divisent en quatre familles, dont voici les noms :

a) Les *Aoualâd Djindi*, les fils de *Djindi*.

b) Les *Aoualâd Sélim*.

c) Les *Aoualâd el Houbébât*.

d) Les *Aoualâd el Hamaïdi*. Ceux-ci sont appelés *Bésia* à Tour, *Sattalah* et *Tébnah* dans le *ouâdi Feirân*.

Chaque famille a son *scheikh* nommé par les moines du Sinaï.

Les *Aoualâd Saïd* et les *Aleïqât* sont les *ghâfirs* ou les protecteurs attitrés du monastère. Ils partagent avec les *Djébèliyéh* le droit de conduire les voyageurs entre Suez, Tour, le mont Sinaï et *Aqubah*.

5° Trois tribus assez mêlées entre elles, les *Tiyâha*, les *Térabîm* et les *Haiouât*, habitent le plateau de Tih et le nord-est de la péninsule. Un petit groupe d'*Aoualâd Souleimân* habitent le littoral aux environs de Tour.

Il est touchant de voir avec quelle cordialité les Bédouins se saluent et s'embrassent lorsqu'ils se rencontrent en route, surtout s'ils sont membres de la même tribu. Ils portent la main sur le cœur et sur le front et, le sourire sur les lèvres, ils susurrent à satiété le mot *Salamât ! Salamât !* Paix ! Paix !

Les Bédouins du Sinaï se distinguent par leur indépendance de caractère ; mais ils sont très obligeants envers les voyageurs et jouissent de la réputation d'être assez honnêtes.

Administration. La péninsule est administrée par l'*Intelligence Department of the egyptian War Office* au Caire. Le principal représentant du gouvernement dans ce pays est le commandant de la garnison de *Qalâat-en Nakhl* au centre du plateau de Tih. A Tour, il y a aussi un *Nazir*, officier muni de pouvoirs civils et militaires. Les relations entre le gouvernement et les Bédouins sont négociées par les principaux *scheikhs* de la presqu'île. Depuis peu, ceux-ci sont nommés par le gouvernement égyptien ; les *scheikhs* institués par les moines n'ont plus de caractère officiel dans les affaires administratives.

Maintenant que nous connaissons d'une manière générale le pays où les Israélites vécurent pendant 40 ans, nous allons les suivre dans leurs pérégrinations.

Fig. 4. — Les Fontaines de Moïse.

CHAPITRE IV

Le désert de Sur.

RENSEIGNEMENTS

Le départ. Pendant une heure ou deux, le bord du canal maritime retentit des cris assourdissants des chameliers, qui se querellent à propos de la distribution des charges que leurs animaux devront porter. Chacun aime son chameau et le ménage le plus possible ; il trouve toujours le poids excessif et menace de ne pas marcher. Qu'on ne s'inquiète pas ; ils finissent toujours par s'entendre. Sans de grandes gesticulations et de véritables hurlements, un Arabe ne saurait s'expliquer ; mais au fond, il n'est nullement en colère. Aussitôt que sa bête est chargée, il redevient bon enfant.

Pour le premier exercice de chevauchement à dos de chameau, voir les renseignements généraux, en tête du *Guide*.

Lieux de campement. Nous n'indiquerons pas les lieux de campement dans la plaine les trois premiers jours, et dans les montagnes nous ferons remarquer tous les endroits qui s'y prêtent le mieux, sans tenir compte de la longueur des étapes. Parmi les voyageurs, les uns passent la nuit aux fontaines de Moïse, tandis que d'autres vont plus loin le premier jour. Il en est aussi qui, plus ou moins pressés, allongent ou raccourcissent la marche.

En règle générale, on s'arrête où l'on veut, pourvu que ce soit dans un *ouâdi*, une vallée, parce que là les chameaux trouvent des buissons de genêts, de tamaris ou d'autres plantes à brouter pendant la nuit, et les chameliers une ample provision d'herbes sèches pour le feu. Dans ces espaces découverts où rien ne fait obstacle au rayonnement, le feu est la grande ressource des Bédouins qui passent la nuit en plein air, généralement mal vêtus. Aussitôt qu'ils ont dressé les tentes, ils s'accroupissent en cercle autour d'un feu flambant, constamment entretenu. La première partie de la nuit est consacrée aux conversations bruyantes, et la seconde au sommeil. L'un d'eux prépare la pâte, la pétrit et l'étend sur des pierres plates mises au feu ou dans les cendres chaudes. Ils auront au matin le pain qui est à peu près leur seule nourriture. Pour ne pas être incommodé de leurs cris, le voyageur fera bien d'exiger qu'ils s'établissent à une certaine distance de sa tente.

Le lever du camp. A l'aube du jour, les lits de camp sont rapidement repliés, les tentes démontées, pendant qu'on prend en plein air son premier déjeuner. Il est utile de veiller à ce que la literie, couvertures et matelas soient roulés et empaquetés dans l'intérieur de la tente, sur le tapis qui couvre le sol, pour les préserver autant que possible de la poussière et des parasites auxquels n'est pas accoutumé l'Européen. On se met en route au lever du soleil. De 11 heures à midi on s'arrête pour prendre un déjeuner froid à l'abri d'un arbre, d'un rocher ou, à défaut, en plein soleil, à moins qu'on ait eu la précaution de faire dresser à l'avance une petite tente pour la circonstance. Une nouvelle étape de 3 à 5 heures remplit la soirée. Les bagages qui suivent plus lentement ne font pas de halte à midi. Ils ont déjà atteint depuis quelque temps le lieu de campement quand on y arrive. Les tentes sont dressées par les Bédouins, pendant que le cuisinier installe ses fourneaux.

Les Bédouins aiment faire des étapes courtes, afin de les multiplier. Ils ne comprennent pas que le voyageur ait intérêt à suivre telle voie plutôt que telle autre, et que tel campement puisse être préféré en raison de son histoire ou de la beauté de son site. Le comprendraient-ils, ils ne s'en soucieraient guère, n'étant préoccupés que d'eux-mêmes et de leurs animaux. Le voyageur doit donc s'entendre avec le drogman ou avec le *scheikh* et lui indiquer avec fermeté, au jour le jour, dès la veille, le chemin qu'il veut suivre, et préciser le campement où il veut passer la nuit.

Le dromadaire en marchant doucement fournit un parcours de 4 kilomètres à l'heure. Pour calculer les distances, nous emploierons l'heure de chameau : mais il ne faut pas oublier que le chamelier réussit aisément à faire accélérer le pas de la monture, si on le désire ; elle peut facilement faire 5 kilomètres et plus à l'heure.

D'esch Schatt à ayoûn Moûsa, 2 h. 15.

Les fontaines de Moïse.

Au seuil du désert, le voyageur fait ses adieux au monde civilisé et commence à réaliser la vie nomade, la vie sous les tentes, toute pleine de poésie et d'imprévu. La caravane se dirige vers le sud-est, à travers une plaine légèrement ondulée, mais aride et complètement nue, qu'elle domine du haut du dromadaire. Le sable est souvent mêlé de fragments d'écailles qui scintillent au soleil, comme sur la plage de la mer. Lorsqu'on arrive en vue d'une fraîche oasis après une marche de deux heures et quart, on remarque sur le sol de nombreux silex que les eaux de pluie ont charriés des plateaux calcaires de l'orient, et l'on suit pendant quelque temps une ancienne route large de 7 à 8 mètres. Elle vient d'*esch Schatt*. M. F. Petrie croit que c'est la route qui venait d'Arsinoë et débouchait aux fontaines de Moïse ; car au delà de l'oasis on n'en voit aucune trace [1].

Le monticule situé au nord des premiers arbres est tout couvert de poterie arabe et conserve des vestiges de constructions en pierres liées avec du mortier ; circonstance qui permet d'y voir la « mansio » ou station militaire romaine, que sainte Silvie rencontra près de ces sources [2]. Vers l'orient, M. T. Barron a constaté la présence d'un banc d'écailles d'huîtres, cimentées dans un banc de gravier [3].

La luxuriante végétation de l'oasis d'*ayoûn Mousa*, les fontaines de Moïse, invite à s'arrêter. Elle se compose de cinq ou six grands jardins entourés de haies de cactus ou de murs en pisé et ombragé chacun de 50 à 100 palmiers, de mimosas et de fourrés de tamaris dont les chameaux sont friands. Au pied de ces arbres coulent une dizaine de sources d'une température de 20 à 28° C. et d'une eau plus ou moins saumâtre. La plus belle et la meilleure est celle du jardin de M. Costa, consul de Russie à Suez, à l'extrémité méridionale de l'oasis. Elle jaillit à côté d'une grande cabane où l'on peut se mettre à l'abri. Une de leurs particularités est de sourdre d'une sorte de cratère en miniature, qui s'ouvre au sommet d'un cône tronqué, à quelques mètres au-dessus du sol. A 10 minutes des jardins, au sud-est, il s'en échappe une autre au sommet d'un mamelon qui domine la plaine d'une trentaine de mètres. Un canal, dont on peut encore suivre les traces, amenait les eaux vers le nord dans un grand réservoir en maçonnerie, qui recueillait aussi le contingent des sources voisines. De là, elles se rendaient jadis au bord de la mer pour l'approvisionnement des navires. On peut encore suivre sur un parcours d'un kilomètre les vestiges de l'aqueduc, qui se terminait sur la plage par une fontaine. Les cônes d'où elles jaillissent ont été formés par l'agglutination de grains de sable chassés par le vent, avec les dépôts calcaires de l'eau, de petits coquillages d'eau douce, *Melania*, et surtout avec des myriades de carapaces d'un tout petit insecte noir, la puce d'eau, du genre des *Cypris*. Ils se sont successivement accumulés autour de la source, lui formant une margelle toujours croissante. L'eau s'élève dans ces singulières margelles, parce que les couches calcaires, sur lesquelles elle est amenée du plateau oriental, sont imperméables, au moins sur une distance de quelques kilomètres. Sans la présence du

1. *Op. cit.*, p. 8. — 2. *Petri Diaconi, De locis s.*, éd, Gamurrini, 1886, p. 139. — 3. *The topography and geology of the peninsula of Sinai*, Western portion, 1907, p. 36.

nombre infini de ces petits insectes, l'eau se serait perdue depuis longtemps dans les sables[1].

Les sources qui fertilisent ce petit coin de terre doivent leur nom de fontaines de Moïse à la tradition qui déjà au IVe siècle y avait fixé le campement des Israélites au sortir de la mer Rouge[2].

La Bible n'en parle pas, pas plus que de celles d'*aïn Néba* et d'*aïn el Ghargad* qui coulent à une heure au nord de l'oasis. Toutes, il est vrai, sont légèrement saumâtres ; mais jusqu'à la construction du nouveau canal du Nil au siècle dernier, elles fournissaient l'eau potable aux habitants de Suez. Il n'est pas non plus impossible qu'elles ne fussent meilleures il y a 3.000 ans.

Les sources de Moïse jaillissent à 16 kilomètres de l'extrémité actuelle du golfe, et à 30 kilomètres au sud des lacs Amers. En quelque point que les Israélites aient traversé la mer, ils devaient arriver à ces nombreuses fontaines, et il était naturel qu'ils s'y arrêtassent pour faire leur dernière provision ; car Moïse n'ignorait pas que pendant trois jours ils ne rencontreraient plus d'autre source d'eau potable. « Il est au moins certain, remarque E.-H. Palmer, que les eaux ont dû engloutir l'armée du pharaon entre l'horizon que le regard embrasse d'*ayoûn Mousa*... Le point précis où eut lieu le passage miraculeux restera toujours dans le domaine de la spéculation ; mais on ne peut guère douter qu'aux fontaines de Moïse on ne se trouve sur le sol déjà foulé par les Israélites, au début de leur voyage dans le désert[3]. »

Il n'est pas moins certain que la plaine qu'on vient de traverser n'ait retenti au chant de l'admirable cantique de Moïse, chant de triomphe et d'actions de grâce que le peuple fit monter tout d'une voix vers le trône de l'Éternel. Pendant que les hommes exécutaient en chœur l'hymne de la délivrance, les femmes, sous la conduite de Marie la Prophétesse, répétaient comme refrain la première strophe, se livrant à la danse et jouant du tambourin égyptien, le *teb* des hiéroglyphes, appelé *toph* par les Hébreux :

Chantez à Jahvé, car il a fait éclater sa gloire,
Il a précipité dans la mer cheval et cavalier[4].

1. Les Bédouins vendent aux gardiens des jardins des turquoises en échange contre de la poudre. — 2. Sainte Silvie rencontra à 3 jours du *ouadi Gharandel*, à une station militaire, deux sources avec quelques palmiers. De là elle se rendit à Clysma. Ce sont les fontaines de Moïse. Mais la pèlerine y place Mara, la station où Moïse adoucit les eaux amères. Il y a là une confusion qu'on ne s'explique pas, puisqu'elle-même venait de dire que les Israélites, après avoir passé la mer Rouge près de Clysma, avaient voyagé 3 jours avant d'arriver à Mara.

3. *Op. cit.*, p. 35 et 36. — 4. Voir ce cantique à la fin du volume, Exode, XV, 1-21.

Fig. 5. — LE DÉSERT DE SUR.

Le désert de trois jours sans eau.

Ouâdi Eiran	1 h.	10
Ouâdi Kourakhiyéh	1	25
Ouâdi el Ahadéh	1	45
Ouâdi Sadr	1	30
Ouâdi Ouerdân	4	55
Ouâdi Amârah	3 h.	40
Ouâdi Mereire	0	30
Ouâdi Haouârah	1	30
Ouâdi Gharandel	2	05
TOTAL	18 h.	30

« Moïse, lisons-nous dans l'Exode (XV, 22-23), fit partir Israël de la mer Rouge. Ils s'avancèrent vers le désert de Sur et marchèrent trois jours dans ce désert sans trouver d'eau. Ils arrivèrent à Mara mais ils ne purent boire l'eau de Mara, parce qu'elle était amère. C'est pourquoi ce lieu fut appelé Mara, amertume. »

« Le mot Shur, écrit E. H. Palmer, signifie en hébreu muraille. Pendant que nous étions à *Ayoûn Mousa* et que nous portions les regards au delà du désert sur les montagnes d'*er Rahab* et d'*et Tih* qui bordent la plaine étincelante, nous avons remarqué aussitôt que ce qui forme le caractère principal, sinon unique, de ce désert, c'est cette longue chaîne montagneuse en forme de mur, et nous ne fûmes plus surpris que les Israélites eussent appelé ce lieu mémorable d'après son trait le plus saillant, le désert de Shur ou de la Muraille[1]. »

Le désert de Sur s'étend fort loin vers le nord. Le livre des Nombres (XXXIII, 8) l'appelle Etham. Ce nom qui revêt un cachet égyptien, comme nous l'avons vu (p. 24), ne diffère pas de *Khatem* qui signifie ligne de fortification, muraille. Le mot Shur n'en est donc que la traduction en hébreu.

Les Israélites durent faire un trajet d'environ 80 kilomètres à travers la plaine du littoral de la mer Rouge « sans trouver d'eau. » Cette information laconique met parfaitement en relief le caractère principal de cette contrée à l'époque actuelle, comme aux temps anciens : Une plaine morte et stérile, large de 15 à 20 kilomètres, couverte seulement de quelques maigres herbes et de misérables arbustes, et littéralement privée d'eau potable sur une superficie de 1.000 kilomètres carrés. Tout cela ne produit que trop vivement dans l'esprit du voyageur l'impression d'un désert sans eau. (*V.* p. 24-25).

Des fontaines de Moïse, on poursuit sa route à travers la plaine monotone semée de collines basses. On croise le *ouâdi Eiran* (1 h. 10), puis celui de *Kourakhiyéh*, appelée aussi *ouâdi Dehêsa*, la Sablonneuse (1 h. 25).

Ouâdi, mot arabe qui a passé en quelque sorte dans la langue française depuis la conquête de l'Algérie, vient de *ouâda*, couler, et signifie un ravin, une dépression, une vallée plus ou moins large et plus ou moins creuse qui, en hiver, est envahie par les eaux de pluie et changée en torrent. Le reste de l'année elle reste à sec. L'humidité qui la pénètre plus que le reste de la plaine, y développe aussi une végétation légèrement plus abondante. Toute la plaine de Sur est un ancien lit de la mer, qui ne s'est élevé au-dessus des flots qu'à une époque géologique récente, particularité qui explique pourquoi ces vallées sont si peu accentuées. Malgré la grande quantité de pluie que les orages déchargent sur le vaste plateau de Tih qui borne le désert au levant, la plaine est si peu ravinée, que les vallées méritent à peine ce nom. Les eaux se répandent en éventail sur une largeur de 500 à 2.000 mètres et ne creusent jamais le sol à plus d'un mètre de profondeur[2].

Au delà de la mer, apparaissent à l'horizon les dernières ramifications du *djébel Atâkah*. A une bifurcation du chemin (45 min.), se détache à droite le *derb Firaoûn*, la route de Pharaon, qui longe le bord de la mer et passe sous les falaises du *djébel Hammâm Firaoûn* (*V.* p. 61); à gauche, un sentier mène au *djébel er Rahah* et au *djébel et Tih*, que l'œil suit depuis quelque temps. On se maintient sur celui qui se déve-

1. *Op. cit.*, p. 38. — 2. Flinders Petrie, *op. cit.*, p. 10.

loppe entre les deux et l'on suit la ligne des poteaux télégraphiques de Suez à Tour, envahissement de civilisation moderne qui dépoétise la route. Bientôt on croise le *ouâdi Ahadeh* (1 h.) et l'on atteint ensuite le *ouâdi Sadr* (1 h. 30), qui descend de la montagne de même nom. Au delà du plateau bas d'*er Raha*, se dressent les trois pointes caractéristiques du *djébel Bikhr*, masse de calcaire blanc qui émerge du plateau de Tih et qui attire le regard de tout voyageur par terre ou par mer. C'est au *djébel Bikhr* que périt d'une manière tragique E. H. Palmer, que nous avons cité déjà plusieurs fois. En 1882, lors de la révolte d'Arabi-Pacha, le célèbre explorateur eut l'imprudence de vouloir amener les tribus des *Toudrah* aux vues politiques du gouvernement anglais. Il fut mal compris, cerné et acculé vers un précipice. L'infortuné docteur aima mieux se laisser choir dans l'abîme, que de tomber vivant entre les mains des Bédouins en fureur. Les Arabes qui l'accompagnaient eurent le même sort. Les chameliers, généralement si loquaces, se gardent bien de rappeler ce crime aux voyageurs.

On aperçoit encore la ligne bleu-foncée de la mer ; mais le chemin s'en éloigne pour monter vers l'orient par une série de *ouâdi* secs et plats, dont le sable pailleté de mica est comme saupoudré d'or et d'argent.

Le *ouâdi Ouerdân* qu'on atteint 4 h. 55 plus tard, est une des plus larges vallées de cette plaine. La dépression a plus de 2.000 mètres de largeur et est sillonnée par de nombreux petits cours d'eau sinueux et parsemés de galets que les eaux de pluie ont charriés de l'intérieur. Çà et là on rencontre de beaux silex à arêtes tranchantes, ressemblant à des ustensiles en pierre. Les chameliers s'arrêtent volontiers dans le lit de ce torrent où poussent de nombreuses touffes de *tarfahs* et d'autres plantes. Le chemin se rapproche du *djébel Ououtta*, tandis qu'au midi se dessinent les formes singulières du *djébel Gharandel* et au sud-sud-ouest celles du *djébel Hammâm Firaoûn*.

Mara.

Vient ensuite le *ouâdi Amârah*, la vallée Amère (3 h. 40), qui renferme des sources d'eau très saumâtre. Sur ses flancs s'élèvent des mamelons formés de conglomérats gypseux, dans lesquels M. T. Barron a remarqué des fossiles pliocènes [1]. Dans les dépôts marins de la même vallée, on a aussi découvert des veines de célestine pure, minéral qui est un sulfate naturel de strontiane [2]. Une demi-heure plus loin, on croise le

1. *Op. cit.*, p. 107. = 2. T. Barron. *op. cit.*, p. 209.

ouâdi Mereirah, la vallée de l'eau amère, qui, comme la vallée précédente, renferme des crevasses remplies d'eau mauvaise. Quelques kilomètres plus loin, on aperçoit vers le levant un bloc calcaire détaché de la montagne, portant le nom de *Hadjr er Rekkab*, Pierre du Cavalier (pour monter à cheval).

A environ 6 kilomètres du *ouâdi Mereirah* se présente l'*aïn Haouârah*, la source de la Destruction ou de la Ruine. C'est une fontaine de près de 2 mètres de circonférence et de 0 m. 50 de profondeur, qui sourd au sommet d'une petite éminence formée de dépôts calcaires. La qualité de l'eau varie un peu selon la saison; mais elle est en tout temps nauséabonde et amère ; elle a le goût d'une légère solution de sel de Glauber. Les Bédouins ne la considèrent pas comme potable, et les chameaux eux-mêmes ne s'y désaltèrent que lorsqu'ils sont tourmentés par la soif.

On identifie communément la **Mara** de la Bible avec l'*aïn Haouârah*. Mais il ne faut pas perdre de vue que la grande foule des Israélites, épuisés par la soif à la fin de la troisième étape, devaient s'échelonner dans toute la région occupée par l'*aïn Haouârah* et le *ouâdi Amârah*. Toutes les sources, alors peut-être plus nombreuses et plus abondantes qu'aujourd'hui, pouvaient porter le nom de Mara. Remarquons encore que le texte sacré ne dit pas que cette eau fût appelée Mara par les Israélites ; il est même vraisemblable que les indigènes. de race sémitique, l'aient déjà désignée par cette épithète longtemps auparavant. Cela expliquerait pourquoi le nom est resté attaché à la vallée d'*Amârah* et à celle de *Mereirah*.

Des fontaines de Moïse aux sources rafraîchissantes d'Elim dans le *ouâdi Gharandel* il n'y a que trois petites journées de marche. Mais la grande multitude d'Israélites, accompagnés d'enfants et de troupeaux et lourdement chargés de provisions de bouche, n'avançaient que lentement. Aussi, avant d'avoir atteint Elim, leur provision d'eau était complètement épuisée et les tourments de la soif se firent sentir.

« Le peuple murmura contre Moïse en disant : Que boirons-nous ? Moïse cria à Jahvé qui lui indiqua un bois ; il le jeta dans l'eau et l'eau devint douce [1]. » Le miracle ne s'est opéré que dans l'intérêt du peuple de Dieu ; car l'écrivain sacré n'ajoute pas, comme pour la fontaine d'Elisée à Jéricho [2], que l'eau est restée potable jusqu'aujourd'hui. D'un autre côté, Nicolas de Lyre fait déjà remarquer que le bois révélé par le Seigneur à Moïse avait la propriété naturelle d'adoucir les eaux amères [3]. Nous lisons, en effet, dans l'Ecclésiastique :

« Le Seigneur fait produire à la terre ses médicaments,

1. Ex., XV, 24-25. — 2. IV (II) Rois, II, 22. — 3. *In Pentat.*, Ex., XV, 25.

Et l'homme sensé ne les dédaigne pas.
Un bois n'a-t-il pas adouci l'eau amère
Afin que sa vertu fut connue de tous [1] ? »

Dans la suite, les Hébreux murmurèrent encore lorsqu'ils manquaient d'eau ; mais ils n'avaient plus à se plaindre de l'amertume des sources qu'ils rencontraient sur leur passage.

Aujourd'hui, cependant, les indigènes ne connaissent absolument aucun bois, ni aucun autre spécifique possédant la propriété d'améliorer les eaux amères et de les rendre potables.

D'*aïn Haouârah* on suit une ancienne route très large, mais à peine reconnaissable. A gauche se dressent de grandes masses de gypse en partie crystalline, et des blocs de sélénite à larges facettes étincelantes, dispersés dans la marne. Après 1 h. 40 de marche, on aperçoit çà et là un sol glaiseux, noir et durci comme l'alluvion du Nil ; il est mis en culture après la saison des pluies. Puis se présentent des tombeaux excavés dans le calcaire. Encore 30 minutes, et l'on arrive au ruisseau du *ouâdi Gharandel*, large vallée bordée par des falaises crayeuses de 20 à 30 mètres de hauteur. C'est Elim.

1. Eccl., XXXVIII, 4-5.

Fig. 6. — OUADI GHARANDEL. — ELIM.

CHAPITRE V

D'Elim au désert de Sin.

Elim.

Elim est la quatrième étape des Israélites et la deuxième station indiquée par la Bible. Ce nom dérive de la racine *ûl* ou *êl*, être fort, et signifie un arbre vigoureux, le chêne et le térébinthe. Elim, au pluriel, indique ici les grands arbres du désert, c'est-à-dire les palmiers. L'Exode dit : « Et ils arrivèrent à Elim où se trouvaient douze sources et soixante-dix palmiers, et ils campèrent là près de l'eau[1]. »

Le **ouâdi Gharandel** est la plus importante de toutes les vallées du district calcaire. Elle prend naissance, sous le nom de *ouâdi Ouoûtah*, au plateau de Tih et se développe sur une longueur de 60 kilomètres. Aussi charrie-t-elle plus d'eau que toute autre vallée, si l'on excepte celles qui sont alimentées par les neiges des hauts plateaux granitiques. Un ruisseau perpé-

1. Ex., XV, 27.

tuel, où coule une eau limpide et bonne, malgré le soupçon de sel qu'elle renferme, y entretient de beaux bouquets de palmiers sauvages, d'acacias seyals, de tamaris et d'autres plantes du désert. Les palmiers poussent en plus grand nombre, sur une longueur d'environ 2 kilomètres, du côté de la mer. Au printemps (c'est-à-dire à l'époque où les Israélites passaient en cet endroit), le ruisseau fournit deux tonnes d'eau par minute à 140 mètres de la source principale. Il se divise ensuite en deux ou trois bras et forme plusieurs étangs entourés de joncs et de roseaux, où abondent les oiseaux aquatiques. L'eau jaillit en plusieurs endroits au bord du cours d'eau et sourd même au fond de son lit. Sur les racines de vieux tamaris pousse vigoureusement un genêt parasite, qui s'élance majestueusement en l'air, tout couvert de superbes épis de fleurs au printemps. Au coucher du soleil, le *djébel Gharandel* offre un spectacle ravissant avec ses nombreuses collines de marne entassées les unes sur les autres et teintes d'une couleur jaune d'orange. Cette oasis apparaît comme un véritable paradis à qui arrive du désert de trois jours sans eau.

Ce lieu de délices servit aux Romains de station militaire sous le nom de **Garandra**. Au sud du ruisseau, dans la petite plaine qui s'enfonce dans les montagnes, on remarque encore des ruines jonchées de poterie romaine. A son débouché dans la mer, la vallée forme une rade appelée jadis **Sinus Garandra**[1]. Sainte Silvie décrit cette oasis avec précision et ajoute que « Arandara est l'endroit appelé Helym » dans la Bible[2]. Le Pèlerin de Plaisance rencontra à « Surandela », le lieu des 70 palmiers de la Bible, un petit fort, une église et deux hôpitaux pour les pèlerins. De 1336 à 1341, Ludolphe de Sudheim y observa les vestiges de plusieurs ermitages[3]. Au XVe siècle encore, Breitenbach s'arrêta aussi « au désert d'Helym » près du « torrent d'Orondem ». La plupart des anciens pèlerins font mention de ce délicieux campement.

Du ouâdi Gharandel à la plaine d'el Markha.

Abou Zennéh	1 h.		Plage de la mer	1 h.	50
Ouâdi Ousell	1	30	Râs Abou Zaniméh	1	30
Ouâdi Kouoûseih	0	35	Plaine d'el Markha	1	40
Ouâdi Ethal	1	10	Entrée dans les montagnes.	2	10
Ouâdi Chébeikéh	0	35			
Ouâdi Tayîbéh	0	40	TOTAL	12 h.	40

1. *V.* Ebers, *op. cit.*, p. 545. — D'après Pline (*H. N.*, VI. XIV), le golfe dans lequel Ptolémée Philadelphe bâtit Arsinoë, s'appelait aussi Charandra en grec. — 2. *Petri Diaconi, op. cit.*, p. 139. — 3. *De Itinere T. S.*, éd. Deyks, 1851, p. 65.

Campement des Israélites au bord de la mer.

D'Elim, les Israélites allèrent camper au bord de la mer Rouge [1]. Le pèlerin de même passe une nuit au *ouâdi Gharandel* et la suivante sur la plage, après avoir traversé un pays très accidenté.

Il est difficile de savoir si les Hébreux sont arrivés à la mer par la vallée de *Tayibéh* ou par celle de *Gharandel*. Au temps de sainte Silvie, les chrétiens localisèrent ce campement à l'embouchure de cette dernière vallée [2]. Il est, en effet, plus vraisemblable que la masse des émigrés ait évité le chemin difficile et tortueux ordinairement suivi par les voyageurs modernes. Moins pressés que ces derniers, ils seront descendus d'Elim à la mer le long du ruisseau d'eau douce (2 h. 1/2) [3]. Que l'on n'objecte pas que la distance de 40 à 45 kilomètres qui sépare l'embouchure du *ouâdi Gharandel* de la plaine d'*el Markha*, le désert de Sin, constitue une étape beaucoup trop longue pour les enfants d'Israël. La Bible n'indique pas, en général, le nombre des étapes ou les endroits où le peuple a passé la nuit ; mais plutôt les stations où il s'est arrêté quelque temps, ou qui ont été marquées par quelque évènement mémorable. L'Exode passe même sous silence le campement près de la mer et conduit les Israélites directement d'Elim au désert de Sin.

Le long de la mer, l'eau ne devait pas manquer. En creusant un puits de quelques mètres seulement de profondeur sur un point quelconque du rivage, soit dans le golfe de Suez, soit dans celui d'Aqabah, la cavité se remplit vite d'eau fraiche et potable ; car près des côtes s'étend sous le sol une nappe d'eau sur des couches imperméables. Tous les indigènes connaissent ce fait et Moïse ne devait pas l'ignorer.

Du ruisseau, le chemin monte la côte, traverse le *ouâdi Salamîn* et celui de *Mangaz*, la vallée du Saut, célèbre par le tumulus d'une jument légendaire (1 h.). Abou Zenné, racontent les Bédouins, passant un jour en ce lieu, monté sur une jument, fit faire à celle-ci, à force de coups d'éperons, un bond prodigieux qui amena sa mort. Les chameliers ne passent

1. Nomb., XXXIII, 10. — 2. Le Préfet apostolique du Caire nous a laissé le récit du pèlerinage qu'il fit au mont Sinaï en 1722. Le moine franciscain passa au pied du *djébel Hammâm Firaoûn* près des sources thermales, et arriva à « Corondu », l'ancienne Elim, le long du *ouâdi Gharandel*. (*A journal from Grand Cairo to Mount Sinaï*, etc. : *by the Prefetto of Egypt*, éd. Robert Clayton, 1753, p. 38). — 3. Des sources du *ouâdi Gharandel* à la mer il y a 2 h. 1/2 ; de là aux sources chaudes d'*Hammâm Firaoûn* 2 h., puis à l'embouchure du *ouâdi Tayibéh*, 5 heures.

jamais sans lancer un caillou sur le tertre avec une malédiction pour le *scheik* sans cœur. D'après une autre version, ce serait la tombe d'un Juif assassiné lors de son pèlerinage au Sinaï. En tout cas, les légendes brodées sur le noble coursier dans ce pays, comme aussi certaines figures qui accompagnent les inscriptions sinaïtiques, démontrent qu'autrefois le cheval était acclimaté dans la péninsule.

De là, le chemin traverse un haut plateau de marne et de couches gypseuses, *el Qarqah*, sillonné de nombreux petits ravins. Au loin, on aperçoit les pics granitiques du Serbal. On descend ensuite dans le *ouâdi Ouseit* (1 h. 30), où un filet d'eau saumâtre entretient des tamaris, des genêts et quelques palmiers nains. Les couches de marne blanche et brune des hautes berges sont striées de belles séries de failles. Un petit défilé passe entre deux montagnes de forme conique, portant le nom d'*Arous et Théman*, l'Epouse de Théman, et conduit dans une nouvelle vallée latérale, où la vue est égayée par un bouquet de palmiers, cinq grands et une vingtaine de petits. On entre ensuite dans le *ouâdi Kououeiseh* (35 min.), où l'on jouit d'un vaste et beau panorama : En face, les trois cimes du *Sarboût ed Djemâl*, dont la silhouette représente un chameau accroupi, comme l'indique son nom. C'est une masse de calcaire et de conglomérats de poudingues, qui s'élève à 366 mètres au-dessus de la vallée. Il marque le commencement de la région des grès ; au sud-est, les hauts pics granitiques du *djébel Serbâl* et du *djébel el Benât* ; à main gauche, les hauteurs du *djébel el Tih*, et à main droite, le *djébel Ouseit* et le *djébel Hammâm el Firaoûn*, qui, depuis quelque temps, borne l'horizon à l'ouest. Cette dernière montagne, qui appartient au groupe du *djébel Ouseit*, est une masse de roches calcaires qui s'étagent en pyramide à 300 mètres de hauteur au-dessus du chemin et à 470 mètres au-dessus du niveau de la mer. Ses parois sont tellement déchiquetées, creusées et perforées de grottes, qu'elles ressemblent à une masse de minerai sorti d'un haut-fourneau. Sur le rivage de la mer s'échappent de sa base plusieurs sources d'eau thermale sulfureuse de 71° C. Les Arabes leur ont donné le nom de *Hammâm Firaoûn Maloum*, Bains de Pharaon le Maudit, parce que, dans leur imagination, l'âme du pharaon, dont l'armée fut engloutie dans les flots [1], hante encore ces parages témoins du désastre. Lorsqu'ils viennent se baigner dans

1. Dans leur incohérence habituelle, les Arabes placent le passage de la mer Rouge à la fois près de Suez et en face du *djébel Hammâm Firaoûn*. Tout ce qui frappe leur imagination est mis en relation soit avec Moïse, soit avec le pharaon. Il est possible qu'à l'époque romaine ou byzantine ces sources chaudes aient porté le nom de Bains de Pharan. Plus au sud, l'embouchure du *ouâdi Feirân* s'appelait aussi « port de Pharan », du nom de la ville qui existait dans l'intérieur de la péninsule.

les sources chaudes pour se guérir des affections rhumatismales, ils ont soin d'apaiser l'esprit errant par l'offrande de quelques gâteaux ou par le sacrifice d'une chèvre ou d'un mouton, afin qu'il n'enlève pas aux eaux leur efficacité.

Après avoir suivi pendant une heure le *ouâdi Koûoueiséh*, on descend dans le *ouâdi Ethal* qui offre, en son centre, une forte couche de grès marneux et des calcaires veinés de gypse et parsemés de fossiles nummulites [1]. Une heure plus tard, on

Fig. 7. — Djébel Hammam Firaoun.

tourne à gauche, dans une vallée latérale, *ouâdi Chebeikéh*, le Réseau ou le Labyrinthe, qui, en 40 minutes, débouche dans le *ouâdi Tayîbéh*. Ou mieux, en ce point le *ouâdi Tayîbéh* se ramifie en trois branches : le *ouâdi Chebeikéh* vers le nord, le *ouâdi el Melh* au milieu et le *ouâdi el Hamr*, la vallée Rouge, vers l'orient. Celle-ci mène directement au *Sérabit el Khadem* et au mont Sinaï par la voie du nord.

Le *ouâdi Tayibéh*, qui signifie l'Agréable, est arrosé à 3 kilomètres de sa naissance par quelques sources d'eau saumâtre,

1. T. Barron, *op. cit.*, p. 108. — Le *ouâdi Ethal* et le *ouâdi Ouseit* descendent directement à la mer dans la direction du nord-ouest. Mais l'une et l'autre vallée sont presque impraticables.

qui, sur un parcours d'une demi-lieue, y répandent un peu de fraîcheur et de vie. Une cinquantaine de palmiers sont disséminés le long du filet d'eau, entremêlés de beaux tamaris et de roseaux. Les rochers qui l'encadrent sont parfois disposés en amphithéâtre avec une régularité surprenante. Il est aisé de reconnaître qu'ils ont été fouillés par les eaux de pluies torrentielles qui dévalaient autrefois sur leurs parois. La marne cède de plus en plus la place aux roches calcaires. A gauche, on rencontre même une colline rougeâtre traversée par une bande noire d'un conglomérat de lave. La vallée qui a atteint 180 mètres de largeur, se rétrécit au delà des palmiers et se transforme en défilé étroit, à peine large de 15 mètres et bordé de falaises verticales de calcaire crétacé.

A gauche, se dresse une masse bigarrée formée d'une série de lits inclinés, où prédomine un banc de basalte noir de l'époque miocène. Elle est couronnée d'une calotte de grès verdâtre entremêlé de marne et de gypse d'environ 15 mètres d'épaisseur. Suit une couche d'un conglomérat siliceux de 20 mètres. Après plusieurs lits très minces d'argile verte, riche en manganèse, et de grès marneux ou de conglomérats, vient le banc de lave haut d'environ 10 mètres. Au-dessous se présente du grès noirci par le contact avec le basalte, puis un filet de grès grisâtre, et à la base apparaît la brèche rougeâtre. Le contraste des couleurs est merveilleux lorsque ces masses sont illuminées par le soleil couchant.

Le défilé fait un dernier tournant très brusque et s'ouvre sur la plage sablonneuse d'*el Méhaïr* (1 h. 50 du *ouâdi Chébeikéh*). On ne saurait exprimer la surprise et la joie qu'éprouve le voyageur lorsqu'au sortir de la gorge étroite et sombre, il se trouve soudainement en face de l'éblouissante nappe de la mer Rouge. L'émotion est à son comble, s'il aperçoit au loin un navire qui lui rappelle la patrie.

En longeant la mer dans la direction du midi, on rencontre au bout d'une heure et demie une pointe remarquable de la côte, le *râs Abou Zaniméh*. Le rocher isolé qui surgit des flots forme avec la montagne voisine un pittoresque petit défilé, une délicieuse place pour un campement abrité.

Le promontoire et la rade qui s'ouvre au sud portent le nom d'un santon musulman, *Abou Zaniméh*, dont on vénère la mémoire dans une chapelle voisine construite avec des troncs de palmiers et des débris de vaisseaux naufragés [1]. L'*ouéli* du san-

1. En 1722, on montra au Préfet apostolique du Caire « la grotte du Schiech Abuzelime » dans la vallée de « Megena », à une distance d'un jour de la mer. Les Bédouins lui racontèrent que ce scheikh y buvait continuellement du café apporté de La Mecque par des oiseaux, « et d'autres fables de ce genre, ajoute le pèlerin, qui ne méritent pas d'être mentionnées. » (*Op. cit.*, p. 38).

ton semble avoir remplacé un sanctuaire que les Grecs, croit-on, avaient érigé au bord de la rade au dieu de la mer, Poséidon, le Neptune des Romains [1]. Déjà au temps des pharaons, lorsque les mines de la péninsule étaient en pleine exploitation, aboutissaient à cette baie les trois routes par lesquelles on transportait à la côte les minerais et les pierres provenant de Mafka (le *ouâdi Maghârah*), du *Sérabît el Khadem* et du *ouâdi Nasb* [2]. Le petit port n'est plus visité aujourd'hui que par de rares barques de pêcheurs.

Fig. 8. — Ras Abou Zanimèh.

Du *râs Abou Zanimèh*, on continue à suivre la plage couverte de beaux coquillages et de corail rouge. Thétmar au XIIIe siècle, Breitenbach au XVe, et d'autres pèlerins mentionnent les collections de coquilles, de coraux et de « pierres précieuses » qu'ils y avaient faites.

Le *djébel en Nokhl*, un récif d'un calcaire siliceux, s'avance jusqu'au bord de l'eau, et ne laisse qu'un passage fort étroit entre le roc et la mer. En temps de marée ou de vent violent, il est nécessaire de franchir le promontoire par un chemin de

1. Ebers und Guthe. *Palæstina*, II, p. 333. — 2. Ebers, *op. cit.*, p. 135.

détour disposé en forme d'escalier à une hauteur de 20 mètres. La montagne est remarquable par la régularité de ses bancs qui alternent avec une couche plus dure et une autre plus molle. Les bancs rocheux plus tendres ayant été corrodés davantage par l'intempérie de l'air, ces falaises de 200 mètres de hauteur ont pris l'aspect de murs cyclopéens, régulièrement construits, mais ébréchés. Aussitôt que le *djébel el Markha* (180 m.) est contourné, à 1 h. 40 du *râs Abou Zaniméh*, la plage s'élargit et s'ouvre sur la grande plaine d'*el Markha*, le désert de Sin.

Le désert de Sin.

La plaine d'*el Markha* mesure environ 20 kilomètres de longueur du nord au sud, et 8 kilomètres de largeur de l'est à l'ouest. Au septentrion, elle est limitée par les masses sombres du *djébel el Markha* aux flancs bigarrés; au midi, elle se rattache au désert d'*el Qâah*. Le sol, noir et caillouteux, contient beaucoup d'oxyde magnétique de fer et des grenats. Il est jonché de blocs de granit rouge, de feldspath rose et de basalte charriés, aux temps préhistoriques, de l'intérieur du pays. Dans ce sol en apparence stérile, les pluies d'hiver font germer une végétation relativement abondante, consistant en herbes et en broussailles, parmi lesquelles se présentent les premiers acacias seyals. Le chemin du Sinaï traverse la plaine en diagonale, du nord-ouest au sud-est, et mène au bout de 2 heures à l'entrée du petit *ouâdi Hanâq el Lâqam*, d'où l'on passe dans le *seih Bâbah*.

A l'extrémité septentrionale de la plaine coulent deux sources : celle d'*aïn Dhafari* dont l'eau est douce et celle d'*el Markha* dont l'eau est saumâtre. Autour de cette dernière, marquée par un palmier, existe une dépression du sol, qui, dans les temps plus reculés, devait constituer un marais. Au sud de l'embouchure du *ouâdi Bâbah*, plusieurs éperons de la montagne portent des tas de scories de minerais de cuivre et des vestiges de hauts-fourneaux. M. F. Petrie pense que les mineurs égyptiens avaient transporté là les minerais du *ouâdi Bâbah* et du *ouâdi Nasb* où les broussailles sont rares, pour les fondre au bord de la plaine d'*el Markha* abondant en combustible [1].

D'après l'opinion de MM. E. Robinson, Guérin, Palmer, Ebers, Vigouroux et de beaucoup d'autres savants, la plaine d'*el Markha* est le **désert de Sin**, devenu particulièrement célèbre dans l'histoire sacrée, par la manne qui y tomba pour la pre-

1. *Op. cit.*, p. 18.

mière fois. En effet, ce désert est indiqué immédiatement après le campement près de la mer et avant celui de Dophka, que nous trouverons dans la Mafka des Egyptiens ou dans le *ouâdi Maghârah* [1].

La manne.

La manne de la Bible. Six semaines après leur sortie de l'Egypte, les Israélites arrivèrent au désert de Sin [2]. Ils y trouvèrent l'eau nécessaire pour le camp, et les pâturages pour les troupeaux. Mais pour eux-mêmes, les provisions de bouche étaient complètement épuisées et ils souffraient de la faim. De là des plaintes et des murmures.

Sur les supplications de Moïse, le Seigneur promet de leur faire « pleuvoir du pain du ciel », mais un pain, une nourriture qu'ils auraient à chercher hors du camp et qu'on ramasserait au jour le jour, en prenant une double portion la veille du sabbat. Moïse et Aaron transmettent la bonne nouvelle à tout le peuple, en la précisant : le soir même la viande tant désirée serait accordée et le lendemain matin on aurait le pain à satiété [3].

Effectivement, avant la nuit, les cailles s'abattent en quantité prodigieuse dans le camp. Le lendemain matin, on vit à terre, tout autour du camp, une couche de petits grains ayant l'aspect de la gelée blanche. A ce prodigieux spectacle, les Israélites s'écrient émerveillés : « Manhou ? Qu'est-ce ceci ? » Moïse leur répond : « C'est le pain que Jahvé vous donne pour nourriture [4]. »

Dès lors la manne tombe chaque jour autour du camp comme une rosée du ciel, à l'exclusion du jour du sabbat. Cette pluie merveilleuse se produira régulièrement chaque jour pendant 40 ans. A l'arrivée des Israélites dans la fertile plaine de Jéricho, elle cesse inopinément et pour toujours, sur l'ordre du Seigneur.

La manne tombe en telle quantité que chacun peut en ramasser un *gomor*, soit 3 litres 88 par jour, et la veille du sabbat, deux *gomors*. De plus, tout ce qu'on veut garder de la provision quotidienne pour le lendemain se corrompt, engendre

1. La description du désert de Sin par sainte Silvie est un peu confuse. Elle l'identifie bien avec une vallée large de 6.000 pas romains ou 9 kilomètres et d'une longueur beaucoup plus grande. L'unique place de cette dimension qu'elle a pu rencontrer sur son chemin entre Pharan et Élim est la plaine d'*el Markha* ; mais les montagnes, dont elle parle, ne cadrent guère avec ce désert. (*Petri Diaconi*, *L. S.*, *op. cit.*, p. 110). = 2. Ce désert est différent du désert de Sin ou mieux Zin, où campait Israël après avoir quitté le mont Sinaï. = 3. Ex., XVI, 2-12. = 4. Ex., XVI, 15.

des vers et devient infect ; la provision double de la veille du sabbat seule demeure intacte pendant deux jours. La chaleur du soleil levant la fait fondre et s'évaporer ; celle du feu, au contraire, permet de la faire bouillir, après avoir été moulue avec la meule ou pilée dans un mortier ; elle reçoit même la consistance de gâteaux qui s'accommodent à tous les goûts [1].

On comprend dès lors pourquoi le Psalmiste [2] et le livre de la Sagesse [3] appellent la manne « le froment des élus », la « nourriture des anges » et « le pain venu du ciel ». Les Juifs sont tout fiers de pouvoir rappeler au Sauveur que leurs pères avaient reçu la manne au désert, grâce à l'intervention de Moïse, et lui demandent ce qu'il leur donnerait pour preuve de sa mission divine. Jésus-Christ leur promet un autre pain céleste encore supérieur à la manne ; car celle-ci n'a pas empêché les Israélites de mourir, tandis que le pain qu'il leur donnera préservera de la mort spirituelle et communiquera la vie éternelle [4]. C'est l'Eucharistie [5].

Telle est en substance la nature de la merveilleuse nourriture qui tomba la première fois dans le désert de Sin. Il reste à dire quelques mots de la manne végétale qu'on trouve dans la péninsule et qu'on a essayé de confondre avec la première.

La manne du tamaris. Le *tamarix mannifera*, le *tarfah* des Arabes, n'est qu'une variété du *tamarix gallica* qu'on rencontre au sud et à l'ouest de la France. Piqués, dit-on [6], par une petite cochenille, *gossypia mannipara*, pendant les grandes chaleurs du mois de juin, de juillet et d'août, les tiges de l'arbrisseau sécrètent une sorte de gomme qui pend comme des gouttelettes de rosée. Elle se liquéfie sous les rayons ardents du soleil de midi et tombe sur le sol. Les Arabes, qui lui donnent le nom de *man*, la recueillent et la mangent étendue sur le pain comme du miel, dont elle a, d'ailleurs, le goût et l'arome ; mais ils ne l'emploient jamais seule, sinon comme remède laxatif. Cette manne végétale se conserve fort bien et de longues années. Les moines du Sinaï en distribuent volontiers aux pèlerins, qui visitent généralement la péninsule pendant les huit ou neuf mois où les tamaris ne produisent aucune exsudation.

M. Berthelot fit l'analyse de la manne du tamaris sinaïtique et y trouva la composition suivante :

1. Ex., XVI, 17-36. = 2. Ps. LXXVIII (LXXVII), 24-25 ; = CV (CIV), 40. = 3. Sag., XVI, 20-27. = 4. Jean, VI, 31-33. = 5. V. Vigouroux, *op. cit.*, II, p. 439-477. = 6. Plusieurs savants l'affirment avec Ehrenberg. Ritter (*Die Sinai Halbinsel*., I, Berlin 1848) et M. Vigouroux (*Manuel biblique*, 11e éd., I, p. 731) nient que les insectes soient la cause de ce phénomène. Les pucerons sont produits en masse sur d'autres arbres qui suent le miellat.

Sucre de canne.	55
Sucre interverti, (lévulose et glucose) . . .	25
Dextrines et produits analogues.	20

Le poids de l'eau s'élève au 1/5 de celui de la masse.

C'est un véritable miel. « On voit en même temps, remarque le célèbre chimiste, que la manne du Sinaï ne saurait suffire comme aliment, puisqu'elle ne contient pas de principe azoté[1]. » La manne du tamaris est donc essentiellement différente, par sa composition et par ses propriétés, de la manne qui pendant 40 ans formait chaque jour à peu près l'unique aliment de tout un peuple. Elle est d'un autre côté si rare que, selon M. Stanley, toute la manne des tamaris de la péninsule ne suffirait pas à nourrir un homme pendant six mois[2].

M. Berthelot, qui *a priori* n'admet pas la possibilité du miracle, ajoute que la manne du tamaris a pu devenir une nourriture pour les Hébreux, par son association aux aliments animaux. Mais c'est précisément l'aliment animal qui faisait à peu près défaut. Dans la péninsule du Sinaï, comme dans toute l'Afrique septentrionale, il y a deux passages de cailles par an : au printemps, quand du midi elles émigrent vers le septentrion ; en automne, quand elles retournent au midi. C'est une pareille bande d'oiseaux que Dieu amena dans le camp des Hébreux, et le miracle consistait surtout dans leur arrivée en nombre prodigieux et au temps précis fixé par Dieu. Puis, les cailles ne sont tombées en masses considérables que deux fois en 40 ans, et les autres viandes n'ont été que d'un usage exceptionnel.

Il n'est donc pas permis de confondre la manne de l'Ecriture sainte avec l'exsudation du tamaris. Dut-on multiplier cette gomme à l'envi, et réduire à plaisir le nombre des Israélites, on n'expliquerait jamais comment, sans l'intervention directe et constante du Tout-Puissant, le peuple hébreu ait pu subsister pendant 40 ans, sans commerce, sans industrie et sans agriculture, dans un pays si aride, au milieu des races Amalécites et Madianites qui n'avaient pas cessé, pendant ce temps, d'occuper les maigres vallées de la péninsule.

1. *Comptes rendus de l'Acad. des Sciences*, 1861, p. 584-586.— 2. *Sinai and Palestine*, 1871, p. 26, n. 2.

Fig. 9. — Seih Babah.

CHAPITRE VI

La région des mines.

Seih Bâbah . . . . , .	0 h.	10
Ouâdi Chellâl	1	50
Ouâdi el Boudérah	0	33
Naqb el Boudérah.	1	20
Ouâdi Sidréh.	1 h.	15
Ouâdi Iqnéh	0	30
Ouâdi Maghârah. . . , . .	0	15
Total. . . .	5 h.	53

Du désert de Sin, les Israélites se rendirent à Daphca. Ils continuèrent à suivre le chemin tracé par les caravanes des mineurs égyptiens [1]. De la plaine d'*el Markha*, il entre dans le

1. Au siècle dernier, on avait émis plusieurs théories pour déterminer l'itinéraire du désert de Sin au mont Sinaï. Quelques-uns conduisirent

seih Dâbah, vallée très large, comme l'indique d'ailleurs le mot *seih* employé par opposition au mot gorge. Quant au nom de *Dâbah*, M. Ebers pense qu'il dérive du mot égyptien *Dibît*, pluriel de *Daêt*, qui signifie la contrée des Grottes. C'est par cette expression que les chefs des ouvriers égyptiens désignaient, dans leurs rapports, ces parages si riches en mines[1]. La vallée, large de 200 mètres, est une vaste enceinte de grès multicolores, dominée à gauche par le sombre *djébel Dâbah*. Le bassin est jonché de blocs de granit de différentes couleurs. Mais sur un parcours assez long, le sol devient uni et se couvre d'un sable assez fin.

Une heure plus loin, le *seih Dâbah* se rétrécit, et à une certaine distance il paraît même obstrué par une masse de roche schisteuse de 12 à 15 mètres de hauteur, qui s'est détachée de la montagne. On contourne le rocher et, laissant le *seih* à gauche (1 h.), on se dirige vers le sud-est par le *ouâdi Chellâl*, vallée aussi pittoresque par la singularité de ses formes que par la variété de ses couleurs. Vers le levant, elle est limitée par des collines de gneiss vert-foncé, couronnées de grès rouge et de calcaire brun, tandis qu'au couchant, les flancs présentent des couches de marne ou des bancs de grès nubien. Près de l'entrée de la vallée coule une faible source; mais sous le sol cailloutenx demeure assez d'humidité pour permettre à quelques seyals de pousser avec vigueur.

Au bout d'une bonne demi-heure de marche, on quitte le *ouâdi Chellâl*[2], pour remonter le *ouâdi Douderah* au milieu de récifs de grès rouges tachetés de blanc, de jaune, de violet, de noir, un vrai chaos de couleurs éclatantes, dominées par l'azur des horizons. Puis au grès bariolé se mêle çà et là le rocher granitique aux teintes non moins variées.

Après avoir franchi un torrent d'hiver (35 min.), on s'engage dans une véritable impasse, où les rochers taillés à pic

les Israélites de la plaine d'*el Markha* par le *seih Dâbah*, le *debbet er Ramleh* au nord, le *ouâdi Hamîeh* et le *ouâdi esch Scheikh* qui mène droit au mont Sinaï. Cet itinéraire a le grand inconvénient de ne pas passer par l'oasis de Feirân, près de laquelle la tradition chrétienne et la plupart des savants modernes localisent Raphidim.

Une deuxième route proposée descend de la plaine d'*el Markha* au midi. Arrivée à 40 kilomètres d'*aïn Dhafari*, elle remonte le *ouâdi Feirân*. Mais cette voie n'est pas seulement la plus longue et la plus affreuse par son manque d'eau et de végétation; elle évite aussi le *ouâdi Maghârah*, le pays de Mafka, où les égyptologues localisent Daphca, la station d'Israël, qui suit immédiatement celle du désert de Sin.

1. *Op. cit.*, p. 130 et 535. — 2. Deux kilomètres plus loin, le lit du *ouâdi Chellâl* est barré par un banc rocheux de 6 mètres de hauteur, qui forme terrasse. Ses parois sont manifestement polies par l'action de l'eau qui, anciennement, se précipitait de son sommet. C'est là la chute d'eau qui a donné le nom de *Chellâl*, cataracte, à la vallée. Près de ce banc rocheux on voit les premières inscriptions sinaïtiques. (V. p. 83).

semblent intercepter tout passage (30 min.). Cependant, au bout d'un quart d'heure se dessine un sentier qui monte par une demi-douzaine de méandres au col du *naqb el Boudérah*, qui veut dire le défilé de la Pointe de l'épée. C'est par là qu'au temps des pharaons on transportait les minerais et les pierres

Fig. 10. — NAQB EL BOUDÉRAH.

de l'intérieur à la rade de *râs Abou Zaniméh*. C'est par là aussi que devaient passer les Israélites. En 1863, un Anglais, le Major Macdonald, dont nous aurons à parler plus loin, amélìora ce passage, se servant des blocs épars pour établir à certains endroits un mur de soutènement et pour protéger le chemin contre les éboulements. Au sud se dresse le *djébel Naqb el Boudérah* dont la base est en grès rouge auquel succèdent des terrasses calcaires, tandis que le sommet est en marne.

Après une montée pénible de 15 minutes, on atteint le sommet du col (alt. 385 m.), où s'étale un panorama inoubliable.

D'un côté, on jouit d'un beau coup d'œil rétrospectif sur la mer et les montagnes qu'on vient de traverser ; de l'autre, on a devant soi une vallée large et sauvage, bordée d'immenses rochers aux formes étranges et dans des positions qui dépassent toute imagination. Chaque roche semble avoir sa nuance particulière. Le spectacle est féerique quand, à son lever ou à son coucher, le soleil inonde ces masses de ses chauds rayons et les enveloppe toutes dans une teinte rose.

En traversant la vallée de *Boudérah* au milieu de bouquets de seyals, le regard est captivé par un massif de granit rouge qui se dresse au fond et qui semble changer de forme à mesure qu'on s'en approche. Après 1 h. 15 de marche, on le dépasse et l'on entre dans le *ouâdi Sidréh*, vallée tortueuse, encaissée entre deux lignes de récifs d'une hauteur prodigieuse.

A gauche s'ouvre le *ouâdi Oumm Thémân*, dont les mines de cuivre étaient jadis exploitées par les Egyptiens. M. E. H. Palmer pénétra dans une de ses galeries jusqu'à une profondeur de 122 mètres. A cet endroit il la trouva obstruée. Les parois sont noircies par la fumée des lampes, et le plafond est étayé par une grosse branche de seyal, dont le bois est incorruptible. L'explorateur croit que depuis 2 à 3.000 ans cette profonde caverne n'a plus été habitée que par les chauves-souris qui y pullulent.

On continue à suivre le *ouâdi Sidréh* qui mène en une demi-heure dans le *ouâdi Iqnéh*, où l'on rencontre plusieurs inscriptions gravées sur le granit ou sur le grès (voir p. 83). A 15 minutes de l'entrée, débouche du nord le *ouâdi Maghârah*, appelé *ouâdi Qenatyéh* dans sa partie supérieure.

Daphca.

Le *ouâdi Maghârah*, la vallée des Cavernes, doit son nom aux galeries souterraines creusées dans ses flancs par les Egyptiens pour l'exploitation du *mafka* ou minerai de cuivre et pour l'extraction de la turquoise, pierre opaque d'un bleu clair et assez dure pour recevoir le poli et pour être employée comme bijou. La région minière est formée de grès tendre rouge et jaune, et s'étend à une distance de 8 kilomètres entre les masses granitiques du *ouâdi Sidréh* au midi et les hauteurs du *Tartir ed Dhami* au septentrion. Les montagnes s'élèvent d'un jet à 300 mètres au-dessus du thalweg, qui lui-même se trouve à environ 300 mètres au-dessus du niveau de la mer. Le *djébel Maghârah*, sur le flanc occidental de la vallée, est une colline rectangulaire couverte d'une couche de basalte. Le *djébel*

Yahoudiyeh, la colline des Juifs, est le centre minier qui passe pour fournir les meilleures turquoises [1].

Les ouvriers égyptiens, carriers et mineurs, arrivaient dans ce pays, escortés par des soldats, pour exploiter ces mines. Ils se présentaient ordinairement au mois de janvier et s'en retournaient en Egypte à la fin de mars et au mois d'avril. Un seul rapport gravé par le chef d'une de ces expéditions nous apprend que les ouvriers se sont attardés jusqu'au commencement de mai, ajoutant, toutefois, que la chaleur était devenue insupportable. Il n'y eut jamais dans la péninsule, soit une garnison permanente, soit un établissement de mineurs à longue durée. Des stèles gravées en évidence sur le flanc de la montagne à l'entrée des grottes consignaient les noms des principaux chefs qui avaient dirigé la campagne, celui du souverain qui l'avait ordonnée, puis quelques détails sur la direction et le succès de l'entreprise.

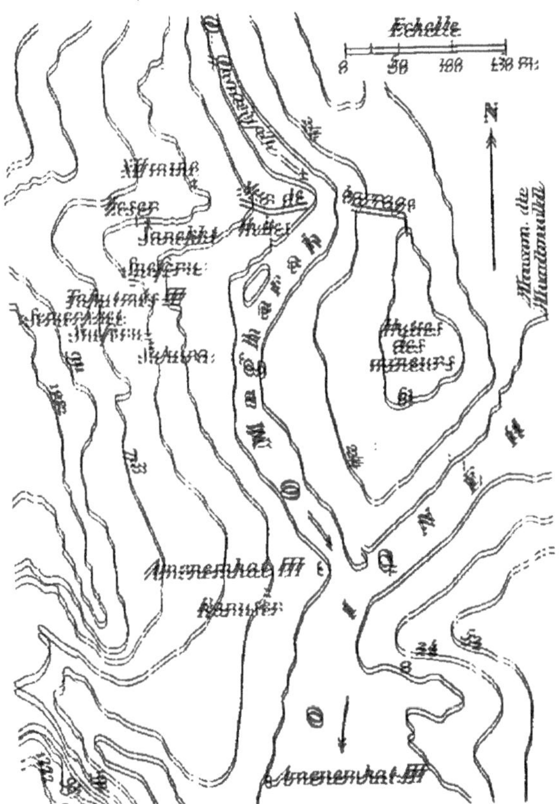

Fig. 11. — Ouadi Maghárah, avec la position de ses stèles et mines de turquoises. (D'après M. Flinders Petrie, *op. cit.*, map. 2.)

Sur les flancs gauches du *ouâdi Maghârah*, on voyait, il y a cinquante ans, douze de ces bas-reliefs, la plupart dans un état de conservation remarquable. Nous allons les énumérer d'après le travail de M. Flinders Petrie, avec la date que l'explorateur leur assigne, bien que pour les premières dynasties, celle-ci reste toujours plus ou moins problématique.

1° Dans le *ouâdi Qinéh*, à gauche, à environ 200 pas au

1. T. Barron, *op. cit.*, p. 40.

devant de l'embouchure du *ouâdi Maghârah* : Amenemhat III de la XIIe dynastie, 3303-3229 av. J.-C.

A l'entrée du *ouâdi Maghârah*, en face des beaux seyals sous lesquels s'arrêtent habituellement les chameliers :

2° Ranuser, V[e] dynastie, 4167-4012 av. J.-C.

3° Amenemhat III, 2e stèle.

Puis à environ 230 pas plus loin, on voyait à l'entrée des galeries, sur une étendue de 250 pas et à des hauteurs variables, les stèles suivantes :

4° Sahoura, V[e] dynastie, 4426-4413 av. J.-C.

5° Snéférou, IIIe dynastie, 4787-4757.

6° Sémerkhet, Ire dynastie, 5291-5275.

7° Thoutmès III, XVIIIe dynastie, 1481-1449.

8° Menkauhor, V[e] dynastie, 4292-4283.

9° Snéférou, 2e stèle.

10° Sanekht, IIIe dynastie, 4945-4917.

11° Zézer, IIIe dynastie, 4917-4888.

Le Major Macdonald vint s'établir dans ces montagnes en 1854 et y resta jusqu'en 1866, dans l'intention d'exploiter en règle les anciennes galeries de turquoises. Pour trouver les capitaux nécessaires à l'entreprise, il constitua, avec l'aide de banquiers anglais, une société d'actionnaires. Les ingénieurs, ne songeant qu'à grossir les dividendes, firent emploi de la poudre pour faire sauter les mines, sans le moindre souci pour les vénérables bas-reliefs et les inscriptions gravées dans l'intérieur des galeries. Malgré ce vandalisme, l'entreprise tourna mal. Le Major s'est complètement ruiné, les actionnaires ont perdu leur argent et le monde savant plusieurs monuments d'un prix inestimable. Les Bédouins suivirent avec ardeur le procédé des ingénieurs anglais et continuèrent à détruire à coups de mine ce que ceux-là n'avaient pas eu le temps d'achever. C'est ainsi que l'emploi de la poudre a été plus funeste à ces monuments rupestres en 30 ans, que l'intempérie de l'atmosphère en 60 siècles. A l'entrée du *ouâdi Maghârah*, les Bédouins offrent souvent aux voyageurs, contre un bon *bakchiche*, des turquoises et même des débris de bas-reliefs. Mais la belle couleur bleue des turquoises pâlit en peu de temps, et c'est précisément cette circonstance qui les a fait déprécier sur les marchés de Londres.

En 1904, MM. Flinders Petrie et Currely recueillirent soigneusement les débris de ces monuments, qui heureusement avaient été la plupart étudiés et copiés avant que ne s'accomplit le vandalisme. Ils détachèrent de la masse la 2e stèle de Snéférou et celle de Thoutmès III, et firent transporter le tout au musée du Caire. Un seul bas-relief est resté à sa place, celui de Sémerkhet ; c'est aussi le plus ancien. Il se trouve à 300 pas au nord de la pointe formée par la jonction des deux vallées, à 120 mètres au-dessus du thalweg, toujours à gauche. Il est, cependant, presque inaccessible et si haut placé que, d'en bas, on ne peut l'apercevoir. Les galeries sont généralement fort basses ; mais elles s'avancent profondément dans l'intérieur de la montagne. Les turquoises scintillent encore au plafond et sur les parois ; mais le sol est tellement encombré d'éclats de pierre qu'on ne pourrait y pénétrer qu'en rampant. Dans les alentours, on rencontre des instruments en silex, tels que pointes de lance, têtes de flèche, couteaux, scies, marteaux dont les ouvriers se sont servis pour creuser la roche. Ils ont cependant employé aussi des ciseaux et des outils en bronze, ainsi qu'il a été constaté.

A la pointe formée par la jonction du *ouâdi Maghârah* avec le *ouâdi Iqnéh*, s'élève une haute colline à pentes escarpées, où aboutit en 20 minutes un sentier pratiqué en lacets sur le flanc le moins raide. Le plateau supérieur est occupé par un grand nombre de petites maisons à une seule chambre, les unes rondes, les autres carrées ; elles sont construites en blocs de grès non cimentés et étaient jadis recouvertes d'un toit plat en clayonnage et en argile battu. Ce sont des huttes de mineurs égyptiens. On y a trouvé beaucoup d'ustensiles et un groupement de vases en argile que les derniers ouvriers avaient soigneusement enfouis dans le sol avant leur départ. Au pied de la colline, du côté nord-est, subsiste la maison que l'infortuné Macdonald s'était construite.

Les sources manquent dans ce district. Le *ouâdi Iqnéh* a pourtant une nappe d'eau souterraine, comme le prouve le grand nombre de seyals qui y poussent. Dans le *ouâdi Maghârah*, à 3 km. au nord des mines, existe un puits creusé dans le granit à une profondeur de 2 m. 75. Ce travail fut exécuté, selon M. F. Petrie [1], antérieurement au passage des Israélites. Pour avoir de l'eau en abondance, les Egyptiens ont jeté un gros mur de barrage à travers la vallée sur une longueur de près d'un kilomètre. Cette solide construction, dont subsistent encore deux grands tronçons, empêchait les eaux de pluie de s'écouler et transformait le lit de la vallée en un lac artificiel. Il semble même que ce vaste bassin ne s'est jamais vidé complètement, puisque, comme on l'a constaté, plusieurs espèces de coquillages y prospéraient [2].

C'est à ce bassin que les Israélites se sont arrêtés. Le livre des Nombres indique entre le désert de Sin et Raphidim deux stations, Daphca, en hébreu Dophka et Alus [3], que l'Exode passe

1. *Op. cit.*, p. 206.— 2. Maspero, *op. cit.*, I, p. 357. — 3. Nomb., XXXIII, 12-13.

sous silence. La position de Dophca convient fort bien à ce district situé entre la plaine d'*el Markha* et l'oasis de Feirân. Or, dans les inscriptions hiéroglyphiques, toute la région minière porte le nom de *Mafka*, mot par lequel les Egyptiens désignaient les richesses minéralogiques ou plutôt métallurgiques comme smaragdite, malachite et oxyde de cuivre qu'on extrayait de ces montagnes, et d'où l'on tirait les belles couleurs vertes employées pour la fabrication du verre et des émaux.

Le mot Mafkah, dit M. Ebers [1], précédé de l'article féminin *ta*, se prononce Tmafka, d'où est venu le mot Dafka, par la chute de la consonne nasale *m*. C'est ainsi que le mot égyptien Tmermut est devenu pour les Grecs Termutis, Tmouis, Thou, et Snéférou, Séfouris, etc. M. Rendel Harris suppose même que Dophka n'est qu'une simple transcription fautive de Mafka [2].

Dans les ruines du temple de *Sérabît el Khadem*, M. F. Petrie a découvert une stèle d'après laquelle une expédition de mineurs aurait eu lieu sous le règne de Ménephtah Ier. Elle ne porte pas de date ; mais le pharaon n'a pu y envoyer des ouvriers qu'à la première ou la seconde année de son règne. Au temps de l'Exode, l'Egypte était en désarroi et avait à faire face à une guerrre sérieuse contre les Lybiens. D'ailleurs, les futurs vainqueurs des Amalécites n'avaient pas à redouter la rencontre d'une poignée de soldats et d'une troupe de quelques centaines d'ouvriers, la plupart des prisonniers de guerre ou des esclaves, toujours prêts à pactiser avec ceux qui secouent le joug de la tyrannie.

Sérabît el Khadem.

C'est ici le lieu de parler du *Sérabît el Khadem* dont il a été fait mention dans l'aperçu historique de la péninsule (p. 44). L'histoire de ces ruines offre un intérêt palpitant à tout visiteur du Sinaï, lors même qu'on trouverait ces ruines trop en dehors de son chemin, ou d'un accès trop difficile pour entreprendre l'excursion dans ces montagnes-là.

En suivant le *ouâdi Sidréh*, on rencontre à gauche le *ouâdi Agrâf* (5 h.), vallée de gneiss qui descend du nord. Un mauvais sentier tracé au fond de la vallée mène à un haut-plateau de grès rouge, qui domine de 260 mètres les gorges environnantes (6 h.). Le sommet, très difficile à escalader, est couronné des ruines d'un vaste temple égyptien appelé *Sérabît el Khadem*. Serabit vient de Sarbat qui a le sens de hauteur ou

1. *Op. cit.*, p. 140. — 2. *D. B. H.*, I, p. 617.

de haut lieu. *Khadem* pourrait bien dériver du mot égyptien *Khétam*, qui signifie forteresse[1].

En explorant les ruines de ce temple, M. Flinders Petrie fit quelques découvertes de la plus haute importance. Il reconnut que, déjà avant l'arrivée des mineurs égyptiens dans la péninsule, il se pratiquait sur cette montagne un culte purement sémitique, auquel les pharaons se sont conformés dans la suite. Le long de la voie qui conduit aux ruines et au-devant du temple se succèdent plusieurs enceintes sacrées renfermant une petite chambre taillée dans le roc. C'est là que le chef de l'expédition, se conformant au culte local, allait passer la nuit avant d'ouvrir une galerie, dans l'espoir que la déesse du lieu, la Dame de la Turquoise, lui révélerait en songe l'endroit où il aurait la bonne fortune de rencontrer un gisement avantageux de la pierre précieuse. De plus, les monceaux de cendres, trouvés au-devant du temple primitif, semblent provenir des holocaustes, où les victimes furent consumées par le feu. On y voit en outre des petits autels destinés à recevoir l'encens pour y être brûlé Les songes oraculaires, les holocaustes, les autels d'encens, comme aussi les pierres coniques et les bassins des ablutions qu'on y a trouvés, tout cela appartient au culte en usage chez tous les Sémites, qui tenaient toujours leurs sanctuaires sur les hauteurs. Les Egyptiens, au contraire, bâtissaient leurs temples dans la plaine, ne brûlaient l'encens que dans des cassolettes, n'admettaient pas les holocaustes et ne connaissaient pas les ablutions liturgiques. Les stèles votives au centre des cercles de pierres n'ont jamais été en usage sur les bords du Nil, et les songes oraculaires n'ont été introduits dans le rituel égyptien que par les Grecs sous les Ptolémées. La Dame de la Turquoise, qui était probablement Ischtar ou Astaroth Carnaïm, coiffée de la lune, devint pour les Egyptiens, dans cette circonstance, Hathor aux cornes de vache.

Les officiers de Snéférou ont peut-être déjà érigé une stèle votive dans un de ces *béthels;* mais pour Mentuhotep, pharaon de XIe dynastie, il n'y a pas de doute. La stèle de Sénusert Ier, de la XIIe dynastie, fut trouvée debout dans un simple cercle sacré formé de blocs de pierres ; ce n'est ni temple, ni sépulcre égyptien.

Sous la XIIe dynastie, le *Sérabît el Khadém* devint un centre minier très important. La fusion du minerai de cuivre eut lieu dans le *ouâdi Nasb*, vallée de la Pierre du Sacrifice, qui possède encore aujourd'hui plusieurs jardins et qui fournissait

1. Les indigènes donnent au mot *khadem* le sens de servant ou d'esclave, à cause d'une statue noire qu'on y voyait autrefois. Les ingénieurs de Bonaparte, disent-ils, ont emporté cette statue. (E. H. Palmer, *op. cit.*, p. 233).

autrefois une ample provision de combustible pour les opérations métallurgiques. C'est aussi sous cette dynastie qu'on entreprit la construction du temple égyptien qui, dans la suite, a été agrandi, restauré et orné par un grand nombre de souverains. Le principal constructeur de ce vaste édifice est la reine Hatsépsut qui s'est associé au trône son neveu Thoutmès III. Ramsès VI (1161-1156 av. J.-C.) est le dernier pharaon connu qui ait attaché son souvenir à ce monument. (Voir le plan avec sa légende).

Dans les ruines du temple, on a découvert plusieurs statues, un sphinx, une reine, un buste et d'autres objets, sculptés par des ouvriers étrangers à l'art égyptien, mais s'efforçant de copier les beaux modèles qu'ils avaient sous les yeux. C'étaient sans doute des *Aamu*, Arabes, ou des *Retennu*, Syriens, qui dans les inscriptions rupestres figurent parmi les ouvriers employés dans les mines de Sinaï [1]. Plusieurs de ces sculptures, de style un peu barbare, portent des inscriptions en lettres alphabétiques, allant de gauche à droite. On sait que dans la Carie, l'île de Crète et la Celtibérie plusieurs systèmes d'écriture étaient en vogue longtemps avant que les Phéniciens n'aient inventé le leur ; mais tandis que les premiers se composaient de quelques centaines de lettres, les Phéniciens, plus pratiques, adoptèrent les lettres voyelles, ce qui leur permit de rendre tous les sons avec un petit nombre de consonnes [2].

Ces inscriptions, que M. Petrie fait remonter à la XVIIIe dynastie, c'est-à-dire à 200 ou 300 ans avant l'Exode, constituent le plus antique spécimen connu d'une écriture alphabétique.

L'écriture connue par les *Aamu* et les *Retennu* du Sinaï ne devait pas être ignorée par les tribus voisines. Les tablettes découvertes à Tell Amarna, à Lakisch, à Gezer et en d'autres lieux nous ont révélé qu'avant l'Exode l'écriture assyrienne était d'un usage commun en Palestine. En Egypte, dont l'administration est caractérisée par la bureaucratie, les employés devaient enregistrer tous les événements notables qui se passaient dans leur sphère d'action et envoyer des rapports par écrit à leurs chefs respectifs. Quant à Israël, Moïse fut élevé à la cour des pharaons, et parmi les Hébreux, les lettrés furent préposés à la distribution des corvées sous la direction de chefs égyptiens, comme nous l'apprend le livre de l'Exode (V, 14-15) : « On battit les scribes des enfants d Israël,

1. Une statue de Sénusert III (XIIe dynastie) porte une dédicace faite par cinq officiers égyptiens. A côté de leurs noms, on lit celui d'un *Aamou* nommé *Lua* ou *Luy*, le nom sémitique de Lévi. « Il est intéressant, dit M. F. Petrie (*op. cit.*, p. 124), de rencontrer ce nom 3000 ans av. J.-C. » — 2. F. F. Petrie, *op. cit.*, p. 129-133.

que les exacteurs de Pharaon avaient établis sur eux... Les scribes des enfants d'Israël allèrent se plaindre à Pharaon[1]. »

Explication du plan du temple de Sérabit el Khadem[2].

A. Sanctuaire de Hathor entièrement taillé dans le roc. Fondé probablement sous Snéférou (IIIe dyn.), il a été restauré par Amenemhat III (XIIe dyn.), qui est représenté sur le pilier. Il renferme un autel de Hathor dans l'angle N.-E., et de petits autels ronds à encens.

B. Portique soutenu par 2 grosses colonnes d'Amenemhat IV et par 14 colonnes plus petites.

C. Cour avec un portail où sont gravés les noms d'Amenemhat Ier et d'Amenemhat IV. Une stèle porte le cartouche d'Amenemhat III.

D. Sanctuaire. Le côté oriental est orné de 14 stèles dont 6 sont d'Amenemhat III, 1 d'Amenemhat IV et 2 de Thoutmès III (XVIIIe dyn.). Le long du côté méridional, Ramsès IV fit élever une galerie couverte.

E. Porche de Ramsès IV qui a changé l'entrée du sanctuaire.

F. Une cour, ornée d'un sphinx de Thoutmès III, donne accès au sanctuaire de Sopdou ou Sapt, le dieu de l'Orient ou de l'Arabie. Il est soutenu par 2 piliers et se termine par une grotte munie d'une niche destinée à une tablette votive.

G. *Hanafiéh* de Hathor ou salle d'ablution, restaurée par Ramsès II. Entre les piliers se trouve un bassin en pierre.

H. Grande salle d'ablution avec bassin circulaire en pierre de 9 m. 45 de diamètre. Dans l'angle se trouve un bassin rectangulaire en pierre. Sur 2 stèles de la XIIe dynastie, on a gravé le cartouche de Thoutmès III.

I, I, I. Voie sacrée primitive, menant à la grotte de Hathor. Elle était ornée d'une rangée de 12 stèles d'Amenemhat III et de la reine Hatshéput, tante de Thoutmès III.

J. Sanctuaire des Rois, avec portique tétrastyle, construit par Hatshéput en l'honneur de Snéférou et d'Amenemhat III.

K. Puits ou citerne creusée dans le roc.

L. Grande cour découverte, dont la porte s'ouvre au N. Le sol ne permettant pas d'agrandir le temple suivant l'axe de la grotte d'Hathor, Thoutmès III prit une nouvelle direction parallèle à la voie sacrée.

M. Ancien emplacement des holocaustes. La salle est construite sur un grand amas de cendres blanches. Elle contient une inscription de Thoutmès III, une de Ramsès IV, qui modifia le bâtiment, et une troisième de Ramsès VI.

1. Ex., V, 10 21. — 2. Voir page suivante.

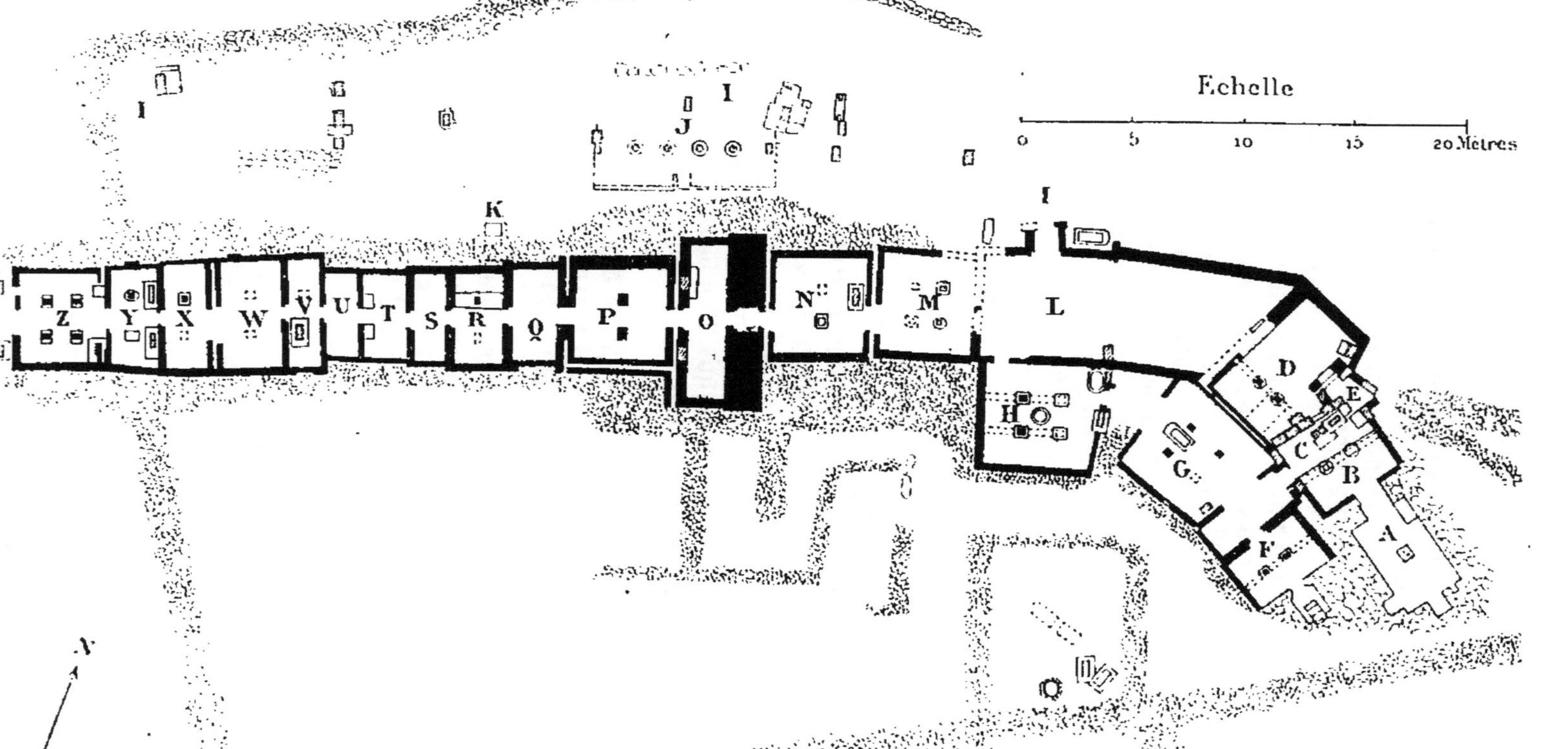

Fig. 12. — Plan du temple de Sérabit el Khadem. (D'après M. Flinders Petrie, *op. cit.*, map. 4.)

N. Salle construite sur un monceau de cendres, portant une inscription de Thoutmès III.

O. Pylônes qui formaient la façade du temple de Thoutmès III. On y a trouvé deux stèles de Thoutmès III et des bas-reliefs qui représentent ce pharaon et Séti II, le restaurateur des pylônes.

P. Salle avec cartouches de Thoutmès III et Thoutmès IV.

Q. Salle ajoutée par Amenhotep II, pour servir de façade au temple.

R. Nouvelle façade du temple créée sous Thoutmès IV. La porte fut restaurée par Ménephtah Ier qui y laissa une stèle.

S. Salle.

T. Salle avec des piliers à têtes de Hathor.

U. Salle à façade régulière, ayant servi d'entrée au temple.

V. Salle avec piliers à têtes de Hathor du temps d'Amenhotep III. Stèle de l'officier Pamhési.

W. Temple de Sénurset Ier (XIIe dyn.) avec une grande stèle d'Amenhotep III.

X. Salle soutenue par 2 piliers formant le vestibule du temple précédent.

Y. Salle à 2 piliers, avec 2 stèles d'Amenhotep III.

Z. Salle à 4 piliers à têtes de Hathor. La paroi méridionale représente Séti Ier sacrifiant à Ptah. Dans l'angle S.-O. se trouve une stèle de Ramsès III.

Le mur de clôture construit en pierre sèche autour du temple fut élevé sous Amenhotep III.

Setnekht érigea la dernière stèle au S. de l'entrée.

Fig. 13. — Ouadi Mokatteb.

CHAPITRE VII

Raphidim.

Ouâdi Sidreh	0 h. 20		Hési el Khattatîn	1 h. 00
Ouâdi Mokatteb	1 00		Oasis d'el Kessoueh	1 05
Ouâdi Feirân	3 45		Oasis de Feirân	1 00
Entrée du o. Keseir	3 30		Total	11 h. 40

Du *ouâdi Maghârah* la route suit quelques minutes le *ouâdi Iqnéh*, passe près d'un *ouéli* musulman et redescend dans le *ouâdi Sidréh* (20 min.), entre deux lignes de roches verticales de grès. Les deux vallées possèdent quelques mines de turquoises. A gauche, apparaît soudain une saillie de granit. Puis, on contourne du même côté le *djébel Alâqa* dont les flancs sont très raides (alt. 809 m.) et, après avoir franchi une crête de marne, qui forme la ligne de partage des eaux entre le *ouâdi Sidréh* et le *ouâdi Mokatteb* à droite, on pénètre dans cette dernière vallée (1 h.).

Inscriptions sinaïtiques.

Le **ouâdi Mokatteb,** la vallée Ecrite ou vallée des Inscriptions, est longue de 8 à 9 kilomètres, large de 2 à 4, et descend en pente douce vers le sud-est. Les flancs sont bordés d'énormes blocs de grès qui se sont détachés de la masse par la violence des courants diluviens. Les parois tourmentées des montagnes,

Fig. 14. — Inscriptions sinaïtiques.

de même que les blocs qui gisent à leur pied, revêtent des formes bizarres, fantastiques qui défient toute description. Ce qu'il y a de plus curieux encore, c'est que leurs surfaces sont littéralement couvertes d'inscriptions gravées le plus souvent avec des ciseaux en silex. Ces graffites se rencontrent, quoique moins nombreux, dans toutes les vallées et sur toutes les hauteurs du centre de la péninsule. Ce sont des phrases courtes et insignifiantes, parfois accompagnées de dessins enfantins représentant, soit un homme à pied ou à cheval, soit un âne, un chameau, une gazelle, une autruche, un vaisseau, etc. Çà et là existent quelques lignes en langue grecque, copte et arabe, les unes tracées par des païens, d'autres par des chrétiens ; mais la très grande majorité trahit une écriture sémitique.

Depuis un siècle on a beaucoup discuté sur l'origine et la valeur de ces graffites. Sainte Silvie les attribuait aux Hébreux. Cosmas l'Indicopleuste (VIe s.) soutint même qu'après avoir reçu la Loi par écrit, les enfants d'Israël apprirent les lettres pour la première fois et firent des exercices d'écriture sur la pierre. Cette opinion fut longtemps tour à tour soutenue et combattue par les savants modernes. Ceux-ci finirent, enfin, par reconnaître que l'écriture sémitique en question est nabatéenne. Bref, M. Melchior de Vogüé, qui a classé dans le *Corpus inscriptionum semiticarum* 3.200 inscriptions sémitiques recueillies dans la péninsule de Sinaï, déclare qu'elles « sont l'œuvre de quelques familles nabatéennes qui, entre les années 149 à 251 de notre ère, ont, pour des causes restées inconnues, fait des séjours temporaires dans les vallées habitables de la célèbre presqu'île, attirées dans ces parages par des préoccupations d'ordre matériel[1]. » Ces inscriptions cachent, comme on le voit, quelque évènement historique qui échappe aux savants.

Remarquons, toutefois, que quelques rares inscriptions nabatéennes sont précédées d'une croix, parfois légèrement pattée, ou du monogramme du Christ ou d'un autre signe chrétien. Rien ne justifie l'hypothèse que ces signes aient été ajoutés après coup, et rien n'empêche qu'ils ne soient l'œuvre d'anachorètes ou de pèlerins chrétiens venus au IIIe siècle de la Palestine, parlant l'araméen et se servant de l'écriture nabatéenne.

Alus. Entre Daphca et Raphidim, le livre des Nombres mentionne la station d'Alus, en hébreu Alusch[2]. Aucun évènement n'a signalé ce campement et dans l'onomastique locale on n'a jusqu'ici relevé aucun nom qui se rattache étymologiquement à celui d'Alusch ; mais cette station trouve sa place naturelle dans le *ouâdi Mokatteb*. M. Ebers[3] est incliné à localiser Alus à 2 lieues plus loin, auprès d'une source d'eau trouble, mais douce, située sur les bords du *ouâdi Feirân*.

Au premier groupe du *djébel Mokatteb* qui se dresse à droite (alt. 732 m.), succède un second dont le dernier éperon barre la vallée à son extrémité orientale. En franchissant ce col peu élevé (alt. 463 m.) le regard est attiré par la gracieuse silhouette d'un pic de granit rose, qui se dresse derrière les montagnes de grès échelonnées au nord-est. C'est le *djébel el Benât*, la montagne des Filles, appelée aussi *djébel el Bint*, montagne de la Vierge (alt. 1.500 m.). Plus loin elle paraîtra fréquemment aux

1. *Comptes rendus de l'Acad. des Inscriptions et B.-L.*, 1907, p. 196. — 2. Nomb., XXXIII, 13. — 3. *Op. cit.*, p. 189.

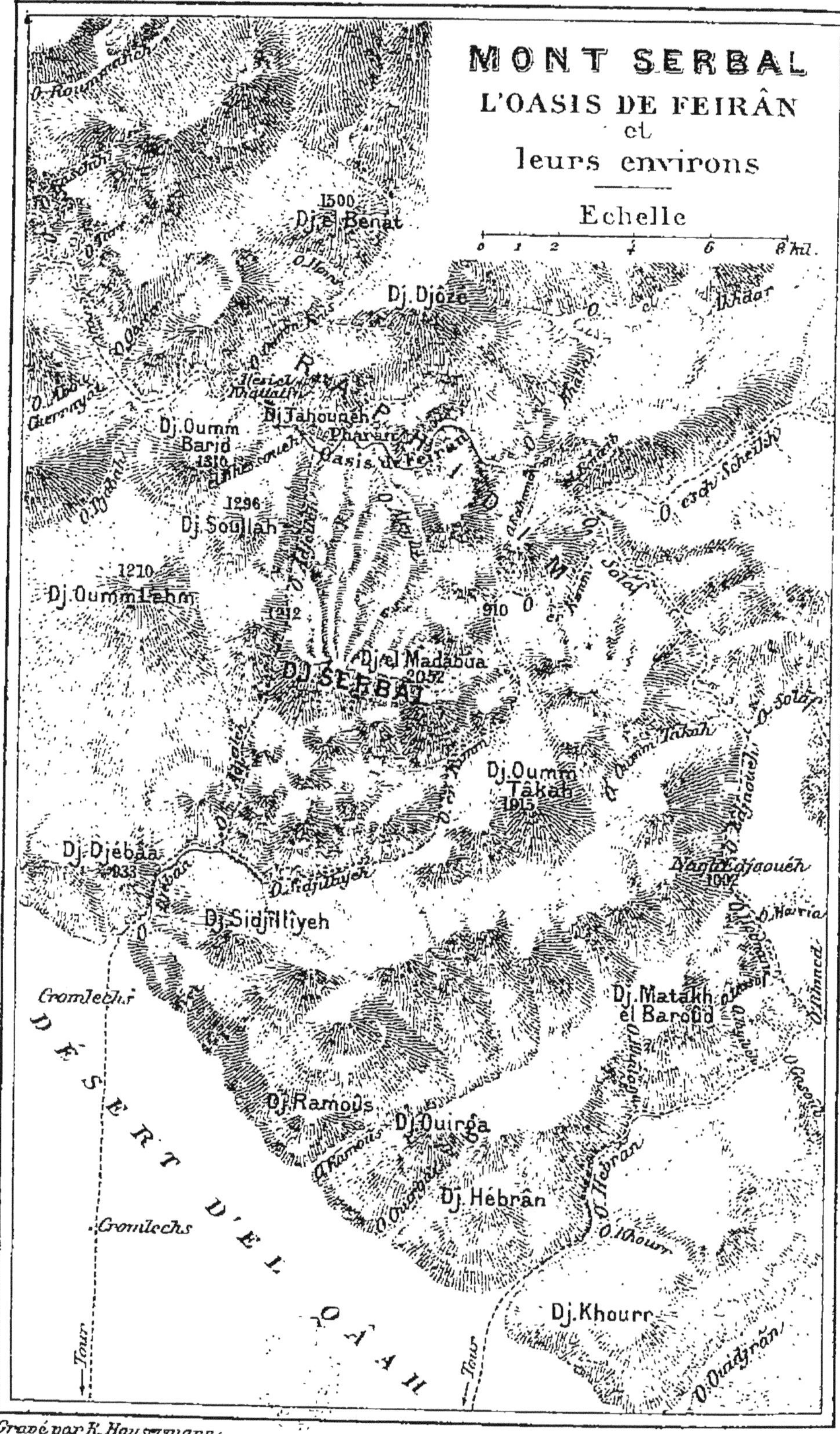

Gravé par K. Hausermann.

regards, plus développée et avec une coloration plus puissante encore.

Au pied de cette montagne et sur son sommet se voient des vestiges de construction. M. Ebers[1] suppose que les ruines de la cime appartiennent à une ancienne église consacrée à la Sainte Vierge, d'où son nom de *djébel el Bint*. Les Arabes rattachent le nom d'*el Benât* à une aventure romanesque de deux jeunes Bédouines. Comme celles-ci étaient contraintes par leurs parents d'épouser deux prétendants qu'elles haïssaient à la place de deux jeunes Bédouins qu'elles aimaient, elles allèrent se cacher sur cette montagne et se laissèrent mourir de faim, plutôt que de faire violence à leur cœur. Une autre version plus moderne leur attribue un trépas plus tragique : elles nouèrent ensemble leur longue chevelure et ainsi rivées l'une à l'autre, elles se précipitèrent dans le vide.

Qu'on ne s'imagine pas, pour cela, que le libre choix du cœur préside de côté et d'autre aux mariages chez les Bédouins. En règle générale, le prétendant ou plutôt son père va trouver les parents de la jeune fille qui est demandée en mariage, et souvent, sans même consulter celle-ci, on débat longuement le prix qui consiste en une somme d'argent, des chèvres ou des chameaux. Il est bien rare qu'une jeune Bédouine ose braver, même dans ce cas, la volonté de ses parents.

Un peu plus loin, on aperçoit pour la première fois la masse imposante du Serbâl, et bientôt l'on descend dans le *ouâdi Feirân*.

Le **ouâdi Feirân** est la vallée la plus étendue et la plus importante de toute la péninsule. Elle reçoit le nom de *Feirân* au nord-est de la chaîne du Serbâl ; mais de fait, elle n'est que le prolongement du *ouâdi esch Scheikh*. Cette dernière naît au pied du mont Sinaï, décrit une grande courbe au nord, traverse l'oasis de *Feirân*, puis, après avoir pris la direction du nord-ouest, elle se porte vers le sud-ouest à l'endroit même où nous y pénétrons, et va aboutir à la mer Rouge au nord de la plaine d'*el Qâah*. Tantôt elle s'étend comme le lit d'un grand fleuve de 300 à 500 mètres de largeur, tantôt elle se resserre entre des rochers souvent perpendiculaires, formant d'étroits défilés. Des tournants brusques et inattendus y varient à l'infini l'aspect du paysage. Aux roches crayeuses succèdent des calcaires plus durs, puis le grès bigarré et le granit traversé du nord au sud par des filons réguliers de porphyre rouge et de diorite noir. Le sol formé de gravier de granit et de gneiss n'est couvert que d'une maigre végétation.

Après avoir cheminé vers le levant jusqu'à la jonction du

1. *Op. cit.*, p. 195, 407 et 602.

ouâdi Nisrîn, vallée des Aigles, à gauche (30 min.), on aperçoit du même côté des pierres émergeant du sol à la hauteur d'un mètre environ ; elles sont fixées les unes contre les autres et forment, autour d'un tombeau, un cercle d'environ 6 mètres de diamètre. La tombe est une simple fosse tapissée de 4 pierres plates et recouverte d'une grosse dalle au niveau de terre. La cavité ne mesure que 1 m. 20 en longueur et 0 m. 75 en largeur. Une quinzaine de tombes semblables se trouvent réunies dans un espace relativement assez restreint. Les explorateurs anglais les ont fouillées et ont reconnu par la disposition des ossements que le défunt avait été déposé, couché sur le côté gauche, les genoux relevés et touchant presque le menton, suivant une coutume commune à plusieurs peuples des premiers âges. Dans ces tombes on a recueilli le fer d'une lance, des pointes de flèche en silex, un collier en coquillage et un petit bracelet en cuivre.

Les flancs du *ouâdi Feirân* sont fréquemment entrecoupés par des vallées latérales. A droite, on rencontre le *ouâdi Nediyéh* (45 min.), dont l'entrée est entourée de collines de calcaire brun. La route se poursuit entre deux rangées de rochers de gneiss à crêtes déchiquetées, et des collines veinées de dolérite et de roches quartzifères. A gauche, débouche le *ouâdi Roummânéh*, la vallée des Grenades, où poussent de nombreux seyals. Après avoir dépassé le *ouâdi Bâchih* (30 min.), le *ouâdi Feirân* se resserre entre des falaises verticales de 20 à 30 mètres de hauteur et prend un aspect plus sauvage. Se présentent ensuite successivement le *ouâdi et Tarr*, qui vient également du nord, puis ceux de *Mokheirès* et d'*Abou Kerdjân* qui descendent tous de montagnes de même nom. Plus loin, à droite, ce sont les *ouâdi d'ed Deir*, de *Nesbân* et d'*Abou Gherrayât*, tandis qu'à gauche s'ouvre le *ouâdi Qoseir*, la vallée Courte, dont l'embouchure est marquée par un joli bosquet de seyals. A travers cette vallée, on jouit d'un beau coup d'œil sur le *djébel el Bénât*, qui, comme le *djébel Djôze*, la montagne voisine, se distingue par la vivacité de sa couleur rouge foncée et la hardiesse de sa silhouette. Plus loin dans le *ouâdi Oumm Fouïs* qui le creuse directement, la vue du *djébel el Bénât* est encore plus belle et plus complète. A droite, le *ouâdi Djâbah* est dominé par les cimes granitiques du *djébel Oumm Barîd* (alt. 1.310 m.).

A un nouveau tournant, on remarque à droite des inscriptions nabatéennes et, 15 minutes plus loin, se dresse, du même côté, le *djébel Soullâh* (alt. 1.296 m.), tandis qu'à gauche, un énorme rocher, détaché de la montagne, semble vouloir barrer le chemin. C'est le *Hési el Khattatîn*, le rocher traditionnel de Raphidim ou d'Horeb.

Le rocher de Raphidim.

Hési el Khattatîn signifie la Source cachée des Ecrivains. Voici comment s'exprime le capitaine H. S. Palmer[1] : « C'est, d'après les Bédouins, l'endroit où Moïse frappa le rocher pour donner de l'eau à son peuple mourant de soif. Il faut remarquer ici que les Bédouins parlent souvent de Moïse comme de l'auteur

Fig. 15. — Le rocher de Hési el Kattatîn.

qui a écrit le livre de la Loi[2]. La coutume ancienne, en vertu de laquelle on dépose une petite pierre dans les endroits célèbres par quelque légende, en témoignage du souvenir qu'on garde du lieu et de la tradition qui s'y rattache, est encore observée par les Bédouins quand ils passent à *Hési el Khattatîn*. Toutes les grandes pierres et tous les rochers du voisinage sont couverts de monceaux de petits cailloux ainsi déposés. Suivant les Arabes, les Israélites, après avoir étanché la soif à la source miraculeuse, s'assirent et, pour se délasser, se mirent à jeter

1. Ne pas confondre avec E. H. Palmer cité précédemment. — 2. Ils donnent aussi le titre d'écrivain à *Haroûn*, Aaron le grand-prêtre et frère de Moïse.

des cailloux sur les rochers environnants. Telle serait l'origine de l'usage commémoratif de ce fait. Il a pour but spécial d'attirer la protection de Moïse sur des parents ou des amis malades [1]. »

Le jeu des enfants d'Israël n'était, toutefois, pas aussi innocent que les Bédouins se l'imaginent. *Hési el Khattatîn* répond au site du rocher de Raphidim, où le peuple, mourant de soif et ne trouvant point d'eau, s'apprêtait à lapider leur chef. « Moïse cria vers Jahvé en disant : Que ferai-je pour ce peuple ? Encore un peu, et ils me lapideront [2]. » Le Seigneur ordonna alors à son serviteur de frapper de son bâton « le rocher qui est en Horeb. » Il en fit jaillir une eau abondante qui satisfit à tous les besoins de l'immense caravane. Mais dès lors ce lieu fut désigné sous le nom de **Massa** et de **Méribah**, Tentation et Querelle, à cause de la révolte des enfants d'Israël [3].

(Pour le sens du mot Horeb, voir plus loin page 99).

Oasis d'el Khessouéh. Au delà du *Hési el Khattatîn*, les méandres de la gorge aride s'accentuent de plus en plus. Ses flancs sont si serrés et si escarpés qu'ils coupent la vue du Serbâl. Cependant, après une marche de 45 minutes, le sol se couvre d'une belle végétation ; partout poussent de hautes herbes au milieu de bouquets de tamaris, de nebqs et de seyals. Un quart d'heure plus loin, à l'issue d'une passe étroite, on rencontre à gauche l'oasis d'*el Khessouéh*, le Breuvage, où de multiples filets d'eau claire entretiennent une fraîcheur délicieuse. A droite, des bosquets de palmiers ombragent quelques misérables huttes en pierre, disséminées autour d'une petite mosquée. Celle-ci a été construite avec les matériaux d'une ancienne église chrétienne. Sainte Silvie place dans ces parages, à 1.500 pas (2 km. 225) en deçà de Pharan, une localité « appelée Raphidim. » Il semble bien, d'après cela, que les chrétiens avaient donné le nom de Raphidim à l'ancien bourg, remplacé par le hameau d'*el Khessouéh*. Mais d'après l'Ecriture sainte, le pays de Raphidim, qui veut dire Halte ou lieu de repos, comprenait la région où le peuple d'Israël ne trouva point d'eau, et celle où il campa après la défaite des Amalécites. Eusèbe et saint Jérôme étendent, en effet, Raphidim jusqu'à Pharan, dans l'oasis de *Feirân*.

Au sortir d'*el Khessouéh*, apparaissent, à travers des gorges sauvages, les dômes majestueux du Serbâl. A 30 minutes de là, débouche à droite le *ouâdi Adjeiléh*, vallée étroite et profonde dont le nom signifie *rapide* ou *accélérée*. Elle constitue, en effet, la voie la plus brève pour se rendre de *Feirân* à Tour. Sur les deux versants de la vallée qu'on suit, on remarque de vieilles

1. *Sinaï*, p. 78-79. — 2. Ex., XVII, 4. — 3. P. Ex., XVII, 1-17.

Fig. 16. — TOMBEAUX D'ANACHORÈTES (au sommet).

constructions qui ressemblent à des hameaux abandonnés. Ce sont des tombeaux d'anciens anachorètes. Nous en parlerons plus loin (p. 93).

Le *ouâdi Feirân* se rétrécit et ne conserve parfois qu'une largeur de 130 mètres. Les rochers de gneiss, de mica-chiste, de pierre verte et de granit rose, traversés par des filons nombreux, déploient une variété de couleurs qui n'est surpassée nulle part. En 30 minutes, on arrive au débouché de la pittoresque vallée d'*Aleyât* qui descend presque en ligne droite du mont Serbâl. Tout devient gai, riant, animé; car on entre dans l'oasis de *Feirân*, « la perle du Sinaï », « le paradis terrestre des Bédouins ». Le chemin passe entre le gracieux *djébel Tahouneh* à gauche et le petit *djébel Méharret* à droite. Celui-ci porte plusieurs bornes en pierres blanchies à la chaux, destinées à fixer les limites de la propriété des moines grecs du Sinaï. Après avoir traversé le ruisseau qui serpente entre des fourrés d'arbustes, on dresse le campement sous les frais ombrages de superbes tamaris.

Victoire sur les Amalécites.

L'oasis de *Feirân* est, d'après la tradition, le champ de bataille, où les Israélites remportèrent une brillante victoire sur les Amalécites.

Les Amalécites étaient des descendants d'Esaü par Amalec. Ils occupaient la région septentrionale de la péninsule, le désert de Pharan ou le plateau de Tih. La belle oasis de Raphidim, sur laquelle s'étendaient leurs droits, constituait naturellement leur possession la plus chère. Apprenant l'approche des émigrés, et leur prêtant sans doute des projets de conquête, ils donnèrent l'alarme, et de tous les côtés les hommes valides se précipitèrent à la défense de l'oasis. Grâce aux nombreuses vallées latérales, ils tombent à l'improviste sur les flancs de la colonne sortie du campement de Massa-Meribah, et chargent en queue les Israélites fatigués par la marche. « Souviens-toi, dit Moïse plus tard, de ce que te fit Amalec pendant le voyage, lorsque tu sortis de l'Egypte, comment il t'attaqua en route et tomba sur les traînards derrière toi, et toi tu étais fatigué et sans force, et il n'eut aucune crainte de Dieu [1]. »

Le lendemain la bataille fut générale et dura toute la journée. Josué fut chargé de repousser les assaillants. « Moïse, Aaron et Hur étaient montés au sommet de la colline. Lorsque Moïse tenait sa main levée, Israël avait l'avantage, et lorsqu'il laissait tomber sa main, Amalec était le plus fort. Comme les mains de Moïse étaient fatiguées, ils prirent une pierre qu'ils placèrent sous lui et il s'assit dessus ; en même temps Aaron et Hur soutenaient ses mains, l'un d'un côté, l'autre de l'autre ; ainsi ses mains ne fléchirent pas jusqu'au coucher du soleil ; et Josué défit Amalec et son peuple à la pointe de l'épée [2]. »

Moïse construisit alors un autel au même lieu et le nomma Jahvé-Nessi, qui veut dire : Le Seigneur est ma bannière.

La défaite des Amalécites jeta la terreur sur toutes les tribus nomades du désert, et, dans la suite, les Israélites ne furent plus molestés par eux.

Pharan.

À l'entrée occidentale de l'oasis s'élevait, au commencement de notre ère, une ville appelée Pharan. C'est le nom sous lequel les Ecritures saintes désignent le vaste désert qui s'étend au

1. Deut., XXV, 18-19. — 2. Ex., VII, 10-13.

nord de la presqu'île, jadis habité par les Amalécites. Le mot Pharan ou Paran, qui est d'origine sémitique, signifie, d'après Wetzstein et Delitzsch [1], un pays montagneux sillonné par des ravins. Ce nom convient donc fort bien à cette localité. Les Arabes ont transformé le mot Pharan en celui de *Feirân*, dont le sens est fertile.

Histoire. Diodore de Sicile semble déjà mentionner la palmeraie de ce pays, 60 ans av. J.-C. [2]. Au IIe siècle de notre ère,

Fig. 17. — DJÉBEL TAHOUNÉH.

Claude Ptolémée parle le premier du bourg de « Pharan [3]. » Deux siècles plus tard, la localité, devenue chrétienne, avait pris de l'importance, et Eusèbe lui donna le titre de ville. Lorsque sainte Silvie passa par Pharan, celle-ci était habitée par un grand nombre de moines et d'anachorètes. La pèlerine visita une haute colline (le *djébel Tahounéh*) couronnée d'une église pour perpétuer le souvenir de l'endroit où Moïse se tenait en prière pendant la fameuse bataille.

Pharan, l'unique ville qui ait jamais été construite dans l'intérieur de la péninsule, devint le siège d'un évêché vers l'an 400. Son premier évêque fut Natéras ou Nétras, disciple de saint

1. Ebers, *op. cit.*, p. 414, n 1. — 2. III, 42. — 3. III, 17.

Silvain, abbé du Sinaï[1]. En 454, l'empereur Marcien dit dans sa lettre adressée à Juvénal, patriarche de Jérusalem, qu'il avait écrit à Macaire, évêque de Pharan, pour le prémunir contre les erreurs de Théodose[2]. En effet, celui-ci, après avoir usurpé le siège de Jérusalem, s'enfuit dans les montagnes de Sinaï, où il cherchait à entraîner les moines dans les erreurs de Nestorius. Photius occupait le siège de Pharan en 541[3] et eut pour successeur Théodore. Celui-ci prêcha ouvertement le monothélisme et fut anathématisé par le concile de Latran en 649[4] et par le IIIe concile de Constantinople en 680[5]. Les moines, comme il est naturel, l'ont suivi dans l'hérésie, tandis que ceux du mont Sinaï restèrent catholiques.

En 570, Antonin de Plaisance rencontra à Pharan 80 serfs établis avec leurs familles pour la défense de la ville en qualité de soldats[6]. Ils furent sans doute du nombre des 200 esclaves envoyés par Justinien pour la protection des moines du Sinaï[7]. Après la conquête de l'Egypte et de la Syrie par le calife Omar, les musulmans s'établirent dans la fertile oasis, en usurpèrent les propriétés et chassèrent les moines et la plupart des chrétiens. La ville, ainsi abandonnée, tomba bientôt en ruines. Après Théodore, le siège épiscopal resta vacant jusqu'au IXe siècle, époque à laquelle il fut transféré au mont Sinaï, où Justinien avait fait bâtir un couvent fortifié et une basilique à l'emplacement traditionnel du Buisson ardent.

Sous la domination des rois latins, au XIIe siècle, Pharan s'était un peu relevée. La plupart des maisons bâties dans l'oasis, avec les débris de bâtiments plus anciens, semblent remonter à cette époque. Sur une hauteur qui domine le *ouâdi Aleyât*, vers l'ouest, Lottin de Laval a signalé un canton nommé *Deir el Frandji*, monastère des Francs, et y a rencontré les restes d'une forteresse d'apparence européenne[8]. Après le départ des Francs, Pharan déchut de nouveau rapidement. En 1154, Makrisi,

1. Cotelerius, *Monum. eccl. gr. Apopht.*, I, p. 579. = 2. Labbe, *Collect. Act. Conc.*, IV, p. 880. = 3. J. Mosch, *Pratum spir.*, c. 127. = 4. Labbe, *op. cit.*, VI, p. 1117. = 5. Labbe, *op. cit.*, VI, p. 1117. = 6. *Antonini Itin.*, éd. Gildmeister, p. 29. = 7. Procope (*De ædif.*, I, 19) raconte que le prince Abocharabos céda à l'empereur Justinien (527-565) la ville de Phœnicon (la Palmeraie), et reçut en retour le titre de philarche des Sarrasins de la Palestine. On a tort de voir dans Phœnicon la ville de Pharan. Celle-ci n'a jamais changé de nom, ni cessé d'être soumise à la juridiction de l'empereur de Byzance. Phœnicon est plutôt la ville de *Nakhl*, les Palmiers, au centre du plateau de Tih. = 8. Rey, *Les colonies franques*, p. 390-400. = Les Bédouins indiquent le *Deir el Frandji* dans une vallée latérale du *ouâdi Aleyât*, à droite en montant, à deux heures de marche de l'oasis de *Feirân*. E. H. Palmer (*op. cit.*, p. 175) signale une ruine, probablement un ancien fort, sur le flanc occidental du *ouâdi Adjeileh* presqu'en face du *oudei Nakheleh* qui relie la précédente au *ouâdi Aleyât*. C'est probablement la ruine signalée par Lottin de Laval.

géographe arabe, trouva Pharan, qu'il appelle « la ville Amalécite », complètement en ruines.

Les anciennes maisons couvertes de troncs et de branches de palmier servent aujourd'hui de hangars et de resserres pour les récoltes plutôt que d'habitation. Vers le levant, quelques misérables huttes sont disséminées au milieu des dattiers et servent de demeure aux cultivateurs de l'oasis. Une cinquantaine de

Fig. 18. — Djébel Méharret.

Bédouins habitent sous les tentes et vivent de leurs troupeaux de chèvres et de moutons. La plupart des tribus nomades du centre de la péninsule, ainsi que les moines du Sinaï, possèdent quelques palmiers ou bien jouissent du droit de prélever un tribut en dattes. Celles-ci sont très estimées. Les Bédouins les pétrissent, après en avoir enlevé le noyau, et en font des saucissons cousus dans des peaux de gazelle, qui se vendent en Egypte comme friandise.

Le djébel Méharret. Dans la large embouchure du *ouâdi*

Aleyât s'élève une colline rocheuse haute de 30 mètres. Elle appartient aux moines du mont Sinaï, avec le jardin voisin où habite un Frère laïque. Autrefois, la colline était entourée d'un mur d'enceinte de plus de deux mètres d'épaisseur, et ses flancs, depuis la base jusqu'à la cime, sont encore couverts de ruines considérables. Au sommet s'étendait un grand couvent construit en pierres et en briques cuites au soleil. A l'est s'élevait une tour et au nord une grande église, l'ancienne cathédrale. Partout gisent des tronçons de colonnes, ainsi que des débris de moulure et de sculpture. Sur la pente de la colline, E. H. Palmer a retrouvé un chapiteau qui représente un homme assis et les bras élevés vers le ciel, allusion évidente à l'attitude de Moïse pendant la bataille de Raphidim. Le *djébel Méharret* présente sur son flanc oriental un beau spécimen de filons de diorite vert-foncé, traversant une masse de porphyre de couleur rose.

Le djébel Tahounéh. Au nord du *djébel Méharret* se dresse une montagne de forme pyramidale, isolée de toute part et à pentes très raides. Elle s'élève à 215 mètres au-dessus du thalweg, et domine majestueusement toute l'oasis et l'entrée des vallées adjacentes[1]. C'est le *djébel Tahounéh*, montagne du Moulin à Vent, où, d'après la tradition, Moïse se tenait en prière pendant la bataille contre les Amalécites. Au bas de la montagne, on voit les ruines d'une construction en briques crues. A 140 mètres au-dessus de la vallée, le sentier passe devant les restes d'une église de 14 mètres de long sur 9 de large. Un peu plus haut, également à droite, se présentent les décombres d'une seconde chapelle perchée sur la saillie d'un rocher. Enfin, une troisième église couronne la cime. Ce monument, quoique de proportions assez modestes, semble avoir été divisé en trois nefs par des colonnes dont on voit encore les tronçons. Les murs latéraux étaient ornés de pilastres en grès. Après avoir été transformée en mosquée, probablement au VIIIe siècle, elle fut abandonnée. C'est là le sanctuaire que la pèlerine gauloise visita vers 385 à 388, et le Pèlerin de Plaisance en 570. Sous l'autel, on montra à tous deux « les pierres » sur lesquelles le législateur était assis, pendant qu'il levait les bras au ciel.

Du milieu des ruines de ce vénérable sanctuaire, on jouit d'un coup d'œil superbe sur toutes les vallées environnantes. De cette cime, Moïse dominait, en effet, tout le champ de bataille. Au nord se dresse le merveilleux pic du *djébel el Benât*, au nord-ouest celui du *djébel Djôze* et au sud les sommets crénelés du Serbâl, entrecoupés de gorges profondes.

1. Sainte Silvie lui donne une hauteur de 500 pas, soit que la masse qui s'élève à pic lui fasse exagérer son altitude, soit qu'elle donne cette mesure au chemin qui y monte en lacets.

Naouâmîs.

A la base du *djébel Méharret* et du *djébel Tahounéh*, comme dans les flancs de toutes les vallées voisines, on rencontre de grottes nombreuses dans lesquelles vécurent jadis de pieux solitaires. Les unes sont naturelles et les autres taillées, au moins partiellement, dans le grès et même dans le granit. C'est la laure visitée par sainte Silvie.

Les tombes sont plus nombreuses encore et plus apparentes. Le voyageur, en s'approchant de l'oasis, a déjà observé sur les flancs de la vallée ces curieuses constructions, que le P. Jullien décrit en ces termes : « Cinq galeries parallèles, longues de six mètres, larges de soixante-quinze centimètres, hautes de un mètre et demi, couvertes de dalles et séparées par de gros murs, forment le rez-de-chaussée, bâti sur un sous-sol pareil. Au-dessus s'élève un étage de cinq galeries semblables, à angle droit sur les premiers. Ce sont les ouvertures béantes de ces galeries sépulcrales, jadis fermées par des dalles, que Baedeker prend pour des portes et des fenêtres. Une terrasse garnie de terre, comme toutes celles des maisons d'Orient, termine la construction. — Dans le *ouâdi Aleyât* les tombeaux sont plus nombreux encore ; ils y forment des villages de petites maisons solidement bâties en pierres sèches et toutes pareilles, comprenant chacune un ou deux étages de deux ou trois galeries parallèles, semblables à celles que nous avons décrites. Plusieurs n'ont pas été violées. Les corps y sont encore à leur place, les uns à la suite des autres dans les galeries, les bras étendus sur les côtés ; et sous les ossements on trouve des lambeaux de la grossière étoffe de laine ou de fil de palmier, qui leur a servi de linceul. — Ces tombes élevées hors de terre, construites avec tant de soin et en si grand nombre, sont une particularité de Feirân ; on ne les retrouve nulle part, ni dans les vallées voisines du Sinaï, ni sur les plages de Thor (Tour), elles aussi peuplées d'anachorètes et de moines[1]. »

Dans le *ouâdi Solâf*, qu'on traversera au sortir du *ouâdi Feirân*, et dans la plupart des grandes vallées du centre de la péninsule, on rencontre un autre genre de constructions, toujours établies sur les flancs des montagnes et généralement au confluent de plusieurs *ouâdi*. Ce sont des édifices en pierre sèche, groupés ordinairement en nombre inégal, par trois, par neuf, par trente, les uns ronds ou elliptiques de 12 à 15 mètres de circonférence à l'extérieur, les autres carrés à toiture plate. Les premiers sont formés de murs de 0 m. 80 à 0 m. 93 d'épais-

1. *Sinaï et Syrie*, p. 62-63.

seur, qui sont droits jusqu'à 0 m. 50 ou 0 m. 70 au-dessus du sol. À partir de cette hauteur, les pierres plates des assises avancent à l'intérieur les unes sur les autres et forment une coupole conique de 2 à 3 mètres d'élévation. La coupole de la plupart de ces constructions est écroulée. « La ressemblance de ces édifices, dit M. Maspero, avec les *talayôt* des îles Baléares et avec les maisons écossaises en forme de ruche a frappé tous les voyageurs [1]. »

Fig. 19. — Naouamis, dans le ouadi Solaf.

Les membres de la commission anglaise n'hésitent pas à les faire remonter à la plus haute antiquité. Les enfants d'Israël ont certainement vu ces constructions lors de leur passage [2]. Mais quelle était à l'origine leur destination ? M. Maspero les prend pour des forteresses primitives où les nomades maraudeurs déposaient le butin de leurs razzias, et où ils se réfugiaient au besoin, lorsque les tribus voisines, et surtout les troupes égyptiennes, entreprenaient contre eux une campagne de représailles [3]. A la naissance du *ouâdi Hébrân*, à une lieue du *ouâdi*

1. *Op. cit.*, I, p. 353, n. — 2. E. H. Palmer, *op. cit.*, p. 309 et 316. — 3. *Op. cit.*, I, 352-353.

Solâf[1], existent les plus beaux spécimens de ces ruches. Quelques constructions ont toutes les apparences de forteresse ; mais à l'intérieur, elles sont subdivisées en plusieurs chambres circulaires, indépendantes les unes des autres. Ces ruches n'ont pas pu servir d'habitation ou de refuge ; leurs portes, qui s'ouvrent invariablement au couchant, sont trop étroites pour permettre le passage d'un homme. Elles ont été fermées par une pierre plate appuyée contre la paroi intérieure, afin d'empêcher les animaux d'y pénétrer. Bref, ce ne sont que des sépulcres, comme l'a démontré M. Currely, qui en a fouillé quelques-unes dans le *ouâdi Nasb*. Les bracelets en nacre, les pointes de flèche en silex, les instruments en cuivre pur, le fil de cuivre tordu qu'il y a trouvés, sont autant d'objets déjà en usage sur les bords du Nil, dit l'explorateur, aux temps préhistoriques[2].

Les Bédouins nomment toutes ces constructions, petites et grandes, antiques et récentes, *naouâmîs*, pluriel de *nâmoûs*, moustiques. Ils racontent que les Israélites avaient élevé ces cabanes en pierre pour se préserver contre les piqûres des moucherons. Cette légende enfantine doit avoir pris naissance à une époque assez récente ; car au VIe siècle on montra ces constructions à sainte Silvie pour ce qu'elles sont en réalité, des sépulcres, si bien que la pèlerine les assimila aux Sépulcres de Concupiscence[3] dont parle la Bible. Il est donc très probable que le mot *nâmoûs* des Bédouins modernes est une corruption du mot *naoûs* employé par leurs ancêtres et signifiant cercueil et sépulcre[4].

Le mont Serbâl.

De toutes les montagnes de la péninsule, le Serbâl est le plus imposant par sa masse, son isolement et la majestueuse beauté de ses grandes lignes. Son altitude n'est que de 2.052 mètres, c'est-à-dire de 550 mètres inférieure à celle du *djébel Katherîn* au mont Sinaï ; mais il s'élance d'un jet à 1.400 mètres au-dessus des vallées environnantes. Cette masse immense de gneiss gris entremêlée de granit rouge et striée de diorite verte ou noire, est profondément coupée par les *ouâdi Adjeiléh*, *Aleyât*, *er Rimm* et autres vallées moins importantes. De ses crêtes déchiquetées s'élancent comme des aiguilles une dizaine de pitons à parois abruptes et luisantes.

De l'oasis de *Feirân* et du *ouâdi Adjeiléh* le Serbâl reste

1. Voir plus loin, chapitre X. — 2. V. F. Petrie, *op. cit.*, p. 243. — 3. *Op. cit.*, p. 5 et 13. — 4. En Syrie, le mot *namoûs* est employé par corruption au lieu de *naoûs* pour signifier le cercueil. *V. Vocab. arabe-franç.* des P. Jésuites, Beyrouth, 1883, p. 871.

invisible. Il en est séparé par plusieurs kilomètres de montagnes intermédiaires, dont les bases ne sont que des éboulis de roches. Des deux autres vallées, on ne le voit que par échappées. Ce n'est qu'à trois lieues à l'est de Pharan qu'il apparaît aux voyageurs, pendant 4 heures et plus, dans toute sa hauteur et dans toute sa majesté, avec cinq de ses pics rangés en ligne comme des colonnes gigantesques.

En arabe, le mot *serbâl* veut dire chemise ou vêtement ; il signifie aussi nappe d'eau qui coule sur une roche polie [1]. Serbâl peut avoir aussi le sens de cuirasse ou cotte de maille. M. l'abbé Vigouroux pense que la montagne reçut ce nom, parce que la pluie qui ruisselle sur ses flancs polis et brillants la fait ressembler à une armure. En hiver surtout, la montagne semble être revêtue d'une étincelante cuirasse de glace [2]. Mais en aucun cas, disent les arabistes, Serbâl ne peut venir de Serb Baal, le palmier de Baal, comme l'a dit M. Rœdiger, ou de Sar Baal, le Seigneur Baal, comme l'ont proposé d'autres savants. Le mot arabe s'écrit avec un *alef ;* s'il dérivait de Baal, il s'écrirait nécessairement avec un *ayin*.

L'Ascension du Serbâl. Le piton le plus facile à escalader est le *djébel el Medaoûa*, lieu d'Observation ou du Signal. Cette excursion demande un jour entier pour l'aller et le retour et ne saurait convenir qu'aux alpinistes. Les chameaux ne peuvent guère avancer plus d'une heure à travers les blocs granitiques entassés sans ordre au fond de la vallée.

Le chemin, *derb es Serbâl*, passe par le *ouâdi Aleyât*, enserré entre de hautes montagnes. Sur les pentes on aperçoit des villages de tombeaux. Çà et là de petites enceintes de rochers, où pousse une abondante végétation, désignent les anciens jardins des anachorètes. Arrivé à l'embouchure du *ouâdi Abou Hammâd*, vallée du Père des Figuiers sauvages (1 h. 30), on tourne à gauche. Quelques palmiers et caroubiers, qu'on aperçoit de loin, ombragent une source d'excellente eau. Après 3 heures de marche, on atteint le sommet de la selle qui relie les deux plus hautes cimes du Serbâl. De là on domine l'*ouâdi Sidjilliyéh* qui isole le massif du Serbâl au midi. Ce ravin le plus profond et le plus sauvage qui se puisse imaginer avait attiré toute une population de solitaires [3]. Le chemin se transforme en une sorte d'escalier qui mène à une gorge raide et étroite comme une cheminée, par laquelle on se hisse au sommet (45 min.). Le dernier palier de la montagne est couronné d'un cromlech, et jusque sur ces hauteurs se retrouvent des inscriptions sinaïtiques, mais on n'a observé nulle part des vestiges d'une chapelle ou d'une église.

1. Ebers u. Guthe, *op. cit.*, II, p. 348. — 2. *Op. cit.*, II, p. 401. — 3. *V.* plus loin le voyage de Tour à l'oasis de *Feirân*, chapitre X.

Panorama. La vue est incomparable. La péninsule se déroule aux pieds du spectateur comme une carte géographique en relief, avec ses dédales de vallées et son nombre infini de montagnes d'une coloration toujours puissante et variée. Au couchant, le regard s'étend jusqu'aux montagnes de l'Egypte et reconnaît le golfe de Suez dessiné par un ruban d'argent. Au midi, le désert d'*el Qâah* et le port de Tour, au septentrion, l'immense plateau de Tîh. Au levant seul la vue est barrée par le massif des montagnes du Sinaï.

Horeb et Sinaï.

Avant de reprendre sa marche vers le mont Sinaï, le pèlerin s'attend, sans doute, que nous disions quelques mots sur les discussions soulevées depuis près d'un siècle au sujet du vrai site de la montagne de Dieu où fut promulguée la Loi.

Horeb. Le rocher d'Horeb à Raphidim a toujours présenté aux exégètes une difficulté inextricable, parce que dans plusieurs passages de la Bible, Horeb et Sinaï sont deux noms donnés l'un et l'autre à la montagne de Dieu, où Moïse eut la vision du Buisson ardent [1], et où il reçut les tables de la Loi [2]. Combien le Sinaï et l'Horeb ont fait le tourment de certains interprètes, c'est ce que montre surtout l'exemple de saint Jérôme. Traduisant cette définition d'Eusèbe : « Horeb, montagne de Dieu dans la région de Madian, près du mont Sinaï, au-devant de l'Arabie dans le désert », l'illustre Docteur ajoute : « auquel se joignent le mont et le désert des Sarrasins qui est appelé Pharan. Mais il me semble que la même montagne est désignée par un double nom, tantôt Sinaï, tantôt Horeb [3]. »

Horeb signifie sécheresse, un lieu sec et aride. Dans ce verset : « Voici que je me tiendrai devant vous sur le rocher qui est en Horeb ; tu frapperas le rocher et il en sortira de l'eau et le peuple boira [4] », les membres de la commission anglaise et M. Vigouroux [5] ne voient pas le nom d'une montagne, mais celui d'un lieu, d'un pays différent du mont Sinaï. En effet, « le rocher en Horeb » n'était pas sur une montagne, mais bien dans la vallée traversée par le peuple de Dieu. Cependant, l'explication la plus acceptable est celle suivie par Ewald, Delitzsch, Ed. Robinson, E. H. Palmer et d'autres. Horeb, lieu aride, est d'après eux un nom générique qui s'applique à toute la région granitique de la péninsule et comprend à la fois le massif du mont Serbâl et celui du mont Sinaï. En effet, les Israélites arrivent « au rocher qui est en Horeb », et ils n'y trouvent

1. Ex., III, 1. — 2. Ex., XIV, 6. — 3. *On.*, p. 173. — 4. Ex., XIV, 6. — 5. *Op. cit.*, II, p. 482-483. — 6. *Op. cit.*, p. 120.

point d'eau. Après en avoir obtenu par un miracle, ils lèvent le camp et s'avancent vers l'orient où ils sont assaillis par les Amalécites. Ils remportent sur eux une brillante victoire et campent ensuite en Raphidim. Puis ils quittent ce lieu et se rendent dans le désert de Sinaï, qui est encore en Horeb.

Cette courte explication était due comme entrée en matière de la vive discussion soulevée entre les savants au sujet du vrai site du mont Sinaï biblique.

Le Sinaï-Serbal.

Burkhard et Lepsius émirent l'opinion que le Serbâl, et non le *djébel Moûsa* au Sinaï actuel, était la montagne de la promulgation de la Loi. G. Ebers défendit la même thèse dans son ouvrage intitulé *Durch Gosen zum Sinaï*, publié en 1872. Il y soutint avec une vaste et profonde érudition que, d'après l'antique tradition chrétienne, ainsi que d'après les données bibliques, le Serbâl était en réalité la montagne appelée Sinaï dans les Livres saints. Dans la préface de la seconde édition parue en 1881, il écrit encore : « Je tiens ferme à mon opinion que le Serbâl passa autrefois pour le Sinaï de la Bible[1]. » Or, cinq ans plus tard, en 1886, M. Gamurrini découvrit et publia la description, encore inédite, que sainte Silvie d'Aquitaine a laissée de son pèlerinage aux Lieux saints et particulièrement de sa visite au mont Sinaï de 385 à 388. Les moines de la péninsule lui montrèrent la montagne de la promulgation de la Loi à 35 milles, dit-elle, à l'orient de Pharan. La distance exacte entre les deux sites est de 49 à 50 kilomètres qui répondent à 34 milles romaines. De plus, sur un grand nombre de détails clairs et précis, la pèlerine se rencontre absolument avec la topographie du Sinaï actuel. Après avoir franchi un étroit défilé (le *naqb el Haoûa*), elle a traversé une plaine très longue et très large au bout de laquelle elle gravit « la montagne de Dieu » dont la cime était couronnée « d'une belle église » bâtie « à côté de la grotte de Moïse ». Plus bas, elle vit « un autre oratoire avec la grotte du prophète Elie ». Au bas de la montagne, elle visita une troisième église érigée « à côté du Buisson ardent. » Dans toutes les vallées environnantes elle rencontra des ermitages et de nombreux anachorètes. La relation de sainte Silvie prouve que la tradition en vigueur dans toute la péninsule indiquait au IVe siècle la célèbre montagne de la Loi au mont Sinaï actuel et nullement au Serbâl. L'échafaudage de séduisantes hypothèses et d'interprétations savamment groupées, croula devant la découverte de cet important document.

1. *Op. cit.*, p. IX.

De 527 à 533, l'empereur Justinien remplaça l'église du Buisson ardent par une splendide basilique et bâtit aux moines du Sinaï un couvent fortifié. En 570, Antonin, ou le Pèlerin de Plaisance, se rendit en pèlerinage à la même montagne que sainte Silvie. Ammonius de Canope et saint Nil, qui habitaient la péninsule au IVe siècle, et Eutychius d'Alexandrie, historien du Xe siècle, indiquent tous la montagne sacrée au mont Sinaï actuel, comme on le verra plus loin.

Quant à la concordance des données bibliques avec la tradition, la commission anglaise de l'*Egypt Exploration Fund*[1] a démontré que la topographie des lieux s'oppose formellement à l'identification du Serbâl avec le Sinaï de la Bible, tandis que toutes les données de l'Exode et des Nombres s'harmonisent admirablement avec le site traditionnel. On en jugera du reste en temps et lieu[2].

Le témoignage d'un moine d'Alexandrie, qui visita la péninsule en 535, constitue la seule note discordante dans une tradition si ancienne et si ferme. Mais il est surprenant que des savants distingués en aient fait la base de leur théorie en faveur du Serbâl, sans se donner la peine d'en examiner la valeur.

Cosmas, surnommé l'Indicopleuste à cause de ses voyages dans les Indes en qualité de négociant, se fit moine et composa plusieurs ouvrages, dont sa *Topographie chrétienne* seule est parvenue jusqu'à nous. Dans le livre Ve de cet ouvrage on lit : « De Mara, les Israélites vinrent à Elim, aujourd'hui Raithu[3]. » C'est le port de Tour. « Ensuite, dit-il, ils campèrent à Raphidim, en un lieu appelé Pharan. Là, comme ils souffraient de la soif, Moïse, sur l'ordre de Dieu, prit son bâton et se rendit avec les anciens du peuple au mont Horeb, c'est-à-dire au Sinaï, qui est distant de Pharan d'environ six milles[4]. » Après avoir raconté que dans l'oasis de Pharan, si abondante en eau, le peuple de Dieu souffrait de la soif, et qu'il reçut la Loi en Rhaphidim, il ajoute : « Lorsqu'ils eurent reçu du Seigneur la loi par écrit, ils se mirent à apprendre pour la première fois les lettres en ce lieu. Dieu se servit de la solitude comme d'une école, et leur fit faire des exercices d'écriture pendant quarante ans complets. Aussi voit-on dans le désert du mont Sinaï et dans tous les endroits où se sont arrêtés les Hébreux, les

1. *Ordnance Survey of the Peninsula of Sinaï*, 5 vol. in-4. Londres, 1872. — 2. MM. Ed. Robinson, E. H. Palmer, H. S. Palmer, l'abbé F. Vigouroux, le P. Lagrange et bien d'autres écrivains ont vigoureusement soutenu la même thèse. De nos jours, la théorie des partisans du Serbâl commence à être abandonnée, comme l'a été celle de M. Brugsch relative à la marche des Israélites au sortir de l'Egypte. — V. Ad. Koller, *Eine Sinaï Fahrt*, Frauenfeld, 1900. — 3. Migne, *P. G.*, t. LXXX, col. 200. — 4. *Id.*, *ibid.*, col. 202.

rochers détachés des montagnes tout couverts de lettres hébraïques, comme je peux en rendre témoignage, moi qui ai voyagé dans ces lieux-là [1]. » Les inscriptions nabatéennes formaient pour Cosmas, comme on voit, une preuve péremptoire que les Hébreux n'avaient quitté l'oasis de Pharan qu'après la promulgation de la Loi.

Est-ce là le seul, ou le vrai motif qui a déterminé Cosmas à se mettre en opposition avec la tradition courante ? C'est possible, mais à notre avis, ce n'est nullement certain. M. Ebers a émis l'hypothèse qu'après l'invasion musulmane, les moines de Pharan se sont retirés dans le couvent fortifié bâti sous Justinien, et qu'ils ont emporté les traditions pour les localiser autour de leur nouvelle demeure. Comme d'après sainte Silvie, dont le savant égyptologue ignorait encore la relation de ses pérégrinations, la tradition était solidement fixée, au IVe siècle déjà, au mont Sinaï actuel, cette hypothèse devient absurde.

Si jamais on a essayé de transplanter les Lieux saints du Sinaï, il faudrait donc suspecter plutôt les moines pharanites de cette tentative frauduleuse. L'Indicopleuste était un Nestorien ardent, comme le prouve son ouvrage [2]. Les moines de Pharan, hérétiques comme lui, devaient souffrir de voir ceux du mont Sinaï, restés orthodoxes, jouir de la protection et des faveurs de l'Empereur. Si la rivalité et la jalousie leur avaient dicté l'envie de transplanter autour de leur couvent respectif le Sinaï biblique, il était naturel que Cosmas appuyât leurs prétentions. Remarquons que notre géographe n'est pas allé visiter le mont Sinaï traditionnel depuis longtemps célèbre par ses sanctuaires, et où depuis sept ans la basilique impériale était en voie de construction ; il ne daigne même pas en parler. Quoiqu'il en soit, il faut reconnaître que le peuple a rejeté toute combinaison soit exégétique, soit politique pour ne s'en tenir qu'à la tradition. En dehors de la *Topographie chrétienne*, on ne trouve pas de traces d'une opinion divergente. Avant comme après l'apparition de cet ouvrage, tout le monde a vénéré la montagne de Dieu, non dans le pays des Amalécites ou en Raphidim, mais dans celui des Madianites ou au désert de Sinaï, conformément à l'Ecriture sainte.

Le nombre des Israélites.

Les partisans du mont Sinaï traditionnel ont soutenu que les contreforts du Serbâl, sillonnés de profonds ravins et hérissés d'éboulis de roches, n'auraient pas pu offrir un lieu de campe-

1. Migne, *P. G.*, t. LXXX, col. 202. — 2. V. Migne, *op. cit.*, *Notitiæ*, col. 14 ss.

ment aux enfants d'Israël qui comptaient 603.550 combattants et, par conséquent, une population de 2 à 3 millions d'âmes, sans parler des étrangers qui se sont joints à eux au sortir de l'Egypte.

M. Flinders Petrie, partisan du Sinaï-Serbâl, réfute cet argument avec insistance, soutenant que ces chiffres sont incompatibles avec les circonstances, et que, entre autres, le récit de l'Exode (XVII, 11) les exclut formellement [1].

Le P. de Hummelauer avait déjà prétendu qu'un copiste pieux, mais maladroit, aura multiplié par cent tous les chiffres du texte original des deux recensements des Nombres (I et XXVI), dans le but d'exciter une plus grande admiration dans l'esprit du lecteur [2]. Que les chiffres soient sujets à être défigurés pas l'inadvertance des copistes, personne ne l'ignore ; mais il est bien difficile d'admettre une pieuse fraude intentionnelle.

M. F. Petrie propose une autre solution. Le savant explorateur ne doute nullement que les deux recensements ne soient des documents qui remontent à l'époque de l'Exode ; mais il fut frappé par une certaine corrélation entre les chiffres des milliers et ceux des centaines qui les suivent invariablement. Or, mille en hébreu s'écrit *élêph ;* mais *élêph* a aussi le sens de groupe, de familles. Il suppose donc qu'au lieu de lire, par exemple :

Ruben, 46 familles, 500 combattants,
Benjamin 35 familles, 400 combattants, etc.,

le copiste aura lu :

Ruben 46 mille 500 combattants
Benjamin 35 mille 400 combattants, etc.

D'après cette interprétation, il y aurait eu 598 familles ou tentes et 5.550 combattants, ce qui ferait une population d'environ 30 à 40.000 Israélites, sans compter les étrangers qui, à la rigueur, pouvaient égaler ce nombre. La distraction du copiste, ajoute M. Petrie, influença les chiffres donnés pour la population dans les autres livres du Pentateuque ; mais l'explorateur démontre que les chiffres fournis sur la population des Israélites par le livre des Juges et ceux des Rois sont historiquement acceptables.

Lors même que les pentes rocailleuses et accidentées des contreforts de Serbâl auraient pu offrir une place suffisamment vaste pour le campement des Hébreux pendant une année entière, il ne s'ensuit pas que ceux-ci « partant de Raphidim » se soient rendus « dans le désert de Sinaï » au pied du Serbâl,

1. *Op. cit.*, p. 208-221. — 2. *Comment. in Num.*, 1899, p. 226.

qui est en Raphidim. Sur une foule d'autres points, comme on le verra plus loin, cette montagne ne répond pas du tout au mont Sinaï de l'Écriture sainte.

Du ouâdi Feirân au mont Sinaï.

Par l'oasis jusqu'à el Boueïb.	2 h. 30	Ouâdi Rotouân.	3 h. 30
Ouâdi Solâf	0 15	Naqb el Haoua.	0 25
Naouâmis	2 h. 20		
Oueli Abou Talib.	0 h. 30	TOTAL. . . .	9 h. 30

Du *djébel Méharret* on s'enfonce dans la palmeraie où, sur une longueur de plus de 4 kilomètres poussent un millier de dattiers entremêlés de *nebqs*, de *sîdr* et d'autres arbres communs à la péninsule. A l'ombre de ces bosquets, de petits champs clôturés produisent du froment, du tabac et surtout des pastèques, des concombres et une variété d'autres légumes rafraîchissants. Ailleurs, la terre est couverte de mousse, de gazon émaillés de fleurs aux couleurs éclatantes, ou cachée sous des buissons, de hautes menthes et des fourrés de gigantesques roseaux, dans lesquels disparaissent chameaux et cavaliers quand il faut traverser le ruisseau. Le bois est égayé par la présence de nombreux oiseaux, parmi lesquels se distingue le *boulboul* qui a le plumage du merle et la voix du rossignol, et la bergeronnette hochequeue, qui s'approche sans défiance du voyageur.

Après 7 minutes de marche, on rencontre à gauche la pauvre mosquée d'*Abou Chébîb*, le protecteur de l'oasis. Puis, la vallée s'élargit et offre quelques échappées de vue sur les contreforts granitiques du Serbâl. Plus loin se présente à droite un cimetière musulman et à gauche le donjon d'un petit monastère en ruines, et, enfin, l'une des principales sources de l'oasis. Au printemps, elle forme un jet de 24 centimètres carrés et ne tarit jamais, même en automne.

A partir de là, l'eau diminue, puis disparaît, et aux palmiers succèdent des bosquets de superbes tamaris, de véritables arbres, dont les troncs mesurent de 0 m. 60 à 0 m. 90 de circonférence. Au bout d'une demi-heure, ils finissent par être clairsemés et rabougris, et bientôt l'unique verdure est représentée par des genêts, *retam* en arabe. A gauche débouche le *ouâdi Akdar* et à droite le *ouâdi Rétaméh* dominé par le *djébel Moneidjah*, le mont de l'Entretien. Son sommet peu élevé est couronné d'un grand cercle de pierres dans lequel les Bédouins vont déposer des offrandes votives à Moïse [1]. La vallée s'élargit

1. Le pic du Sinaï, la traditionnelle montagne de Dieu, porta le nom de *djébel Moneidjah* du VIe au XIIe siècle. Plus tard, probablement du

encore, mais le sol devient de plus en plus aride et désolé et ne produit plus que des plantes aromatiques.

El Boueïb. Au pied du *djébel el Boueïb*, la vallée se retrécit subitement. Une nuque de gneiss et de quartz ne laisse qu'une ouverture de 8 à 9 mètres de largeur entre deux rochers à pic. Ce défilé est appelé pour cela *el Boueïb*, la petite Porte, et constitue l'entrée orientale du *ouâdi Feirân*.

Fig. 20. — Le défilé d'el Boueïb.

Au bas de sombres récifs court, sur les deux flancs de la vallée, un banc d'alluvion de 25 à 30 mètres d'épaisseur. Le talus est déchiqueté et raviné, mais sa ligne supérieure est parfaitement horizontale. A l'embouchure des vallées tributaires, existent des monceaux semblables, mais en masses isolées. Leurs parois, presque verticales, ont été percées de grottes et utilisées comme sépulcres. Ces bancs d'alluvion, appelés *jorf* par les Arabes, au pluriel *joûrouf*, sont des dépôts d'humus jaunâtre et argileux, qui attestent, comme l'a déjà

XIIIe au XIVe siècle, il reçut le nom de *djébel Moûsa*, et le nom de *djébel Moneidjah* passa à une petite montagne voisine. (V. plus loin, p. 123.)

remarqué Lepsius, qu'aux temps préhistoriques le bassin de l'oasis de *Feirân* formait un lac. Les *joûrouf*, résultant d'amas de terre et de pierres descendues des montanges, s'y déposèrent avant que les eaux n'aient pu se frayer un passage entre le *djébel Méharret* et le *djébel Tahounéh*.

Visite de Jéthro.

Avant de passer l'*el Boueib*, il y a lieu de rappeler la visite de Jéthro, que le livre de l'Exode rapporte dans un chapitre à part, entre la victoire sur les Amalécites et le départ de Raphidim.

Jéthro, prêtre madianite et beau-père de Moïse, se rendit dans le camp d'Israël auprès de son gendre, non seulement pour lui ramener sa femme et ses enfants, mais encore pour féliciter les Hébreux des insignes bienfaits qu'ils avaient reçus de Dieu. Il offrit aussi à Jahvé des sacrifices d'actions de grâces, auxquels prirent part Moïse, Aaron et tous les anciens du peuple. Pendant son séjour au milieu des Israélites, Jéthro, craignant que son gendre ne s'épuisât à rendre tout seul les jugements, lui conseilla de choisir des hommes intègres pour l'aider à porter sa charge et à juger le peuple. Moïse suivit ces sages conseils et établit des chefs de milliers, de centaines, de cinquantaines et de dizaines. Il leur apprit « les ordonnances de la loi », et leur fit « connaître la voie qu'ils devaient suivre », pour s'acquitter de leur mandat. Il prit ensuite congé de son beau-père, et Jéthro s'en retourna dans son pays [1].

Les Israélites ne se sont pas arrêtés longtemps dans leur campement de Raphidim. Ils étaient arrivés le 15e jour du second mois au campement de Sin [2], et le 1er ou le 3e jour du troisième mois ils avaient déjà atteint le désert de Sinaï [3]. S'il est possible que le prêtre madianite ait pu rencontrer Moïse en Raphidim, après avoir appris sa victoire sur Amalec, il est certain qu'il l'a suivi au désert de Sinaï ; car le choix des chefs, l'organisation de la judicature, l'instruction des juges du peuple, tout cela demandait un temps considérable. L'auteur sacré consacre un chapitre tout entier à la visite de Jéthro. Il termine tout d'abord ce qui se rapporte au noble caractère du prêtre de Madian, avant d'entamer le récit des manifestations divines, qu'il ne veut pas interrompre. Il intervertit ainsi l'ordre chronologique des détails ; mais il a soin de dire que Jéthro trouva son gendre « au désert où il campait, à la montagne de Dieu [4]. »

1. Ex., XVIII. = 2. Ex., XVI, 1. = 3. Ex., XIX, 1. = 4. Ex., XVIII, 5.

A *el Boueïb*, la vallée prend le nom de *ouâdi esch Scheikh*, en l'honneur du Scheikh Saleh, personnage mystérieux hautement vénéré par les péninsulaires. Cette voie est large, commode et abondamment pourvue d'eau et de pâturage. Elle décrit une grande courbe vers le nord, passe le défilé de *naqb el Ouatyéh*[1] et aboutit à l'extrémité orientale du camp des Israélites, au pied du mont Sinaï. Il faut 14 à 15 heures pour faire ce trajet.

A 15 minutes d'*el Boueïb*, débouche le *ouâdi Solâf* dont la végétation n'est pas moins abondante. Par cette voie on arrive au mont Sinaï en 12 heures en passant par le pittoresque défilé du *naqb el Haoña*, d'où l'on traverse tout le camp d'Israël jusqu'au pied de la montagne sainte. La grande masse des Hébreux aura suivi le *ouâdi esch Scheikh* ; mais un bon nombre d'entre eux ont dû prendre le chemin le plus court. Le *naqb el Haoña* ne leur offrait pas plus de difficultés que le *naqb el Boudérah*[2]. Mais, dans l'une ou l'autre vallée ils ont dû passer au moins une nuit. On sait que les Livres saints omettent généralement de signaler ces haltes.

D'ordinaire les voyageurs préfèrent à la route longue et monotone du *ouâdi esch Scheikh* la voie plus courte et plus pittoresque du *ouâdi Solâf*, sauf à descendre de chameau dans le plus mauvais passage du *naqb el Haoña*, pour faire pendant 10 minutes à un quart d'heure l'ascension à pied. C'est ce chemin que nous prendrons. Il a déjà été suivi par sainte Silvie.

Ouâdi Solâf. Pendant 15 minutes, on suit le *ouâdi esch Scheikh* et l'on entre ensuite, à droite, dans le *ouâdi Solâf*, un district de gneiss. La valllée se dirige vers le sud-est en formant de nombreux tournants. A droite débouche le *ouâdi er Rimm* (20 min.), qui sépare le Serbal du *djébel Oumm Takha*. Plus loin (2 h.), on rencontre du même côté le *ouâdi Takha*, puis celui d'*Edjaouéh*, qui, après un parcours d'une lieue, se rattache à la naissance du *ouâdi Hebrân*, l'une des principales voies de communication entre le mont Sinaï et Tour (*V.* chapitre X). Au col qui sépare ces deux vallées s'élèvent les plus beaux *naouâmîs* du pays. Deux de ces ruches sont vénérées par les musulmans comme les tombeaux de deux *scheikhs* antérieurs à l'islam.

Sur les mamelons qui bordent la vallée de *Solâf*, à gauche, on voit de nombreuses constructions coniques de même genre. Ce sont là, semble-t-il, les *naouâmîs* que sainte Silvie prit pour les *Qibroth Hattaava*, les sépulcres de Convoitise, dont il est question dans le livre des Nombres pendant le voyage d'Israël du mont Sinaï au désert de Pharan[3].

Une demi-heure plus loin, à gauche, apparaît sur le sommet d'une colline un *ouéli* qui, comme la vallée secondaire dont il marque l'entrée, se nomme *Abou Talîb*. Les Bédouins pré-

1. Le *naqb el Ouatyéh* est une brèche naturelle ouverte dans la chaîne du *djébel el Garbéh*. C'est une magnifique gorge flanquée de côté et d'autres de rochers de 500 à 600 mètres de hauteur. A l'est se dresse un piton qui ressemble à un fauteuil. Les Arabes l'appellent *Maqad el nebi Moûsa*, le Fauteuil du prophète Moïse. — 2. Une légende arabe les fait passer par le *ouâdi Solâf*. — 3. Nomb., XI, 34-35.

tendent que Mahomet, âgé de 9 à 12 ans et entré au service de son oncle Talib, se reposa un jour à l'entrée de la vallée, quand il se rendit en *esch Scham* ou Syrie. A droite on aperçoit aussi le triple pic du *djébel Moreia* ou *Tarbousch*.

Après avoir fait un nouveau coude pour ainsi dire à angle droit, la vallée se dirige presque en ligne droite vers le levant, à une distance de près de 4 lieues. Elle reste encaissée entre deux rangées de hautes montagnes, dont celles du nord sont

Fig. 21. — Ouadi Solaf. — Vue de Serbal.

découpées entre de nombreuses gorges. C'est là que dans le courant de décembre 1867, éclata un de ces orages, véritables trombes d'eau, que les Arabes appellent *seil*. La vallée servit soudainement de lit à un fleuve fougueux, d'une force irrésistible, qui entraîna tout dans ses flots écumants. Un campement de 40 Bédouins fut emporté en un clin d'œil. Tous périrent avec leurs chameaux et leurs troupeaux.

Au sud de la vallée s'étend une chaîne de granit longue de plus de 25 kilomètres et haute d'environ 1.000 mètres au-dessus du thalweg. Cette immense barrière n'est franchissable que par la brèche du *naqb el Haoûa* au centre, par celle d'*Emleisah* qui s'ouvre à une faible distance au sud de la précédente, et par celle du défilé d'*el Oualyéh* dans le *ouâdi esch Scheikh*, au nord.

Elle forme la limite occidentale du groupe des montagnes du Sinaï proprement dit.

En cheminant sur le sol sablonneux de la large vallée, on jouit d'une vue ravissante sur la sierra du Serbâl. A mesure qu'on avance, on voit le colosse se déployer dans toute sa longueur et dans toute sa hauteur. Sur une distance de 5 kilomètres s'élancent 5 pics de granit rose, rangés sur une ligne comme d'immenses colonnes. L'admirable scène dure jusqu'à ce qu'on ait atteint le pied du col d'*el Haoûa*. Le soleil couchant prête au Serbâl un aspect féerique. Sa crête dentelée, qui ressemble d'abord à un immense brasier, prend des teintes grises d'ardoise, pendant que le grand dôme du *djébel Madsous*, au delà du *ouâdi Hébrân*, et le *djébel el Bénât*, à l'ouest, conservent une vigoureuse teinte rose, pour passer au pourpre à l'approche de la nuit.

A 4 h. 20 du *ouéli d'Abou Talîb*, la vallée se tourne vers le nord-est et va rejoindre, 2 heures plus loin, le *ouâdi esch Scheikh*, sous le nom de *ouâdi el Gharbéh*. Arrivé à l'extrémité du *ouâdi Solâf*, on monte à droite dans une sorte d'impasse qui mène en 25 minutes à la montée du *naqb el Haoûa*. A l'entrée du vallon on trouve une belle place de campement, dominant un des plus beaux paysages du monde.

Les chameaux lourdement chargés se rendent de là au mont Sinaï par le *ouâdi esch Scheikh*, faisant un détour de 6 à 7 heures de marche.

Fig. 22. — Col du naqb el Haoua.

CHAPITRE VIII

Le mont Sinaï.

Ici commence le massif des montagnes qui environnent le désert de Sinaï. Deux vallées parallèles y mènent en quelques heures : vers le sud, le *ouâdi Emleisah*, la Vallée Glissante, qui a pour prolongement le *ouâdi el Tlaa* jusqu'à la montagne de Dieu, et, un peu plus au nord, le *naqb el Haoûa*, qui débouche dans la plaine d'*er Râha* à son extrémité occidentale. Ce dernier passage est le seul praticable pour les chameaux.

Naqb el Haoûa.

Le *naqb el Haoûa*, qui signifie le col du Vent, est une gorge étroite formée de côté et d'autre par des murailles presque verticales de granit rouge de 200 à 250 mètres de hauteur. Leurs crêtes sont dentelées d'une manière fantastique, et dessinent sur l'azur du ciel des formes qui dépassent toute imagination. Le sentier serpente au milieu d'énormes éboulis de roches, et en plusieurs endroits il est taillé dans le granit. C'est là, sans doute, l'œuvre des anachorètes qui ont établi une voie de communication plus rapide entre les ermitages du Sinaï et la ville de Pharan. Cependant, vers la fin du IVe siècle, la pèlerine gauloise a déjà suivi ce même chemin, et il est probable qu'à l'époque de l'Exode, le col, peut-être moins bouleversé qu'aujourd'hui, a été franchi par certains groupes d'Israélites. On y remarque aussi deux inscriptions nabatéennes.

La montée est raide et les chameaux n'avancent que lentement, mais toujours d'un pas sûr. Néanmoins, bien qu'il n'y ait pas de danger, le voyageur préférera descendre de sa monture et faire une partie de l'ascension à pied. En s'approchant du sommet, la pente devient plus douce, et bientôt on aperçoit la cime du *djébel Katherîn*, la plus haute montagne du massif sinaïtique. Le chemin descend alors dans un petit bassin *Abou Seiléh*, où se montrent, au milieu d'une rare végétation, quelques figuiers sauvages et des palmiers nains arrosés par de petites sources d'eau limpide et glacée. Ce sont les vestiges de l'industrie des anciens moines. A la sortie du défilé, M. E. H. Palmer signale un lieu appelé, en effet, *Mattab ed Deir el Gadîm*, le Site de l'ancien Couvent[1]. Le sentier ne tarde pas à se relever et à atteindre le col principal du défilé (alt. 1.502 m.). Là, un panorama d'une majesté incomparable annonce « le désert de Sinaï ».

« Les montagnes s'ouvrent, bornant une longue plaine jusqu'au pied d'un triple sommet qui termine l'horizon, c'est lui, ce Sinaï! Je n'essaierai pas de rendre l'impression profonde qui s'empare alors de l'âme... Je constate qu'à ce moment les doutes s'évanouissent, une terreur religieuse s'abat sur les sens à l'aspect de cette montagne triple et une. Cette plaine, isolée dans le chaos des montagnes, paraît disposée comme un rendez-vous avec Dieu sur les hauteurs. Et cette impression n'est pas nouvelle, car du temps de sainte Silvie, on tombait à genoux pour prier en apercevant la montagne de Dieu. Oui, il faut remercier Dieu d'avoir mis tant d'harmonie dans ses œuvres, d'avoir promulgué sa loi éternelle du haut de cet escabeau de granit, d'avoir répandu dans les esprits sa vérité, pendant que sa lumière baignait les pics éblouissants, d'avoir parlé où il semble qu'on ne peut entendre que lui. Vraiment Dieu se révèle ici. La nature et l'histoire crient à l'envi, et on est tenté de crier avec elles, le nom du Seigneur Dieu[2]. »

1. *Op. cit.*, p. 76. — 2. P. Lagrange, *De Suez à Jérusalem par le Sinaï*, *R. B.*, 1896, p. 641.

Le mont Sinaï.

Le massif du Sinaï est de forme oblongue d'environ 4 kilomètres de long sur 2 de large ; il se dirige dans sa plus grande dimension du nord-ouest au sud-est. De profondes vallées l'isolent complètement des montagnes environnantes, savoir,

Fig. 23. — La plaine d'er Rahah et le ras Salsaféh, vus du naqb el Haoua.

la plaine d'*er Râhah* au nord, le *ouâdi Choaïb* ou *ed Deir* à l'est, et le *ouâdi Ledjâh* à l'ouest. Au midi, un col assez tourmenté joint ces deux dernières vallées au pied du *djébel Katherîn*. La crête du mont Sinaï est hérissée d'une multitude de pics et de dômes en granit de Syène, et se termine aux deux extrémités par deux cimes plus élevées : c'est au nord-ouest trois énormes pitons nommés collectivement *râs Safsâféh*, du nom du plus haut d'entre eux (alt. 2.054 m.) ; au sud un pic unique de 2.244 mètres d'altitude, appelé *djébel Mousa*, montagne de Moïse, et avant le XIIIe siècle, *djébel Moneidjah*, montagne de l'Entretien. Malgré son altitude, il n'est pas visible de

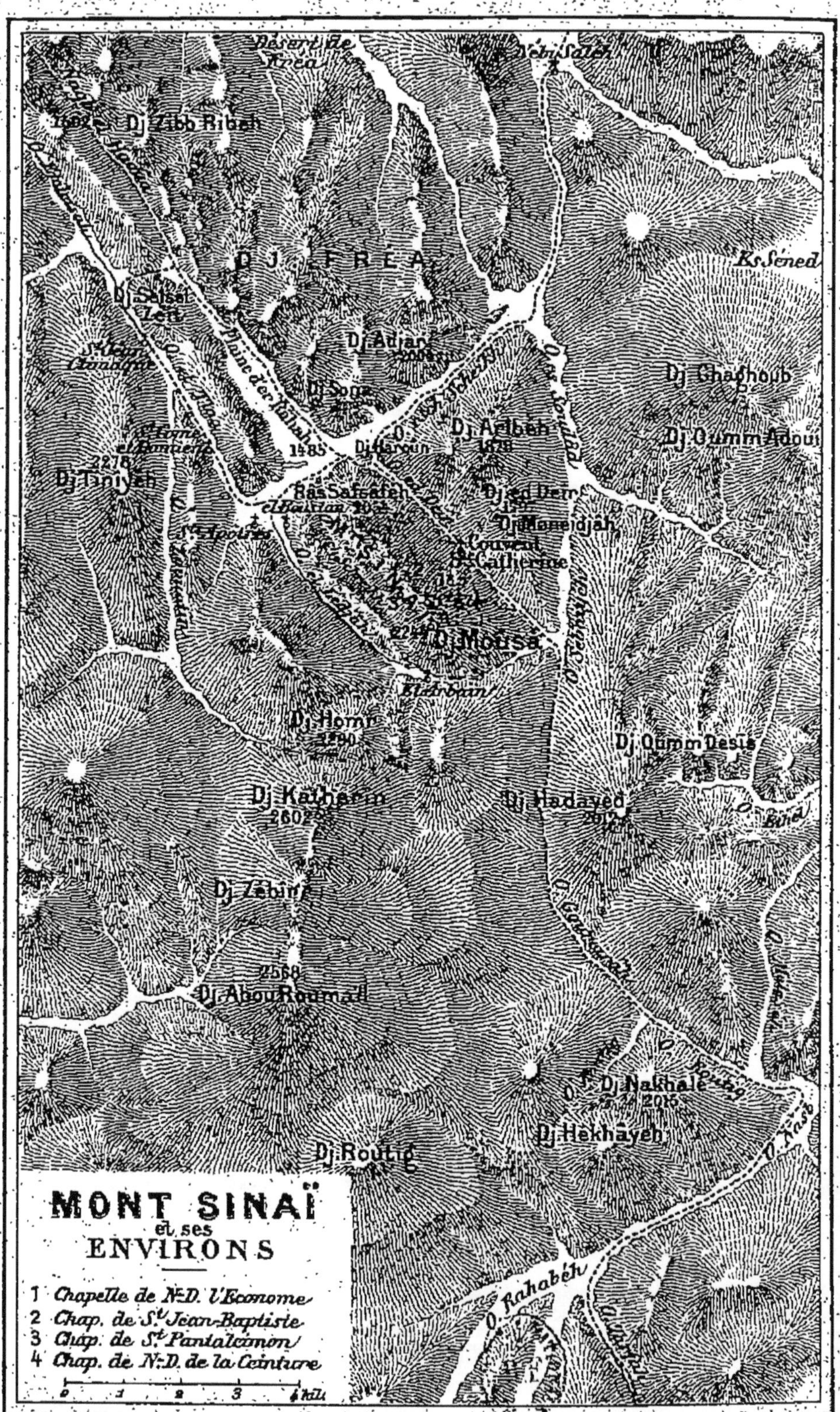
MONT SINAÏ
et ses
ENVIRONS
1 Chapelle de N.-D. l'Econome
2 Chap. de St Jean-Baptiste
3 Chap. de St Pantaléïmon
4 Chap. de N.-D. de la Ceinture
0 1 2 3 4 kil.
Dj Zibb Ribeh
D J . F R E A
Dj Seïsal
Dj Adjar
Dj Ghaghoub
Dj Oumm Adoui
Dj Aribeh
Dj ed Deir
Dj Moneidjah
Couvent Ste Catherine
Ras Safsafeh
Dj Tiniyeh
Dj Mousa
Dj Homr
Dj Katherin
Dj Hadayed
Dj Oumm Desis
Dj Zébir
Dj Abou Roumail
Dj Nakhale
Dj Hekhayeh
Dj Routig
O. Rahabeh
Ks Sened
Plaine der Rahah
Gravé par R. Hausermann.

la plaine d'*er Râhah*, masqué qu'il est par les hauteurs du *râs Safsâféh.* A l'ouest du *djébel Moûsa*, se dresse le *djébel Homr* et au sud-sud-ouest, le *djébel Katherîn* (alt. 2.602 m.), la plus haute montagne de la péninsule, dépassant le Serbâl de 550 mètres. Au sud-est, s'élève la petite montagne qui, depuis quelques siècles seulement, reçut le nom de *Moneidjah*, et au nord-est le *djébel ed Deir* dominé par le *djébel Aribéh.* Au nord, entre la plaine d'*er Râhah* et le *ouâdi esch Scheikh*, s'étend l'immense massif du *djébel Fréa* dont plusieurs pics dépassent une altitude de 2.000 mètres.

La plaine d'er Râhah.

Après avoir contemplé un instant ce solennel paysage qui évoque de si grands souvenirs, on descend avec émotion dans le *ouâdi er Râhah*, la vallée du Repos, où la tradition localise le célèbre campement des Israélites. Cette plaine, partout couverte d'herbage et arrosée par des sources nombreuses, mesure en moyenne une longueur de 2.300 mètres sur une largeur de 900 mètres et couvre une superficie de plus de 300 hectares, si l'on y ajoute les bords inclinés, facilement accessibles, et l'entrée des trois principales vallées qui y débouchent.

De tous les points de ce vaste amphithéâtre, les enfants d'Israël pouvaient suivre du regard les prodigieux évènements dont le sommet de la montagne était le théâtre ; car au fond de la plaine, le *râs Safsâféh* s'élève brusquement à 500 mètres au-dessus du sol, comme une gigantesque tribune. Son isolement complet sur trois de ses côtés et ses parois presque perpendiculaires depuis sa base expliquent admirablement ce passage de l'Exode : « Le troisième jour, Jahvé descendra aux yeux de tout le peuple sur la montagne de Sinaï. Tu fixeras au peuple une limite à l'entour, en disant : Gardez-vous bien de monter sur la montagne ou d'en toucher le bord [1]. » Nulle autre montagne de la péninsule ne s'adapte aussi bien, et par elle-même et par ses alentours, aux nombreux détails relatés par la Bible à ce sujet.

En entrant dans la plaine d'*er Râhah*, on traverse un coin de terre d'un vert sombre appelé *Khôli* par les Arabes, probablement à cause de l'antimoine, *Khôl*, qu'on y a trouvé.

Palais d'Abbas Pacha. Dans la forêt de pics qui se dressent à droite, on distingue le *djébel Tìnîyéh* par une construction blanche qui le couronne. C'est le palais inachevé d'Abbas Pacha, vice-roi d'Egypte. Lorsque ce monarque, fils d'une Bédouine, tomba malade, les médecins lui recommandèrent l'air

1. Ex., XIX, 11-12.

du désert. Il se trouva si satisfait de son séjour au couvent de Sainte-Catherine, qu'il résolut de construire une route carrossable de Tour au mont Sinaï par le *ouâdi Hébrân*, et de bâtir une villa princière sur le *djébel Tiniyéh*, que le sort lui avait désigné. De retour au Caire, le vice-roi fut assassiné par un Mameluck, et toute son entreprise fut dès lors abandonnée.

Djébel Haroûn. Vers l'extrémité orientale de la plaine, à l'en-

Fig. 24. — Djébel Hâroun.

trée de la vallée d'*esch Scheikh*, à gauche, s'élève une colline rocailleuse ronde et basse qui porte sur son sommet une chapelle musulmane. C'est le *djébel Haroûn*, mont d'Aaron, où, suivant la tradition, le grand prêtre a érigé le veau d'or. Les Bédouins y déposent des offrandes votives à Aaron, et une fois par an, ils lui sacrifient un mouton, ou même un chameau si l'année est bonne. Cette fête est appelée *rikkâb*, la cavalcade[1]. A main droite, se dresse le front du mont Sinaï, le *râs Safsâféh*.

1. Palmer, *op. cit.*, p. 118. — Rodolphe de Frameynsperg (1346) mentionne déjà en cet endroit « un temple idolâtrique de forme ronde, dans lequel il n'est pas permis aux chrétiens de pénétrer. » (*Itin. in Palæst.* ap. *Canisii Thes.*, IV, p. 350).

Ouâdi ed Deir. Du *djébel Haroûn*, on s'engage dans le *ouâdi ed Deir*, la vallée du Monastère, appelée aussi *ouâdi Choaïb*, nom par lequel le Coran désigne Jéthro, le beau-père de Moïse. On côtoie d'abord les maisonnettes délabrées, qui formaient en 1854 le casernement des soldats d'Abbas Pacha; les Bédouins s'en servent depuis pour y enterrer leurs morts. Le sentier sablonneux fait place à une bonne route tracée entre deux montagnes de granit de couleur rouge-brun. Au fond, sur le bord occidental de la vallée, apparaît à travers un sombre fouillis de verdure, la masse pittoresque de la forteresse qui renferme le couvent de Sainte-Catherine A un kilomètre du *djébel Haroûn*, on traverse le torrent pour longer un jardin d'une merveilleuse fraîcheur. A son angle sud-est, on tourne à droite et l'on monte, entre le jardin et le couvent dans une grande cour. Là, on descend de chameau, devant le porche d'une porte, petite, mais massive, qui donne accès au monastère.

COUVENT DE SAINTE-CATHERINE.

Hospitalité. Si l'on préfère bivouaquer sous la tente, pour conserver son entière indépendance, on trouvera une excellente place de campement au *djébel Haroûn*.

Toutefois, quand les nuits sont froides, on appréciera l'avantage d'être hospitalisé au couvent. Les dames y sont également admises, ainsi que les drogmans et les serviteurs. Les Bédouins seuls restent dans la cour avec leurs chameaux.

L'étage supérieur de l'aile septentrionale, spécialement affecté aux pèlerins, se compose d'une dizaine de chambres et d'une cuisine. Elles s'ouvrent toutes sur une véranda en bois. L'ameublement est très simple et les lits, quoiqu'un peu durs, sont propres.

Pour le logement d'un groupe de voyageurs et de leur personuel de service pendant 4 à 6 jours, on paie au couvent 125 francs, soit environ 5 francs par jour et par personne, sans nourriture. Il est d'usage de faire en outre une offrande proportionnée aux petits services qu'on aura reçus, ou bien pour la visite de la basilique et du couvent si l'on reste sous la tente. Les moines fournissent aussi les guides pour les excursions dans les montagnes d'alentour et des gens de service qui se chargent des provisions de bouche, moyennant 6 à 8 piastres (1 fr. 50 à 2 francs) par jour pour chaque guide et chaque porteur.

Au besoin, on trouvera au couvent de la volaille, des confitures, des fruits, des légumes et une excellente eau-de-vie appelée *arakî* : on peut aussi avoir des boules de pain à peine cuit à la manière grecque[1]. Le vin est exquis.

Les moines parlent le grec moderne et quelques-uns un peu l'arabe. L'Econome, le R. P. Benjamin, parle en outre discrètement le français.

1. G. Gucci de Florence, qui visita le mont Sinaï en 1384, écrit : « Le pain, selon la coutume du pays, est peu cuit, peut-être moitié moins que celui qu'on fait chez nous. » *Viaggi in T. S.*, éd. C. Garciolli, Florence, 1862, p. 325.

Fig. 25. — COUVENT DE SAINTE-CATHERINE, vu du sud-est.

Entrée du couvent.

Depuis le XVIe siècle jusqu'à la moitié du XIXe, les étrangers n'avaient accès au couvent que par une fenêtre élevée d'une dizaine de mètres au-dessus du sol, à l'orient[1]. Le voyageur passait ses jambes dans un grand anneau de fer, fixé au bout d'un câble autour d'une poulie. Dans cette posture, il était, serrant la corde avec les deux mains, hissé jusqu'à la lucarne au moyen d'un treuil. Le P. de Géramb en 1832, et M. C. Tischendorf en 1844, prirent encore cette voie aérienne. Depuis une cinquantaine d'années, les voyageurs se rendent à la porte, au septentrion. Là, le portier descend d'un mâchicoulis une corde au bout de laquelle est suspendu un petit panier, où le solliciteur dépose la lettre de créance obtenue de l'archevêque

1. En 1512, le P. Jean Thenaud, gardien du couvent des Cordeliers d'Angoulême, mentionne le premier l'entrée au couvent au moyen d'une corde. (*Le voyage d'Outremer*, éd. Ch. Schefer, Paris 1884, p. 71).

de Sinaï au Caire. Quelques minutes après, un moine fait grincer les énormes verrous, ouvre la petite porte et fait le meilleur accueil à tout pèlerin et touriste.

L'entrée a quelque chose de mystérieux. D'une première porte lourdement ferraillée, un sombre couloir à équerre, creusé dans l'épaisseur d'énormes murailles, mène à une deuxième, puis à une troisième porte en fer, les deux basses et massives comme la première. De là on suit un dédale de ruelles, souvent entrecoupées d'escaliers. Après avoir pris la direction du midi, elles retournent vers l'orient, en passant devant la façade de la basilique, puis remontent au nord, jusqu'à un escalier en bois qui conduit à l'hôtellerie.

Histoire.

Nous avons déjà rappelé que dès les premiers siècles de l'Eglise, la péninsule était devenue un grand centre d'anachorètes et de moines. Le couvent du Sinaï, qui paraît avoir été le premier noyau de la vie monastique, est aussi resté le seul centre de civilisation chrétienne, avec Tour, son port de mer.

De 385 à 388, sainte Silvie y rencontra de nombreux « monastères », c'est-à-dire des ermitages, entourés de petits jardins. Elle visita une belle église au sommet de la « montagne de Dieu », à côté « de la grotte de Moïse », une autre plus bas, près de la grotte du prophète Elie, une troisième dans la vallée de *Ledjâh*, au pied du *djébel Rabbéh*, et une quatrième près du Buisson ardent, au pied de la montagne[1].

La montagne de Dieu est restée en même temps le siège du culte idolâtrique des Arabes. En 570, le Pèlerin de Plaisance raconte que les païens conservaient sur la montagne sainte une idole en marbre, gardée par un prêtre vêtu d'une dalmatique et d'un manteau en lin. « Ils y adorent leur divinité, ajoute-t-il, à la nouvelle lune. » Le culte de Sin ou Dieu de la lune, que les Arabes ont emprunté aux Babyloniens, était, comme on voit, dominant dans le pays. Est-ce du Dieu Sin qu'un des massifs des montagnes d'Horeb reçut le nom de Sinaï? C'est difficile à dire. En tout cas, la tradition païenne, qui vit dans le *djébel Moûsa* une montagne sacrée, est antérieure à la tradition chrétienne. Il est donc permis de croire que celle-ci, déjà si ferme au IVe siècle, a eu pour base la tradition juive ou l'onomastique indigène, et non de simples combinaisons exégétiques. D'après Flavius Josèphe, la croyance prévalut que Dieu demeurait sur la montagne de Sinaï[2]. Cette montagne, qui, au dire de l'histo-

1. *Op. cit.*, p. 11. — 2. A. J., II, XII, 1; — III, V, 1.

rien juif, inspirait au peuple une terreur respectueuse, était donc bien connue à son époque.

L'église du Buissson ardent, protégée par un fortin, était le foyer commun où se réunissaient les solitaires pour la sainte Synaxe ou Eucharistie. C'est là que se rendait chaque dimanche saint Nicon, vers la fin du IVe siècle [1]. Mais ces édifices sacrés eurent beaucoup à souffrir des hordes barbares qui, à plusieurs reprises, attaquèrent les serviteurs de Dieu.

Les Quarante-Martyrs. Le Ménologe grec rapporte que le premier massacre des anachorètes du Sinaï par les Sarrasins eut lieu sous Dioclétien en 303 [2]. Ammonius, qui avait quitté la Palestine pour se retirer au mont Sinaï, raconte de son côté que le 28 décembre 370, les Blemmyes envahirent la sainte montagne. L'abbé Dulas eut le temps de se réfugier dans une tour avec quelques compagnons ; mais d'autres religieux, qui s'enfuirent à Gethrabbi, à Chobar, à Hodar et dans d'autres ermitages voisins, furent surpris et mis à mort. Les barbares essayèrent alors de s'emparer de la tour. Mais soudain, une lumière mystérieuse brilla sur le sommet de la montagne. Saisis de frayeur, les Blemmyes s'enfuirent avec précipitation. Après leur départ, on trouva 38 moines cruellement martyrisés, dont 12 au couvent de Gethrabbi (au pied du *djébel Rabbéh* ou *Djerrabbéh* [3]). Deux autres, Esaïas ou Isaïe et Sabas, succombèrent à leurs blessures, l'un le lendemain, l'autre quatre jours après [4].

Saint Nil nous a laissé un récit émouvant du carnage qui eut lieu vers l'an 400 [5]. Pendant qu'il assistait avec son fils Théodule et d'autres religieux aux Matines dans l'église du Buisson, une troupe de Blemmyes se précipitèrent dans le sanctuaire et tuèrent à coups de sabre le prêtre du couvent appelé aussi Théodule, ainsi que Paul, son assistant, et un autre religieux nommé Jean. Théodule, le fils de Nil, fut destiné à être sacrifié le lendemain à la planète de Vénus, aussitôt que celle-ci paraîtrait à l'horizon [6]. Les autres moines eurent la permission de

1. Saint Athanase, moine du Sinaï, devenu patriarche d'Antioche en 559, raconte que saint Nicon, abbé du Sinaï, fut accusé d'un crime infâme par un Pharanite semi-nomade. Il fut exclu de la communion des fidèles et soumis aux plus rudes pénitences. Malgré son innocence, le saint abbé se tut et supporta patiemment toutes les rigueurs de sa condamnation. Pendant trois ans, il se présenta chaque dimanche à la porte de l'église du Buisson, pour implorer les prières de ses confrères, jusqu'à ce que le vrai coupable, bourrelé de remords, fit des aveux. — 2. *Basilii imp. Menolog., 20 april.*, Migne, *P. G.*, CXVII, col. 413. — 3. D'après E. H. Palmer (*op. cit.*, p. 121), les Bédouins appellent le *djébel Rabbé* également *Djerrabbéh.* — 4. *V.* Bollandistes, *A. S. S.*, XIV Jan., p. 936-937. — 5. Saint Nil était préfet de Constantinople, lorsqu'il renonça à sa dignité pour se retirer avec son fils, dans la solitude du Sinaï. — 6. Les brigands se réveillèrent trop tard pour offrir l'horrible sacrifice. Ils vendirent le jeune moine comme esclave. Après de longues recherches, son père réussit à le retrouver et à le ramener au Sinaï.

s'en aller. Lorsque cinq jours après ils revinrent de Pharan pour donner la sépulture aux morts, ils trouvèrent d'autres religieux martyrisés, savoir Proclus à Bethrabbi (probablement le même lieu que Gethrabbi), Hypatius dans la station de Salaël (peut-être Nébi-Saléh dans le *ouâdi esch Scheikh*), Macaire et Marc dans le désert, Benjamin dans la région d'Aïlim, Eusèbe à Thola (*ouâdi et Tlaa*) et Elias à Azé [1].

Ce sont ces trois groupes de victimes dont l'Eglise célèbre la fête le 14 janvier, sous le titre de Quarante Martyrs du Sinaï. Le nombre quarante est sacré et se recommande aux chrétiens par une sorte de perfection, dit saint Augustin [2].

La construction du couvent. Eutychius, patriarche d'Alexandrie du IXe au Xe siècle, raconte qu'à l'avénement de Justinien (527), les religieux dispersés sur les montagnes et dans les vallées autour du Buisson, duquel Dieu avait parlé à Moïse, ne possédaient qu'une grande tour renfermant l'église de Sainte-Marie. L'antiquité chrétienne voyait dans le Buisson ardent une image de la virginité de Marie, et l'Eglise chante encore : *Rubrum quem viderat Moyses incombustum, conservatam agnovimus tuam laudabilem virginitatem ; Dei Genitrix, intercede pro nobis* [3].

Le même historien ajoute que les religieux du Sinaï prièrent Justinien de leur bâtir un couvent [4]. Procope, le biographe de l'empereur, dit aussi que celui-ci leur fit construire une église et une forteresse [5]. Cette même église et cette même forteresse qui la renferme sont encore debout, et à travers 15 siècles, l'une et l'autre n'ont subi que de légères modifications.

Justinien, ne trouvant pas les moines suffisamment à l'abri des coups de mains des bandits et des maraudeurs, leur envoya cent esclaves d'origine romaine et cent autres tirés de l'Egypte, avec femmes et enfants [6]. Du VIIIe au IXe siècle, ces nouveaux habitants du désert passèrent du christianisme à l'islamisme ; mais jusqu'à nos jours, ils sont restés les vassaux du couvent, sous le nom de *Djébéliyéh* (*V.* p. 47).

Dès le VIe siècle, les moines de Pharan furent entraînés par les évêques de la ville dans les hérésies nestoriennes. Ceux du Sinaï résistèrent à toute séduction et restèrent fidèles à l'Eglise catholique. Les premiers furent dispersés par la violence des nouveaux sectaires ; les seconds purent se maintenir en paix dans leur saint asile. Le bruit s'était répandu que le couvent était en possession d'un édit écrit par Abou Talib en 622 de notre ère, et signé par son neveu, Mahomet, avec l'empreinte de deux

1. Migne, *P. G.*, LXXIX, col. 665 et 673. — 2. *Tract. XVII, in Joan.* — 3. Le sanctuaire du Buisson ardent est encore aujourd'hui dédié à Marie. — 4. *Annales*, Migne, *P. G.*, CXI, col. 1071. — 5. *De ædif.*, V, 18. — 6. Procope, *op. cit.*, *ibid.*

doigts de sa main. Le prophète, raconte-t-on, a délivré cet édit de protection en reconnaissance de la charitable hospitalité qu'il reçut des moines dans l'un de ses voyages. A la même occasion, un religieux lui aurait prédit sa future destinée. Le sultan Sélim, dit-on, emporta l'original à Constantinople, laissant en échange une copie munie de son sceau. Les moines ont perdu cette pièce. Aux archives de l'archevêché du Sinaï au Caire, on n'en conserve qu'une transcription de seconde main [1].

En 637, Mahan, le célèbre général d'Héraclius, fut défait par les troupes musulmanes dans le Hauran et vint se retirer au monastère du mont Sinaï, où il embrassa la vie monacale sous le nom d'Anastase [2].

Le siège épiscopal de Pharan, depuis longtemps vacant, fut rétabli au mont Sinaï. Le premier évêque du Sinaï, connu dans l'histoire [3], est Constantin qui souscrivit les actes du IVe concile de Constantinople en 869 [4]. Marc semble lui avoir succédé la même année [5]. Le Quien parle d'un évêque du Sinaï du nom de Jorius. Etant allé à Bologne en Italie, pour accomplir un vœu de pèlerinage au sanctuaire de Notre-Dame, il y mourut en odeur de sainteté en 1032 [6]. Vers cette époque, les évêques du Sinaï furent élevés à la dignité d'archevêques. Jean Ier, Athénien de naissance, figure le premier avec ce titre. Il souffrit le martyre en Egypte, l'an 1091. Au XIIe siècle viennent Zacharie, Georges, Gabriel et Jean II [7].

Sous la domination des Francs, au XIIe siècle, l'archevêque grec du Sinaï était suffragant de l'archevêque latin de Pétra, qui résidait à Kérak [8]. Quand en 1116 Baudouin II, roi de Jérusalem, se trouvait à Hélym (Ilâ ou Aqabah), au nord du golfe Elanitique, il s'était proposé de faire un pèlerinage au mont Sinaï. A cette nouvelle, les moines se rendirent auprès du roi et le supplièrent de renoncer à son projet, pour ne pas attirer sur eux la vengeance des Sarrasins après son départ [9]. Sur cela Baudouin retourna en Palestine.

Tant qu'ils restèrent fidèles à la foi catholique, les religieux du Sinaï furent l'objet de la paternelle sollicitude des papes. En 599, saint Grégoire le Grand envoya au mont Sinaï un de ses légats, Simplicius Romanus [10], et, parmi ses lettres, il en est

1. Pour le texte, V. P. Jullien, *op. cit.*, p. 104-105. = 2. Eutychius d'Alex., Migne, *P. G.*, CXI, col. 1097. = 3. Selon le Ménologe grec, 18 février, un ancien soldat de Cappadoce, nommé Agapit, fut ordonné prêtre et succéda à l'évêque de Sinaï en 324. (Boll. *A. S. S.*, XIV Jan., p. 936-937). Cette notice est manifestement erronée. = 4. P. L. Cheiko, *Mélanges de la Faculté or.*, II, 1907, *Les archev. du Sinaï*, p. 416. = 5. P. L. Cheikho, *Id.*, *ibid.* = 6. *Oriens christ.*, III, p. 754-755. = 7. P. L. Cheikho, *Id.*, p. 417. = 8. Jacques de Vitry, *Hist. Hierosol.*, LV, = Marin Sanuto, *Secr. Fid.*, III, VII, 2. = 9. Albert d'Aix, *Hist. Hieros.*, XII, XXI. = 10. S. *Gregorii op.*, XI, 1, 2, Migne, *P. L.*, LXXVII, col. 1117 et 1121

une à l'adresse de l'abbé Jean et du prêtre Palladius du mont Sinaï, auxquels le saint Pontife envoya des meubles pour un hôpital [1]. Dans la relation de son pèlerinage, Ludolphe de Sudheim (1336-1341) raconte que la mémoire du pape illustre restait en vénération au couvent de Sainte-Catherine, et qu'on y célébrait chaque année sa fête avec une dévotion spéciale. Les moines lui apprirent combien le pape avait soutenu le monastère de ses largesses [2]. Par une bulle du 6 août 1218, rappelée et étendue le 20 janvier 1226, le pape Honorius III confirma l'archevêque Simon dans la possession du mont Sinaï, du couvent situé au pied de la montagne de Roboé (*djébel Rabbéh*), de ceux de Fucra, de Liiah (*Ledjâh*), de Raïthu (Tour), avec ses plantations, et de bien d'autres terres dans différentes villes [3]. Plus tard, le même pontife prend la défense de l'évêque de Sinaï contre l'archevêque de Crète [4]. Innocent IV, par une lettre datée du 16 décembre 1260, confirme la règle et les possessions de l'évêque et des religieux du mont Sinaï [5]. Ceux-ci ne se séparèrent de l'Eglise catholique que lors de la recrudescence du schisme grec qui suivit le concile de Florence en 1439.

Le monastère de Sainte-Catherine traversa alors une époque de dures épreuves, que nous ne connaissons que par quelques-unes de leurs conséquences. Déjà vers l'an 1381 [6], les Bédouins avaient transformé l'une des églises du couvent en mosquée et bâti à l'entrée de la basilique un minaret, d'où le *muezzin* annonçait régulièrement l'heure de la prière musulmane [7]. Le nombre des religieux diminua considérablement. Ludolphe de Sudheim dit y avoir rencontré 400 moines en 1336, comprenant, sans doute, dans ce chiffre rond tous ceux qui habitaient dans les divers couvents des alentours. En 1484, Félix Faber en trouva au grand couvent seulement une trentaine, nombre qui s'éleva jusqu'à 60 et 80 au XVIIe siècle. Le couvent de Sainte-Catherine resta même quelque temps complètement abandonné. Lorsque Jean Tücher de Nuremberg y arriva en 1479, il trouva le monastère fermé et sans aucun habitant. Un Frère de Tour, averti par un marchand de Suez qu'une caravane de pèlerins se rendait au Sinaï, accourut pour leur servir de guide aux sanctuaires de la montagne. Le Frère et les pèlerins durent loger sous les tentes au jardin, et ne purent voir le couvent que du haut des rochers voisins [8]. En 1516, durant la guerre entre les Turcs et les Mameluks, les Arabes du désert donnèrent

1. *Op. cit.*, Migne, *Id.*, *ibid.* — 2. *De Itinere T. S.*, éd. Deycks, Stuttgardt, 1851, p. 67. — 3. Pitra, *Anal. nov. Spicil.*, *Sol. alt. cont.*, I, p. 562. — 4. Rohricht, *Studien*, *Z. d. D. P. V.*, X, 1887. — 5. P. Jullien, *op. cit.*, p. 106. — 6. Frescobaldi (1384), *Viaggii in T. S.*, éd. Garciolli, 1852, p. 76. — 7. Felix Faber, *Evagatorium*, éd. Hassler, II, p. 504. — 8. *Beschreib. der Reysz im H. L.*, éd. Feyrabend, fol. 387, *b*.

l'assaut au couvent et en expulsèrent les moines après les avoir maltraités[1].

Après avoir obtenu un sanctuaire dans l'intérieur du monastère, les Bédouins se permirent aussi de construire une petite mosquée en l'honneur de Moïse au sommet de la sainte montagne. Elle est mentionnée pour la première fois par le seigneur d'Anglure en 1395[2].

C'est probablement aussi à la même époque que les Bédouins imposèrent à la montagne de Dieu le nom de *djébel Mousa*, et attachèrent son ancien nom de *djébel Moneidjah*, le mont du Colloque, à une petite montagne voisine. En tout cas, la présence de ces deux mosquées, l'une dans l'intérieure du couvent, l'autre au sommet de la montagne sacrée, a achevé d'inspirer aux Bédouins, comme aux maîtres de l'Egypte, un grand respect pour ces vénérables sanctuaires, jusqu'à ce que la Russie les prit sous sa protection.

L'Ordre de Sainte-Catherine du Sinaï. Pour aiguillonner les pèlerinages à la sainte montagne, les moines du Sinaï ont créé vers la fin des Croisades, un Ordre de chevalerie sous le titre de Sainte Catherine du Sinaï. Il n'était qu'accessoire et comme le couronnement de celui conféré aux pèlerins à Jérusalem par les Gardiens du Saint-Sépulcre. Il donnait droit à porter dans ses armes la roue à six rayons traversée d'une épée, emblème de la vierge d'Alexandrie. Cette distinction n'a été accordée qu'à un petit nombre de pèlerins. D'après un vieux proverbe saxon, des quatre sortes de Chevaliers, « ceux du Saint-Sépulcre étaient les plus dignes et ceux du mont Sainte-Catherine et de la sombre Étoile étaient les plus chers[3]. »

L'enceinte du couvent.

L'enceinte justinienne forme un rectangle irrégulier de 72 mètres de long sur 63 de large et 12 à 15 mètres en hauteur. Elle est flanquée de tours carrées à faible saillie aux angles et de plusieurs tours rondes ou carrées au midi et au levant. Les murailles construites en gros blocs de granit sont percées de meurtrières, derrière lesquelles gisent quelques vieux canons et obusiers. Dans la partie supérieure, on a pratiqué plusieurs petites fenêtres pour éclairer les cellules adossées contre le rempart.

1. *Le saint voyage de Jherusalem*, ed. Bonnardo et Longnon, Paris, 1878, p. 51. = 2. Greffin Affagart, *Relation de T. S.*, éd. Chavanon, Paris, 1902, p. 100-101. = 3. Comte Couret, *L'Ordre du Saint-Sépulcre de Jérusalem*, 2e éd. 1905, p. 206-207. = Quaresmius, *Elucidatio T. S.*, I, p. 520.

La cour qui précède la porte d'entrée s'élève de 3 à 4 mètres au-dessus du sol intérieur du couvent. Cet exhaussement se sera produit lorsque les moines établirent le passage souterrain en maçonnerie qui relie le couvent au jardin. Le porche est relativement moderne.

Par-dessus la porte d'entrée sont encastrées deux dalles dont l'une porte une inscription grecque, l'autre une arabe. La première dit : « Ce saint couvent du mont Sinaï *où Dieu parla à Moïse* fut construit, depuis ses fondements, par le pieux empereur des Romains, Justinien, pour son éternelle mémoire et celle de son épouse Théodora. Il fut achevé la 30e année de son règne. L'empereur y établit un supérieur nommé Dhoulas l'an 6021 après Adam, la 527e année depuis le Christ[1]. »

L'inscription arabe est rédigée en termes un peu différents : « Le pieux roi Justinien, de l'Eglise grecque, dans l'attente du secours de Dieu et confiant dans les divines promesses, a bâti le couvent du mont Sinaï et l'église de la montagne du Colloque (*djébel Moneidjah*) à son éternelle mémoire et à celle de son épouse Théodora, afin que la terre et tous ses habitants deviennent l'héritage de Dieu ; car le Seigneur est le meilleur des maîtres. Il fut achevé... etc. » (comme ci-dessus).

Ces épigraphes ne remontent pas au delà du XIIe ou XIIIe siècle ; mais de l'avis des experts, la grecque n'est que la transcription d'une épigraphe ancienne qui fut composée à la fondation du couvent.

Grande porte du couvent. Lorsqu'on descend vers le levant par la porte cochère, se présente à droite un grand portail, simple et imposant, mais complètement muré. Pendant bien des siècles la Porte du Supérieur, *Bâb er Raïs*[2], ne s'ouvrait qu'à l'entrée solennelle de tout nouvel archevêque. Le Préfet Franciscain du Caire nous apprend qu'en 1722 un nouvel élu fit son entrée par cette porte ; mais ce fut aussi le dernier. Depuis, la cloison n'a plus été démolie, pour la raison suivante : Les *scheikhs* des *Djébéliyéhs* et ceux des tribus des *Touârahs* constitués comme *ghâfirs* du couvent, avaient le droit de pénétrer par cette porte à la suite du nouvel archevêque. Celui-ci avait alors l'obligation de les nourrir et de faire une distribution d'habits et d'argent à chaque membre de ces tribus. Ces cadeaux montaient parfois à 20.000 et même à 30.000 francs. Pour échapper à des charges si onéreuses, les archevêques ont établi

1. D'après un décret de Justinien, publié par Migne (P. G. LXXXVI col. 1149), une bulle d'or impériale permit à l'abbé du Sinaï de revêtir les insignes de l'épiscopat et de tenir le 3e rang parmi les dignitaires de l'Église orientale. — 2. Le diacre Ephrem l'appelle *Bâb el Daouâr*, la porte du Vertige, à cause de la hauteur du mâchicoulis qui surmonte cette entrée.

leur résidence dans le couvent du Caire. En général, ils ne viennent au mont Sinaï qu'une fois par an, pour y passer quelques jours[1]. Le mâchicoulis qui surmonte le *Bâb er Raïs* renferme une inscription grecque devenue illisible.

Tour de Kléber. Félix Faber (1483) a déjà remarqué que les murs de l'enceinte avaient subi des restaurations. Dans le mur oriental et méridional on a utilisé plusieurs blocs de granit qui portent en relief de grossières sculptures, surtout des croix de toutes les formes employées dans le blason. Une partie du mur oriental s'est écroulé vers la fin du XVIIIe siècle. En 1801, Kléber, général en chef de l'armée d'Egypte, y envoya du Caire quarante-six manœuvres et maçons, et fit restaurer le mur, tout en le consolidant par une nouvelle tour ronde, aux frais de la République française. Les moines, pour perpétuer le souvenir de cet acte de générosité, ont gravé une inscription en grec moderne sur une petite plaque en marbre blanc encastrée dans cette tour[2].

Les restaurations se distinguent aisément ; elles n'offrent pas le travail soigné des constructions justiniennes. Le mur occidental, dominé plus que les autres par le flanc vertical de la montagne, a été exhaussé de quelques mètres par une maçonnerie en terre glaise mêlée d'éclats de granit.

Intérieur du couvent. Le couvent se compose d'une masse irrégulière de bâtiments, dont les uns, à plusieurs étages, s'appuient contre les murs de la forteresse, les autres, qui comprennent de nombreuses chapelles, se rangent sans symétrie et sans plan autour de la basilique et de la mosquée. C'est un véritable labyrinthe de ruelles et d'impasses tortueuses entrecoupées d'escaliers, tantôt à ciel ouvert, tantôt sous des voûtes obscures. Ces constructions sont reliées entre elles par des terrasses superposées, ornées d'espaliers ou de plantes grimpantes. Çà et là des cours étroites et humides laissent juste de la place à un arbre solitaire ou à une rangée de vases à demi brisés et de caisses à pétrole, où s'épanouissent quelques fleurs odoriférantes. Les toits sont plats ; mais la tuile de Marseille y trouve son entrée à chaque restauration nouvelle, et forme une étrange disparate au milieu de ces bâtiments qui sont si vénérables par leur vétusté, et qui impriment à ce vieux monastère un cachet de poésie inexprimable.

1. L'archevêque Callistrate (1867-1885) fait exception : il vint s'établir au mont Sinaï en 1872. (P. Jullien, *op. cit.*, p. 120). — 2. Periclès Gregoriadis, Η Ιερα Μονη, Jérusalem, 1875, p. 127.

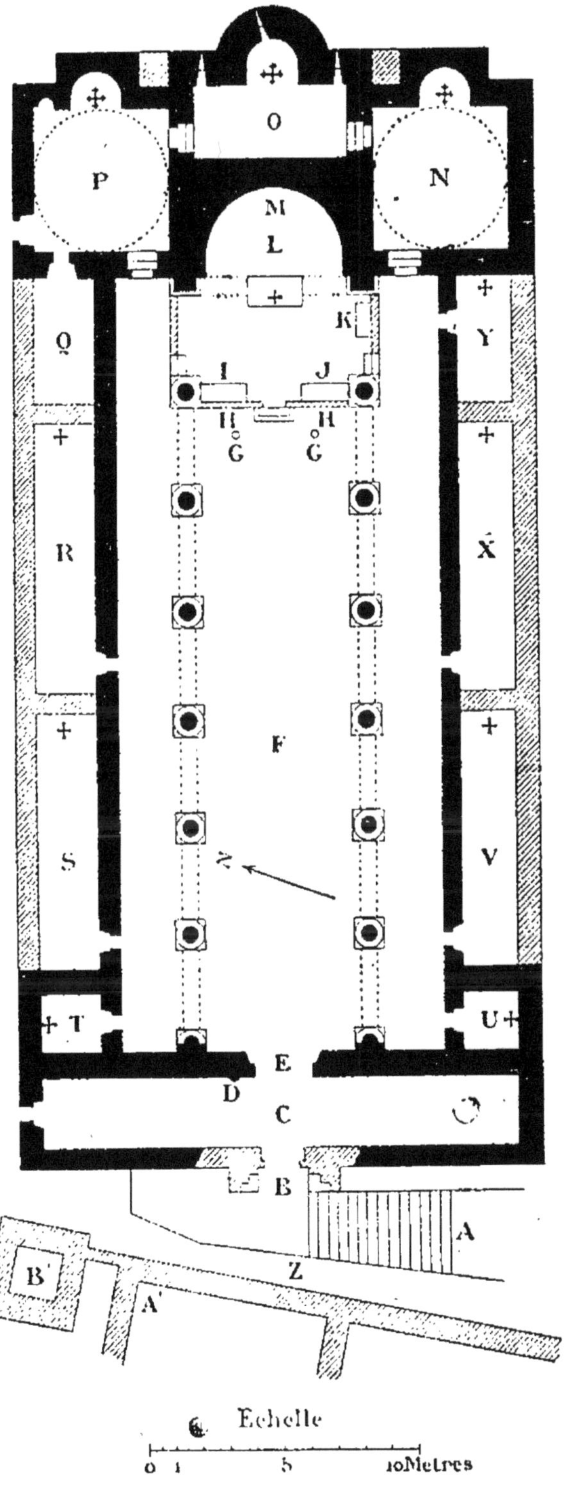

LÉGENDE.

A. *Escalier.*
B. *Porte.*
C. *Narthex.*
D. *Bénitier.*
E. *Porte.*
F. *Grande nef.*
G. G. *Candélabres.*
H. H. *Iconostase.*
I. J. *Sarcophages votifs.*
K. *Châsse de sainte Catherine.*
L. *Abside.*
M. *Ciborium.*
N. *Chapelle de Saint-Jean-Baptiste.*
O. *Chapelle du Buisson ardent.*
P. *Chapelle de Saint-Jacques le Mineur.*
Q. *Sacristie.*
R. *Chapelle de Saint-Antipas.*
S. *Chapelle de Saint-Constantin et Sainte-Hélène.*
T. *Chapelle de Sainte-Marine. Clocher.*
U. *Chapelle de Saint-Côme et Saint-Damien.*
V. *Chapelle de Saint-Simon Stylite*
X. *Chapelle de Sainte-Anne et Saint-Joachim.*
Y. *Sacristie.*
Z. *Chemin en chaussée.*
A'. *Mosquée.*
B'. *Minaret.*

Fig. 26. — PLAN DE LA BASILIQUE DE SAINTE-CATHERINE.

La Basilique.

De la porte d'entrée du couvent, le chemin est maintenu à la hauteur du premier étage et passe en chaussée devant la façade de l'église qui occupe le centre de l'enceinte. Pour y arriver, il faut descendre un large escalier (A) construit parallèlement à la façade du côté méridional. Les lettres I, A, K, O, B, gravées sur quelques marches forment le nom du supérieur qui fit exécuter cet escalier.

Plan. Le plan de la basilique est d'une grande originalité. Il suffit de jeter un coup d'œil sur le plan ci-joint, pour s'apercevoir qu'elle n'est destinée, en quelque sorte, qu'à servir de parvis à l'antique et vénérable sanctuaire du Buisson ardent. En tout cas, on ne peut méconnaître que le grand souci de l'architecte ait été de conserver à son niveau primitif ce lieu sacré, qui est en contrebas du sol granitique des alentours.

A l'origine, l'édifice n'avait que trois nefs. La première travée latérale est, de côté et d'autre, flanquée d'une tour qui s'élève presque à la hauteur du toit de la nef centrale. Sur celle qui occupe l'angle nord-est du bâtiment (T), les moines ont élevé en 1881 un joli clocher ajouré. Après la 7e travée vient une sorte de transept (P N), de même saillie que les tours et terminé en son centre par une absidiole. Au milieu de ce transept s'élève l'abside qui termine la nef principale. Le béma ou chœur occupe la dernière travée. Du transept il ne reste ainsi de chaque côté qu'une chapelle carrée garnie d'une absidiole de même dimension que la première. Comme l'abside n'en occupe pas toute la profondeur, il reste un espace d'environ trois mètres au devant de l'absidiole centrale pour former la chapelle du Buisson, dans laquelle on descend par des portes ménagées entre l'abside et le chevet. Plus tard, les moines ont tiré un mur entre la tour et le transept de chaque côté de l'église, et ont créé deux couloirs obscurs divisés en deux sacristies et six chapelles.

Narthex. Le narthex ou vestibule (C) occupe toute la largeur de la basilique y compris celle des deux tours. La porte (B) est munie de vantaux sculptés fort anciens ; mais sa maçonnerie est due à une restauration de mauvais goût. Sans doute, à l'occasion de cette restauration, on a, mal à propos, élevé sur le narthex un étage qui masque en grande partie la belle fenêtre à trois baies de la façade. Pour cacher les raccords et la pauvreté de la maçonnerie nouvelle, on a eu la singulière idée de couvrir les murs des deux étages du narthex d'un badigeon à la chaux.

Le pignon de la façade, qui, comme celui du chevet, dépasse notablement la toiture, est orné d'une grande croix latine en relief, ayant les quatre branches percées d'une fente qui représente une petite fenêtre en forme de croix. De côté et d'autre est sculpté un palmier chargé de dattes.

Le vestibule est obscur. Il ne reçoit la lumière que par la porte quand celle-ci reste ouverte, et par une fenêtre géminée placée à l'extrémité septentrionale. A gauche de la porte de

Fig. 27. — FAÇADE DE LA BASILIQUE, CLOCHER ET MINARET, vus du balcon de l'hôtellerie.

l'église (D), se trouve un curieux bénitier grec, œuvre du Frère Procope (1783). Une colombe en bronze argenté rejette de son bec un filet d'eau qui tombe dans une petite vasque en marbre blanc. D'autres colombes la versent de même dans un deuxième, puis dans un troisième bassin, toujours plus grand. Cette eau est bénite par le Père Supérieur le premier jour de chaque mois et le jour de l'Epiphanie. Les Grecs en boivent par dévotion, mais toujours à jeûn.

Au-dessus de la porte de l'église (E), une inscription grecque, qui remonte au VIe siècle, porte ces mots : « Le Seigneur dit à Moïse : Je suis le Dieu de tes pères, le Dieu d'Abraham, le Dieu d'Isaac et le Dieu de Jacob. Je suis celui qui suis. »

La porte d'entrée mesure 4 à 5 m. en hauteur et 2 m. 40 en largeur. Ses immenses vantaux sont un vrai chef-d'œuvre d'art. Tous les montants, traverses et panneaux sont richement sculptés, et décorés d'ornements en bronze et de figurines en ivoire et en émaux d'une ravissante beauté. Si le vestibule n'avait pas été mieux éclairé à l'origine qu'il ne l'est aujourd'hui, on n'aurait pas orné cette porte de miniatures si délicates.

Intérieur. En pénétrant dans le vénérable monument (F), on est frappé par la simplicité et la majesté de ses lignes architectoniques. La nef du milieu est terminée par l'abside, et les latérales par un mur droit. On ne soupçonne pas l'existence des trois chapelles du chevet. Au premier coup d'œil on y retrouve le type de la basilique romaine. Mais, après un examen plus attentif, on lui reconnaît une certaine parenté avec la basilique copte.

Les deux belles rangées de six colonnes qui la divisent en trois nefs sont un peu trapues, bien qu'elles soient en granit. Les bases sont d'un galbe différent et les chapiteaux de formes très variées ; mais les moulures manquent d'élégance, et les feuillages et autres ornements sont lourds, peu fouillés et d'un dessin parfois bizarre ; ils rappellent les chapiteaux trouvés à *Feirân*. L'engoûment pour la multiplicité des icônes a poussé les anciens religieux à couvrir toutes les colonnes, de haut en bas, d'un stuc coloré en vert et décoré de médaillons sur fond d'or, qui sont sans valeur.

Les colonnes sont surmontées d'une rangée d'arceaux sur lesquels s'élève un mur percé de fenêtres quandrangulaires. L'ancienne charpente en bois de cèdre a été remplacée en grande partie, il y a deux ou trois siècles, par une nouvelle, dont les combles sont moins hauts qu'anciennement. Les fermes de la toiture sont dissimulées par un plafond peint en vert, et divisé par de larges bandes rouges bordées de filets d'or et destinées à représenter les poutres-maîtresses. Ces grands compartiments sont subdivisés, par des bandes rouges moins larges, en carreaux semés d'étoiles dorées. Sur la ligne du centre, trois grands médaillons, représentant le Sauveur, la Vierge et le Précurseur, font l'ornement principal du plafond.

D'après trois inscriptions grecques, que M. Ebers a découvertes sur des madriers du plafond, le monument a été construit par l'architecte Ailisios, et ne fut achevé qu'après la mort de l'impératrice Théodora, mort qui arriva en 548 [1]. Cela concorde avec l'épigraphe qu'on a vue à l'entrée du couvent, d'après laquelle celui-ci fut fondé en 527 et terminé en 557.

Les nefs latérales sont basses et couvertes d'une simple toiture en pente ; mais chaque travée est éclairée par une gracieuse fenêtre géminée, dont le meneau est orné d'une colonnette ou deux.

La décoration se ressent du goût oriental, qui sacrifie la beauté des lignes à la richesse et au luxe des détails, à la profusion des icônes, des lampes, des lustres et autres ornements.

Les douze colonnes, dit le diacre Ephrem [2], représentent les douze mois de l'année. Chaque colonne est couverte d'images des saints et saintes dont on célèbre la fête dans le mois correspondant, et dont on conserve quelques reliques dans une cavité pratiquée dans le fût, et fermée par une plaque en bronze. De là l'usage des Grecs de baiser ces colonnes l'une après l'autre.

Le beau pavé en marbre de couleurs et en porphyre a déjà été admiré par les pèlerins du xve siècle. Basile Posniakov aussi (1558-1561) trouva ce « pavé à dessins semblable à du damas [3]. »

A la 3e colonne à gauche, une chaire en marbre ornée de miniatures porte la date de 1787. Elle fut exécutée par le Frère Procope.

A la 4e colonne à droite, le trône épiscopal, du xviiie siècle, n'offre d'intérêt que par le tableau qui l'accompagne. C'est l'œuvre d'un peintre arménien. On y voit Moïse et sainte Catherine tenant un voile sur lequel est représenté le plan du couvent tel qu'il était au xviiie s., avant l'adjonction des tours rondes. Les stalles des religieux sont alignées dans les entrecolonnements ; leurs sculptures sont sans art. Devant le *septum* ou l'iconostase sont placés deux grands candélabres (GG) qui reposent sur des lions en bronze de type antique. M. Ebers est incliné à croire qu'ils proviennent d'un temple syrien [4].

Entre les deux colonnes de la dernière travée, s'élève un iconostase en bois artistement sculpté et doré (HH), dont les nombreux panneaux sont garnis de beaux tableaux. Cette riche muraille en bois est un don de la Russie. Estimant, sans doute, qu'elle n'était pas assez haute par elle-même, on a placé au-dessus de colossales images qui atteignent presque le plafond et qui représentent le Christ en croix, avec la sainte Vierge et saint Jean. De cette manière est masqué le joyau de la basilique, la mer-

1. *Op. cit.*, p. 204 et 205. Cf. *R. B.*, 1893, p. 634. — 2. *Op. cit.*, p. 435. — 3. *Publ. de l'Or. lat. Péler. russes*, p. 301. — 4. *Op. cit.*, p. 283, n.

veilleuse mosaïque de l'abside. Au temps de Basile Posniakov, le monument était bien plus imposant, quand la cloison n'arrivait que « jusqu'à la hauteur de poitrine d'homme [1]. »

Mosaïques. Toute la partie supérieure de l'abside (L) est décorée de peintures en mosaïque, qui constituent le plus grand trésor artistique du couvent. Elles ont été exécutées du VIe au VIIe siècle, sous l'higouménat de saint Longin, et terminées sous l'higoumène Théodore, d'après une inscription qui se lit au bas du beau travail. Le sujet principal représente la *Metamorphosis*, comme disent les Grecs, ou mystère de la Transfiguration. Le Christ, sous l'aspect d'un jeune homme presque imberbe, resplendit d'un éclat divin entre Moïse à gauche et Elie à droite. Au bas sont prosternés les trois apôtres privilégiés. Elie, comme Moïse, avait été amené par Dieu au mont Sinaï, et, dans la scène de la Transfiguration au mont Thabor, ils avaient rendu témoignage au Christ, qui est la consommation de la Loi et des Prophètes.

Le sujet principal est bordé d'une guirlande de médaillons qui contiennent, d'un côté les bustes des douze prophètes, et de l'autre ceux des neuf autres apôtres avec saint Marc, saint Luc et saint Jean le Diacre. Au centre de la bordure est représenté l'higoumène Longin. Chaque image est accompagnée de son nom écrit en grec. Au sommet de la voûte, deux scènes particulières représentent, à droite, Moïse à genoux devant le Buisson ardent, et, à gauche, le législateur debout devant la montagne sainte, tenant en mains les tables de la Loi. Plus haut encore, à la place d'honneur, deux anges veillent sur des médaillons dont celui de droite représente l'empereur Justinien avec une longue barbe, et celui de gauche, l'impératrice Théodora richement parée. L'artiste n'a pas reproduit les souverains d'après leur ressemblance connue ; mais on aurait tort de voir dans l'un Moïse et dans l'autre sainte Catherine. Les reliques de cette sainte n'ont pas été découvertes avant le VIIIe ou IXe siècle, et ce grandiose et artistique travail a certainement été exécuté avant l'invasion musulmane. Au-dessous de la mosaïque, l'abside est tapissée de belles dalles de marbre gris d'Ephèse, imitant par leurs veines les lambris d'une boiserie sans encadrement. La lumière pénètre dans l'hémicycle par une fenêtre géminée. Au fond de l'abside (M) s'élève un grand *ciborium* moderne en bois sculpté et tout incrusté de nacre et d'ivoire.

Châsse de sainte Catherine. A l'entrée du chœur sont déposées deux châsses ou sarcophages votifs, l'un et l'autre bien plus remarquables par leur richesse que par leur bon goût. Le premier (I) porte l'effigie de sainte Catherine en argent doré,

1. *Op. cit.*, p. 301.

travaillée au repoussé. Les mains et le visage sont chargés de pierreries. C'est un don de Catherine, impératrice de Russie. Le second (J) représente la même sainte sur un lit de parade. Les draperies sont en argent doré au repoussé; mais le visage et les mains, laissés sans relief, sont peints en émaux aux brillantes couleurs. Cette châsse fut offerte par Alexandre II, empereur de Russie, mort en 1881.

Les reliques de sainte Catherine se conservent dans un sarcophage en marbre blanc à l'extrémité méridionale du chœur (K). Il est très court et rappelle le style des sarcophages gréco-romains. Par-dessus s'élève un baldaquin en marbre, d'où pendent un grand nombre de lampes.

Lorsque les pèlerins demandent à vénérer les restes mortels de la vierge d'Alexandrie, la communauté se réunit au chœur pour réciter ou chanter des prières accompagnées de l'encensement. Le Père Sacristain retire ensuite du sarcophage deux beaux reliquaires en or ciselé, les ouvre et les dépose sur une petite table entre deux cierges. L'un contient le crâne dénudé, couronné de superbes émeraudes, dont l'éclat fait ressortir la couleur brune de la relique; l'autre renferme la main gauche encore couverte d'une peau ridée; elle est ornée de bagues enrichies de pierres précieuses[1].

On permet aux pèlerins de les vénérer de leurs lèvres. A la fin de la cérémonie, le Père Sacristain, suivant une coutume vieille de quatre siècles au moins, remet à chaque étranger une petite boule de coton et une bague argentée qui ont touché les saintes reliques. Le chaton de la bague porte le monogramme d'*Aikatheria*, nom grec de la sainte.

La chapelle du Buisson ardent. Pour arriver à cette chapelle (O), on descend par trois marches dans l'une des deux chapelles qui s'ouvrent au fond des nefs latérales. L'une et l'autre sont surmontées d'une coupole. La chapelle du midi (N) est dédiée à saint Jean-Baptiste. Dans une armoire enfoncée dans le mur, à droite, on conserve plusieurs ossements des martyrs du Sinaï et de Raïthou. A gauche, s'ouvre une porte dont les vantaux en chêne et en ébène sont sculptés et ornés de nacre; elle introduit par quatre nouvelles marches dans le vénérable sanctuaire du Buisson ardent, dédié à la Vierge Mère de Dieu. Quiconque y pénètre, doit, à l'exemple de Moïse, ôter ses chaussures. C'est

1. On sait que depuis la découverte du corps de sainte Catherine, les archevêques du mont Sinaï en ont expédié des parcelles à plusieurs églises d'Europe. Ludolphe de Sudheim raconte que tous les prélats se rendant au Sinaï en obtenaient de l'archevêque. Breytenbach y vit encore les deux mains de la sainte, outre le crâne. Quaresmius n'y trouva plus que le crâne et la main gauche. La main droite avait été offerte au comte de Champagne et déposée dans l'église de Saint-Jean de Virtus, dans la Marne, en France. (Giry, *Vie des Saints,* 25 nov.).

là que, d'après la tradition, Dieu apparut à son serviteur, lui révéla son nom incommunicable, et le chargea de délivrer son peuple du joug de pharaon. (Voir : Exode, III, 1-6).

L'oratoire est un rectangle de 3 m. 10 de long sur 5 m. 40 de large, se terminant à l'est par une absidiole de 2 m. de diamètre. Le sol est couvert de riches tapis persans ; les parois sont revêtues de faïences peintes et d'icônes étincelantes. De la voûte, peu élevée, descendent de nombreuses lampes. L'abside est parée d'une scintillante mosaïque à fond d'or, et l'autel qui occupe l'hémicycle est chargé de ciselures en or et en argent.

Le demi-jour qui enveloppe ce lieu mémorable lui conserve, malgré la profusion des décorations, un cachet de mystère. La lumière ne s'y infiltre que par trois lucarnes étroites. L'une d'elles est depuis le VIe siècle percée obliquement dans le fond de l'absidiole, pour la raison suivante: Une fois l'an, fin de mars, un rayon de soleil traverse une fissure de la montagne voisine, et vient frapper à travers la lucarne le centre de la chapelle. La montagne en question a été surmontée d'une grande croix et a reçu le nom de *djébel Salîb*, le mont de la Croix.

Après avoir satisfait sa dévotion, on peut visiter la chapelle de Saint-Jacques le Mineur, au nord (P), si l'on a eu soin d'y faire porter les chaussures ; autrement, il faudrait retourner dans la chapelle de Saint-Jean-Baptiste.

Les longues chapelles qui flanquent les nefs latérales sont sans caractère et n'offrent aucun intérêt. La première à droite en entrant (U), est dédiée à Saint-Côme et Saint-Damien ; la deuxième (V), à Saint-Simon Stylite et la troisième à Sainte-Anne et Saint-Joachim. A gauche, la chapelle sous le clocher (T) est dédiée à Sainte-Marine ; la deuxième (S), à Saint-Constantin et Sainte-Hélène, et la suivante (R), à Saint-Antipas, évêque de Pergame (Apocalypse, II, 3). Les deux autres pièces sont des chambres à décharge.

Visite du Couvent.

Le puits des Filles de Jéthro. Au sortir de la basilique, on laisse l'escalier à gauche et l'on tourne immédiatement à droite. En face du clocher s'ouvre la buanderie qui renferme le puits, où, d'après la tradition, Moïse rencontra les filles de Jéthro et où il abreuva leurs troupeaux. (Voir: Exode, II, 11-24). Antonin de Plaisance fait déjà mention « de la source où Moïse abreuva les troupeaux de Jéthro et d'où il vit le Buisson ardent. » L'eau est tellement abondante, qu'elle alimente un grand bassin souterrain creusé à l'extérieur de l'enceinte, du côté du nord-est, pour l'usage des Bédouins. C'est ce puits qui a donné à la vallée d'*ed Deir* également le nom de *ouâdi Choaïb,* nom par lequel les Arabes désignent le beau-père de Moïse.

La mosquée. Après être remonté par l'escalier de la basilique, on tourne à droite pour suivre la chaussée. A main gauche s'élève la mosquée, puis le minaret qui se dresse en face du clocher. D'après Basile Posniakov, la mosquée est une ancienne église dédiée à saint Basile de Césarée, le fondateur de l'ordre des moines grecs. Elle peut contenir de 150 à 200 personnes. Frescobaldi écrivit en 1384 : « Dans cette enceinte se trouve une mosquée de Sarrasins, avec beaucoup d'adeptes à leur... loi [1]. » En 1810, le voyageur Burckhardt parcourut un manuscrit des archives du couvent, d'après lequel cette mosquée existait déjà en 1381. Mais jusqu'ici on n'a trouvé aucun document constatant qu'elle ait existé antérieurement à cette époque. Certes, les pèlerins précédents n'auraient pas manqué de signaler une anomalie si choquante. Félix Faber raconte que du haut du minaret, le **muezzin** proclamait chaque jour l'heure de la prière. Depuis, les Bédouins sont revenus à de meilleurs sentiments à l'égard des moines. Il y a de longues années qu'ils ne fréquentent plus la mosquée. Elle a conservé sa chaire ou son *membar* [2], mais aujourd'hui elle ne sert plus que de magasin pour les céréales et les fruits. Quant au minaret, il se trouve dans un triste état de délabrement.

Le treuil. A droite, au-dessus de la buanderie qui renferme le puits des Filles de Jéthro, on peut voir le treuil solidement encastré dans le sol et muni d'un robuste câble. C'est par là qu'on montait et qu'on descendait autrefois les pèlerins. Il ne sert plus aujourd'hui que pour introduire le bois et d'autres matériaux, ainsi que pour la distribution du pain. Chaque semaine, à jour fixe, des Bédouins, hommes ou femmes, se présentent au pied du mur d'enceinte, au-dessous de la lucarne, et déposent de vieilles pièces d'étoffe dans un panier attaché à la corde du treuil. Le Frère, qui connaît chaque famille à ses hardes, y enveloppe le nombre de boules de pain requis, et les lance du haut de la fenêtre dans le vide. Le spectacle est assez divertissant.

La bibliothèque. Elle se compose de deux salles situées au premier étage du bâtiment qu'on rencontre au nord-ouest de la mosquée. Dans l'une, on a réuni plus de 500 volumes de manus-

1. *Op. cit.*, p. 76. — Dans son énumération des 20 chapelles du couvent, le diacre Ephrem ne fait pas mention de la chapelle de Saint-Grégoire, qui devait être l'une des principales. Il ne parle pas non plus de la mosquée ; mais il saute la 6e chapelle, sans doute celle en question.

2. Le *membar*, dit-on, remonte au commencement du XIIe siècle d'après l'inscription qui y est gravée. Elle a pu être exécutée pour une mosquée d'Egypte et transportée au Sinaï au XIVe siècle.

crits grecs, arabes, syriaques, glagolito-slaves, russes, persans, géorgiens et éthiopiens. En 1886, M. Gardthausen de Leipzig a publié le catalogue des manuscrits grecs, et en 1894, Madame Smith Lewis celui des manuscrits syriaques et Madame Dunlop Gibson celui des manuscrits arabes.

On montre un Evangéliaire qui passait comme un don de l'empereur Théodose III (717). Mais d'après M. Gardthausen, il ne remonte qu'à la fin du xe siècle. C'est un merveilleux travail écrit tout entier en lettres d'or sur parchemin blanc. L'en-tête est enluminé de ravissantes miniatures représentant Jésus, Marie, les Evangélistes et saint Pierre.

Le *codex Syrsin*, la plus ancienne traduction de la Bible que l'on connaisse, a été édité en 1893 par Madame Smith Lewis. L'ouvrage, très incomplet et endommagé, repose probablement sur un texte grec du IIe siècle.

Un Psautier complet est écrit sur six petits feuillets en caractères microscopiques, mais très nets. Il était attribué à la nonne Kaséane, du VIIe au VIIIe siècle ; mais il ne semble pas remonter au-delà du XVIe siècle. Le plus précieux trésor de la bibliothèque est le palimpseste syriaque de saint Luc, découvert par Madame Lewis. Il remonte au IVe siècle. On y conserve aussi des livres liturgiques avec d'admirables miniatures ; mais la vieille bibliothèque est aujourd'hui privée de son plus grand trésor biblique.

Lors de ses recherches faites en 1844, en 1853 et en 1859, M. C. Tischendorf eut la bonne fortune d'y découvrir un manuscrit grec de la Bible, connu depuis sous le nom de *Codex sinaïticus*. Il est de la fin du IVe siècle et n'a d'égal en autorité que le fameux *Codex vaticanus*. Il renferme la plupart des livres de l'Ancien Testament d'après les Septante, et tout le Nouveau Testament, avec la lettre de saint Barnabé et la première partie du *Pasteur d'Hermas*. Quarante-trois feuillets, que M. Tischendorf a trouvés une première fois dans un panier de vieux parchemins destinés au feu ou à des usages vulgaires, se trouvent à l'Université de Leipzig sous le titre de *Codex Frederico-Augustanus*. Les autres ont été acquis en 1869 par l'empereur de Russie. Au Sinaï on ne voit qu'un exemplaire du *fac-simile* que l'empereur de Russie fit imprimer à Leipzig en 4 volumes in-folio, ce qui permet au moins d'admirer le soin, la régularité et la beauté des caractères avec lesquels fut écrit ce précieux livre.

Au-dessus de la porte de la grande salle de la bibliothèque on lit ces mots : Θεραπεῖον Ψυχῆς, lieu de guérison pour l'âme. Cette salle ne renferme aujourd'hui que quelques portraits d'archevêques et le modèle d'une restauration du couvent, projetée autrefois, mais jamais exécutée, par suite de la sécularisation des possessions russes et valaques du couvent. L'archevêque actuel est déterminé à construire sans retard une nouvelle bibliothèque où les manuscrits seront moins exposés à être détruits par le feu. De cette salle on passe dans la chapelle de la Vierge ou de la *Panaghia*, la Toute-Sainte. Sous l'autel on conserve avec vénération une grosse pierre, de laquelle, disent les religieux, coula, par l'intercession de saint Georges d'Arselaï, une grande quantité d'huile, pendant une année de disette[1].

Le réfectoire. Les vieilles tables sculptées et les fresques curieuses, mais enfantines, du réfectoire des moines, situé à l'orient de la basilique, méritent d'occuper un instant les loisirs du pèlerin. Plus intéressant est le hangar ou vestibule du réfectoire, où les moines prennent leurs repas, lorsque, par exception, ils font gras. Les murailles sont couvertes de graffites, parmi lesquels on remarque un grand nombre de blasons gravés dans le granit et par lesquels les pèlerins nobles du XIVe au XVIe siècle laissaient le souvenir de leur passage[2].

Le Buisson ardent. Près du moulin, en face de la chapelle du Buisson, on montre aux pèlerins russes une vieille ronce grimpante, entourée d'une palissade et destinée à rappeler le Buisson ardent de Moïse. Le « rubus de quo locutus est Dominus in igne » fut également montré à sainte Silvie dans le jardin situé « au devant de l'église, près du lieu où le Seigneur dit à Moïse de retirer ses souliers[3]. » Dans ce même jardin fut enterré saint Jean Climaque, d'après Epiphane l'Agiopolyte. Il est occupé depuis par la basilique Justinienne.

Les moines du mont Sinaï.

Les anciens moines de divers rites. Le grand couvent du mont Sinaï appartenait sans interruption aux moines de rite grec et leurs archevêques suivaient toujours leur liturgie. Mais anciennement, il y eut au mont Sinaï des moines de tout rite et de toute nation. Voici comment s'exprime Périclès Grégoriadis dans sa monographie du monastère de Sinaï : « Quant aux éléments nationaux, nous ne devons pas oublier que de temps immémorial, les Grecs et les Arabes n'étaient pas les seuls habitants du célèbre couvent du mont Sinaï ; la sainteté du lieu y attirait de tous côtés de pieux étrangers qui se retiraient auprès du Buisson ardent et du puits des Filles de Jéthro. — Aussi, savons-nous très bien que des vingt chapelles qui exis-

1. En 1217 Thétmar parla d'un miracle semblable à propos de la chapelle de Notre-Dame l'Econome. (*V.* p. 142). — 2. M. Ebers (*op. cit.*, p. 299- signale trois écussons, probablemnnt du XIIe s., dans un passage voûté près de la mosquée. — Voir la liste des anciens pèlerins du Sinaï, du XIIe au XVIIIe siècle, p. 139-141. — 3. *Op. cit.*, p. 11.

taient dans l'enceinte du monastère, quelques-unes appartenaient jadis aux moines Latins, qui y célébraient les saints Mystères d'après leur liturgie propre. — Ce fait est confirmé par l'existence d'un autel latin, qui autrefois se trouvait au sommet du *djébel Moûsa* et qui, dans la suite, est tombé en ruines[1]. »

En effet, en 570, le Pèlerin de Plaisance rencontra au mont Sinaï trois abbés parlant le latin, le grec, le syriaque et le copte, et des interprètes pour diverses autres langues[2]. Dans sa *Vie des Saints*, Jean Mosch, mort en 620, mentionne dans le même chapitre, l'abbé Georges, l'abbé Etienne de Cappadoce en Arménie, l'abbé Zozime de Cilicie en Asie-Mineure et l'abbé Dulcitius de Rome, demeurant tous les quatre au mont Sinaï vers l'an 554[3]. Au XIVe et au XVe siècle, Ludolphe de Sudheim et Félix Faber trouvèrent encore des moines Géorgiens et des moines Arabes vivant dans des ermitages ou couvents séparés. Mais depuis les Croisades, les Arméniens n'ont conservé dans l'enceinte du couvent de Sainte-Catherine qu'une chapelle pour les pèlerins de leur rite ; elle est située au midi près du réfectoire; mais depuis longtemps ils ne sont plus autorisés à y dire la messe[4]. Les Latins ont maintenu plus longtemps la jouissance de la chapelle de Sainte-Catherine-des-Francs, destinée aux pèlerins catholiques ; elle se trouve au nord du couvent, près de l'hôtellerie.

Aussi longtemps que les moines sinaïtes restèrent unis à Rome, les pèlerins latins furent admis *en frères dans la même foi*. Le jour de la Toussaint 1384, Frescobaldi et ses compagnons reçurent la sainte communion de la main de l'archevêque du couvent[5]. Il n'en fut plus de même après le concile de Florence. Félix Faber et les autres pèlerins furent traités en excommuniés. Néanmoins, les moines respectèrent leurs droits ; ils leur accordèrent une charitable hospitalité et les laissèrent célébrer en toute liberté les saints Mystères dans la chapelle latine au couvent et à l'autel latin du *Djébel Moûsa*[6]. Cette tolérance dura jusqu'au XVIIIe siècle, d'après les relations des pèlerins. En 1647, un des compagnons de Balthasar de Monconys y célébra encore la messe en latin et, en 1715, Sicard y trouva le portrait de Louis XIV[7]. Depuis, la chapelle a été désaffectée. Les Latins

1. Η ιερα μονη του Σινα, Jérusalem, 1875, p. 72. — 2. *Op. cit.*, p. 27. — 3. *Pratum spir.*, CXXVII, Migne, *P. G.*, LXXXVII, col. 2988-2989. — 4. Les moines du Sinaï dirent à Breitenbach en 1483, qu'ils recevaient dans leur couvent les pèlerins de toute religion, excepté les Arméniens et les Jacobites (Syriens). (*Op. cit.*, fol. 104, a). En effet, le diacre Ephrem énumère toutes les chapelles et dit que « la 11e est celle de Sainte-Catherine pour les pèlerins Francs » ; mais il ne parle plus de celle des Arméniens. (*Op. cit.*, p. 436). — 5. *Op. cit.*, p. 131. — 6. *Op. cit.*, II, p. 504. — 7. *V.* Stanley, *Sinaï and Palestine*, 1871, p.

ne peuvent plus y dire la messe. Les moines gardent respectueusement dans la basilique quelques souvenirs de la chapelle des Francs, entre autres un ciel de Saint-Sacrement, don précieux de Louis XIV, sur lequel on lit : *Pluit eis manna manducandum, panem cœli dedit eis, panem angelorum manducavit homo*, et un beau tableau de la sainte Vierge portant l'Enfant Jésus dans ses bras, avec une subscription en latin.

De nos jours, les pèlerins catholiques reçoivent des moines grecs une cordiale réception, comme tout le monde, et les prêtres latins peuvent offrir le divin sacrifice en toute liberté sur un autel portatif, dans l'une des chambres qu'on met à leur disposition.

Les moines d'aujourd'hui. La communauté se compose de six prêtres, de quatre diacres et d'une vingtaine de Frères laïques, presque tous originaires de la Grèce ou de l'Archipel. L'archevêque, qui réside habituellement au Caire, est représenté par un vicaire, le supérieur du monastère. Le Père Sacristain constitue la deuxième autorité et le Père Econome la troisième. Celui-ci est chargé des affaires temporelles et se met, par conséquent, en relation avec les pèlerins. Ils professent la règle de saint Basile et mènent une vie pauvre et austère, ne buvant que peu de vin et ne mangeant de la viande que dans des cas exceptionnels imposés par les circonstances. Tous se lèvent à 1 h. 1/2 du matin pour chanter l'Office dans la basilique, où l'on ne célèbre qu'une seule messe par jour. Le samedi on en dit une dans la chapelle du Buisson dédiée à la Vierge-Mère et une seconde dans la chapelle du cimetière.

Pour appeler les religieux à la prière et à certains travaux exécutés en commun, on se sert de plusieurs sortes de synandres. Ce sont des madriers en bois dur suspendus par les deux bouts, ou bien une lame de fer recourbée, également suspendue par ses extrémités. En les frappant avec un petit maillet en bois, on en tire des sons graves assez harmonieux. Pour sonner le réveil, un Frère joue gaîment un air cadencé en frappant à coups redoublés l'un des madriers. Cinq minutes après, il exécute la même mélodie sur la bande de fer. Enfin après cinq nouvelles minutes, il annonce le commencement de l'office, le dimanche et les jours de fête, en sonnant en carillon huit petites cloches que la Russie a offertes il y a un quart de siècle. Le diacre Ephrem parle aussi d'une dalle de granit, dont on tirait des sons métalliques très graves pour sonner le glas funèbre.

En dehors du temps consacré à la prière, les moines s'occupent de travaux manuels jusque dans leur vieillesse ; l'atmosphère pure et salubre du Sinaï les préserve des infirmités et leur conserve une certaine vigueur jusqu'à l'âge le plus avancé.

La congrégation sinaïtique occupe des couvents à Tour, au Caire, à Constantinople, en Grèce, dans l'Archipel, en Serbie et en Roumanie. Ses revenus proviennent principalement des biens qu'elle possède dans l'île de Crète et l'île de Chypre, et dans les provinces danubiennes, ainsi que de la collecte faite dans les pays habités par des chrétiens de rite grec.

Le Cimetière.

De la cour qui s'étend au nord-ouest de l'enceinte, un grand escalier descend dans le jardin où poussent vigoureusement toutes sortes d'arbres fruitiers et de légumes, grâce à l'abondance de l'eau et au travail assidu des Frères jardiniers. A travers de hauts cyprès se détache le mausolée des moines. C'est une chapelle mortuaire dédiée à saint Tryphon et élevée sur une sorte de crypte hors de terre et bien éclairée. C'est le cimetière.

La crypte se compose d'un vestibule qui s'ouvre sur deux grands compartiments d'environ 15 mètres de longueur. Dans l'un sont déposés les ossements des archevêques, prêtres et clercs; dans l'autre ceux des Frères laïques. Ce sont pour une grande partie les restes mortels des anciens solitaires du Sinaï, recueillis dans les ermitages abandonnés et dans les anciens tombeaux du couvent. Au XVIe siècle, l'*el Kamantir* (κοιμητήριον) était déjà ancien et avait les mêmes dispositions qu'aujourd'hui [1]. Du XIIe au XIIIe siècle, il est déjà question de la « chapelle qui sert de sépulture aux solitaires jadis massacrés par les Arabes » [2].

A leur mort, les religieux sont enterrés à l'entrée de l'ossuaire. Quand après deux ou trois ans leurs chairs sont consumées, les ossements sont transportés dans le cimetière commun. Les squelettes sont désarticulés et les os entassés avec ordre et symétrie, selon leur nature. On y voit des piles de crânes, de tibias, de côtes, de vertèbres, de mains et de pieds dont quelques-uns sont encore couverts d'une peau noircie, sans trace de corruption. Les ossements des archevêques seuls sont mis à part dans des coffres sans fermeture, ou dans des armoires enfoncées dans la muraille.

Dans une caisse qui contient deux squelettes, on remarque une grosse chaîne. Les moines racontent que deux frères, deux princes indiens, habitaient une grotte près de la chapelle de Saint-Pantaléimon. Par esprit de mortification, ils se sont rivés à une même chaîne jusqu'à ce que la mort leur procurât le

1. Le diacre Ephrem, *op. cit.*, p. 437. — 2. *Anonymus*, IX, Migne, *P. G.*, CXXXIII.

repos éternel. Un personnage en quelque sorte momifié, vêtu de blanc et la tête couverte d'un capuchon de velours violet, se tient assis derrière la porte, le menton appuyé dans la main. C'est, d'après les religieux, le corps du célèbre Etienne qui est mort vers 580, après avoir édifié pendant 40 ans les solitaires du Sinaï par ses vertus et ses miracles. En 590, saint Jean Clymaque en a retracé la vie dans son *Echelle du Paradis*, VIIe degré[1]. Ce charnier rappelle vivement la vision d'Ezechiel (XXXVII): un champ d'ossements, dans lequel passera le souffle de Dieu pour les vivifier de nouveau.

Les anciens Pèlerins du Sinaï.

Voici la liste des principaux personnages qui, du XIIe au XVIIIe siècle, ont visité le couvent de Sainte-Catherine :

Dans la première moitié du XIIe siècle, Hugues des Monts. A son retour, il fit élever auprès de son château de Lauresse, à Lombron (Sarthe), la chapelle de *Sainte-Catherine-du-Sinaï*, qui existe encore.

1177. Philippe d'Alsace, comte de Flandre, avec ses compagnons d'armes qu'il venait de créer chevaliers aux bords du Jourdain.

1177-1187. Renaud de Châtillon, seigneur de Kérak, se rendit probablement dans cette annexe de sa principauté.

1217. Le pèlerin Thétmar, auteur d'un précieux itinéraire.

1333. Otton de Nyenhusen, plus connu sous le nom de Guillaume de Boldensele, qui rédigea ses souvenirs de voyage.

1336. Jean de Mandeville qui laissa aussi un mémoire de ses explorations.

1346. Le chevalier Rodolphe de Frameynsberg, auteur d'un court itinéraire.

1346. Le moine franciscain Niccolo de Corbizzo, mieux connu sous le nom de Nicolas de Poggibonzi, qui écrivit le Guide d'*Oltramare*.

1347. Philippe de Mézières, en compagnie de l'Anglais Guillaume Clerk.

1360. L'évêque Hugues de Verdun, qui mourut de fatigue dans le désert.

1380. Le pieux cordelier Jean Dardel et le Frère Antoine de Monopoli, confident du roi détrôné d'Arménie, Léon V, avec plusieurs chevaliers et écuyers.

1384. Six Florentins appartenant à la faction des Guelfes : Léonard Frescobaldi, Simon Sigoli, Georges Gucci, André Rinuc-

1. Les anciens pèlerins mentionnent souvent saint Etienne le Sinaïte, mais ne parlent jamais de son corps, même lorsqu'ils décrivent le cimetière.

cini, Santi del Ricco et Antoine de Pagolo Mei. Les trois premiers ont laissé le récit de leurs pérégrinations.

1389. Philippe d'Artois, comte d'Eu, futur connétable, et son compagnon le vaillant Boucicaut, l'honneur de la chevalerie française.

1390. Le chevalier Guillaume de Meuillon, du Dauphiné.

1393-1394. Le célèbre *condottiere* Galéas de Mantoue.

1395. Le baron d'Anglure, du diocèse de Troyes, auteur d'un itinéraire, avec le brave chevalier Jean de Raigecourt, de Metz, et Rémion de Mitry, Poince Le Gournais et Nicolle Louve.

1398. Le duc Albert IV d'Autriche.

1410. Jean Schiltberger, l'un des vaincus de Nicopolis.

1422. Guillebert de Lannoy, ambassadeur du duc de Bourgogne, qui fit une excellente relation de son voyage.

1424-1425. Pierre de Portugal, duc de Coïmbre.

1433. Le duc Philippe de Katzenellenbogen, qui créa plusieurs de ses compagnons chevaliers de Sainte-Catherine.

1435. Les margraves Jean et Albert de Franken-Brandebourg, avec de nombreux compagnons, parmi lesquels le fastueux Jacob Truchsess de Waldbourg, surnommé le Chevalier doré.

1436. Le chevalier castillan Péro Tafur, intrépide voyageur, qui se plaint, dans sa relation, qu'on lui a refusé d'ouvrir la châsse de Sainte-Catherine.

1446. Guillaume Gouffier, sire de Boisy.

1470. Le Flamand Anselme Adorne, baron de Corthuy.

1471. Poincet de Rivière, brave capitaine injustement disgracié par Louis XI à Orléans. Il se fit moine au Sinaï où il finit ses jours.

1478. Le moine franciscain Alexandre Arioste, auteur d'un itinéraire.

1479. Tücher de Nuremberg avec de nombreux compagnons. Il nous laissa aussi une relation de ses voyages.

1482. Josse Van Ghislele, de Flandre, intrépide voyageur.

1483. Bernard de Breitenbach, doyen et trésorier du chapitre de la cathédrale de Mayence, avec le comte de Solms, Philippe de Bicken et le peintre Erhard Reüich, d'Utrecht, qui illustra de ses croquis les intéressants récits du doyen.

A la même époque, le célèbre dominicain Félix Faber, qui a laissé la description la plus fidèle et la plus complète du Sinaï. Il voyagea avec Jean Truchsess de Waldbourg, Wernher de Cymbern, Henri de Stœffel, Ber de Rechberg et plusieurs autres religieux et laïques.

1485. Georges de Lengherand, mayeur de Mons, qui laissa une description de ses voyages.

1496-1499. Arnold de Harff, de Cologne, qui décrivit à son tour ses longues pérégrinations.

Parmi les pèlerins des siècles suivants, R. Röhricht et Meisner [1] en citent un grand nombre, dont nous ne mentionnerons que les principaux :

1507. Le chevalier Martin de Baumgarten.

1512. Le Père Jean Thénaud, cordelier d'Angoulême, auteur d'un itinéraire.

La même année, Pierre de Belleville, pèlerin de Besançon, qui fut enterré à Tour, et ses compagnons Richard Marie, marchand de Lyon et messire Denys de Mons, de Rouen.

1517. Le sultan Sélim Ier, vainqueur des Mameluks.

1534. Le chevalier Greffin Affagart, sieur de Courteilles, qui nous laissa ses mémoires de voyage.

1547. Jacques Gassot, sieur de Deffens et d'Omery, futur maire de Bourges.

1552. Le naturaliste Pierre Belon, du Mans, auteur d'intéressantes descriptions.

1578. Le jeune roi de Portugal Dom Sébastien, qui se retira au mont Sinaï après sa défaite à Alkaçar-Qivir, au Maroc.

1600. Henri Castela, moine franciscain de Bordeaux, auteur du *Voyage de Hierusalem et mont Sinay*.

1616-1626. Le célèbre franciscain Quaresmius, le plus savant palestinologue des temps anciens.

Vers la même époque, Jean de Combault, chevalier de Malte, qui désabusé du monde et des combats, se retira au mont Sinaï.

1647. Balthasar de Monconis, conseiller du roi, auteur d'une intéressante relation de voyage.

1699. Le sieur Morison, chanoine de Bar-le-Duc, auteur d'un itinéraire.

1722. Un moine franciscain, Préfet apostolique au Caire, qui laissa aussi le récit de son voyage.

1798. Mentionnons, pour terminer cette liste très incomplète, le général Bonaparte qui séjourna au couvent de Sainte-Catherine du 28 au 30 décembre, et à qui, d'après la légende, un vieux moine aurait prédit tout son destin de Saint-Jean d'Acre à Waterloo [2].

LA MONTAGNE DE DIEU.

L'ascension du *Djébel Moûsa*, qu'aucun pèlerin ne négligera, demande 2 h. 1/4 pour y monter et 1 h. 3/4 pour en descendre, si l'on marche bien. Avec la visite du *râs Safsâféh*, il faut compter une journée entière. L'excursion est fatigante, mais n'offre aucun danger.

1. *Deutsche Pilgerreisen nach dem H. Land*, 2e éd., p. 189-191. — *Bibliotheca geogr. Palaestinae*, 1890, p. 94. — 2. *V.* Cte Couret, *Notice hist. sur l'Ordre du Saint-Sépulcre*, 2e éd., 1905, p. 287-294.

La voie la plus intéressante et surtout la plus poétique est le chemin des Pèlerins ou le sentier de notre seigneur Moïse, *sikket Saïd sidna Moûsa*. C'est un colossal escalier formé de blocs de granit accumulés les uns par-dessus les autres avec des retraits irréguliers. Ce chemin est dû en partie à la nature et en partie au soin patient des anciens moines. Il monte presqu'à pic derrière le couvent, à travers une énorme crevasse de la montagne.

Les voyageurs qui redoutent la fatigue, peuvent se rendre à dos de chameau jusqu'à la grotte d'Elie, qui est aux deux tiers de la montée, en suivant la route construite par Abbas Pacha. S'ils préviennent le drogman d'y faire amener une monture, il leur sera loisible, au moins, de prendre ce chemin pour redescendre. Ce dernier est à conseiller pour le retour, même à ceux qui marchent à pied ; car la descente par la gorge est plus pénible que la montée.

Au *Djébel Moûsa*, le panorama est merveilleux surtout au coucher du soleil. Mais après avoir assisté à la scène féerique, il faut se hâter de descendre pour arriver au moins à la chapelle d'Elie avant la tombée de la nuit. De là on prendra la route d'Abbas Pacha jusqu'au couvent. Pour assister au lever du soleil, on devra passer la nuit dans la chapelle de Saint-Elie ou sous une tente qu'on y enverra avec la literie nécessaire.

Djébel Mousa.

La montée. On sort par la porte du mur occidental de la grande cour. De là, le sentier suit pendant 10 min. la direction du sud-ouest. On gravit ensuite le fameux escalier qui jusqu'au sommet du *djébel Moûsa* compte 7.000 marches d'après les uns, 3.000 d'après les autres, et en tout cas moins qu'il n'y a de pas à faire. Après 30 minutes d'ascension, un peuplier signale la présence d'une source d'eau fraiche et limpide qui jaillit au fond d'une grotte. La source est appelée Fontaine de Moïse par Frescobaldi. Le diacre Ephrem l'appelle *Aïn el Kharrar*, du nom d'un Egyptien qui, après avoir opéré des miracles au *djébel Moqattam* près du Caire, s'est retiré dans cette gorge. Breytenbach dit que c'est la sainte Vierge qui la fit jaillir. Les moines de Sainte-Catherine la nomment *Aïn el Kontaraï*, la source du Cordonnier, et y rattachent l'histoire d'un savetier égyptien qui y aurait fait de grandes pénitences. A vrai dire, il y a tant de versions, qu'il est permis de croire que la source ne jouit d'aucune tradition ancienne[1]. Plus intéressante est la superbe vue d'aéronaute sur le couvent assis au fond de la vallée ; elle se renouvelle à chaque détour du sentier.

Chapelle de la Vierge-l'Econome. Douze minutes plus loin, le chemin construit en terrasse côtoie la chapelle de la Vierge dite l'Econome. En 1217, Thétmar trouva en ce même lieu, « au premier tiers de l'ascension de la sainte montagne », la cha-

1. Le Préfet italien dit au sujet de cette source : « Les Grecs me racontent bien des choses merveilleuses ; mais comme elles sont dénuées de fondement, il vaut mieux, à mon avis, ne pas les répéter. » (*Op. cit.*, p. 20).

pelle et le couvent de l'Apparition de la Vierge. Les moines qui l'habitaient lui racontèrent que les religieux du grand couvent allaient un jour abandonner leur asile. Le motif de leur résolution était qu'à l'occasion d'une grande disette, ils n'avaient absolument plus d'huile pour entretenir les lampes du sanctuaire. Arrivés en ce lieu, ils virent apparaître la sainte Vierge qui leur ordonna de retourner au monastère, les assurant que plus jamais la jarre ne manquerait d'huile. On montra à Thét-

Fig. 28. — Couvent de Sainte-Catherine, vu du sikket Saïd sidna Moûsa.

mar la jarre merveilleuse conservée dans la chapelle. Les pèlerins qui vinrent après lui attribuent le projet des moines d'abandonner le couvent au fait suivant : Le couvent de Sainte-Catherine était un jour tellement infesté d'insectes et de reptiles, puces, punaises, serpents, scorpions, etc., que ses habitants se disposaient à le quitter. Pendant qu'ils montaient une dernière fois au sommet sacré, Marie leur apparut et leur dit qu'elle les délivrerait du fléau, leur recommandant de ne pas partir. Effectivement, le monastère fut à l'instant débarrassé de ses hôtes incommodes ; depuis lors, rien de semblable ne fut vu. Remarquons que la chapelle n'a pu tirer son titre que du miracle raconté par Thétmar.

Au sortir de la première gorge (10 min.), le regard domine le *djébel ed Deir* surmonté d'une croix, à l'est du couvent de Sainte-Catherine. Dans un vallon de cette montagne se dresse un cyprès au milieu des ruines du monastère de Sainte Episthème. C'est du couvent de femmes fondé par cette sainte, que la montagne et la vallée tirent leur nom d'*ed Deir*.

Fig. 28. — La Porte de la Confession.

La Porte de la Confession. A quelques pas de là, le sentier s'incline à droite et monte par une nouvelle gorge dont l'escalier est traversé par deux portes cintrées en maçonnerie, munies d'une croix sur chaque face. La première, de grande apparence, est appelée la porte de la Confession, et la seconde, distante de 8 minutes, la porte de Saint-Etienne. Thétmar mentionne l'une et l'autre. Autrefois les pèlerins ne gravissaient pas la sainte montagne sans avoir préalablement purifié leur conscience par le sacrement de pénitence, appliquant à la lettre au mont Sinaï les paroles du Psalmiste (xxiii (xxii), 3-4) :

« Qui pourra monter à la montagne de Jahvé ?
Qui se tiendra dans son lieu saint ?
Celui dont les mains sont innocentes et le cœur pur. »

D'après la tradition locale, saint Etienne s'employa jusqu'à sa mort à entendre les confessions des pèlerins sous ces portes.

Le rocher des soixante-dix anciens d'Israël. Le sentier finit par être moins raide et aboutit bientôt à un immense amphithéâtre entouré de toutes parts de falaises de granit gris et rouge. Au centre jaillit une source au fond d'un puits, à l'ombre d'un jeune olivier, d'un grand peuplier et d'un gigantesque cyprès plusieurs fois séculaire. Il semble vouloir rivaliser en hauteur avec le pic du *djébel Moûsa* qui se dresse au sud, et les cimes du *râs Safsâféh*, qui s'élèvent au nord[1]. Toute l'année, ce vaste bassin est couvert d'une abondante végétation, grâce surtout à un mur de barrage élevé par les moines à l'entrée du *sikket Saïd sidna Moûsa*, afin de retenir les eaux de pluie.

Au centre de l'amphithéâtre, un grand rocher plat passe depuis le ive siècle au moins pour la place où se sont arrêtés Moïse et Aaron avec les soixante-dix anciens du peuple. « Dieu dit à Moïse : Monte vers Jahvé, toi et Aaron, Nadab et Abiu et soixante-dix anciens d'Israël, et prosternez-vous de loin. Moïse s'approchera seul de Jahvé ; les autres ne s'en approcheront pas, et le peuple ne montera pas avec lui... Moïse monta avec Aaron, Nadab et Abiu et soixante-dix anciens d'Israël ; et ils virent le Dieu d'Israël ; sous ses pieds était comme un ouvrage de brillants saphirs, pur comme le ciel. Et il n'étendit pas sa main sur les élus des enfants d'Israël ; ils virent Dieu, et ils mangèrent et burent. Jahvé dit à Moïse : Monte vers moi sur la montagne, et restes-y ; je te donnerai les tables de pierre, la loi et les préceptes que j'ai écrits pour leur instruction. Moïse se leva avec Josué, son serviteur, et s'avançant vers la montagne de Dieu, il dit aux anciens : Attendez-nous ici, jusqu'à ce que nous revenions auprès de vous... Moïse gravit la montagne et la nuée le couvrit[2]. »

Les anciens du peuple auraient pu faire, avec Moïse, l'ascension du premier étage par un autre chemin que celui que nous avons suivi. De la plaine d'*er Râha*, le *ouâdi Schreikh* y mène directement. Mais on ne saurait trouver un site qui s'harmonise mieux avec le récit sacré que le bassin du vieux cyprès.

1. Au temps du Préfet franciscain (1722) et de Pokoke (1738), il y eut en cet endroit deux cyprès et deux oliviers. — 2. Ex., XXIV, 1-2, 9-15.

La grotte d'Elie. Dans la paroi occidentale du bassin, on montre l'ermitage de saint Etienne[1]. Du cyprès, le chemin se retourne vers le sud et gagne une éminence (2.097 m.) qui porte deux chapelles contiguës dont l'une est dédiée à Moïse ou à Elisée, et l'autre au prophète Elie. La première qui a changé plusieurs fois de titulaire, rappelle le souvenir de la station de Moïse avec les soixante-dix anciens du peuple; la seconde, plus intéressante et d'une tradition constante, renferme la grotte du Thesbite.

Fig. 30. — La chapelle de Saint-Elie, vue du sud.

Elie, fuyant la colère de Jézabel, s'était retiré dans le désert de Bersabée. Mourant de soif et de fatigue, il fut nourri par un ange qui lui ordonna de se rendre à la montagne de Dieu à Horeb, sur les traces du législateur. « Là il entra dans la caverne et il y passa la nuit. Et voici que la parole de Jahvé lui fut ainsi adressée : Que fais-tu ici, Elie ? Il répondit : J'ai été plein de zèle pour Jahvé, le Dieu des armées ; car les enfants d'Israël ont abandonné votre alliance, renversé votre autel et tué par l'épée vos prophètes ; je suis resté moi seul, et ils cherchent à m'ôter la vie. Jahvé dit : Sors et tiens-toi dans la montagne de-

1. Tücher de Nuremberg le visita en ce même lieu en 1479. (*Op. cit.*, fol. 388, a).

vant Jahvé, car voici que Jahvé va passer. — Et il y eut devant Jahvé un vent fort et violent qui déchirait les montagnes et brisait les rochers : Jahvé n'était pas dans le vent. Après le vent, il se produisit un tremblement de terre : Jahvé n'était pas dans le tremblement de terre. Et après le tremblement de terre, un feu : Jahvé n'était pas dans le feu. Et après le feu le murmure d'une brise légère. Quand Elie l'entendit, il s'enveloppa le visage de son manteau et étant sorti, il se tint à l'entrée de la caverne. » Car le Seigneur passa [1]. Apparition mystérieuse dans laquelle les Pères de l'Eglise voient l'annonce de la loi d'amour succédant à celle de la crainte. La loi donnée sur cette montagne dans les éclairs et les bruits du tonnerre ferait place à une loi plus douce. Après Moïse viendra Jésus, et Moïse et Elie rendront hommage au nouveau législateur dans la Transfiguration.

La grotte qui servit de refuge à Elie s'ouvre près de l'autel, du côté de l'Evangile. Elle n'a que 1 mètre de hauteur, 1 m. 20 de largeur et 2 m. 50 de profondeur, aujourd'hui restreinte par une cloison. Ces dimensions peuvent paraître mesquines pour une caverne. Mais rien ne prouve qu'elle n'ait pas été plus grande il y a 2.800 ans. Bien des causes ont pu faire disparaître le plafond de son entrée.

On ne lira pas sans intérêt la description que sainte Silvie trace de ces lieux mémorables : « Ayant donc satisfait le désir qui nous pressait de gravir la montagne de Dieu, nous nous mîmes à descendre, dit-elle, du sommet de la montagne de Dieu où nous étions parvenus, à une autre montagne qui en est le prolongement et qui s'appelle Horeb. Là il y a une église ; car c'est le lieu de l'Horeb où s'arrêta le saint prophète Elie, quand il fuyait devant le roi Achab, et où Dieu lui parla en disant : « Que fais-tu ici, Elie ? » comme il est écrit dans les livres des Règnes [2]. On montre encore aujourd'hui devant la porte de l'église la grotte où se cacha saint Elie. On y voit aussi l'autel de pierre que le prophète avait érigé pour sacrifier au Seigneur. C'est ainsi que les saints (religieux) daignèrent me montrer tout. Nous fîmes donc là notre offrande et la plus fervente oraison. On lut le passage du livre des Règnes. Ce fut toujours notre plus grand bonheur, en quelque lieu que nous arrivions, de lire le passage de la Bible qui s'y rapporte. Ayant donc fait notre oblation, nous allâmes en un autre lieu où s'arrêta saint Aaron avec les soixante-dix anciens, lorsque saint Moïse reçut du Seigneur la loi pour les enfants d'Israël. Il n'y a pas de bâtiment en cet endroit ; on y montre seulement un grand ro-

1. III (I) Rois, XIX, 11-14. — 2. C'est le titre que les Septante donnent aux livres des Rois.

cher plat, sur lequel se tenaient, dit-on, ces saints, et au milieu s'élève comme un autel de pierre. On lut le passage du livre de Moïse et on récita un psaume approprié à ce lieu. Ainsi, après avoir fait notre prière, nous descendîmes. » De là, elle parcourut une distance de 3 milles (4 km. 1,2) et arriva au fond de la vallée, auprès du Buisson ardent [1].

En 570, Antonin de Plaisance visita la même grotte « à trois milles du couvent du Buisson, sur le chemin qui mène à la montagne sainte. » Il ne parle pas de l'église, qui, détruite par les barbares, n'avait pas encore été rebâtie. Outre l'église de Saint-Elie, le diacre Ephrem y trouva celle de Saint-Elisée, de Sainte-Marine et de Sainte-Marie l'Egyptienne. A juger de leurs ruines, ces petits monuments sacrés ont été réédifiés ou restaurés à plusieurs reprises.

Djébel Moûsa. De la grotte d'Elie, il reste encore à faire le dernier tiers de la montée, par un escalier de plus en plus raide, taillé en partie dans le granit rose tacheté de teintes grises, jaunes et bleues Après 30 minutes d'ascension, le *Djébeliyéh*, qui porte les provisions, arrache le pèlerin à son pieux recueillement pour lui montrer sur un rocher à fleur de terre l'*Athar Nâgat en Nébi,* l'empreinte du pied de la chamelle du prophète. Lorsque l'ange Gabriel enleva Mahomet au ciel, raconte-t-il, la chamelle montée par le prophète avait posé là un pied, le deuxième à La Mecque, le troisième au Caire et le dernier à Damas [2].

Quand les Bédouins vont sacrifier au *djébel Moûsa,* ils ont coutume de verser sur ce rocher du lait de chamelle ou de l'huile d'olive. Cette empreinte ne semble pas avoir été connue avant la construction de la petite mosquée au *djébel Moûsa* au XIVe siècle [3].

La montagne se termine par une masse de granit gris à grains noirs très fins et à teintes vert-foncé qui contraste avec le granit rouge de la base. L'escalier est en partie formé par des blocs équarris qui proviennent des ruines de l'ancienne église. Vers l'est, au delà d'un épouvantable abîme, se dessinent les la-

1. *Op. cit.*, p. 10 11. — 2. Quand Mahomet fut enlevé au ciel, dit le Coran, il montait sa célèbre jument, Borâq. Le Coran (VII) parle au contraire d'un prophète Sâléh, qui fut envoyé au peuple de Thamoûd (à l'orient du golfe d'Aqabah), et dont la mission divine fut attestée par la production de l'empreinte du pied de sa chamelle dans le rocher. Les Bédouins ont une profonde vénération pour le tombeau de Nébi Sâléh dans le *ouâdi esch Scheikh,* sans en connaître l'histoire. Ce lieu semble répondre à la station de Salaël du récit de saint Nil. D'un autre côté, les anciens interprètes du Coran disent que le prophète Sâhléh est mort en Palestine et qu'il fut enterré à Ramléh. Dans cette localité, l'ancienne Ramathaïm ou Arimathie, on vénère encore son tombeau. — V. Palmer, *op. cit.*, p. 50- 53 et 533. — 3. Les moines ont raconté au Préfet apostolique du Caire comment naquit cette légende peu de siècles auparavant.

cets de la route d'Abbas-Pacha. Vers l'ouest, au fond du *ouâdi et Tlaa* apparaissent deux caroubiers qui marquent l'ermitage de saint Jean Climaque. Enfin, le pèlerin atteint (20 min.) le point culminant de la montagne de Dieu, à une altitude de 2.244 mètres, à 716 mètres au-dessus du couvent de Sainte-Catherine et à 157 au-dessus de la grotte d'Elie.

Que de souvenirs grandioses et émouvants se pressent à l'es-

Fig. 31. — La cime du mont Sinaï (Djébel Mousa), vue du djébel Cathérîn.

prit au sommet de cette auguste montagne, sur lequel reposa la gloire de Dieu ! Cinq fois le Seigneur appela Moïse sur la cime sacrée pour lui communiquer les ordres à transmettre au peuple, et pour lui donner les tables de la Loi[1]. Deux fois le législateur y passa quarante jours et quarante nuits sans manger du pain et sans boire de l'eau[2].

Tous ces souvenirs ont été fixés de bonne heure sur le granit par une église que sainte Silvie ne trouva pas « bien grande... mais très gracieuse[3]. » De cet antique monument à trois nefs

1. Ex., XIX, 20 ; — XXIV, 17-18 ; — XXXIV, 2 et 4. — 2. Ex., XXIV, 18 ; — XXXIV, 28. — 3. *Op. cit.*, p. 10.

subsistent encore les premières assises de l'abside qui est polygonale et les vestiges très distincts des fondements.

Les bases et les fûts de colonnes, les débris de chapiteaux, les moulures de linteau de porte, les petits cubes de verre colorié semés sur la pente de la montagne, appartiennent sans contredit à une belle église de cette époque-là (Voir le plan). Détruite par les hordes barbares, elle fut remplacée par un édifice plus modeste, lors de la construction de la basilique de la Trans-

Fig. 32. — La chapelle de Moïse, au sommet du Djébel Moûsa.

figuration. En 570, le Pèlerin de Plaisance y visita le nouvel oratoire, qui, dit-il, n'avait que six pieds de long et de large (à l'intérieur).

La chapelle que possèdent les Grecs occupe l'abside et la moitié de la nef centrale de l'église primitive. Elle est dédiée à Moïse. A gauche, vers le nord, la moitié de l'ancienne nef latérale est couverte d'une chapelle longue, étroite et sans abside. D'après le diacre Ephrem, elle était dédiée à l'archange saint Michel[1] et d'après Quaresmius, le *Prefetto* et d'autres pèlerins, elle constituait la chapelle des Latins[2]. Il n'y a plus d'autel, ni

1. *Op. cit.*, p. 438. — 2. *Elucidatio T. S.*, II, *Sinai.*

aucun ornement ; mais le supérieur du couvent de Sainte-Catherine autorise volontiers les prêtres latins qui en font la demande à y célébrer la sainte messe sur un autel portatif. Au sud de l'ancienne église, une fissure de rocher se termine par un enfoncement de 0 m. 70 de hauteur et autant de profondeur. L'entrée de la crevasse a été régularisée et allongée par une solide voûte en berceau[1]. Nous y reviendrons tout à l'heure.

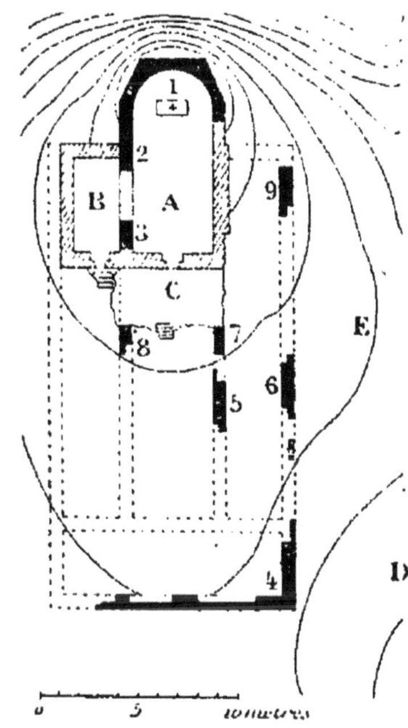

LÉGENDE.

1. *Abside.*
2 et 3. *Piliers.*
4 à 9. *Traces des fondements.*
A. *Chapelle actuelle de Moïse.*
B. *Chapelle de Saint-Michel.*
C. *Perron.*
D. *Mosquée.*
E. *Petite grotte.*

Fig, 33. — Plan de l'église du IV° siècle.

Sur un rocher moins élevé, au sud-ouest, s'élève une petite mosquée délabrée qui semble avoir été construite en même temps que le minaret du couvent de Sainte-Catherine[2]. Une fois par an, les Bédouins y sacrifient un mouton ou une chèvre et aspergent de son sang le linteau et les jambages de la porte, usage qui rappelle la pratique des Israélites lors de la dernière plaie d'Egypte[3] et dans leurs cérémonies au temple.

1. Dans la gravure ci-jointe, fig. 32, cette anfractuosité est marquée en bas, vers la droite. Son entrée est encombrée de grosses pierres. — 2. Le seigneur d'Anglure (*Voy. de Jherusalem*, Paris, 1878, p. 51) rencontra déjà en 1395 une petite mosquée sur la montagne de Dieu. On sait, d'autre part, que les persécutions suscitées contre les chrétiens d'Egypte par le sultan Melik en Nassir Mohammed (1310-1341) ont excité le fanatisme des Bédouins de la péninsule. — 3. Ex., XII, 7.

Sur le flanc oriental de ce rocher, s'ouvre une grotte carrée de 2 mètres de côté et de 1 m. 50 de hauteur. On y arrive d'en haut par un escalier. Sainte Silvie a visité la grotte de Moïse [1]. Toutefois, comme elle n'en mentionne qu'une seule, sans la décrire et sans en préciser le site, on ne sait si elle parle de la première ou de la seconde. Mais à tous les anciens pèlerins on a montré le lieu où Moïse passa deux carêmes, dans la grotte creusée sous la mosquée. Le diacre Ephrem ajoute que là aussi il reçut les tables de la Loi [2]. En 1807, les moines dirent encore à Seetzen que Moïse reçut la Loi dans la grande grotte [3]. De la fissure voûtée, il n'est le plus souvent pas question. Cependant Tûcher [4], le seigneur d'Anglure [5], Félix Faber [6] et le Préfet italien [7] font une distinction ; ils considèrent la grande excavation comme le lieu où Moïse jeûna deux fois pendant quarante jours, et la petite comme l'abri où il se trouvait « quand passa la gloire du Seigneur [8]. »

Panorama. Du haut de cette montagne conique se déroule sous les yeux un panorama incomparable, qui offre un des plus imposants spectacles du monde. Il n'est surpassé que par celui dont on jouit du *djébel Katherîn* qui est plus élevé. Au nord se présentent les trois pics du *râs Safsâféh* entre deux gorges profondes qui abritent, à droite le couvent de Sainte-Catherine, à gauche celui des Quarante-Martyrs. Plus loin, le *djébel Sona*, le *djébel Adjar* et mille autres pics du massif du *djébel Freia*, se pressent comme les vagues de l'océan, pour se perdre dans le vaste haut plateau de Tîh. Au nord-ouest, à travers l'échancrure du *naqb el Haoûa*, le regard plane jusqu'au lointain désert dont la surface blanchâtre s'étend vers Suez. Des pics voisins, le *djébel Tinîyeh* attire l'attention par le palais inachevé d'Abbas-Pacha, qui le couronne. A l'ouest, les hauteurs de la rive égyptienne dessinent le golfe de Suez, qui en de rares endroits se trahit par un mince filet d'argent. Au sud-ouest, la vue est bornée par le *djébel Homr* et la masse imposante couronnée par deux pics jumeaux, le *djébel Zébîr* et le *djébel Katherîn*. Vers le sud-est se déroule le *ouâdi Sébaiyéh*, et au loin on peut suivre sur une longue distance la lueur bleue étincelante du golfe d'Aqabah, avec l'île de *Teirân* au fond. Au nord-est, enfin, le *djébel ed Deir* appelé aussi *djébel Mar Epistimia*, et plus bas le *djébel es Salib*, se rattachent au massif du *djébel Aribéh*. Il serait trop long d'énumérer tous les pics qui s'élancent des crêtes déchiquetées des montagnes sinaïtiques. Le spectacle est surtout ravissant au lever et au coucher du soleil.

1. *Op. cit.*, p. 21. — 2. *Op. cit.*, p. 438. — 3. *Reisen*, éd. Kruse, 1855, III, p. 84. — 4. *Op. cit.*, p. 388. — 5. *Op. cit.*, p. 51. — 6. *Op. cit.*, II, p. 457-458. — 7. *Op. cit.*, p. 21. — 8. Ex., XXXIII, 22-23.

Remarquons encore que la plaine d'*er Râhah* n'est pas visible du *djébel Moûsa*. L'on conçoit donc aisément que les Israélites, n'ayant pu suivre du regard leur chef, et étant resté longtemps sans recevoir de ses nouvelles, aient dit à Aaron : « Ce Moïse, l'homme qui nous a fait monter du pays de l'Egypte, nous ne savons ce qu'il est devenu[1]. »

Le râs Safsâféh.

Le *râs Safsâféh* est d'après Robinson, Palmer, Vigouroux et la plupart des savants modernes, le front majestueux de la montagne de Dieu. C'est de cette cime que fut proclamé le Décalogue aux Israélites campés dans la plaine d'*er Râhah*, qui se déroule immédiatement à ses pieds[2]. Les merveilles dont ce sommet fut le théâtre remplissent plusieurs chapitres de l'Exode. Le *râs Safsâféh* est cette montagne à l'entour de laquelle fut fixée une limite pour empêcher le peuple de la gravir ou d'en toucher le bord[3]. C'est la montagne fumante d'où partaient les éclairs, les tonnerres et le son de la trompette[4]. C'est là que Dieu parla au peuple, du milieu du feu, de la nuée et de l'obscurité. Les enfants d'Israël, saisis de crainte et de terreur, disaient à Moïse : « Parle-nous, toi, et nous écouterons; mais que Dieu ne nous parle point, de peur que nous ne mourrions[5]. » C'est là enfin que fut promulgué le Décalogue destiné à se répandre dans le monde entier[6].

Du plateau du vieux cyprès, on suit un dédale de gorges pittoresques encadrées de hautes murailles de granit rouge de Syène. Partout se présente une belle végétation, et là où les vallons s'élargissent pour former de petits plateaux, subsistent encore les traces d'anciennes culture et irrigation. Ce sont les anciens jardins des anachorètes que sainte Silvie avait déjà vus. Lorsque, sur la montagne sainte, elle sortit de la messe, dit-elle, les religieux des ermitages voisins vinrent lui offrir comme eulogies des fruits des jardins qu'ils cultivaient entre les rochers.

A une demi-heure de la grotte d'Elie, on rencontre sur son chemin une grande citerne taillée dans le granit et contenant une eau délicieuse. Tout auprès se trouvent le jardin et l'ermi-

1. Ex., XXXII, 1. — 2. Sainte Silvie appelle cette partie de la montagne de Dieu « mont Horeb ». Le Pèlerin de Plaisance donne le nom de Sinaï à la masse d'où s'élève le *djébel Moûsa*. et celui d'Horeb à la montagne opposée, le *djébel Salîb*. Ce dernier n'est qu'un des pics du *djébel Arîbéh*, mot qui d'après Palmer (*op. cit.*, I, 118) est étymologiquement identique avec le mot Horeb. Nous avons vu (p. 99) ce qu'il faut entendre par le mot Horeb. Le *djébel Arîbéh* tire son nom d'une plante qui y abonde. — 3. Ex., XIX, 12. — Cfr. Epître aux Hébr., XII, 18, 22. — 4. Ex., XX, 19. — 5. Ex., XIX, 16. — 6. Ex., XX.

tage de Saint-Grégoire. A main gauche, au delà de la crête, s'élèvent la chapelle de Saint-Pantaleimon et celle de Sainte-Anne et Saint-Joachim. A main droite, on voit celle de Saint-Jean-Baptiste à l'entrée d'une gorge, *sikket Choaïb*, chemin de Jéthro, qui descend en 25 minutes à l'embouchure du *ouâdi ed Deir* ; mais la descente est très pénible et n'est pas à recommander.

A 20 min. de là, apparaît la chapelle de la Ceinture de la Vierge, près d'une source et de deux vieux saules, desquels le *râs Safsâféh*, le pic du Saule, tire son nom. Nous avons déjà dit que les Arabes désignent souvent les vallées et les montagnes du nom de la végétation qui les distingue. Le saule a donc caractérisé ce sommet depuis bien des siècles. Une naïve légende veut que la verge dont Moïse se servit pour opérer ses miracles ait été un rameau de saule coupé sur cette montagne. Le sentier devient très raide et le dernier pic, droit et glissant, n'est plus accessible qu'aux touristes robustes, qui ne sont pas sujets au vertige et qui sont déterminés à y grimper en s'aidant des pieds et des mains. Une fissure qui s'ouvre sur la plaine d'*er Râhah* à 50 pas de là, permet aux autres de contempler à leur aise le splendide panorama qu'offre le camp d'Israël. Il s'étend au pied de la montagne à plus de 500 m. de profondeur entre de gigantesques murailles de granit et de porphyre rouge.

Ouâdi esch Schreikh. La seule voie pour arriver directement de ces hauteurs dans la plaine est le *ouâdi esch Schreikh*, qui prend naissance à l'ouest du plateau du vieux cyprès, se creuse profondément, pour déboucher obliquement dans la plaine d'*er Râhah* sous les précipices de *Safsâféh*. Une ancienne tradition que les savants trouvent très naturelle, tient cette vallée pour le chemin suivi par Moïse et Josué, lorsqu'ils descendirent du sommet de la montagne de Dieu avec les deux premières tables de la Loi. En effet, en suivant cette vallée profonde et oblique, ils devaient entendre les clameurs du peuple dansant autour du veau d'or, avant de voir le camp et avant de connaître les causes de ces réjouissances [1]. « Ensuite, lorsqu'il fut près du camp, il vit le veau d'or et les danses, et sa colère s'enflamma ; il jeta de ses mains les tables et les brisa au pied de la montagne [2]. »

M. Palmer [3] fait encore remarquer qu'un des pics qui dominent le *ouâdi esch Schreikh* porte le nom de *djébel Mahroûréh*, mont frappé de la Foudre.

Des pics du *râs Safsâféh* il est difficile de traverser la crête pour descendre dans le *ouâdi esch Schreikh*. La descente par le *sikket Choaïb* n'est pas à recommander non plus. Le meilleur est de revenir sur ses

1. Ex., XXXII, 17-18. — 2. Ex., XXXII, 19. — 3. *Op. cit.*, I, p. 115.

pas jusqu'au vieux cyprès, pour redescendre au couvent de Sainte-Catherine par l'une des deux voies indiquées ci-dessus, à moins qu'on ne veuille se rendre directement au *Deir el Arbaïn*. On y arrive de la chapelle de la Ceinture de la Vierge par un chemin très mauvais. De la grotte d'Élie, un passage qui n'est guère plus commode y mène en 40 minutes.

Deir el Arbaîn.

Du couvent de Sainte-Catherine, l'excursion à cette délicieuse oasis peut se faire à dos de chameau et demande 4 heures, aller et retour.

On descend dans la plaine d'*er Râhah* jusqu'au *djébel Haroûn*. Là le sentier contourne la base du *râs Safsâfêh* sur une protubérance du sol légèrement ondulé, qui forme socle aux gigantesques rochers. L'autel du veau d'or eut été mieux en vue au pied de la montagne que sur le mamelon d'en face, où les musulmans ont élevé un petit sanctuaire en l'honneur d'Aaron. En tout cas, c'est sur un de ces tertres, visible à tout le camp, que Moïse aura érigé un autel au Seigneur, après la promulgation de la Loi. « S'étant levé de bon matin, il (Moïse) bâtit un autel au pied de la montagne et dressa douze pierres pour les douze tribus d'Israël... Alors, ayant pris le livre, il le lut en présence du peuple qui répondit : Tout ce que dit Jahvé, nous le ferons, et nous y obéirons[1]. »

Tous les voyageurs ont observé que dans l'atmosphère pure, sèche et généralement tranquille des montagnes sinaïtiques, la voix acquiert une sonorité et une portée extraordinaire, et que la plaine d'*er Râhah*, avec son enceinte de granit, présente des conditions d'acoustique merveilleuses.

En chemin, le guide du couvent montre aux voyageurs une excavation d'environ un mètre en tous sens dans un rocher granitique à fleur de terre. C'est le *naqb el Baqarah*, le creux de la Vache, ou le moule dans lequel Aaron, pour plaire au peuple, aurait fondu le veau d'or. Ce trou, qu'on a déjà montré à Tücher en 1479, n'offre, il est vrai, aucune analogie avec la forme d'un animal quelconque. Mais les Bédouins n'y voient que le moule de la tête avec son mufle et ses cornes[2]. Dans ce cas, avec une tête d'un mètre de diamètre, le veau d'or aurait eu les dimensions colossales d'un éléphant.

Après avoir dépassé l'embouchure du *ouâdi esch Schreikh*, le guide signale dans la plaine, vers le sud-ouest, l'endroit où la terre s'entr'ouvrit pour engloutir Coré, Dathan et Abiron. Mais le livre des Nombres (XVI) nous apprend que ce tragique

1. Ex., XXIV, 4, 7. — 2. Cette opinion est ancienne. Déjà Épiphane l'Hagiopolite dit au IXe ou Xe s. que les Israélites fondirent « βοόκρανον » une tête de bœuf. (*Ennaratio Syriæ*, Migne, *P. G.*, CXX, col. 266).

évènement eut lieu près de Cadès Barné, à onze journées au nord du Sinaï.

Le ouâdi Ledjâh, qui s'ouvre ensuite à gauche, est la vallée la plus remarquable de celles qui sillonnent le massif du Sinaï. Elle doit son nom, dit une tradition arabe, à Ledja, fille de Jéthro et sœur de Séphora. Ses sources sont si nombreuses et si abondantes qu'elles forment un petit ruisseau qui, toute l'année, roule ses eaux de rocher en rocher jusqu'au bord de la plaine d'*er Râhah*, où elles arrosent un grand jardin, ou bien s'infiltrent dans le sable. Ce sont là « les eaux du torrent qui descendait de la montagne[1] » dans lesquelles Moïse répandit la poudre du veau d'or calciné et broyé, et « en fit boire aux enfants d'Israël[2]. »

Le sentier pénètre dans la vallée près de deux anciens monastères, dont les verdoyants jardins et les beaux arbres fruitiers ont captivé le regard du voyageur dès son entrée dans la plaine.

Le Deir el Boustân est situé à gauche du *djébel Boustân*, mont du Jardin. Le couvent des Douze-Apôtres, appelé aussi *Deir er Ribouâh*, se voit un peu plus loin à droite.

Jusqu'au XVIe siècle, le *Deir el Boustân* était occupé par des moines Géorgiens. « Près du monastère d'*er Ribouâh*, dit le diacre Ephrem, l'abbé David el Kurgi (le Géorgien) établit le Jardin de l'Hôpital[3], où croissent des arbres de toute espèce[4]. » Il ajoute qu'autrefois les Géorgiens possédaient trois églises, « mais aujourd'hui ils n'ont plus d'*évêque* (il faut lire plus d'abbé). » Le *Deir Boustân* figure plusieurs fois sous le nom de couvent de Sainte-Marie ou de Sainte-Marie de David.

Le couvent des Douze-Apôtres, *Deir er Raba* ou *er Ribouâh* est assis au pied du *djébel er Rabbéh*, que les Bédouins appellent aussi *Djerrabéh*[5]. C'est le célèbre monastère de Bethrabbi ou Gethrabbi (appelé une fois Gethrambé), dont parlent Ammonius et saint Nil. Douze religieux y furent martyrisés en 370 et un autre vers l'an 400. (*V.* p. 118). Les moines Grecs possédaient le couvent « de Roboé », déjà avant le XIIIe s. (*V.* p. 121).

En suivant le ruisseau qui serpente à travers la gorge, on rencontre « la fontaine de l'Ermite ». Elle sourd dans un petit bassin maçonné, au milieu d'une abondante végétation. A 30 minutes du *Deir Boustân*, coulent plusieurs autres sources qui entretiennent la végétation d'*el Kantarah*, le Pont, à droite. C'est l'emplacement d'un ancien monastère, dont les ruines sont couvertes d'arbres et de broussailles.

1. Deut., IX, 21. — 2. Ex., XXXII, 20. — 3. C'est peut-être l'hôpital pour lequel le pape saint Grégoire envoya des meubles. (V. p. 121). — 4. *Op. cit.*, p. 440. — 5. *V.* Palmer, *op. cit.*, I, p. 121.

Hadjar Moûsa. Ensuite, à gauche, se dresse le *Hadjar Moûsa*, la Pierre de Moïse, beau bloc de granit rouge haut de 3 m. 50 et divisé en deux, de haut en bas, par une veine de porphyre gris et verdâtre de 0 m. 40 de largeur. Dix fentes horizontales (autrefois on en comptait douze) traversent la veine. Les moines du Sinaï soutiennent que c'est le célèbre rocher de Raphidim. Lorsque Moïse le frappa de sa verge, disent-ils, douze bouches d'eau se produisirent, une pour chaque tribu d'Israël. Ils ne

Fig. 34. — Le Rocher de Moïse.

prétendent pas par là que le *ouâdi Ledjah*, si riche en eau, soit le pays aride de Raphidim. Mais, comme l'archevêque grec l'avait déjà expliqué à Thétmar en 1217[1], le rocher de Raphidim aurait suivi les Israélites dans toutes leurs pérégrinations, pour les approvisionner de son eau, et, finalement, il serait retourné au pied du mont Sinaï où il s'est arrêté. Le Coran[2], parlant de la pierre qui par douze bouches versait l'eau aux douze tribus d'Israël, fait évidemment allusion aux fentes du bloc du *ouâdi Ledjâh*. L'auteur du Coran n'a pu emprunter cette notice qu'à l'opinion rabbinique courante avant l'ère chrétienne. D'après

1. *Op. cit.*, p. 49. — 2. II, 57 ; — VII, 160.

certains rabbins, comme Salomon, dit le Raschi, la pierre de Raphidim accompagnait les Israélites dans leurs voyages. Oukelos le Targumiste dit que ce n'est pas le rocher, mais son eau qui les suivait et qu'ils retrouvaient partout. Saint Paul fait allusion à cette tradition lorsqu'il écrit : « Je ne veux pas vous laisser ignorer, frères, que nos pères... ont tous bu le même breuvage spirituel, car ils buvaient à un même rocher spirituel qui les accompagnait, et ce rocher était le Christ[1]. » Ce n'est donc pas un rocher matériel qui accompagnait les enfants d'Israël dans le désert, mais un rocher spirituel, le Verbe de Dieu qui les couvrait de sa protection et qui plus tard s'est fait chair pour la rédemption du monde[2]. Bien des raisons permettent de croire, remarque M. Stanley, que le Hadjar Moûsa était connu de très haute antiquité[3].

Deir el Arbaïn. A 20 minutes de là commence le jardin du couvent des Quarante-Martyrs, qui s'étend au fond de la vallée sur une longueur d'environ 500 mètres. En traversant la belle plantation d'oliviers, de figuiers, de grenadiers, de citronniers, d'amandiers, etc.[4], on aperçoit à droite, sur la rive gauche du ruisseau, les ruines d'un ermitage dédié à saint Onuphre, qui passa sa vie dans une thébaïde d'Egypte et devint un des patrons des anachorètes. On y arrive par un passage tortueux qui mène à une petite cour. Sur celle-ci s'ouvrent l'oratoire et la grotte de l'ermite qui est fermée par un mur en pierres sèches.

Plus loin, on rencontre le couvent des Quarante-Martyrs caché au milieu du verdoyant bosquet. Ce couvent dédié aux martyrs sinaïtiques (*V.* p. 118), répond à l'un des ermitages mentionnés par saint Nil et Ammonius dans leurs récits du massacre des saints solitaires. Il est appelé tantôt couvent de Notre-Dame de la Miséricorde[5], tantôt *Deir el Lagâh*[6], couvent du Ledjâh, mais le plus souvent *Deir el Arbaïn*, couvent des Quarante. L'église est très ancienne et couverte de voûtes. Elle repose probablement sur les tombeaux de plusieurs martyrs. Le rez-de-chaussée du couvent est transformé en magasins obscurs; mais à l'étage supérieur se trouvent un divan et des cellules convenables destinés aux étrangers. Un ou deux reli-

1. I Cor., X, 4. — 2. *V.* Drach, *La s. Bible, Les Epîtres*, p. 178-180. — 3. *Op. cit.*, p. 47. — Le même auteur suppose que cette pierre était également connue par Josèphe. Celui-ci semble faire allusion à un bloc détaché et isolé, en disant que Moïse frappa la pierre « qu'il vit là, posée devant lui. » (A. J., III, I, 7). Remarquons, toutefois, que le rocher de *Hésy el Khattatîn* se trouve dans les mêmes conditions. — 4. Le palmier seul fait défaut au mont Sinaï. La datte ne mûrit pas dans ces gorges où le soleil se lève tard et disparaît de bonne heure. — 5. Frescobaldi et Gucci (1384). — 6. Le diacre Ephrem. — Il est appelé Lilah dans la bulle d'Honorius III, 1218.

gieux y habitent de temps en temps, particulièrement à l'époque des pèlerinages, afin d'offrir un gîte aux voyageurs qui désirent y passer la nuit, pour faire de là l'ascension du *djébel Katherîn*.

Djébel Katherîn.

L'ascension de la montagne de Sainte-Catherine, la plus haute de toutes celles de la péninsule, peut se faire en 3 h. 1/2 ; mais l'excursion demande une journée entière. Les pentes sont moins raides que celles du *djébel Moûsa*, mais il n'y a pas d'escalier, ce qui rend la marche beaucoup plus difficile. Aussi cette promenade ne convient-elle qu'aux alpinistes. On passera la nuit au *Deir el Arbaïn*, où l'on trouvera des sofas et des lits, mais pas de nourriture.

Du *Deir el Arbaïn*, le sentier monte dans la direction du sud-sud-ouest, sur les contreforts du *djébel Homr*, et traverse une gorge sombre appelée *Chakh Moûsa*, la Fente de Moïse. Elle conduit à deux grands blocs de rocher couverts d'inscriptions sinaïtiques, Après une marche d'une demi-heure, on gravit pendant 45 minutes les premières pentes du *djébel Katherîn* et l'on arrive à un délicieux lieu de repos, auprès d'une belle source cachée dans un pli de rocher. C'est le *Bir esch Schounâr*, le puits des Perdrix. Lorsque les moines, après avoir découvert le corps de sainte Catherine au sommet de la montagne, le descendaient pour le déposer dans leur couvent, des perdrix révélèrent, par leur vol, la présence de cette source. De là son nom, dit le guide. Il n'est pas rare d'y rencontrer des perdrix se désaltérant dans le petit bassin entouré de plantes aromatiques.

Le sentier tourne au sud-ouest, puis à l'ouest par-dessus des blocs erratiques détachés des cimes voisines. Parmi les morceaux de jaspe, de porphyre et de granit très fin, on trouve de belles dentrites noires, qui ont déjà émerveillé Tücher en 1479. A 1 h. 20 de la source, on atteint le pied de la dernière cime et, après avoir marché une heure de plus sur le bord d'épouvantables précipices, on arrive au point culminant qui a 2.602 m. d'altitude. A cette hauteur, poussent encore, dans le creux des rochers, l'hyssope et un thym très odoriférant, recherchés par les gazelles et les bouquetins. De l'automne au printemps, le froid est souvent très vif sur ce pic, et toute l'année la neige se conserve dans les crevasses où ne pénètre jamais le soleil.

La plate-forme qui a seulement quelques mètres de largeur, est occupée par une modeste chapelle en pierre sèche construite au commencement du XVIIIe siècle [1]. Une légère excavation de

1. Le Préfet apostolique du Caire dit, en 1722, qu'on « venait de la bâtir. »

rocher, qu'on remarque à côté de l'oratoire, passe pour l'empreinte du corps de sainte Catherine qui y reposa pendant quatre à cinq siècles. C'est ici que du VIIIe au IXe, les moines du monastère du Buisson ou de la Transfiguration, guidés par des signes prodigieux et des révélations divines faites à un saint ermite, trouvèrent intact le corps de la glorieuse vierge d'Alexandrie. Ils s'empressèrent de transporter ces vénérables reliques dans la basilique du couvent. Dès lors sainte Catherine devint la patronne de la communauté, et le monastère lui-même reçut son nom.

Histoire de sainte Catherine. D'après les Ménologes grecs, postérieurs à la découverte du corps de sainte Catherine, cette vierge noble, riche et savante quitta Alexandrie et se retira avec quelques compagnes au mont Sinaï, afin d'échapper aux obsessions de Maximin II, empereur cruel et débauché. Mais ramenée de force à Alexandrie, elle y subit glorieusement le martyre. Après le supplice, les anges ont transporté ses dépouilles mortelles au mont Sinaï.

Eusèbe de Césarée (267-340), le premier historien ecclésiastique, raconte en peu de mots l'histoire d'une vierge d'Alexandrie, toutefois sans la nommer, comme il le fait aussi pour saint Georges et d'autres martyrs. Mais d'après J. Assemani et d'autres savants, son récit se rapporte à sainte Catherine. « Une vierge chrétienne d'Alexandrie, dit Eusèbe, la plus noble et la plus riche d'entre toutes, voyant les autres femmes déshonorées par le tyran, reprocha à l'empereur Maximin, avec fermeté et véhémence, son effrené libertinage. Autant elle était distinguée par sa noblesse et sa fortune, autant elle l'était par sa rare doctrine. Mais elle mettait au dessus de tout cela l'amour de la pudeur et de la chasteté. Le tyran, après l'avoir sollicitée inutilement, ne put cependant se résoudre à la faire mettre à mort, parce que, d'un côté elle était disposée à mourir et que d'autre part la cupidité du tyran dépassait sa cruauté. Finalement il la dépouilla de tous ses biens et la condamna à l'exil [1]. »

Panorama. Du sommet du *djébel Katherîn*, le panorama est le même, quoique plus étendu, que celui du *djébel Moûsa*. Le regard n'est arrêté que par la cime voisine du *djébel Zébîr*, seulement d'un mètre plus basse, et au sud-ouest, par le *djébel Oumm Chômer* qui a 2.575 mètres d'altitude.

Le ouâdi et Tlaa.

Le *ouâdi et Tlaa*, la Montée, est l'ancienne vallée de Thola, une des plus pittoresques de la région et célèbre par le séjour

1. *Hist. eccl.*, VIII, XIV. Migne, *P. G.*, XX, col. 785.

qu'y fit saint Jean Climaque et avant lui Eusèbe, mis à mort par les Blemmyes. Elle prend naissance en face de l'embouchure de la vallée de *Ledjâh*, et débouche par un étroit défilé dans le *ouâdi Solâf* sous le nom d'*Emleisâh*, la Glissante. Elle court parallèlement avec la plaine d'*er Râhah* et le *naqb el Haoûa*, dont elle est séparée par une chaine étroite de hautes montagnes. Cette vallée romantique offre d'un bout à l'autre un mélange de grandeur et de beauté qu'on rencontre difficilement ailleurs.

Après avoir franchi le col par un escalier taillé dans le roc au temps des premiers solitaires, on entre dans la vallée d'*et Tlaa* en face d'un bouquet d'arbres fruitiers, qui ombragent un oratoire et un petit couvent inhabité. C'est l'ermitage des saints Côme et Damien, deux frères d'origine arabe, qui pratiquaient la médecine et souffrirent le martyre en Perse. Les Grecs les appellent les *Anargyres*, les *sans argent*, et les Arabes, *el Fouqarah*, *les pauvres*, parce qu'ils soignaient les malades gratuitement ; de là le couvent porte le nom de *Deir el Fouqarah*.

A 1.000 pas plus loin, dit le diacre Ephrem, se trouve le monastère de la Prison, qui, d'après Breitenbach, est formé principalement d'une vaste caverne. Saint Jean Climaque rappelle les effrayantes mortifications auxquelles se livraient les religieux de la Prison.

Le sentier suit à mi-côte le flanc méridional de la vallée et conduit en une petite demi-heure à deux magnifiques caroubiers qui marquent l'emplacement de l'ermitage de saint Jean Climaque. A 50 pas plus haut, s'ouvre une grotte assez spacieuse, mais très basse, où le saint passa une quarantaine d'années de sa vie. C'est là qu'il composa, sur les instances de Jean, abbé de Raithou, l'excellent traité sur la perfection chrétienne, qu'il intitula *Climax*, mot grec dont le sens est Echelle (du Paradis). C'est ce titre qui a valu à son auteur le surnom de Climaque et de Scolastique.

L'an 600, il fut élu abbé du mont Sinaï. Mais quelque temps avant sa mort, il se démit de sa charge et retourna dans son ermitage de Thola, où il rendit sa belle âme à Dieu, le 30 mars 605, à l'âge de 80 ans. D'après Epiphane l'Hagiopolyte, il fut enterré dans le jardin du Buisson ardent[1].

Si l'on désire retourner par un chemin différent de celui de l'aller, on continuera à suivre, pendant une demi-heure, la vallée qui se couvre de plus en plus de broussailles, au milieu desquelles s'échelonnent de petites clôtures de fraîche verdure. Puis, arrivé près d'un verger d'abricotiers à l'entrée d'un ravin tributaire à droite, on passe le petit ruisseau et l'on s'enfonce

1. *Op. cit.*, Migne, *P. G.*, CXX, col. 267.

dans le ravin, pour traverser son col et redescendre dans la plaine d'*er Râhah* (1 h.), vers son extrémité occidentale.

Les sources des autres vallées et hauts plateaux ne sont ni moins nombreuses ni moins abondantes que celles qu'on a visitées à cause de l'histoire qui s'y rattache. En tout temps le Sinaï a dû offrir de fertiles pâturages recherchés par les tribus voisines. Voilà qui explique pourquoi Moïse rencontra dans les montagnes du Sinaï des bergères madianites, les filles de Jéthro, au milieu d'autres pasteurs, et pourquoi, plus tard, lui-même y mena paître les brebis de son beau-père. Les troupeaux des Israélites aussi trouvaient toute l'année une ample nourriture « dans le désert du Sinaï ».

CHAPITRE IX

Du mont Sinaï à Tour, par la vallée d'Isléh.

Ouâdi Sébaiyéh	1 h.	45
Ouâdi Roûtig	1	10
Ouâdi Rahabéh	1	49
Ouâdi Tarfah	1	30
Ouâdi Isléh	4 h.	30
Plaine d'el Qâah	3	50
Tour	6	00
TOTAL	20 h.	25

Du couvent de Sainte-Catherine, le chemin remonte la vallée d'*ed Deir* dans la direction du midi. A droite (35 min.), la route d'Abbas Pacha se sépare de la voie, monte en zigzags au pied des falaises du *djébel Moûsa*, qu'elle longe ensuite dans la direction du nord, pour aboutir à la chapelle de Saint-Elie.

Plus loin (20 min.), on franchit la nuque qui relie le *djébel Moûsa* au *djébel Moneidjâh*, montagne conique de 1.796 mètres d'altitude. On contourne cette montagne, ainsi que le massif du *djébel ed Deir* et l'on entre dans le *ouâdi Sébaiyéh* (50 min.), vallée qui court du sud au nord et débouche dans le *ouâdi esch Scheikh* sous le nom de *Soudâd*. Le *ouâdi Sébaiyéh* est le seul endroit où le *djébel Moûsa* apparaît dans toute sa hauteur et toute sa majesté, le seul aussi d'où l'on aperçoit la cime en se tenant au fond des vallées. Arrivé à l'extrémité du *ouâdi Sébaiyéh* (45 min.), on franchit un nouveau col, *Engaïb Imrân* (alt. 1.750 m.), d'où l'on aperçoit au sud la cime du *djébel Nakhalé* (alt. 2.015 m.), au sud-est le *djébel Hadid* qui dépasse 2.000 mètres en hauteur, et au sud-ouest le *djébel Roûtig*. De là le chemin passe par le *ouâdi Ghoureirah* qui prend ensuite le nom de *Roûtig*, suivant toujours la direction du sud-sud-est. Au bout de 1h. 40, se présente une nouvelle croupe qui offre un passage assez difficile, mais qui permet d'apercevoir la cime du *djébel Oumm Chômer* (alt. 2.575 m.). En descendant dans la large vallée de *Rahabéh*, on laisse à gauche l'important *ouâdi Nasb* qui n'est que le prolongement de la vallée précédente. Le sol est partout couvert de broussailles ; mais on n'y remarque aucun arbre. Après une traversée monotone de 1 h. 10, on suit à gauche une ramification qui monte doucement au col de

Tilmeh et Tarfah (1 h. 5). De ce *naqb*, un sentier raide, sinueux et extrêmement rocailleux conduit au fond de la gorge qui donne naissance au *ouâdi Tarfah*, la vallée des Tamaris (25 min.). Dans ce bassin coulent plusieurs sources qui forment un ruisselet. Au milieu d'un fourré de tamaris, on trouve une excellente place de campement, abritée contre le vent.

Les tamaris continuent, sur un parcours de 8 kilomètres, à ombrager de distance en distance quelque filet d'eau, tandis que la vallée contourne le massif du *djébel Oumm Chômer*, d'abord à l'est, puis au sud, sans que, toutefois, la cime du colosse devienne visible.

Après avoir suivi pendant quelque temps le ruisseau, le chemin s'en écarte pour franchir plusieurs éperons de montagne; il ne revient au fond du torrent que quand son lit n'est pas trop encombré par des rochers. Le sentier devient agréable et commode lorsqu'il passe sur des plate-formes ou sur le rivage couvert de sable où poussent des buissons, des *tarfah* et même des palmiers nains; car d'heure en heure, on descend à un niveau considérablement plus bas. D'autres fois le passage se fraie à travers des éboulis de roches, par-dessus des pierres roulantes et humides, sur lesquelles le chameau ne pose le pied qu'avec précaution; sa prudence rassure le voyageur. Le passage le plus pénible se trouve à l'extrémité du *ouâdi Tarfah*, lorsqu'il reçoit le *ouâdi Rimhân*, important tributaire qui descend du *djébel Rimhân*, un des pics du massif d'*Oumm Chômer* (2 h. 1/2). Mais après avoir traversé ce coin sauvage et bouleversé, on arrive à une immense crevasse, dont le lit est baigné par un ruisseau, et l'on pénètre dans le *ouâdi Isléh*, où la route devient plus enchanteresse que jamais.

La formation de la vallée d'*Isléh* n'est pas dû au pouvoir érosif des anciens glaciers ou de l'eau, mais bien à une gigantesque déchirure de montagne. Aussi, sur un parcours de 14 kilomètres a-t-elle à franchir quatre cols ou quatre barrages rocheux qui forment une série de splendides défilés dont les murailles s'élèvent à plus de 500 m. de hauteur. Ce qui la caractérise spécialement, c'est le contraste frappant entre le gneiss de couleur sombre qui forme la base des montagnes, et le granit rose des pics d'*Oumm chômer*, du *Rimhân*, et des autres montagnes.

Outre l'attrait général qu'offrent les masses de granit et de gneiss avec leurs mille nuances et leurs formes hardies, chaque pic semble offrir un attrait particulier.. Ici c'est une montagne qui s'élève à 500 m. au-dessus du thalweg et dont la cime est couronnée d'un bloc immense qui ne touche le sol que par une base étroite, comme une pierre branlante. Là, c'est un pic de granit rose divisé en deux parties égales depuis la base jusqu'au sommet par une large veine de diorite vert-foncé d'une régularité parfaite. Ailleurs, la montagne est zébrée par de nombreuses veines de diorite et de porphyre, qui courent parallèlement ou s'entre-croisent en mille dessins capricieux. La variété et la richesse des couleurs font oublier la stérilité des montagnes et la rareté de la végétation le long du torrent desséché.

Après avoir marché pendant une demi-heure dans une sorte

Fig. 35. — Débouché du ouadi Tarfah, dans le ouâdi Isléh.

de plaine sablonneuse, on laisse à gauche l'entrée du *ouâdi eth Thebt* qui fait une courte pointe vers le nord et se dirige ensuite brusquement au sud-est. Près de sa jonction avec le *ouâdi Isléh*, se trouvent des maisons quadrangulaires autrefois habitées par des anachorètes ; un peu plus loin un bouquet de palmiers ombrage un petit étang alimenté par une source qui s'échappe de rochers feldspathiques. On aperçoit aussi parfois des *naouâmîs*.

Les palmiers éparpillés du *ouâdi Isléh* charment surtout par la soudaineté de leur apparition. A mi-chemin, on rencontre même une petite cascade qui roule ses eaux sur des rocs couverts de fougères, de mousse et entourés d'arbustes. Elle donne naissance à un cours d'eau qui, néanmoins, ne tarde pas à se perdre dans le sol caillouteux. Après un parcours d'environ 3 h., la vallée se resserre, forme un dernier défilé étroit et sinueux et débouche brusquement dans la plaine d'*el Qâah.* Si à cent mètres plus loin on jette un regard en arrière, les hautes falaises semblent former une barrière impénétrable et

Fig. 36. — Naouamîs, dans la vallée d'Isléh.

l'on a de la peine à discerner la fente par laquelle on est entré dans la plaine. Au devant du défilé, l'eau du torrent a creusé dans le sable un vaste bassin bordé de hautes berges ; au centre gisent de grands blocs de granit, de quartz et de feldspath. C'est là qu'en hiver on dresse généralement la tente, si toutefois l'orage n'est pas à craindre ; mais comme ce désert est la région la plus chaude de la péninsule, il est préférable de camper pendant la belle saison sur une des éminences voisines, vers le nord. Là au pied des collines existent quelques débris de petites constructions en pierre.

De l'entrée de la vallée d'Isléh jusqu'à Tour il y a 6 heures de marche à travers une plaine déserte et monotone qui descend doucement vers la mer. Après avoir gravi la berge septentrionale, on jouit d'un beau coup d'œil rétrospectif sur le massif

Fig. 37. — DÉBOUCHÉ DE LA VALLÉE D'ISLÉH, dans la plaine d'el Qâah.

du *djébel Oumm Chômer*, montagne de la Mère du Fenouil, et plus loin apparait la cime de cette imposante montagne qu'on ne perd plus de vue. Pendant quelque temps le sol est couvert de débris de roches ignées que les eaux ont charriés de l'intérieur de la presqu'ile. Puis on traverse une région couverte de dunes d'un mètre à peine de hauteur, qui voyagent vers le sud-est sous l'influence du vent du nord-ouest. En s'approchant de la mer, le sable devient plus fin et contient des débris de coquillages qui scintillent au soleil. Bientôt on aperçoit vers le sud-ouest les bâtiments de la Quarantaine au milieu de quelques bouquets de palmiers, au nord-ouest la palmeraie du *djébel Hammâm Sidna Moûsa* et devant soi les maisons de Tour.

TOUR.

Tour est un petit port de mer protégé à l'ouest par la longue pointe du *râs Tour* et au sud-ouest par celle d'*er Rigah* qui sont dues l'une et l'autre à la présence de grands bancs de corail. La baie offre un mouillage sûr aux bateaux d'un faible tirant ; mais son peu de profondeur, comme aussi son entrée au milieu de nombreux récifs de corail, empêchent les grands navires d'y jeter l'ancre.

Si le bateau par lequel on désire retourner à Suez n'était pas encore arrivé, ou s'il tardait à quitter le port, on pourrait demander l'hospitalité au couvent des moines grecs. Ceux-ci tiennent à la disposition des voyageurs quelques chambres sans meubles et sans lits. Ces pièces servent principalement aux pèlerins russes. Mais si la saison est bonne, il y a tout avantage à dresser les tentes sur le bord de la mer.

Au sud du couvent, sur le débarcadère du port, on trouve deux magasins de denrées alimentaires de toute sorte : viandes, légumes, fruits en boîte et autres conserves, pain, vin, bière, etc. Sur commande, les deux négociants procurent aussi d'excellent poisson frais.

Comme à Tour il n'y a pas de bureau d'agence Khédiviale, il faut s'adresser directement au commandant du bateau pour régler le passage jusqu'à Suez.

Le prix du passage de Tour à Suez, y compris la nourriture, est de 63 fr. 80 en 1re classe, et de 43 fr. 50 en 2e classe.

Il faut adresser en outre par écrit au médecin-directeur de la Quarantaine une demande de bulletin sanitaire, sans lequel on n'est pas admis à voyager sur le paquebot.

Tour possède un bureau de poste et de télégraphe établi au Lazaret, ainsi qu'une petite garnison, principalement pour la surveillance des pèlerins musulmans en quarantaine. Le commandant des troupes a le titre de *Nazir* et est à la fois gouverneur civil et militaire de la place.

L'Allemagne et la Russie y sont représentées par un agent consulaire.

Histoire. Tour emprunte son nom aux mots grecs, τό ὄρος, la Montagne, c'est-à-dire le mont Sinaï, appelé généralement Toursina par les écrivains arabes. Jusqu'au moyen âge elle s'appelait Raithou ou Râytû. Elle formait déjà une station navale au temps des Phéniciens, semble-t-il. Le vent du nord, qui souffle habituellement, rend la navigation des voiliers très difficile quand ils remontent l'étroit golfe de Suez ; parfois elle devient impossible pendant des semaines entières. Dans ces cas, les marchandises étaient jadis débarquées à Raithou et transportées à dos d'ânes ou de chameaux jusqu'au canal du Nil, à l'extrémité du golfe.

Du IIIe au IVe s., Raithou devint un grand centre d'anachorètes et de moines, et jouit pendant quelques siècles d'une période de prospérité et de grandeur.

En 350 déjà, l'histoire fait mention de saint Ammon, abbé du monastère de Raithou[1]. Puis en 370 et vers 400, les religieux eurent à souffrir, comme leurs confrères du mont Sinaï, des invasions des Sarrasins et des Blemmyes [2]. Soixante-dix moines y furent martyrisés par ces barbares, d'après Epiphane

Fig. 38. — Tour, vue du Lazaret.

l'Hagiopolite [3]. Eutychius d'Alexandrie raconte qu'en 527 l'empereur Justinien fit construire aux moines de « Raya » un nouveau couvent, probablement fortifié comme celui du Sinaï. Saint Jean Climaque dédia son livre *Climax*, à l'abbé de Raithou, et Jean Mosch fait mention d'Andréas Messenus, abbé du même monastère[4]. La prospérité de la cité cessa avec la conquête du pays par les Arabes au VIIe siècle.

Au XVIe siècle, le sultan Sélim-Murad y fit construire une forteresse; mais Raithou, appelée alors Tour, resta un village

1. Cotelerius, *Mon. gr.*, I, p. 664 et 671. — 2. V. p. 118. — 3. *Ennar. Syriæ*, Migne, *P. G.*, CXX, col. 266. — 4. *Prat. spir.*, c. CXVI.

chrétien. Basile Posniakov, qui visita ce lieu de 1558 à 1561, en compagnie de l'archevêque du mont Sinaï, écrit : « A Raithou il n'y a point de Grecs ; les habitants sont tous des Syriens appartenant à la religion chrétienne orthodoxe... En fait de Turcs, il n'y a que le Sandjak (gouverneur) et une dizaine de janissaires [1]. »

Une arche et quelques vieux murs enterrés dans le sable, c'est tout ce qui reste de l'ancienne ville. La *Qalaah el Tour*, la forteresse de Sélim, est elle-même dans un état de délabrement. Les pèlerins du XVe et du XVIe siècle indiquent les vestiges du monastère de Saint-Jean à 4.000 pas du port [2] et à 1.000 pas de la palmeraie de la source de Moïse [3].

Le village moderne se compose de deux quartiers séparés l'un de l'autre ; le premier est situé dans la plaine vers l'orient et est habité par des Arabes et des Bédouins semi-nomades. Leurs maisons cubiques formées de murs en pisé ou de briques non cuites sont groupées autour d'une petite mosquée. Le deuxième s'étend le long du port et est habité par vingt à trente familles grecques non-unies. Les maisons construites pour la plupart en bois et en briques crues sont dominées par le vaste établissement des moines du Sinaï, qui se dresse sur le débarcadère ; il renferme l'église paroissiale, le palais de l'archevêque du Sinaï, les habitations pour les moines et les gens de service et de nombreuses dépendances. Tout est blanchi à la chaux. Dans l'angle nord-ouest, quelques chambres attenantes à une salle de classe sont destinées aux pèlerins.

Quarantaine. A l'époque des pèlerinages de La Mecque, une grande animation règne à Tour, station principale de Quarantaine, où tout pèlerin, revenant de Djeddah, doit s'arrêter huit à quinze jours au Lazaret. Comme la plupart d'entre eux profitent de leur voyage à la ville sainte pour échanger des marchandises avec leurs coreligionnaires de la Perse, des Indes et de la Chine, les négociants de Suez et d'autres villes d'Egypte affluent à Tour pour acheter ces articles et pour débiter aux pèlerins d'autres denrées dont ils ont besoin. A Tour, comme dans toute station de ce genre, le passage des caravanes occasionne une foire de plusieurs semaines.

A l'emplacement de l'ancienne station de la Quarantaine et du hameau de *Qroum*, distants de 1 à 2 kilomètres au sud de la ville, le gouvernement égyptien vient de faire construire un immense Lazaret. Par ses proportions, sa régularité, le perfectionnement de ses services sanitaires, il est un modèle dans son

1. *Op. cit.*, p. 307. — 2. Posniakov donne la distance de 3 verstes ou 3 km. 200. — 3. Le diacre Ephrem, *op. cit.*

genre. On peut y loger 15.000 personnes à la fois [1]. Sur le bord de la mer, s'élève une longue file de bâtiments aménagés pour la visite médicale, les bains, la pharmacie, les habitations du personnel de la direction ; ces dernières sont entourées de splendides jardins. En arrière sont construites des maisons et des cours pour des groupes de 500 à 800 personnes. Les bâtiments et les préaux de chaque groupe sont isolés des autres par de solides barrières et des treillis en fil de fer. Sur divers points de la plaine, on a creusé des puits dont les eaux sont recueillies au moyen d'une pompe à vapeur dans un château d'eau, d'où elle est distribuée dans tous les coins du Lazaret, ainsi qu'au village. La direction de l'établissement est confiée à un médecin européen.

Les sources thermales et la palmeraie. A 1 kilomètre 1/2 au nord du village, s'avance dans la mer une dernière ramification de la chaîne du *djébel el Arabah*, qui s'étend vers le septentrion le long du littoral. Le promontoire, qui a une hauteur de 120 mètres, porte le nom de *djébel Hammâm Sidna Moûsa*, mont des Bains de notre seigneur Moïse. Du pied de la montagne s'échappent quelques sources d'eau sulfureuse d'une température de 27° à 28° C. L'eau est limpide comme du cristal, et malgré son goût salé, on la trouve potable. Abbas Pacha entreprit la construction d'un luxueux établissement de bains ; mais après sa mort, tout s'écroula bientôt, faute d'entretien. De rares Egyptiens, sujets aux affections rhumatismales, viennent encore se baigner dans ces sources pour obtenir leur guérison.

Le vallon d'*Abou Sououêra* arrosé par ces eaux chaudes est couvert de riches plantations de dattiers qui pour la plupart appartiennent aux moines du mont Sinaï. C'est cette superbe palmeraie qui fut prise par Cosmas l'Indicopleuste et d'autres exégètes pour la station d'Elim, où s'arrêtèrent les Israélites après avoir quitté la source de Mara.

Ermitages. Sur le versant du *djébel Hammâm* on rencontre un grand nombre de grottes habitées jadis par des anachorètes. Quelques-unes portent encore des inscriptions grecques et arméniennes, ou des croix peintes en rouge sur les parois recouvertes de stuc. Schubert (II, p. 295) y trouva une inscription datée de l'an 633 ap. J.-C.

Djébel Naqoûs. Plus au nord, à une lieue de Tour, quelques rochers du *djébel Mokatteb* présentent des inscriptions sinaïtiques. La montagne qui s'élève un peu plus loin, à 20 minutes

1. En 1893, 16.000 à 17.000 pèlerins furent parqués par groupes dans des baraques ou sous les tentes. — Si un cas d'épidémie se déclare dans le campement, tous les membres du groupe ont à recommencer une nouvelle quarantaine de 8 à 12 jours.

du rivage, s'appelle *djébel Naqoûs*, mont du Synandre ou de la Cloche. Elle doit son nom à un singulier phénomène signalé pour la première fois par Seetzen en 1807. En passant, par un temps très sec, sur les rochers de grès amoncelés sur les flancs et recouverts de sable, on entend d'abord un léger bruissement qui ressemble au son produit par les fils télégraphiques sous l'action du vent ; ce bruit augmente et finit par un mugissement intense semblable au son lointain d'une cloche. Les indigènes attribuent ce son étrange aux cloches d'un couvent qui aurait été englouti par la montagne. Le diacre Ephrem, qui raconte l'histoire de cette disparition, ajoute qu'elle est consignée dans les archives du couvent de Toursina au mont Sinaï. Cet événement mystérieux a naturellement sa légende, que le guide arabe ne manque pas de raconter tout au long.

M. Palmer a constaté que la force du son est étroitement liée à la température même du sable. Faible à 16° C., il acquiert son maximum d'intensité à 39° C. Le sable échauffé produit ce bruissement métallique en glissant par les fissures des rochers de grès.

CHAPITRE X

De Suez au mont Sinaï par Tour.

Si l'on désire faire un voyage par terre entre Suez et le mont Sinaï et un autre par mer entre Suez et Tour, il est plus avantageux, et surtout plus prudent, de commencer par le voyage de Suez à Tour par mer, pour revenir du Sinaï à Suez par terre. Le bateau part de Suez à jour fixe ; mais il revient de Djeddah à Tour, pour retourner à Suez, à des intervalles irréguliers. On n'aurait donc que très peu de temps à consacrer à la visite du mont Sinaï, pour ne pas s'exposer à manquer le bateau ; mais dans ce cas on court le risque de perdre plusieurs jours à l'attendre à Tour.

En barque. Autrefois le voyage de Suez à Tour se faisait en barque à voile. Il n'offre aucun danger spécial ; en cas de mauvaise mer, les bateliers, qui ne perdent jamais la côte de vue, s'abritent dans une des nombreuses criques formées par les récifs de coraux le long du rivage. Comme le vent du nord souffle habituellement, le trajet peut se faire en 18 à 20 heures. Le prix d'une barque de 20 à 25 tonnes, montée par quatre hommes, est d'environ 150 francs. Il est utile de s'assurer à son consulat respectif de l'honorabilité du patron de la barque et de faire connaître les conditions arrêtées avec lui pour le trajet.

En bateau à vapeur. Il vaut bien mieux, néanmoins, s'embarquer sur un bateau à vapeur de la Compagnie Khédiviale. Chaque semaine, le lundi soir, un paquebot quitte Suez pour le port de Tour. Il est prudent de s'informer d'avance du jour et de l'heure du départ du bateau, parce qu'ils peuvent varier d'une année à l'autre, La traversée dure 15 à 16 heures. Le prix de passage en première classe, y compris la nourriture, est de 63 fr. 80 et de 45 fr. 50 en seconde. De Tour, le paquebot poursuit son voyage jusqu'à Djeddah, d'où il visite Koseir ou le nouveau port de la côte égyptienne et revient à Tour de 7 à 9 jours après, pour retourner à Suez. On prend le billet de passage à l'Agence Khédiviale sise à l'est de Suez, sur le quai, et l'on s'embarque dans le port d'Ibrahim près de la gare des Docks [1].

Les montures. Pour trouver les chameliers prêts à partir avec les chameaux pour le mont Sinaï lorsqu'on arrive à Tour, il faut s'en occuper à Suez, dans le cas où l'on n'aurait pas pris d'engagement avec un drogman. On s'adressera pour cela au Moine du Sinaï résidant rue *Karacol el Souâr*, pour spécifier avec lui le nombre de chameaux de selle et celui de chameaux de charge dont on a besoin, et pour régler avec lui le contrat. Il avertira par télégraphe les moines de Tour de l'arrivée et des besoins des voyageurs.

Quant aux provisions de bouche, tonnelets ou outres pour l'eau, tentes, literie et autres accessoires, il faut emporter tout de Suez. (*V.* Renseignements généraux).

1. A l'époque des pèlerinages, un grand nombre de bateaux à vapeur font le service entre Suez, Tour et Djeddah. Mais lors même qu'ils ne seraient pas occupés par des Arabes plus ou moins fanatiques, leur état de propreté ne les recommande pas à des voyageurs européens.

De Suez à Tour par mer.

Au sortir du port d'Ibrahim, se dressent à l'ouest les belles formes de la sombre masse du mont *Atâka*, dont les roches abruptes descendent jusqu'aux bords de la mer. A l'orient, se dessine la muraille jaunâtre du plateau de Tîh. Après 20 minutes de navigation, on dépasse l'îlot de *Qalâah el Kébir* qui porte un phare. Plus loin, au pied du mont *Atâka*, apparaissent quelques cabanes et un tramway qui aboutit à une grande carrière de pierre calcaire. A gauche, au milieu du désert, une longue touffe de palmiers marque l'oasis des fontaines de Moïse (*V.* p. 50-52). La mer se resserre ensuite entre le *râs el Adabiyéh*, un éperon du mont Atâka et le *râs Mésallât*, langue de terre qui s'avance de la plaine sablonneuse à gauche. Le golfe, qui n'a en ce point que 8 à 10 kilomètres, s'élargit dès lors considérablement.

La mer Rouge était appelée par les anciens Egyptiens la Très Verte. Son eau est d'un beau bleu verdâtre, transparent, qui scintille au soleil comme une mer d'opale. Aussi, s'est-on souvent demandé comment une eau si bleue a pu recevoir l'épithète de Rouge. Les savants ne sont pas d'accord sur l'origine de cette qualification. Les uns l'attribuent à la grande quantité des coraux qui poussent dans son sein ; mais les bancs de coraux blancs sont plus nombreux que ceux des coraux rouges, et les uns et les autres, submergés par les flots, ne laissent guère paraître leur couleur. La coloration des montagnes sur les deux rives ne constitue pas une meilleure explication. D'autres font du rouge le synonyme de torride, hypothèse qui manque de fondement. On ne peut pas non plus songer aux descendants d'Esau, le roux ; car les Edomites n'ont occupé que les rives de l'extrémité septentrionale du golfe d'Aqabah, et n'ont jamais habité les bords de la mer Rouge proprement dite. Du reste, les anciens comme Hérodote[1] et Bérose, désignent aussi sous le nom de mer Erythréenne ou mer Rouge le golfe Persique, et appliquent ce nom, avec Arrien, à tout l'Océan Indien connu à cette époque. Il est possible que ce nom soit emprunté aux hommes rouges, les Pounts, qui vivaient dans ces parages et qui furent les ancêtres des Phéniciens.

Ajoutons encore, comme particularité, que la mer Rouge est le seul grand bassin qui ne reçoive l'eau d'aucun fleuve.

Au tiers de la route se dresse sur la côte égyptienne le *djébel Khalâlah* et plus loin le *djébel Zaferânéh* dont la cime porte un phare. En face, sur la rive orientale, le *djébel Hammâm*

1. H., I, 180, 189 ; — II, 102.

Firaoûn s'avance hardiment dans la mer (V. p. 61). Pendant tout le reste de la traversée, le panorama montagneux des deux rives offre des coups d'œil splendides et, lorsqu'à son lever ou à son déclin le soleil illumine les cimes granitiques qui se dressent à l'horizon, le spectacle est d'une beauté indescriptible. On aperçoit d'abord la masse majestueuse du mont Serbâl (2.052), qui se rattache par une forêt de cimes au massif imposant du *djébel Oumm Chômer* (2.575 m.) qui s'élève vers le midi.

Arrivé presque au terme du voyage, on s'approche du *djébel Gharîb*, pic gracieux qui domine la côte occidentale d'environ 1.800 mètres. Un de ses contreforts est éclairé par un phare. Plus loin, du même côté, se dessine le haut plateau pétrolifère du *djébel ez Zeil*. Les sources de pétrole, qui y sont aujourd'hui en pleine exploitation, sont déjà mentionnées par le Pèlerin de Plaisance en 570. L'« oleum petrinum » de ce pays était alors hautement apprécié à Clysma pour sa vertu médicinale[1].

Le bateau se rapproche de la chaîne basse du *djébel el Arabah* qui s'étend le long de la côte orientale. Le *djébel Naqoûs*, le promontoire du *Hammâm Sidna Moûsa*, sa verdoyante palmeraie, puis les maisons de Tour, derrière lesquelles se déroule le désert d'*el Qâah*, se présentent successivement au regard, pendant que par un long circuit le bateau entre lentement dans le port, à travers d'immenses bancs de coraux. (V. Tour, p. 168).

De Tour au mont Sinaï.

Trois chemins mènent de Tour au mont Sinaï.

Le premier assez court et très pittoresque s'ouvre à l'orient du village et passe par le *ouâdi Isléh*. C'est la route que nous avons déjà suivie et décrite en venant du mont Sinaï à Tour. (*V.* p. 163-168).

Le deuxième, plus long mais plus pittoresque encore, se dirige au nord-est, passe par le *ouâdi Hébrân* et aboutit dans le *ouâdi Solâf*, à peu près à mi-chemin entre l'oasis de *Feirân* et le mont Sinaï.

Le troisième va droit au nord et débouche à l'ouest de l'oasis de *Feirân* par la vallée d'*Adjeiléh*, Rapide ou Accélérée. Elle est en effet suivie par les Bédouins qui ont hâte d'arriver de *Feirân* à Tour et vice-versa.

Si les voyageurs ont l'intention de retourner du mont Sinaï à Suez par terre, ils prendront le chemin de la vallée d'*Isléh* (2 jours à 2 jours 1/2).

Si, au contraire, ils reviennent à Tour pour retourner à Suez par mer

1. *Itin.*, XLII.

et s'ils veulent visiter l'oasis de *Feirân*, ils suivront de préférence le troisième chemin (2 jours jusqu'à *Feirân*), pour redescendre du mont Sinaï par le *ouâdi Isléh*, ou vice versa.

Si, pressés par le temps, ils renoncent à l'oasis de *Feirân* et se contentent de visiter seulement le mont Sinaï, le voyage se fera par la vallée d'*Hébran* (3 jours jusqu'au mont Sinaï) et par celle d'*Isléh*, soit à l'aller, soit au retour.

En arrivant à Tour, on s'empressera de se rendre au couvent des moines grecs, où les chameliers attendent les voyageurs.

De Tour au mont Sinaï par le ouâdi Hébrân.

Oumm es Saad.	1 h.	00	Naqb el Edjaouéh	2 h.	35
Ouâdi Hébrân	7	00	Ouâdi Soláf	1	10
Ouâdi Ithmed	4	30	TOTAL.	16 h.	15

En sortant du village, la caravane se dirige au nord-est à travers la plaine sablonneuse et aride d'*el Qâah* qui monte doucement vers la ligne des montagnes. Le chemin suit une dépression du sol appelée *el Ouâdi*, qui n'est que la continuation de la baie de Tour. De grosses taches blanches de salpêtre couvrent le sable jaune de l'horrible désert stérile et nu. La palmeraie du *djébel Hammâm Sidna Mousa* et les pics du *djébel Oumm Chômer* attirent seuls l'attention. Après une heure de marche, on arrive à *Oumm es Saad* où coulent quelques sources de bonne eau entourées d'une fraîche verdure. Plusieurs familles de Bédouins y habitent dans des huttes en terre, ombragées par un grand nombre de palmiers pleins de vigueur. Les chameliers s'y arrêtent un instant, pour faire leur provision d'eau, puis la marche continue sur la route construite par Abbas Pacha et abandonnée depuis sa mort. Bien que balayée par l'eau de pluie, elle est encore en assez bon état à certains endroits et reconnaissable partout. Au sable salin succède un gravier grossier, qui lui-même fait place, plus loin, à de gros cailloux roulés, puis à d'énormes éboulis de roche gisant au fond de profonds ravins. C'est la seule variation de décor qu'offre cette plaine brûlante. Aussi, après avoir traversé pendant 8 heures ces solitudes arides et monotones, la vallée d'*Hébrân*, qui s'ouvre par une étroite fissure entre deux murs de granit rouge, est saluée comme un paradis. Tout voyageur s'empresse de mettre pied à terre pour bivouaquer sous un bouquet de palmiers-doums au feuillage épais, ou dans un fourré de tamaris odoriférants à travers lesquels coule un filet d'eau fraîche et limpide.

Le ouâdi Hébrân est une gorge longue, profonde et tortueuse, d'un aspect à la fois grandiose et sauvage. Sur les deux flancs de la vallée se dressent des rochers de grès et de granit rose et gris, comme des murailles gigantesques traversées par de puissantes veines de diorite et entaillées par de profondes crevasses.

Sur un parcours d'environ 4 kilomètres, la gorge est sinueuse et n'atteint que 40 mètres de largeur ; même à certains endroits, celle-ci se réduit à 25 mètres. Mais au milieu des rochers qui l'encombrent poussent de nombreux palmiers, des tamaris et parfois d'énormes roseaux. La route du vice-roi continue à monter en serpentant au fond du défilé ; à certains endroits, cependant, on n'en voit même plus de traces.

Bientôt les palmiers cessent, et pendant une heure on ne rencontre que des tamaris au milieu d'une abondante végétation. A droite débouche la première vallée tributaire, le *ouâdi Khourr*, qui descend de la montagne de même nom. Les tamaris disparaissent à leur tour et le chemin n'est égayé que par des seyals. Il contourne le *djébel Hébrân* qui s'élève à droite, monte au nord où se présentent une touffe de palmiers nains et quelques inscriptions nabatéennes. La vallée reprend la direction du nord-est (40 min.) et reçoit successivement à droite le *ouâdi Ouêber*, à gauche l'étroit *ouâdi Khalâqa* qui descend du *djébel Matakh el Baroûd* (1 h. 10). Une heure plus loin, débouche le beau *ouâdi Tayîbéh*, à gauche, et à droite le *ouâdi Morêta* qui amène les eaux du *djébel Baghabouq*. Puis on rencontre le *ouâdi Gasoûb* qui dévalle du midi et l'important *ouâdi Ithmed* qui vient de l'est (40 min.). A ce point la vallée d'Hébrân tourne brusquement au nord presque à angle droit et monte rapidement. Deux nouvelles vallées viennent la rejoindre, à gauche celle d'*Oumm Lassaf* formée par le *djébel Matakh el Baroûd*, et à droite celle de *Moreia* qui côtoie la montagne de ce nom.

Après une montée de 2 h. 15, on arrive aux pentes escarpées du *naqb Edjaouéh*, qui forme la ligne de partage des eaux des *ouâdis* d'*Hébrân* et de *Solâf*. Au sommet du col (1.002 m.), se trouvent les plus beaux *naouâmîs* de la presqu'île. Ces tombeaux à ruches, bien bâtis et bien conservés, ont tous leur petite porte tournée à l'ouest, en face de la paroi rocheuse voisine (*V.* p. 95).

Du haut du col, on aperçoit à gauche les pics du *djébel Matakh el Baroûd*, et à droite, des collines de gneiss qui s'étendent jusqu'au pied du *djébel Moreia*, une masse imposante de dolérite qui se divise en trois pics de 2.050 mètres d'altitude.

La descente du *naqb* dans la vallée de *Solâf* est bien plus douce que la montée, et en 1 h. 10 on arrive au fond de son lit large et sablonneux, presque en face d'un groupe de *naouâmîs* qui s'élèvent sur le flanc septentrional de la vallée. Lieu de campement. De là au mont Sinaï, voir p. 107.

De Tour au mont Sinaï par l'oasis de Feirân.

Oumm es Saad	1 h. 00	Oasis de Feirân	4 h. 30
Ouâdi Djébâa	9 00		
Ouâdi Adjeiléh	1 00	TOTAL	15 h. 30

Pour ce voyage il faut partir de Tour de très bon matin, parce qu'il y a environ 42 kilomètres de désert à parcourir avant d'arriver au campement, c'est-à-dire, à l'entrée des montagnes, où seulement on trouve de l'eau et des pâturages pour les chameaux.

On prend la même route que pour le voyage précédent. Seulement, au delà d'*Oumm es Saad*, le chemin se détache de la route d'Abbas-Pacha, et continue dans la direction du nord. Après 7 heures de marche, on traverse des mamelons couverts de cromlechs. Deux heures plus tard apparaissent de nouveaux cromlechs à droite, à l'entrée dans les montagnes (alt. 313 m.). La large vallée qui s'ouvre est formée par la jonction du *ouâdi Roudjéh* qui descend du nord-nord-ouest et du *ouâdi Djébâa* qui vient du nord-est en longeant la base orientale du *djébel Djébâa* qui a une altitude de 933 mètres. On entre dans cette dernière vallée.

Le ouâdi Djébâa, la vallée des Etangs, est arrosé par un petit ruisseau permanent qui forme des marais et entretient diverses plantes aquatiques et les arbustes qui poussent dans la plupart des autres vallées ; mais on n'y voit pas de palmiers De même formation que la vallée d'*Hébrân*, son aspect est plus sauvage encore. Après une heure de marche, on arrive à l'embouchure du *ouâdi Adjeiléh* qui descend en ligne droite du nord. Le *ouâdi Djébâa* se dirige alors vers l'orient sous le nom de *Sidjilliyéh*, limitant le pied méridional du massif du Serbâl; il contourne ensuite cette montagne à l'est par de nombreux détours sous le nom d'*er Rimm*, et débouche dans le *ouâdi Solâf* à une demi-heure à l'orient du défilé d'*el Boueïb*.

Le ouâdi Sidjilliyéh est la gorge la plus horrible qu'on puisse imaginer. Aussi un grand nombre d'anachorètes l'ont-ils choisie comme le lieu le plus apte pour passer leur vie dans la solitude et la prière. Par un travail opiniâtre et ingénieux ils ont criblé les murailles granitiques du profond ravin de grottes nombreuses, auxquelles montent des sentiers dont la vue seule fait frémir. C'est à ces mêmes solitaires qu'on doit le chemin taillé dans le granit entre l'affreuse gorge et la plaine.

On laisse le romantique ermitage à droite, pour suivre le profond *ouâdi Adjeiléh*, qui limite le mont Serbâl à l'ouest. On oublie les difficultés du chemin devant le majestueux spectacle qu'on a sans cesse sous les yeux. Le paysage acquiert une beauté inexprimable au sommet du col qui reste à franchir après 2 heures de marche. Lorsqu'on a dépassé les ruines d'un fortin du moyen âge, le *deir el Frandji* (*V.* p. 92), on descend entre des parois couvertes d'innombrables inscriptions sinaïtiques. Après une nouvelle marche de deux heures, on débouche dans le *ouâdi Feirân* au milieu de beaux bouquets de tamaris et de palmiers. Là on tourne vers l'est, et au bout d'une demi-heure on atteint l'oasis de *Feirân* (*V.* p. 88).

DEUXIÈME PARTIE

DU MONT SINAÏ AU JOURDAIN

CHAPITRE Ier

Du mont Sinaï à Aqabah.

Les Bédouins de Sinaï ne peuvent conduire les voyageurs que jusqu'à *Aqabah*. Là il faudra s'adresser au *scheikh* des *Alaoûîn*, qui fournira les chameaux nécessaires pour se rendre d'*Aqabah* à Maân. De Maân à Pétra, et au delà, il est plus commode de voyager à cheval. On trouvera des montures, chevaux et mulets, à Maân. Le *scheikh* d'*Aqabah* est réputé pour ses exactions à l'égard des voyageurs.

Du couvent de Sainte-Catherine à Aïn el Houdérah.

Ouâdi esch Scheikh. . . .	0 h.	25	Eroueis Ebeirig	0 h.	40
Ouéli de Nébi Saléh . . .	1	40	Ouâdi Hedjeïby	4	50
Aïn Soueir.	0	20	Aïn el Houdrâ.	2	20
Ouâdi Saâl	2	20			
Ouâdi Khébeibéh	5	20	TOTAL. . . .	17 h.	55

Au sortir du couvent de Sainte-Catherine, on descend le *ouâdi ed Deir* et, arrivé au *djébel Haroûn* (25 min.), on s'engage à droite dans le *ouâdi esch Scheikh* (alt. 1.485 m.). C'est une large vallée au sable durci, où poussent de rares broussailles. On laisse à droite (35 min.) le *ouâdi Soudâd*, qui plus haut s'appelle *Sébaiyéh*. Plus loin (45 min.), apparaissent sur les flancs des collines de nombreux cromlechs, *Roudjm Zoueidiyéh*. Les Bédouins prétendent qu'Abou-Zeid, le héros national des Arabes, les avait fait ériger en souvenir d'une brillante victoire remportée sur les barbares. A gauche (20 min)., se profile le *ouéli* du *nébi Saléh*, le *scheikh* légendaire auquel la vallée doit son nom (alt. 1.350 m.).

Nébi Saléh, le prophète Juste, est le grand saint des *Touârah*, qui le vénèrent à l'égal de Moïse et d'Élie. Les *Saoudlihé* le regardent comme leur ancêtre et prétendent même lui devoir leur nom. Les Bédouins ne se contentent pas de l'invoquer quand ils passent; chaque année ils affluent de tous les coins de la péninsule pour camper une semaine entière autour du petit sanctuaire, et vénèrent la mémoire de leur saint patron par des sacrifices et des repas suivis de danses, de chants et de fantasias.

Fig. 39. — Nébi Saléh, dans le ouâdi esch Scheikh.

Ils ne connaissent, du reste, que vaguement son origine et sa vie. E. H. Palmer, qui rapporte l'histoire de ce personnage d'après le Coran et la tradition locale, dit : « Je m'imagine que dans cette tradition nous puissions reconnaître un souvenir confus du législateur israélite lui-même [1]. »

Le *ouéli* se compose d'une enceinte carrée, et d'un édicule circulaire terminé par un toit conique en charpente. La petite mosquée renferme un *mihrâb*, niche qui indique le *Kibléh* ou la direction de La Mecque, et un cénotaphe couvert d'une toile de lin et d'un tapis vert.

1. *Op. cit.*, p. 52 et 53. — *V.* ci-dessus : *Nébi Saléh* et sa chamelle, p. 148.

Au delà du *ouâdi* (5 min.), on quitte le *ouâdi esch Scheikh* qui, par un grand circuit, descend à *el Boueïb*, accès du *ouâdi Feirân*, et l'on entre à gauche dans le *ouâdi Soueir*. En 15 minutes on atteint l'*Aïn Soueir*, puits d'eau potable creusé au milieu d'un jardin planté d'arbres fruitiers. La vallée se prolonge, sous le nom de *ouâdi Soueiriyéh*, le petit Soueir, à travers une région de collines basses et rocheuses, coupée de nombreux ravins, jusqu'au col de *naqb Abou Delléh* (50 min.). Ici passe la ligne de partage des eaux entre le golfe de Suez et celui d'*Aqabah*. Elle débouche de là dans le *ouâdi Orf* (10 min.) qui renferme des *naouâmîs*.

Une demi-heure plus loin, on dépasse le *ouâdi Mouselléh* à droite et l'on pénètre, à gauche (5 min.), dans le *ouâdi Abou Delléh* qu'on suit pendant 30 min. On laisse ensuite le *ouâdi Ménédréh* à gauche, pour s'engager 10 minutes après dans le *ouâdi Saâl*, dont l'entrée offre une bonne place de campement, avec un beau coup d'œil rétrospectif sur les montagnes de Sinaï.

Le ouâdi Saâl est une gorge longue et imposante bordée de granit rouge et couverte çà et là d'épaisses broussailles. Sur ses flancs débouchent de nombreuses vallées, dont voici les principales : *er Ryan* à gauche (1 h. 30), — *el Gharaby* à droite (1 h.), — à gauche *el Mirâd* (50 min.), — à droite *el Heimeiréh* (18 min.), — à gauche *Oumm Ryh* (18 min.), — à droite *Maadjéh* (30 min.), — à gauche *el Halif* (30 min.) dont l'entrée est marquée par un superbe seyal. La vallée de Saâl s'élargit, mène à des collines sablonneuses dont la plus éminente s'appelle *Hadjrat el Baqar* (15 min.), puis au *ouâdi Khébeibéh* (10 min.), signalé par l'oasis d'*Aouoûl* et par quelques rochers isolés qui portent des inscriptions sinaïtiques.

Thabééra et Qibrot Hattaava.

A l'entrée du plateau, à droite, le mamelon porte le nom d'*Eroueis Ebeirig* (40 min.). On y remarque de nombreux petits enclos de pierre, évidemment vestiges d'un vaste campement, mais différent, dans son arrangement, de tous ceux qui se rencontrent dans la péninsule. Sur le sommet à gauche, se dresse une grosse pierre brute surmontée d'un bloc de calcaire de forme pyramidale. Tout à l'entour, sur un rayon de plusieurs kilomètres, on trouve des groupes de pierres disposées comme les foyers improvisés par les Bédouins nomades. Cet usage existe encore aujourd'hui. M. Palmer, qui a soigneusement examiné ce camp à deux reprises, et la seconde fois avec M. Drake, a relevé sur elles les traces de l'action du feu, et, en creusant le sol, il mit à jour une assez grande quantité de charbon. De place en place, on voit des enclos plus grands, marquant peut-être le campement des familles les plus distinguées, et, en dehors du camp, on remarque un grand nombre de tumulus ou de monceaux de pierres, qui d'après leur forme et leur disposition ne peuvent être que des sépulcres.

Une tradition locale veut qu'à une époque très reculée, une grande caravane de pèlerins, *Hadji*, dressa ses tentes en ces lieux, en se rendant à *aïn Houdrâ* (Haséroth), et de là dans le désert de Tîh. Ils se sont égarés dans ce désert, disent les Arabes, et l'on n'en a plus entendu parler. *Hadj* est bien le terme employé pour désigner le musulman qui se rend en pèlerinage à La Mecque. Mais les caravanes de La Mecque ne passent jamais par cette contrée. D'un autre côté, *Hagg* est le mot hébreu employé par l'Exode (x, 9), pour exprimer la cérémonie religieuse que les Israélites s'étaient proposé d'accomplir dans le désert. « Pour bien des raisons, écrit M. Palmer, je suis incliné à croire que cette légende est authentique, qu'elle se rapporte aux Israélites, et que, dans les pierres éparpillées d'*Eroueis Ebeirig*, nous avons des traces de l'Exode[1]. »

En effet, la position d'*Eroueis Ebeirig* et ses ruines concordent avec le récit biblique. Nous savons d'abord que **Thabééra** dont le sens est « brûlant ou place de feu », était la troisième étape ou la première station des Israélites depuis le mont Sinaï. « Etant partis de la montagne de Jahvé, ils firent trois journées de marche... On donna à ce lieu le nom de Thabééra, parce que le feu de Jahvé s'était allumé parmi eux[2]. » Elle précédait celle de Qibroth Hattaava, ou Sépulcres de Convoitise, d'où le peuple se rendit à Hazéroth, communément identifié avec *aïn Houdrâ*.

Dans le récit de Thabééra et dans celui de Qibroth Hattaava, le thème est à peu près le même : murmure du peuple et châtiment divin. Une première fois « le peuple se mit à murmurer contre le Seigneur. Jahvé l'entendit, et sa colère s'enflamma, et le feu de Jahvé s'alluma contre eux et il dévorait à l'extrémité du camp. Le peuple cria vers Moïse et Moïse pria Jahvé, et le feu s'éteignit. On donna à ce lieu le nom de Thabééra, parce que le feu de Jahvé s'était allumé parmi eux[3]. »

Ce même campement reçut aussi le nom de **Sépulcres de Convoitise** en mémoire du châtiment dont le livre des Nombres a conservé le souvenir : « Le ramas de gens qui se trouva au milieu d'Israël, dit l'auteur sacré, s'enflamma de convoitise, et même les enfants d'Iraël recommencèrent à pleurer et à dire : Qui nous donnera de la viande à manger ? Il nous souvient des poissons que nous mangions pour rien en Egypte, des concom-

1. *Op. cit.*, p. 258. — 2. Nomb., X, 33. — 3. Nomb., XI, 1-3.

bres, des melons, des poireaux, des oignons et de l'ail. Maintenant notre âme est desséchée; plus rien! Nos yeux ne voient que de la manne [1]. » Le lendemain, le Seigneur fit tomber pour la seconde fois des cailles en quantité tellement prodigieuse, que celui qui en avait ramassé le moins en avait rempli dix gomors (38 litres 80). » Mais la chair était encore entre leurs dents, avant d'être consommée, que la colère de Jahvé s'enflamma contre le peuple, et Jahvé frappa le peuple d'une plaie très cruelle. On donna à ce lieu le nom de Qibroth Hattaava, parce qu'on y enterra les gens qui s'étaient laissés aller à la convoitise. De Qibroth Hattaava, le peuple se mit en route pour Haséroth et il s'arrêta à Haséroth [2]. »

En continuant à suivre le *ouâdi Khébeibéh*, on franchit le col de même nom (8 min.), d'où le Sinaï apparaît au loin avec toute son ampleur au milieu des montagnes qui l'entourent. Peu à peu on n'en apercevra plus que le pic aux dentelures roses du *djébel Katherîn*. Le sentier laisse à droite le *ouâdi Djinâh* (40 min.), contourne le haut et pittoresque *djébel Arâdeh* à gauche (40 min.), et s'avance dans les masses de grès bariolés et aux formes fantastiques du *Reidan Esqâah* (25 min.). Un grand nombre de ces rochers sont couverts d'inscriptions nabatéennes, grecques et arabes. Au nord-ouest, le regard est attiré par un des sommets de forme conique du *djébel el Eidjméh* (alt. 1.265 m.), qui appartient à la chaîne du *djébel et Tîh*. La route passe ensuite par le *ouâdi el Hedjeïby* (1 h.). A droite de la vallée (30 min.), l'œil est frappé par la vue de beaux *naouâmîs* construits sur un banc sablonneux, à la base duquel se trouvent des vestiges d'un gros mur en pierre sèche. A 35 minutes de là, on arrive dans une petite plaine au centre de laquelle se dresse un grand rocher isolé couvert de graffites. Les Bédouins appellent ce lieu *Kadeibéh el Hadjadj*, la colline des Pèlerins, et y rattachent le souvenir de la foule des pèlerins qui se sont égarés ensuite dans le désert de Tîh.

Haséroth.

Un tournant de la vallée mène droit à une muraille rocheuse où le regard a de la peine à discerner l'étroit défilé, le *Mataléh el Houdrâ*, l'Observatoire de Houdrâ, qui s'ouvre 27 minutes plus loin. En avançant pendant 10 minutes dans ce ravin, on atteint le sommet du col et l'on se trouve au bord d'un immense bassin creusé profondément dans le roc. Au fond de la cuvette s'étend une petite plaine sablonneuse, dans laquelle on descend en 30 minutes par un véritable escalier de rochers de grès aux

1. Nomb., XI, 4-6. — 2. Nomb., XI, 32-35.

flancs perpendiculaires et aux couleurs éclatantes et variées.[1] Le centre du cirque (6 min.) est occupé par la riante oasis d'*aïn el Houdrâ*, source d'eau douce ombragée par de nombreux palmiers qui s'enlacent avec des tamaris. C'est un des plus beaux et des plus romanesques spectacles qu'offre le désert.

L'eau qui jaillit avec abondance du roc et qui a le goût douceâtre de celle du *ouâdi Gharandel*, est amenée à un grand

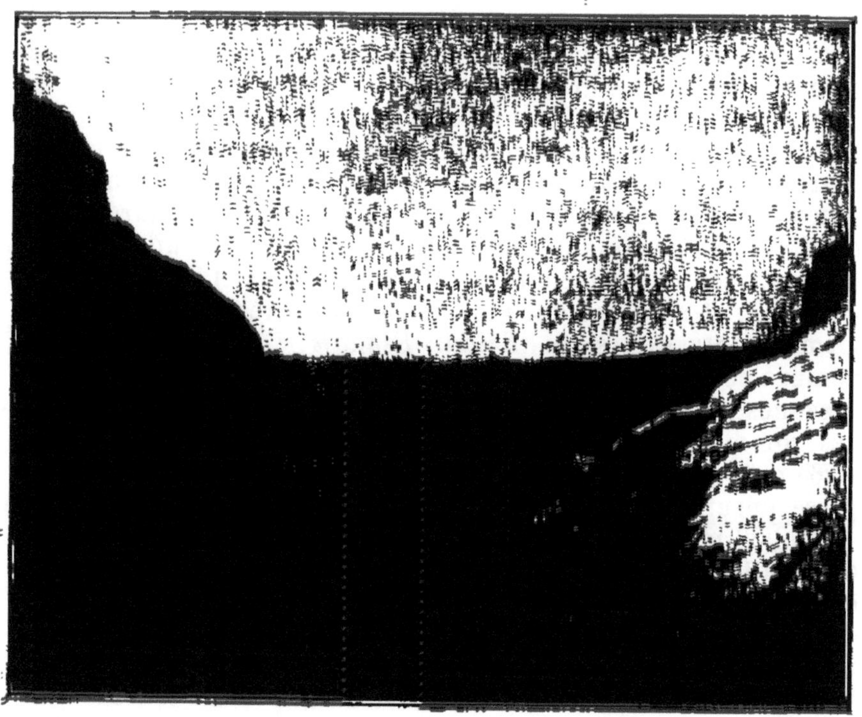

Fig. 40. — Aïn Houdra. Hasêroth.

réservoir par un canal de quelques mètres, taillé dans le granit. De là, elle s'échappe de tous côtés pour irriguer les jardins que cultivent avec soin les Bédouins de la tribu des *Emzeineh*. Dans le voisinage, on remarque les restes de plusieurs murs bien construits, et derrière la fontaine s'ouvre une large crevasse qui traverse le rocher à fleur de terre ; elle est appelée *Bâb er Roum*, la Porte des chrétiens. Ce nom et les ruines voisines semblent indiquer que là s'élevait autrefois un monastère. *Houdrâ* offre un intérêt plus palpitant encore ; car son nom et

1. Les chameaux de charge ne peuvent pas descendre à *aïn el Houdrâ* par le défilé. Ils y arrivent par un chemin de détour à travers le *ouâdi Gazâleh*.

sa position répondent, selon l'opinion commune, au campement d'Haséroth. *Houdrâ* en arabe signifie parvis. Haséroth en hébreu veut dire enclos.

A Haséroth, Aaron et Marie, poussés par la jalousie, murmurèrent contre leur frère Moïse. En punition, Dieu frappa Marie de la lèpre. La voyant repentante, le législateur lui pardonna ; mais il ne la guérit de l'affreuse maladie qu'après l'avoir reléguée hors du camp pendant sept jours. « Après cela, le peuple partit de Haséroth, et ils campèrent dans le désert de Pharan[1]. »

Nous suivrons les traces des Israélites pendant trois heures encore, jusqu'au *ouâdi el Aïn*[2], qui les menait droit au cœur du désert de Pharan, puis dans celui de Zin, où ils s'arrêtèrent pendant trente-huit ans. Nous descendrons par la même vallée, mais dans la direction opposée, vers la mer, pour aller à *Aqabah*, où nous nous retrouverons de nouveau sur leur passage. C'est alors que nous nous rendrons compte de leur itinéraire à travers le désert du nord, jusqu'à l'orient de la mer Morte.

La plage du golfe d'Aqabah.

Ouâdi el Aïn	2 h.	50	Djézîréh Faraoûn	1 h.	58
El Boueïb	2	40	Tabah	1	25
Aïn en Nouheibéh	1	55	Naqb es Sath	1	00
Râs el Bourqa	4	30	Aqabah	1	15
Ouâdi Mouhâs	3	30			
Djebel esch Schérafiyéh	2	20	TOTAL	23 h.	23

De l'oasis d'*Aïn Houdrâ*, le sentier, prenant la direction nord-nord-est, entre par une gorge étroite dans le *ouâdi Ghazâléh* et se rapproche de la chaine du *djébel et Tîh*. A son confluent avec le *ouâdi Léthy*, à gauche (20 min.), poussent des seyals vigoureux, qui ne le cèdent pas en grosseur à ceux du *ouâdi Feirân*. Le *ouâdi Ghazâléh* débouche dans celui d'*el Aïn*

1. Nomb., XIII. 1. — 2. Le *Deutéronome* (I, 1) indique après Haséroth la station de **Di Zahab**, dont les autres livres ne parlent pas. La *Vulgate* a rendu ces mots du texte original « Haséroth et Di-Zahab » par « Haséroth où il y a beaucoup d'or. » En premier lieu, Di-Zahab est un nom propre ; en second lieu, on n'a pas trouvé de traces de minerais d'or dans cette région, ni même dans tout autre site de la péninsule. Cependant, W. F. Hume (*The topography and geol. of the Peninsula of Sinai, S.-E. portion*, 1906, p. 117) fait remarquer que l'Egypte possède de l'or dans ses rochers granitiques de hornblende et de diorite, ainsi que dans ses roes plutoniques, qu'on rencontre également au Sinaï. La similitude de leur formation, dit-il, permet de supposer que la péninsule recèle aussi de l'or.

On n'a aucune idée du site de Di-Zahab, mais il est probable que ce campement se trouvait dans le *ouâdi el Aïn*. (*V.* ci-dessous).

(2 h. 30), une des plus longues et des plus remarquables vallées de cette région ; pendant la saison des pluies, elle charrie une masse d'eau considérable. On la suit dans la direction du sud-sud-est, vers la chaîne du *djébel Samkhî* (2 h. 40). On tourne alors dans le *ouâdi Sâdéh*. Les montagnes s'abaissent de plus en plus et, de temps en temps, elles offrent de surprenantes échappées de vue sur la mer. Au bout de deux heures on passe le pittoresque défilé d'*el Doueïb*, la petite Porte, qui mesure à peine 4 mètres en largeur. De là, une descente assez douce de 40 minutes, toujours en face de la nappe azurée du golfe d'*Aqabah*, conduit à la plage graveleuse, qu'on rencontre dans la direction du nord-est, entre la montagne et la mer, jusqu'à l'*aïn en Nouheibéh* (1 h. 15).

La plage est plus étroite que celle du golfe de Suez, elle n'a qu'une largeur moyenne de 1.500 mètres. Mais elle n'offre pas la désolante monotonie de la première. Les montagnes sont plus hautes, les vallées plus profondes, et la ligne du rivage est pittoresquement coupée par de nombreux promontoirs rocheux.

L'Aïn en Nouheibéh est une charmante oasis sur les bords de la mer. Quelques maisons en pisé sont bâties à l'ombre des palmiers qui croissent autour d'une source. C'est le dernier poste égyptien, gardé généralement par un piquet de soldats.

D'*aïn en Nouheibéh* à *Aqabah*, le trajet peut se faire en deux jours à raison de 8 à 9 heures de marche par jour ; mais il est préférable de faire ce voyage en deux jours et demi ou trois.

On suit presque tout le temps le rivage semé d'une grande variété de coquillages, de corail et de madrépores des plus belles espèces. La mer, qui jadis portait la flotte de Salomon, est silencieuse et sans vie. Deux ou trois fois par an seulement quelques bateaux de *Djeddah* sillonnent ses flots pour approvisionner la garnison d'*Aqabah* et les pèlerins de La Mecque, qui par deux fois passent à *Aqabah*. Mais déjà la plupart d'entre eux profitent du chemin de fer de Damas à Médine qui se trouve à cent kilomètres à l'orient de la ville.

On franchit le *ouâdi Soueïrah* (2 h.), dans lequel les Bédouins *Térabîm* possèdent un puits Puis on double le *râs el Bourqa*, le cap Voilé, promontoire de formation calcaire (2 h. 1/2). Quelques palmiers doums (1 h. 20) marquent le puits d'*Abou Soueïrah*. Puis, les broussailles du *ouâdi Mouhâs*, 3 h. 30) invitent le voyageur à planter sa tente sur le bord de la mer. Du camp, on aperçoit de l'autre côté du golfe le village arabe de *Hakhl* situé sur la route des pèlerins.

Après avoir traversé le *ouâdi Mouqabbalât* (50 min.), on s'écarte du rivage pour franchir le défilé étroit du *djébel esch Scherafêh* qui pousse une forte pointe dans la mer (1 h. 30).

Une demi-heure plus loin, on traverse le *ouâdi Merâkh* qui sert de frontière au territoire de la tribu des *Touarâh*, au sud et de celle des *Haoueitât*, au nord. En face du *ouâdi Qoureiyéh* (1 h.), s'élève, à 1 kilomètre du rivage, l'îlot granitique de *Qoureiyéh* appelé plus communément *Djézîréh Faraoûn*, l'île de Pharaon. Dans l'histoire des Croisades elle est connue sous le nom d'île de Graye. Elle est formée de deux collines réunies par une sorte d'isthme et mesure 270 mètres de longueur, et envi-

Fig. 41. — Djézîréh Faraoun. L'île de Graye.

ron 100 mètres en largeur. Le pic du sud, le moins élevé, est occupé par de nombreuses constructions sans importance. Celui du nord, plus élevé que l'autre, est couvert de restes considérables d'un château fort qui semble remonter à l'époque des Croisades. Nous savons en effet qu'en 1116 le roi Baudouin se rendit maître de la ville « d'Helim » qui n'est autre qu'*Aqabah*, et de l'île de Graye, situés dans le voisinage. Celle-ci resta au pouvoir des Francs jusqu'en 1170. Reprise par Saladin, Renaud de Châtillon, seigneur de Kérak, fit de vains efforts pour la recouvrer en 1182. En 1217, Thétmar, pèlerin allemand qui descendit de Jéricho au mont Sinaï, signale cette île et sa forteresse. Ses habitants, dit-il, étaient en partie chrétiens et en partie Sarrasins. Les chrétiens étaient des prisonniers français, anglais, latins. Tous étaient pêcheurs du sultan de Babylone (Le Caire) [1]. M. de Laborde s'est aventuré dans cet îlot en 1834, sur un radeau construit avec des troncs de palmiers.

On laisse à gauche le *ouâdi Mezârik* (1 h. 10), puis on arrive au *ouâdi Tabah* (15 min.), qui possède un puits d'eau saumâtre entouré de quelques palmiers doums, et une citerne en bonne

Fig. 42. — Fort de Tabah.

maçonnerie. Cet endroit acquit une certaine notoriété en 1906. Les troupes turques l'avaient occupé, malgré les protestations des Anglais; définitivement il est resté dans le territoire égyptien. Mais en deçà de l'oasis passe la nouvelle frontière de l'empire ottoman, sur laquelle veille un poste de soldats turcs, casernés dans un petit fort.

La route fléchit vers l'est et contourne un petit cap, *râs el Masri*, traversé par la gorge du *naqb es Sath* (1 h.). Dans la direction du nord court une chaîne de basalte, de granit et de

1. *Iter ad T. S.*, éd. Tobler, 1851, p. 36. — Entre le petit havre d'*Aqabah* et l'île de Pharaon, il y avait anciennement une célèbre pêcherie de perles.

porphyre d'une coloration remarquable, d'où dérive, peut-être, le nom d'Asiongaber (voir ci-dessous). A l'angle nord-ouest du golfe, le chemin rejoint la route des Pèlerins, qui vient de Suez par le désert de Tîh, traverse ensuite le débouché du large *ouâdi Arabah* dans la direction du sud-est et, laissant à gauche les ruines d'une ville qu'on croit être celle d'Asiongaber, et à droite, la belle palmeraie appelée *ed Deir,* le Couvent, il descend au village d'*el Aqabah*, reconnaissable de fort loin par la longue ligne de verdure de son oasis (1 h. 25).

Asiongaber.

« La chaîne de granit rougeâtre, dit M. Hull, à l'est de la faille (de la côte d'*el Masri*), est rayée par des bandes de porphyre de couleur rouge foncée et de basalte qui s'entrecroisent à un angle d'environ 60 degrés, et représentent dans le roc des sections en forme de losange, de manière à avoir une certaine ressemblance avec les vertèbres de l'épine dorsale [1]. » L'explorateur pense que la ville d'Asiongaber, en hébreu Esyôn Gébèr, Echine du Géant, a tiré son nom de l'image qu'offre cette montagne. Quoi qu'il en soit, Asiongaber, étant un port de mer, s'élevait sur le rivage du golfe, dans le voisinage d'Elath. Saint Jérôme, de son côté, en fait foi [2]. De plus, dans la Bible elle est toujours associée avec Elath, sans contredit la ville d'*Aqabah,* de manière à indiquer que l'une se trouvait dans le voisinage immédiat de l'autre. C'est pourquoi on cherche généralement Asiongaber dans les ruines éparpillées au nord du golfe [3].

Bien que l'emplacement de cette ville célèbre ne puisse pas être déterminé avec précision, c'est ici le cas de rappeler son histoire. Dans le récit de Mohar, officier de Ramsès II, Asiongaber figure comme une ville forte sous le nom d'*Uzaina* qui correspond au premier élément du nom, Esyôn [4]. Les Hébreux, devant contourner le royaume d'Edom, vinrent de Cadès à Asiongaber, ville de l'Idumée. Plus tard, David (1058-1018) soumit les Iduméens et devint maître de toutes leurs villes. Salomon fit d'Asiongaber un port de mer. Il s'y rendit en personne pour surveiller l'équipement de ses vaisseaux construits par les Phéniciens [5]. C'est là que ses matelots débarquaient les richesses que tous les trois ans ils apportaient d'Ophir, probablement l'ancien pays d'Abhira à l'embouchure de l Indus. Il est vrai-

1. *Mount Seir*, p. 71. — 2. *De situ et nom.*, Migne, *P. L.*, XXIII, 921 et 946. — 3. L'*Aïn Goudiân*, qu'on a aussi proposée comme site de cette ville, est située sur les flancs du *ouâdi Arabah*, à 16 km. au nord du rivage, et ne possède ni ruines importantes, ni traces de voie romaine. Aucune raison ne milite non plus en faveur du *Djezîreh Faraoûn* ou du *ouâdi Qoureiyéh* qui débouche en face. — 4. Chabas. *Voyage d'un Egyptien au* XIVe *s. av. J. C.*, p. 284. — 5. III, (I) Rois, IX, 26.

semblable aussi que la reine de Saba se rendit à Jérusalem par Asiongaber.

Josaphat, roi de Juda (920-894), construisit à son tour une flotte à Asiongaber avec son allié Ochozias, roi d'Israël. Mais, par la bouche du prophète Eliézer, Dieu réprouva cette alliance et punit Josaphat en suscitant une violente tempête qui brisa tous ses navires contre les rochers et les récifs de corail qui abondent dans ces eaux [1]. Sous Joram, fils de Josaphat (894-888), la ville tomba de nouveau au pouvoir des Edomites [2]. Environ un siècle plus tard, le roi Azarias (811-760) l'arracha aux fils d'Edom [3]. Finalement, l'an 734, Rasin, roi de Syrie, en chassa les Juifs et la rendit à ses anciens propriétaires. Depuis cette époque elle resta éclipsée par sa voisine, Elath.

Josèphe n'en connait plus l'emplacement. Il la confond avec Bérénice située sur la rive orientale de la mer Rouge, à environ 600 kilomètres d'Elath [4]. Cependant Eusèbe et saint Jérôme [5] l'identifient encore avec Aisia ou Essia près de la mer. Dès lors elle n'est plus connue que par l'histoire. Le géographe arabe Mourad Mahmed rappelle que près d'Aila s'élevait autrefois une ville du nom d'*Azioum*. Makrisi, au XIIIe siècle, mentionne la même cité et l'appelle Asyoûn.

Elath, Aila, Aqabah.

Elath, en hébreu Elât et Elôt, signifie des arbres vigoureux ; mais ici ce nom désigne les grands arbres du désert, les palmiers, et est équivalent d'Elim. Elath est une ville de l'Idumée. « Nous passâmes donc à distance de nos frères les enfants d'Esaü, qui habitent en Seir, nous éloignant du chemin de l'Arabah, d'Elath et d'Asiongaber [6]. » Dans le IV (II) livre des Rois (XVI, 6), elle porte déjà le nom d'Aila. L'historien juif l'appelle Ailané [7], les Grecs et les Romains Ælana ou Elana, d'où l'appellation de golfe Elanitique donné au bras oriental de la mer Rouge. Les Arabes la désignèrent sous le nom d'Ailah jusqu'au XVe siècle. Depuis elle reçut le nom d'*Aqabah*.

Au nord d'Ailah, la montée, en arabe *aqabah*, était redoutée par tous les pèlerins de La Mecque, à cause de son ascension pénible. Les Israélites traversèrent un semblable ravin après avoir pris « le chemin de la mer Rouge », à l'orient du désert. C'est à ce sujet qu'il est dit dans le livre des Nombres : « L'âme du peuple fut découragée en présence de la difficulté du chemin [8]. » Ibn Ahmed Ibn Touloun fit tailler dans le roc, à grands frais, une route plus praticable et conserva le souve-

1. III (I) Rois, XXII, 48-50. — 2. IV (II) Rois, III. — 3. IV (II) Rois, XIV. — 4. *A. J.*, VIII, VI, 4. — 5. *On.*, p. 6. — 6. Deut., II, 8. — 7. *A. J.*, VIII, VI, 4. — 8. Nomb., XXI, 4.

ARABIE PÉTRÉE
DU GOLFE D'AQABAH
À MAÂN
Echelle
Chemins décrits dans le "Guide"
Autres chemins praticables
Chemins de fer
Ouadi el Araba
Dj. el Harad
Dj. el Mouharrah
Dj. Iram
Dj. Oumm Ourkân
Gravé par R. Hausermann.
D'après A. Musil, Karte von Arabia Petraea

nir de ce bienfait par une inscription. Dès lors cette montée s'unit au nom de la ville sous la forme d'*Aqabah-Ailah*, et finalement la ville et le golfe ne conservèrent que le premier élément de la dénomination, *Aqabah*. Néanmoins, le nom d'*Ila* a été maintenu à un vaste champ de ruines qui s'étend au nord-nord-est du village actuel, au pied du *djébel Nesâlâh*. Là s'élevait proprement l'ancienne Elath ou Aila.

Fig. 43. — Aqabah.

Au temps d'Israël, Aila partagea le sort d'Asiongaber [1]. Cependant, après le règne de Josaphat, il n'est plus question de cette dernière. Aussi le port d'Asiongaber et celui d'Aila ne semblent-ils pas avoir été différents. Il est tantôt question de l'un et tantôt de l'autre ; mais on ne les trouve jamais mentionnés ensemble. Il est du reste difficile de concevoir l'existence de deux ports à l'extrémité d'un golfe étroit.

Au temps des Romains, Aila, ville frontière, servit pendant quelque temps de résidence à la Xe Légion Fretensis [2]. Au IVe siècle, elle devint le siège d'un évêché. Pierre était évêque

1. II Par., VIII, 17. — 2. A environ 4 kilomètres au nord d'*Aqabah*, on a découvert les bases d'un arc de triomphe érigé en l'honneur d'un empereur romain.

de cette ville en 320, Bérylle en 451 et Paul Ier vers la fin du ve siècle [1]. C'est ce même Paul qui, d'après Cyrille de Scythopolis [2], était disciple de saint Sabas. Jean Mosch [3] nous apprend que saint Elie, patriarche de Jérusalem, fut envoyé en exil à Aila par l'empereur Anastase [4].

Abdallah ben Idris el Ghaferi s'empara d'Ailah en 1024, et la livra aux flammes. En 1116, Baudouin Ier enleva Ailah aux Sarrasins qui, jusque-là, avaient autorisé les Juifs à y habiter [5]. Il fit reconstruire la forteresse ; mais en 1170, Saladin s'en rendit maître. Au mois de mai 1182, Renaud de Châtillon, seigneur de Kérak, revint à la charge, emporta la place et arma dans son port une flottille de cinq galères et de quelques bâtiments légers. Des Bédouins s'étaient chargés à forfait de transporter à dos de chameaux d'Ascalon à Ailah les navires démontés, qui furent ensuite reconstruits et lancés sur le golfe. Pendant près d'une année, cette flottille fut maîtresse de la mer Rouge, poussant ses excursions jusqu'Aden et menaçant La Mecque. Elle répandait la consternation dans toute l'Egypte et l'Arabie. Deux galères bloquèrent l'île de Graye demeurée au pouvoir des musulmans. Saladin acheta des navires marchands, arma une flotte de son côté et réussit à capturer les bateaux des Francs, qui venaient d'être rudement éprouvés par une tempête. Ailah, qui ne cessa plus d'appartenir aux Sarrasins, prospéra jusqu'au xvie siècle ; mais depuis, elle déclina rapidement et se vit bientôt réduite à l'état d'un misérable village, bien qu'elle fût le rendez-vous des pèlerins musulmans qui arrivaient du nord, et de ceux qui affluaient de l'Egypte par le désert de Tîh.

Aqabah n'est aujourd'hui qu'un pauvre village dont les maisons construites en pisé ou en briques non cuites sont abritées derrière des plantations de palmiers qui s'étendent autour d'un petit havre sur le bord oriental du golfe, à 40 minutes de sa pointe extrême. La forteresse, *el Qalâah*, qui domine ces masures, est un parallélogramme dont les puissantes murailles sont flanquées d'une tour à chaque angle. Deux autres tours protègent la porte, qui est ornée d'une inscription coufique. Ce château n'a d'autre objet que celui de protéger les caravanes de La Mecque et de servir d'entrepôt aux provisions destinées aux pèlerins, Il est pourvu de vastes citernes. A la suite des

1. Le Quien, *Or. chr.*, III, p. 759. — 2. *Vita S. Sabæ*, Cotelerius, III, p. 257. — 3. *Pratum spir.*, c. XXXV. — 4. Dans son *Hist. s. des villes de la Palestine* (man. gr. des archives du patriarcat grec de Jérusalem) Grégoire Palamos parle du monastère de Saint-Arsène à Aila. C'est probablement la palmeraie qu'on rencontre dans l'angle nord-ouest du golfe, en se rendant à *Aqabah*. Elle porte encore le nom d'*ed Deir*, le couvent. — 5. Guillaume de Tyr, *Hist.*, IX, XXIX. — Foucher de Chartres, *Hist. Hierosol.*, LVI.

évènements de 1905 et 1906, le gouvernement turc avait songé à rattacher *Aqabah* au chemin de fer de Damas à Médine et à y créer un port militaire. Mais d'un côté les Anglais ont fait opposition à la création de ce port ; et d'un autre côté, en temps de guerre, un port militaire au fond d'un golfe étroit n'est d'aucune utilité. On renonça donc à la création du port et du tronçon de la ligne de chemin de fer.

Aqabah est gouvernée par un *Qaïmaqam*, dépendant du *Vali* de *Sourîya*. Ce villayet, dont Damas est la capitale, s'étend depuis *Hamah* jusqu'au Hedjaz.

CHAPITRE II

Itinéraire d'Israël d'Haséroth à Asiongaber et au pays de Moab.

Tout pèlerin trouvera un charme spécial à connaître la suite de l'itinéraire parcouru par les enfants d'Israël et à évoquer les émouvants souvenirs qui s'y rattachent, bien qu'il n'en suive pas les traces dans les déserts de Pharan et de Sin ou Zin. Mais il est avant tout nécessaire d'exposer comment une erreur importante a pu se glisser dans la tradition post-biblique, par suite de l'état confus dans lequel se suivent les stations dans le catalogue des Nombres (XXXIII).

Josèphe déjà place le mont Hor, témoin de la mort du grand prêtre Aaron, au *djébel Haroûn*, près de Pétra [1], c'est-à-dire, à l'orient de l'*Arabah*, vallée large et torride qui descend de la mer Morte au golfe d'*Āqabah*. D'un autre côté, le Targum Onkélos, suivi par la Version syriaque, désigne Cadès-Barné sous le nom de Reqem. Or l'historien juif dit que l'ancien nom de Pétra était Arekem ou mieux Rakémé [2], et saint Jérôme assure que les Syriens l'appellent Recem [3]. La confusion de Cadès avec Pétra s'explique aisément, vu l'état embrouillé du catalogue des stations. Le nom biblique de Pétra est Séla, Roche [4]. Ce qui rendait Cadès célèbre, c'était précisément son rocher, en hébreu séla, d'où Moïse fit jaillir miraculeusement une source [5]. La ville est même désignée une fois sous le nom de Séla, au lieu de Cadès [6].

En plaçant ainsi Cadès à Pétra et le mont Hor au *djébel Haroûn*, la chaîne du *djébel esch Schéra* à laquelle appartient le *djébel Haroûn*, fut prise, comme il est naturel, pour le mont Séir de la Bible, et considérée comme le centre du royaume des Edomites. En conséquence, les Israélites étaient censés être remontés du golfe d'*Aqabah* jusqu'à Pétra, d'où ils seraient redescendus à Asiongaber, pour contourner au midi la région des montagnes d'*esch Schéra*. Or, cette marche est absolument impossible.

1. *A. J.*, IV, IV, 17. — 2. *A. J.*, IV, VII, 1. — 3. *De situ.*, Migne, *P. L.*, XXIII, col. 962 et 963. — 4. IV (II) Rois, XIV, 7. — 5. Nomb., XX, 8. — 6. Jg., I, 36, t. gr. de Lucien.

Négeb, dérivé de *nagab*, être sec, est devenu synonyme de *midi*. Mais dans quarante passages de la Bible, ce mot est employé comme le nom propre de la région qui s'étend au sud de la Palestine, entre le territoire d'Hébron et le plateau de Tîh.

D'après tous les documents bibliques, Cadès est située au sud du Négeb ou des plateaux méridionaux de Juda, dans le désert de Sin, au nord de celui de Pharan. Or, au nord du désert de Tîh et au sud du Négeb (à 80 km. au-midi de Bersabée), coule une source appelée *aïn Qadîs*. C'est Cadès-Barné. Ce point est aujourd'hui admis de tous les critiques.

Le mont Hor, où mourut Aaron, est à une étape de Cadès [1], au nord de Cadès [2] et au sud du Négeb [3]. Dans un autre passage du livre des Nombres, Hor est situé au nord ou à l'ouest d'Edom [4]. C'est entre l'arrivée à Hor et le départ de cette montagne que les Israélites ont combattu le roi d'Arad qui habitait le Négeb [5].

Comme les Israélites ne devaient pas s'emparer du pays des fils d'Esaü, leurs frères, Moïse, se trouvant à Cadès, demanda au roi d'Edom la permission de traverser paisiblement son pays. Les Edomites, nation puissante, le refusèrent. Ils firent même une démonstration hostile, les armes à la main, pour s'opposer au passage des Israélites. De Cadès, ceux-ci se dirigèrent alors vers la mer Rouge en longeant le mont Séïr. A Asiongaber, ils arrivèrent de nouveau au pays des fils d'Edom qui possédaient alors aussi le côté oriental du *ouâdi Arabah*. Là ils continuèrent à contourner le mont Séïr, en remontant la vallée stérile et inhabitée d'Arabah qui divise les deux pays d'Edom. Ils évitèrent ainsi de traverser le cœur des possessions d'Esaü, soit d'un côté de l'Arabah, soit de l'autre.

Il est aujourd'hui solidement établi que les Israélites, après avoir campé à Asiongaber, remontèrent vers le pays de Moab en passant par l'Arabah [7]. La découverte faite en 1896 au *khirbet Fênân* de **Phunon**, la deuxième station à partir d'Asiongaber, située presque dans l'Arabah même, au nord-est, en est une confirmation éclatante [8].

Si la tradition post-biblique est erronée, c'est parce que le catalogue des Nombres (XXXIII), dans son état actuel, s'est prêté aux interprétations les plus étranges. On y trouve des passages d'une confusion telle qu'aucun exégète n'a jamais réussi à la démêler. Au verset 36, par exemple, le catalogue

1. Nomb., XXXIII, 37.— 2. Nomb., XXI, 4. — 3. Nomb., XXI, 1-4 ; — XXXIII, 40.— 4. Nomb., XXXIII, 37.— 5. Nomb., XXXIII, 40.— 6. Nomb., XX, 14-21. — 7. *Phunon, R. B.*, 1897, p. 112 ss. — *De Sinaï à Nahel, R. B.*, 1897, p. 605 ss. — *R. B.*, 1899, p. 369 ss. — 8. *Le Sinaï biblique, R. B.*, 1899, p. 369.

mène le peuple en une seule étape « d'Asiongaber dans le désert de Sin, c'est-à-dire Cadès. »

M. Ewald a cru reconnaître une transposition dans le chapitre xxxiii des Nombres, entre le verset 30 et le verset 41. Il propose, pour rétablir le texte primitif, de remettre les versets de 36e à 41e après le verset 30. Par cette émendation tout concorde et tout s'éclaircit. Le P. Lagrange a suivi sans hésitation, avec d'autres critiques, l'émendation du texte proposée par Ewald. « Il y a eu confusion dans la tradition hébraïque, dit-il, en concluant un de ses articles, mais cette confusion est relativement récente et n'atteint pas la rédaction primitive inspirée [1]. »

Les stations entre Haséroth et Cadès.

D'Haséroth, la 2e station nommée dans le texte, les Israélites tournèrent vers le nord-ouest, pour entrer dans le plateau de Tih, qui a 240 kilomètres du nord au sud.

3e **Rethma,** en hébreu Rithma, inconnue.

4e **Remmonpharès,** Grenade de la rupture, inconnue.

5e **Lebna,** en hébreu Libnah, est généralement identifiée avec Laban, que le Deutéronome (i, 1) mentionne entre Pharan et Haséroth. L'un et l'autre nom ont le sens de blancheur. C'est le trait caractéristique du plateau calcaire de Tih, que les Hébreux venaient d'escalader.

6e **Ressa,** en hébreu Rissa, peut bien être la ville de Rasa, que la Table de Peutinger indique à 32 milles d'Aila sur la route allant à Jérusalem, probablement par *aïn Qadis*, et à 16 milles de Cypsaria. Ptolémée (v, 16) l'appelle Gérasa.

7e **Céélatha,** en hébreu Qéhélatha, et Makellath dans les Septante, veut dire Assemblée. C'est probablement la ville de Cypsaria de Ptolémée (v, 16), que la Table de Peutinger place à 16 milles de Rasa. Palmer propose de la localiser dans l'*ouâdi Contellet Qoureiyéh* où les collines semblent être de plâtre [2]. Il est vraisemblable qu'ici finit le désert de Pharan et commence celui de Sin.

8e Le **mont Sépher,** en hébreu Schapher, pourrait bien être le *djébel Araïf*, sommet isolé et bien en vue, à 6 kilomètres de l'*ouâdi Contellet Qoureiyéh*.

9e **Arada,** en hébreu Kharada, inconnue.

Viennent ensuite **Macéloth,** en hébreu Maqeheloth, dont la signification est Assemblée comme Céélatha, puis **Thahath** et **Thare.** Comme depuis Horeb jusqu'à Cadès-Barné il n'y a que onze journées de marche ou onze étapes, d'après le Deutéronome (I, 2), le P. Lagrange propose de supprimer ces trois der-

1. *R. B.*, 1899, p. 370. — 2. *Op. cit.*, p. 422.

nières stations, comme une confusion née des gloses de copistes.

10° **Metcha,** en hébreu Mithqah, Douceur, inconnue.

11° **Hesmona,** en hébreu Hasémona, et Selmona d'après les Septante. Eusèbe l'appelle Asémonas ou Asémon et la place près de Cadès. Le Targum de Jérusalem la nomme Qsam. M. Trumbull l'a identifiée avec les ruines qui sont proches de l'*aïn Kseimé*[1]. D'Hesmona les Israélites arrivèrent à Cadès-Barné sur la frontière du Négeb, d'après la rectification proposée dans la liste des stations.

Cadès-Barné.

De Cadès Moïse expédia douze explorateurs dans le pays de Chanaan. Dix d'entre eux firent à leur retour un tableau exagéré des difficultés que présentait la conquête du pays. Ce fut alors dans tout le peuple une explosion de murmures et de cris contre Moïse et contre Dieu. Ils voulurent même lapider Josué et Caleb qui essayaient de les calmer. Comme châtiment, le Seigneur les condamna à errer dans le désert pendant trente-huit ans et à y mourir. Seuls Josué et Caleb et les Israélites âgés de moins de vingt ans entreraient dans la Terre promise[2].

Tombant de l'excès de découragement dans un excès de présomption, un détachement du peuple alla, malgré Moïse, attaquer les Amalécites et les Chananéens; mais ils furent battus et poursuivis jusqu'à l'endroit qui reçut plus tard le nom de Herma[3].

La Bible signale encore à Cadès la révolte de Coré, Dathan et Abiron contre Moïse, à propos du sacerdoce. La terre s'entr'ouvrit et les engloutit eux et leurs familles, tandis que le feu envoyé par Dieu fit périr leurs nombreux partisans. Cette sédition se termina par une confirmation solennelle du sacerdoce d'Aaron[4].

Après 38 ans de vie nomade, tout le peuple s'assembla de nouveau à Cadès. Ce fut le premier mois de la quarantième année de l'Exode. C'est là que Marie, sœur de Moïse, mourut et qu'elle fut enterrée[5]. Eusèbe raconte que de son temps le sépulcre de Marie se voyait encore. Josèphe le place sur une montagne nommée Zin[6]. Mais son souvenir n'a pas été conservé jusqu'à nous.

A Cadès le manque d'eau provoqua une nouvelle sédition. Le Seigneur ordonna à Moïse de frapper le rocher. Mais Moïse et

1. *Zeitschrift d. Deut. Palaestina Verein.*, VIII, p. 213. — 2. Nomb., XIII et XIV. — 3. Nomb., XIV, 30-45. — 4. Nomb., XVI et XVII. — 5. Nomb., XX, 1. — 6. *A. J.*, IV, IV, 6.

Aaron eux-mêmes eurent un instant de doute en la parole de Dieu. Le législateur frappa le rocher deux fois. L'eau jaillit en abondance, mais comme châtiment, ils furent privés de l'honneur d'introduire le peuple dans la Terre promise. L'endroit où se produisit le miracle fut appelé **Méribah**, c'est-à-dire lieu de Contestation et **Méribah en Cadès**, pour le distinguer de Méribah en Raphidim.

Pour arriver de Cadès à Moab, Moïse négocia avec le roi d'Edom, demandant à traverser en paix son territoire. Mais le roi s'y refusa. Les Israélites se virent donc contraints de contourner les montagnes de Séïr et de descendre à Asiongaber sur les bords de la mer Rouge.

Le mont Hor. De Cadès ils vinrent camper à **Moséroth**[1] où Mosérah[2], au pied du mont Hor, sur la frontière occidentale d'Edom. Sur l'ordre du Seigneur, Aaron monta avec Moïse sur le mont Hor et y mourut à l'age de cent vingt-trois ans. Le législateur le dépouilla de ses vêtements de grand-prêtre et en revêtit Eléazar, qui succéda à son père. Toute la multitude du peuple, qui du camp vit monter Aaron, poussa des cris de douleur en apprenant sa mort et le pleura pendant trente jours.

Seetzen, Trumbull et Palmer proposent d'identifier le mont Hor avec le *djébel Madéra*, montagne ronde et isolée située à environ 40 kilomètres au nord-est d'*aïn Qadis*. Son nom rappelle celui de Moséra. Le P. Lagrange, toutefois, trouve, avec raison, que le *djébel Moueiléh*, à 20 kilomètres à l'ouest d'*aïn Qadis*, lui conviendrait mieux.

Horma. Le livre des Nombres (xxi, 1-3) raconte ensuite un évènement qui eut lieu avant la mort d'Aaron et avant que le peuple n'arrivât au mont Hor. Le roi chananéen d'Arad (aujourd'hui *Tell Arad*, à 30 kilomètres au sud d'Hébron), vint attaquer les Israélites et les battit. Ceux-ci firent un vœu à Jahvé que s'il livrait le peuple d'Arad entre leurs mains, ils dévoueraient leurs villes à l'anathème, en hébreu *khorma*. Israël se contenta alors d'une revanche, et remit l'exécution de son vœu jusqu'à ce qu'il fut solidement établi en Chanaan[3]. D'après le livre des Juges, la ville qui reçut le nom de Horma, s'appelait **Sephaath**. Il n'est guère douteux que Sephaath ne réponde aux ruines de *Sbaïté* à l'entrée de la Palestine, sur la route de *Tell Arad* à Hébron.

De Moséroth ils allèrent camper à **Bené-Jaacan**. Les Beni-Jaacan sont apparentés à Acan, fils d'Eser et à Jaqan, descendant de Séïr le Horréen, qui habitait le pays d'Edom. Le premier livre des Paralipomènes (I, 42) parle de ce même

1. Nomb., XXXIII, 30. — 2. Deut., X, 6. — 3. Jg., I, 17. — 4. Gen., XXXVI, 27.

Jacan dans la même région. Le Deutéronome (X, 6) dit que les Israélites partirent de Béeroth-Bené-Jakan pour Moséra, ce qui nous apprend qu'ils ont campé deux fois dans cet endroit, ainsi que dans le précédent Moséroth, à l'aller et au retour. De Bené-Jacan ils vinrent à **Hor-Gadgad**[1], les cavernes de Gadgad. On l'a identifié avec le *ouâdi Gadhaghyd* au sud du *ouâdi Qoureiyéh*, effectivement sur la route d'*aïn Qadis* au golfe d'*Aqabah*.

De Gadgad ils partirent pour **Jétébatha**. Le Deutéronome (x, 7) ajoute « pays riche en cours d'eau. » Inconnue.

Ils arrivèrent ensuite à **Hébrona**, en hébreu Abrônâ, qui signifie Passage. Ce devait être l'une des vallées qui s'ouvrent sur la plaine au nord du golfe d'*Aqabah*.

« Ils partirent d'Hébrona et campèrent à **Asiongaber**[2]. »

Le Seigneur avait défendu aux Israélites d'attaquer, non seulement les descendants d'Esaü, mais aussi le peuple de Moab, descendants de Loth « et qui avaient en propriété la ville d'Ar[3]. » A Asiongaber, les Hébreux se trouvaient au débouché de l'*Arabah*, vallée large et stérile qui s'étend au nord jusqu'à la mer Morte, et qui divise en deux pays distincts les possessions des Edomites. Ils remontèrent cette vallée, tenant toujours à gauche le mont Séïr, qui dans la Bible désigne invariablement le massif des montagnes situées au sud de la Palestine. C'est ainsi que long du flanc oriental de l'*Arabah* ils arrivèrent à la frontière méridionale de Moab.

Les Septante (Deut., II, 8) décrivent clairement cette route : « Nous passâmes donc à distance de nos frères, les enfants d'Esaü, qui habitent en Séïr, **par le chemin de l'Arabah** près d'Aelon et Gasion Gaber. » D'Asiongaber, Israël arrive d'abord à Salmona, lieu inconnu, puis à Phunon[4] qui est identifié avec *khirbet Fênân*, l'ancienne Phœnon, célèbre sous la domination romaine par ses mines de cuivre.

Phunon.

« L'âme du peuple fut découragée à cause des difficultés du chemin, et il parla contre Dieu et contre Moïse : Pourquoi nous avez-vous fait monter d'Egypte, pour que nous mourrions dans le désert ? Il n'y a point de pain, il n'y a point d'eau, et notre âme a pris en dégoût cette misérable nourriture[5] », c'est-à-dire la manne quotidienne. Ce fait se passa à Phunon, la station qui précédait Oboth[6]. Les morsures de serpents veni-

1. Nomb., XXXIII, 32. — 2. Nomb., XXXIII, 35. — 3. Deut., II. 9. — Ar est Ar-Moab appelée aussi Rabbath-Moab et Aréopolis par les Grecs et les Romains. — 4. Nomb., XXXIII, 42. — 5. Nomb., XXI, 4-5. — 6. Nomb., XXI, 10 ; — XXXIII, 43.

meux ramenèrent les rebelles à de meilleurs sentiments. Moïse, sur l'ordre du Seigneur, fit un serpent d'airain et le plaça sur un poteau. Si quelqu'un était mordu, il tournait un regard suppliant et confiant vers ce signe de pardon et il était guéri. Jésus-Christ lui-même a déclaré que le serpent d'airain était une figure de sa mort et de sa résurrection [1].

Au temps d'Eusèbe, la Phunon de la Bible portait le nom de Phaino et de Phaïnon [2]. Saint Jérôme indique cette localité, Fénon, entre Pétra et Zoar, la Ségor de la Vulgate, au sud de la mer Morte. Il ajoute que les condamnés aux supplices y étaient envoyés pour extraire des minerais de cuivre [3]. Dioclétien et Maximin condamnèrent, en effet, les chrétiens aux travaux de ces mines, où, selon saint Athanase, les criminels eux-mêmes ne pouvaient vivre que quelques jours [4]. Les ariens y reléguèrent plus tard les catholiques [5]. C'est là que saint Sylvain, évêque de Gaza, eut la tête tranchée avec trente-neuf compagnons. Saint Pelé et saint Nil, évêques égyptiens, y souffrirent le supplice du feu avec un grand nombre d'autres martyrs. Au ve siècle, Phaïnon était le siège d'un évêché. Au siècle suivant, la carte de Mâdaba représente le serpent d'airain de Moïse, à l'orient de l'*Arabah*, à la région qui correspond au *khirbet Fênân*.

Khirbet Fênân, appelé aussi *Qalâah Fênân*, est situé dans une gorge extrêmement sauvage, à dix kilomètres au nord-ouest de Chôbak et à environ 60 kilomètres au sud de la mer Morte, sur le flanc oriental du *ouâdi Arabah*, à une altitude de 180 mètres [6]. Les vastes ruines de la ville sont dominées par un fort romain et par une citadelle. Dans une petite basilique on a retrouvé une inscription grecque du vi[e] siècle, qui porte le nom de son fondateur, l'évêque Théodore. Tout autour de la cité, on rencontre des tas de scories, des vestiges de hauts-fourneaux, des réservoirs d'eau, des canaux et un grand aqueduc. Les entrées des galeries de mines de cuivre sont encore apparentes, mais éboulées [7].

1. Jean, III, 14. — 2. *De martyr. Pal.*, VII, VIII, XIII. — 3. Saint Jérôme traduisant l'*Onomasticon* d'Eusèbe écrit : « Fénon, camp des Israélites dans le désert, était autrefois une ville d'Edom. Aujourd'hui c'est un village dans le désert entre la ville de Pétra et celle de Zoar, où les condamnés aux supplices extraient le cuivre. » (*On.*, p. 169). — 4. *Hist. arian. ad monachos*. Mign., *P. G.*, XXV, c. 765. — 5. *Id.*, *Ibid.* — 6. En septembre 1896, M. A. Musil a le premier identifié Phunon avec *Khirbet Fênân* situé à 10 kilomètres au nord-ouest de Chôbak et à la même distance au sud-ouest de Tanah. (*Protocole des sciences de l'Acad. des B. L. de Prague*, oct. 1897. — *Al Bachîr*, Beyrouth, déc. 1897). Le R. P. Lagrange constata à son tour la justesse de cette identification (*R. B.*, 1897, p. 112). — 7. Voir : P. Lagrange, *Phunon*, *R. B.*, 1897, p. 112 ss. — A. Musil, *Arabia Petræa*, 1907, II, p. 203 ss.

De Phunon, les Israélites se rendirent à **Oboth**. Palmer signale à trois heures au nord du *khirbet Fênân* le *ouâdi Oueibéh*. Ce nom peut être considéré comme le diminutif d'Oboth, d'après Wetzstein[1].

« Ils partirent d'Oboth et campèrent à **Ijé Abarim**, à la frontière de Moab[2]. » Les monts Abarim sont ceux qui dominent la mer Morte entre le pays de Moab et le mont Nébo[3]. Ijé ou Jygim était la seconde station à l'est de Phunon. Le livre des Nombres (xxi, 11) les rapproche déjà « du désert qui est vis-à-vis de Moab, vers le soleil levant. » Ils ne franchirent le Zared qu'après le troisième campement, quand ils devaient se trouver au sud-est du pays des Moabites.

Ils campèrent ensuite au **torrent de Zared**, Osier. Là moururent les derniers survivants de l'ancienne génération des hommes de guerre. D'après l'opinion commune, le torrent de Zared est le *ouâdi el Akhsa* ou *Hésâ*, vallée profonde qui sépare le *Djébâl*, ancien pays des Edomites, du territoire de Kérak, pays des Moabites. C'est le long de cette vallée que les Israélites commencèrent à tourner Moab. En traversant l'ancien pays de Moab, nous retrouverons les stations suivantes.

1. Dans Delitzsch, *Comm. Cant. et Eccl.*, p. 168. — 2. Nomb., XXXIII, 44. — 3. Deut., XXXII, 49. — Nomb., XXVII, 12.

CHAPITRE III

D'Aqabah à Maân.

Ouâdi el Ietem	1 h. 40	Djébel esch Schéra	1 h. 40
El Mesadd	1 00	Naqb Estâr..........	0 30
Radda Bâker	3 16	Khirbet Estâr	1 35
Scheikh Khedeir	2 10	Aïn Abal Lesân	1 05
Route romaine	1 25	Mekaffâh...........	2 20
Plaine d'el Hisméh	3 20	Maân............	4 30
El Qouheiréh	0 25		
Mescharèq..........	2 30	Total....	27 h. 26

D'*el Aqabah* à Maân le voyage est très monotone et n'offre que peu d'intérêt, soit historique, soit archéologique. Les Edomites n'ont laissé aucune trace de leur séjour. La prophétie de Jérémie contre les habitants de la région orientale de l'*Arabah* s'est réalisée d'une manière saisissante :

« Edom sera un désert ;
Tous les passants seront dans l'étonnement
Et siffleront à la vue de ses plaies[1]. »

Le chemin suit une ancienne route, *derb es Sultâni*, dans la direction du nord, le long des pentes occidentales du *djébel Neseîléh*. Il laisse à gauche le seyal de *Ghirmi*, arbre sacré très vénéré par les Bédouins, et passe au pied du *Roudjm el Fattih* (1 h. 40), monticule de 50 mètres de hauteur. On y remarque les vestiges d'un fortin au milieu d'une enceinte d'environ 50 mètres de côté. Le chemin tourne alors vers l'orient et entre dans le *ouâdi el Iétem*, la principale artère de la région, large de 100 à 125 mètres.

Au delà du débouché du *ouâdi el Hâdra* qui descend du sud-est (1 h.), la vallée *el Iétem* est barrée par une digue, *el Mesadd*, de 75 à 80 mètres de longueur et de 2 m. 50 d'épaisseur, construite en belles pierres de taille réunies entre elles par un excellent mortier. Elle était destinée à protéger la route contre les ravages occasionnés par le torrent à l'époque des grandes pluies, et servait probablement aussi à envoyer ses eaux au moyen d'un canal au fort du *Roudjm el Fattîh*, sinon à la place forte appelée **ad Dianam** qu'il faut chercher dans cette vallée[2].

1. Jér., XLIX, 17.
2. Dans la Table de Peutinger, **ad Dianam** est marquée à 16 milles d'Aila, vers le nord. Cependant, quelques voyageurs croient que près

Dans son état actuel elle n'a conservé qu'une hauteur de deux mètres.

La vallée monte rapidement dans la direction de l'est-sud-est, entre des collines de granit noir et gris à veines de porphyre et de basalte. A gauche débouche le *ouâdi Resâfah* (50 min.), et à droite celui d'*Aboul Kharâs* (8 min.), qui porte sur sa berge orientale une inscription coufique devenue illisible ; 20 minutes plus loin, un rocher présente une inscription semblable et en aussi mauvais état. Du sud arrive le *ouâdi Roueihah* (8 min.), et du nord ceux de *Traîfiyéh* et d'*Oumm Tarfâ* (10 min.). Le *ouâdi el Iétem* fléchit ensuite vers le nord et devient une gorge aride, où le granit cède la place au grès. A droite, on dépasse le *ouâdi Ratâoua* qui descend de l'*Iram* (40 min.), et à gauche (50 min.) celui de *Radda Bâker*, où une colline est surmontée du *ouéli* du *scheikh Mohammed Bâker*. On trouve là une bonne place de campement. A 20 minutes de l'entrée du *ouâdi Radda Bâker*, vers le sud, coule une source d'assez bonne eau, *môdjet el Mâlhé*.

La vallée de *Iétem* s'élargit et ne conserve plus qu'un lit de quelques mètres de profondeur. Le paysage reste aride et désolé et n'offre que de rares buissons de *sidr* rabougris. On laisse à gauche le *ouâdi Mozfar* (50 min.) et l'on arrive près du cimetière des Bédouins de la tribu des *Khédeirât* (1 h. 20), qui renferme le tombeau de leur célèbre ancêtre, le *scheikh Khedeir*. Un quart d'heure plus loin, se dessine à droite l'embouchure du *ouâdi Mahlaka*, et à gauche (5 min.) celle du *ouâdi Filq*.

La vallée de *Iétem* finit par ne plus être qu'une petite plaine pierreuse de 500 à 700 mètres de largeur, jadis cultivée, comme semble l'indiquer son nom d'*el Mezraâh*, Lieu ensemencé. Après une marche de 50 minutes, on se trouve sur la route que l'empereur Trajan fit construire en 105, entre Gérasa (*Djérasch*), Pétra et Aïla. Plusieurs colonnes milliaires sont encore échelonnées à distance normale le long de la voie, mais dégradées et à demi enfouies dans le sable. De la voie romaine elle-même, on ne remarque pas d'autres traces. Cette route, qu'on suivra dorénavant, longe le versant oriental du *djébel Siéléh*, contrefort des montagnes d'*es Seâféh*, franchit à gauche le lit du *ouâdi Medîfin* (1 h. 25) et, arrivée au *djébel Mahrouq*, haute colline, elle entre dans le vaste bassin de la plaine d'*el Hisméh* ou vallée Rouge, habitée par la tribu des *Atâounéh* (1 h. 55). Celle-ci s'étend jusqu'au pied du *djébel esch Schéra* qui s'élève au nord comme un immense rempart. On quitte définitivement la région granitique pour entrer dans la région de grès. En

d'*el Mesadd* se trouvait le **Præsidium** que la Table de Peutinger indique à 21 milles de *ad Dianam* et de 24 de Hauarra, l'Avara de Ptolémée (VI, 16), peut-être l'*el Kouéra* à 60 km. au sud d'*el Maân*.

25 minutes on atteint les ruines d'*el Qouheiréh*, forteresse carrée, romaine ou byzantine, d'environ 50 mètres de côté et flanquée d'une tour à chaque angle. La porte s'ouvre au midi. Les *Alaouîn* enterrent leurs morts dans les chambres du château. A quelques pas des ruines, au sud-est, coule une source, *aïn Qouheiréh*, qui se verse dans une piscine carrée d'environ vingt mètres de côté, entièrement creusée dans le roc. La forteresse située à 726 mètres d'altitude commandait toute la plaine d'*el Hisméh*. De distance en distance, on rencontre de nouveaux tronçons de bornes milliaires; puis se présentent le rocher de *Méhaïméh* (1 h. 20) et plus loin celui de *Méchâreq* (1 h. 14). On entre ensuite dans le *ouâdi Estâr* qui mène en 1 h. 40 sur un haut plateau large de 2 kilomètres, à 1.200 m. d'altitude. C'est la première plate-forme du *djébel esch Schéra*. Une demi-heure après, il faut gravir le col du *naqb Estâr*. Après 45 minutes d'ascension par de nombreux lacets, on voit à gauche les vestiges d'une tour de garde construite sans mortier; 25 minutes plus loin, on atteint le sommet du col à 1.410 mètres d'altitude. Le coup d'œil sur la plaine d'*el Hisméh* et les montagnes environnantes est grandiose.

Les vestiges d'une nouvelle tour de garde se présentent 15 minutes plus loin. A droite du chemin (10 min.), sur une haute colline appelée *khirbet Estâr*, on remarque les restes d'une forteresse et dans son voisinage celles d'une importante localité inconnue. Les traces de clôtures et de terrassements qu'on retrouve dans la campagne démontrent que celle ci était jadis cultivée avec soin. Après avoir escaladé pendant 10 min. des collines marneuses, on arrive à la source de *Foueiléh* à droite, et à gauche à un *khan* en ruines dénommé *khirbet Foueiléh*. Trois quarts d'heure plus loin, à gauche, au milieu d'une pelouse verte, coule la source d'*Abal Lésân*. Son eau, abondante, mais saumâtre, est recueillie dans une piscine en maçonnerie d'où elle forme un petit ruisseau. Après un parcours de quelques kilomètres, le petit cours d'eau se perd dans le sol. Le plateau atteint 1.290 mètres d'altitude. A 200 pas de la source, vers le nord-ouest, existent les ruines d'une ancienne localité importante appelée *khirbet Abal Lésân*.

On suit la vallée de même nom, à travers un désert aride qui s'étend à perte de vue sans aucune montagne à l'horizon. Signalons, pour couper cette monotonie, un tertre couronné de ruines, *khirbet Oueidéh* (2 h. 20); plus loin le rocher de *Mékaffâh* (1 h. 5), et à 200 pas de la route, vers l'occident, le *khirbet el Moreirah*, où s'élevait autrefois une place forte importante.

Encore 4 heures de chevauchée à travers ce haut plateau légèrement ondulé, et l'on arrive enfin par le *ouâdi Samnéh* aux premières maisons de Maân.

CHAPITRE IV

De Maân à Pétra.

La station de Maân est située à 2 kilomètres 1/2 à l'orient de la ville. On y trouve un excellent hôtel tenu par une famille italienne. Il a été construit par l'administration du chemin de fer du Hedjaz, principalement pour les ingénieurs. L'eau est amenée en wagons des sources d'Ammân. Près de l'hôtel se trouve la villa de Son Excellence Meissner Pacha, ingénieur en chef du chemin de fer du Hedjaz, ainsi que les bâtiments destinés aux bureaux des ingénieurs.

Près de la gare habitent aussi un médecin et un pharmacien.

Maân.

Maân est une oasis dans le désert, située à 105 kilomètres d'*el Aqabah* au sud, et à 459 kilomètres de Damas au nord. La ville est formée de deux bourgs séparés l'un de l'autre par une distance d'un kilomètre : *Maân el Qiblîyéh*, Maân la Méridionale, appelée aussi *el Kébîr*, la Grande, et *Maân esch Schâmiyéh*, la Septentrionale.

La première, *Maân el Kébir*, compte environ deux mille habitants et sert de résidence au *Moudîr*, aux soldats, *khayyâl*, et à l'administration turque ; mais elle ne possède rien d'antique ; ses murailles sont en pisé et en briques non cuites. Les maisons sont chétives, mais construites la plupart dans des jardins et au milieu de bouquets de palmiers, de grenadiers, de figuiers et autres arbres fruitiers. Le nombre des jardins s'élève au chiffre de 200.

Maân esch Schâmiyeh, moitié moins grande que le quartier précédent, s'appelait autrefois, d'après la tradition locale, *el Morâra*. Elle occupe une colline large, mais à pentes assez raides, excepté au midi, où s'ouvre la seule entrée de son enceinte. Les murs sont très anciens, mais souvent restaurés, aujourd'hui, cependant, dans un état pitoyable. Le village lui-même est dépourvu de jardins; mais autour de la colline coulent un grand nombre de sources abondantes, dont les eaux sont en partie conduites par des canaux dans *Maân el Kébîr ;* le reste s'écoule par un ruisseau bordé de peupliers. Anciennement un aqueduc les amenait à une tour qui s'élevait à trois quarts d'heure du côté du couchant, mais qui récemment a été exploitée comme carrière de pierres à bâtir.

Les habitants sont tous des *fellahs* ou des Bédouins sédentaires, qui tirent leurs principales ressources du produit des jardins et du commerce avec les pèlerins ; ceux-ci, à l'aller et au retour, y font une halte de deux ou trois jours au moins. Au temps des pèlerinages, toute la campagne est couverte de tentes sous lesquelles on tient une foire.

Histoire. Il est douteux que le peuple de **Mahon,** dont Israël avait été délivré d'après le livre des Juges (x, 12), représente les Maonites de l'Idumée. Ceux-ci n'apparaissent d'une manière certaine que sous le règne de Josaphat, roi de Juda. Ils se coalisèrent contre ce prince avec les Moabites et les Ammonites[1] ; mais la mésintelligence éclata entre eux et ils s'exterminèrent mutuellement à la montée de Sis.

M. Rey dit que l'on peut sans témérité identifier le fief nommé *Ahamant* par les Croisés avec Maân[2]. C'est là toute l'histoire de cette antique cité.

De Maân à Pétra.

Cette excursion demande 6 h. 30 à 7 heures. Elle se fait à cheval ou à dos de mulet, plus commodément qu'à dos de chameau, A Maân on trouve aisément des chevaux. Si un *khayyâl*, gendarme à cheval, escorte la caravane, il touche un *médjidiéh* par jour. On trouvera à *el Dji* le guide nécessaire pour explorer les alentours de Pétra. Il exige aussi un *médjidiéh* par jour.

On sort de *Maân el Kébîr* à l'ouest de la ville, et l'on traverse la plaine déserte dans la direction du nord-ouest pendant 45 minutes. L'on tourne alors vers l'occident et l'on rencontre les restes d'un aqueduc qui amenait à Maân les eaux d'*el Basta ;* 40 minutes plus loin, on remarque au haut d'une colline des murs noirs en ruines ; c'est une ancienne localité appelée *khirbet et Tahouné*, le Moulin. Le chemin traverse alors un terrain marqué par quelques mamelons et mène en 45 minutes au *kirbet Djitté* et à la source du même nom. C'est un ancien vignoble. A partir de là apparaît la végétation ; la terre porte partout des traces d'ancienne culture, et la plupart des sommets sont couronnés des ruines de tours de garde. La longue plaine d'*Abou Denné* qui vient ensuite est entrecoupée de champs d'orge, et après 1 h. 15 de marche, on atteint les restes informes de l'ancienne ville de **Basta** (alt. 1.380 m.), située sur un contrefort du *djébel el Héméita* qui lui-même appartient à la chaîne des montagnes d'*esch Schéra*. A 100 pas de là, vers l'ouest, coule une source d'eau douce qui forme un petit ruisseau ; celui-ci, cependant, ne tarde pas à se perdre dans le sable.

1. II Par., XX, 1-24. — 2. *Les Colon. fr.*, p. 398.

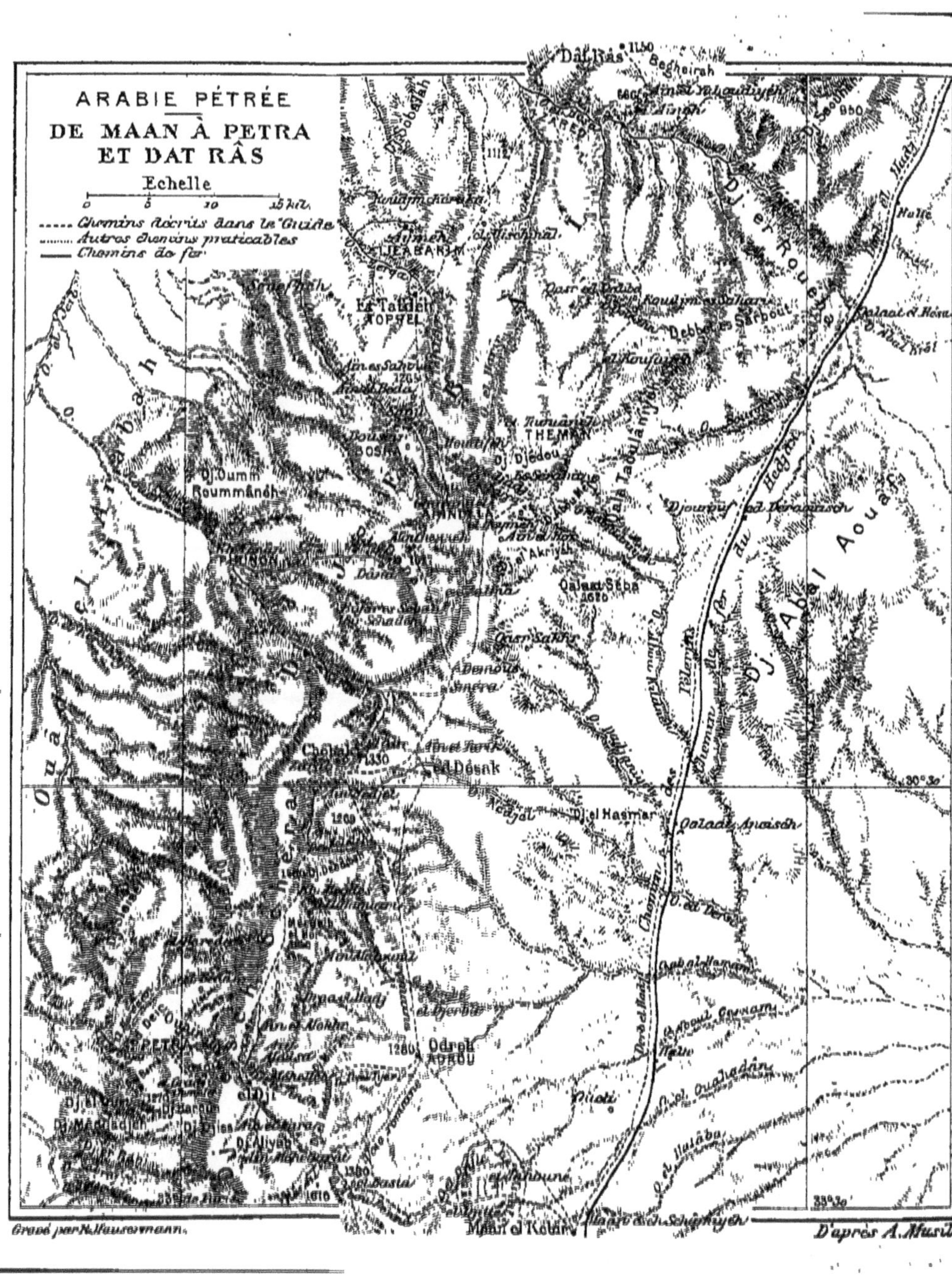
ARABIE PÉTRÉE
DE MAAN À PETRA
ET DAT RÂS
Echelle
0 5 10 15 kil.
Chemins décrits dans le Guide
Autres chemins praticables
Chemin de fer
Dat Râs
Dj. Oumm Roummâneh
Qalaat Ṣeba
Chemin de fer du Hedjaz
Dj. Abou Aouaḍ
Chobak
ed Désak
Dj. el Hasmar
Odroḥ
ADROU
Maan el Kobîre
Gravé par H. Hausermann.
D'après A. Musil.

La route prend alors la direction du nord-ouest et, près d'un monceau de décombres, *Roudjm el Béidan*, elle croise la voie romaine, qui d'*et Tafiléh* descend à *el Aqabah* par *Odroh*. En une heure elle atteint l'extrémité du haut plateau, et descend alors par le *Telet et Hata* qui, 30 minutes plus loin, s'appelle *ouâdi el Fara*, du nom de la source qu'on y rencontre. Bientôt on voit à ses pieds le pittoresque village d'*el Dji* entouré d'une luxuriante végétation et assis sur la pente occidentale du *djébel Milrân*. En face se dressent les montagnes bigarrées de Pétra, dominées au fond par le pic du *djébel Haroûn* qui, par la blancheur éclatante de son *ouéli*, ressemble à un pharo lumineux.

El Dji (alt. 1.110 m.), qu'on atteint en 40 minutes, est un village d'environ 250 familles, assis presque au confluent de plusieurs profonds ravins, dont chacun est traversé par un petit ruisseau. Lès maisons ont été construites avec de nombreuses pierres de taille, ce qui dénote une antique ville assez importante. *El Dji* est, en effet, l'ancienne cité de **Gaia,** qu'Eusèbe indique dans le voisinage de Pétra [1]. Etienne de Byzance désigne cette même localité sous le nom de **Géa.** En été, les habitants, tous Bédouins, vivent sous la tente au milieu de leurs verdoyants jardins étagés sur d'immenses terrasses de construction antique.

On traverse le village du sud au nord sur la rive droite d'un ruisseau alimenté par quatre sources voisines, dont la plus septentrionale s'appelle *aïn el Hasba* et donne son nom à la vallée ou au torrent *seil el Hasba*. A 1 kilomètre du village débouche le *seil el Halîl* qui amène les eaux de sources d'*et Tinéh*, ancienne localité voisine, et de la grande source sacrée d'*aïn Moûsa* qui coule à une distance de 1 h. 45 vers l'orient. De là, le chemin tourne à l'ouest et laisse à droite, quelques pas plus loin, le *seil ez Zérâba* qui vient également du nord. On traverse l'*el Boustân*, le Jardin, laissant à droite ses grands réservoirs et son ancien moulin. Puis à 1 kilomètre vers le nord apparaissent les ruines d'un grand château fort appelé *Ouaïrah*.

Ouaïrah est perché sur un rocher peu élevé (alt. 1.010 m.), mais environné de tous côtés par des gorges profondes qui le rendent presque inaccessible. Outre les maisons arabes aujourd'hui abandonnées, on voit les ruines d'une forteresse munie d'un pont-levis et les restes d'une église avec une abside ogivale encore debout. Cette place forte a été construite par les Francs, probablement après la fondation de Chôbak en 1115. Tombée plus tard au pouvoir des Sarrasins, la place fut reprise en 1144 par Baudouin III [2]. Ibn Mogesser el Yaqoût raconte qu'en 1158 les troupes parties de l'Egypte se dirigèrent vers le *ouâdi*

1. *On.*, p. 62. — 2. Guillaume de Tyr, XVII, VI.

Moûsa où elles assiégèrent pendant huit jours, sans succès, le château d'*Ouaïrah*. Puis, elles se retirèrent pour marcher sur Chôbak. Après la chute de cette dernière ville en 1188, *Ouaïrah* dut se rendre aux troupes de Saladin[1]. Dans les chroniques des historiens occidentaux, *Ouaïrah* semble porter le nom de château de *li Vaux de Moyse*[2].

Après avoir suivi le ruisseau pendant un quart d'heure, on rencontre, à droite, les tombeaux appelés *Harâbt er Ramléh*.

Fig. 44. — Tombeau d'Harabt er Ramléh.

Ils sont de formes et d'époques différentes. L'un d'eux est précédé d'une cour, flanquée de côté et d'autre d'un portique de style dorique, excavé de la masse. Plus loin (8 min.), on voit à gauche le temple d'*el Gradji* creusé dans le rocher; il est surmonté d'un tombeau orné d'obélisques. (Sur l'âge des tombeaux en général, voir plus loin, p. 220).

A quelques pas plus loin, on remarque à gauche un défilé qui, par un long escalier, monte au sanctuaire d'*el Madrâs*, où un grand nombre de petits temples et d'autels sont creusés dans le roc.

1. P. Savignac, *R. B.*, 1906, p. 144 ss. — Musil, *op. cit.*, II, p. 59-72. — 2. Guillaume de Tyr, *Id.*

On tourne vers le nord-ouest et en 8 minutes on arrive à l'entrée du *Sîk*. A gauche, on remarque un tombeau avec des niches latérales taillées dans la façade. Devant soi, l'on voit les restes d'un gros mur de barrage qui avait pour but de faire dévier les eaux de la rivière dans une vallée latérale, *el Mozlem*, à droite, afin de laisser à sec la gorge qui mène à Pétra.

Tunnel. Le ravin d'*el Mozlem* se continue vers le nord, à 200 pas de la route, par un tunnel de 140 mètres de long sur

Fig. 45. — Temple d'el Gradji.

7 mètres de large et autant de haut. Tout autour du tunnel, qui a été exécuté avant la domination romaine, on voit des tombes cubiques et des niches d'autel. Sur le sommet du rocher percé par le tunnel pour le passage du ruisseau, un grand nombre de sépultures ont été creusées dans le sol rocheux, à fleur de terre, et sont couvertes de grosses dalles. A 2 kilomètres au delà du tunnel, la gorge, encombrée de lauriers, n'a plus qu'une largeur de 4 mètres. Elle est franchie à une hauteur de 60 mètres par une arche qui appartient à un ancien aqueduc. Elle se dirige ensuite vers l'ouest et débouche dans Pétra au nord-est de la ville. Toutes ses parois sont couvertes de nombreux autels, de niches votives et de sépulcres.

Bâb es Sîk. Depuis que le barrage est en ruines, le ruisseau descend à Pétra par la gorge d'*es Sîk*, défilé enserré entre deux murailles rocheuses qui s'élèvent à une hauteur de 60 à 70 mètres. La gorge elle-même devient si étroite que parfois sa largeur suffit à peine au passage de deux cavaliers de front. Autre-

Fig. 46. — Tonnel d'el Mozlem.

fois, la route était pavée de pierres carrées de 0 m. 15 de côté, dont quelques-unes sont encore en place. Une rigole de 0 m. 30 de largeur et d'autant de profondeur était taillée dans le flanc de la montagne sur les deux côtés de la route, pour recevoir l'eau qui tombait du ciel ou qui suintait des rochers. Mais aujourd'hui que le défilé sert de lit au ruisseau, la voie est frayée à travers des éboulis de rochers et des fourrés de lauriers et de figuiers sauvages. La gorge conserve sa direction générale, de l'est à l'ouest ; mais elle offre tant de coudes et de détours que le regard peut à peine se porter à quelques mètres en avant, sans qu'on puisse deviner de quel côté va s'ouvrir le passage. Par suite de ces sinuosités et de la hauteur prodigieuse des parois perpendiculaires, la vue du ciel est fréquemment interceptée, et il ne tombe au fond de la gorge qu'un demi-

Fig. 47. — Défilé d'es Sik.

jour mystérieux. Si l'on ajoute à ce décor les formes fantastiques des rochers de pourpre veiné de bleu, la verdure qui pousse au fond, ou jaillit de toutes les fissures, les curieux bas-reliefs gravés sur les parois, l'on peut dire que si l'*es Sîk* formait jadis la plus belle route du monde, il est resté le passage le plus pittoresque, le plus féerique qu'on connaisse.

A 15 pas de l'entrée du *Sîk*, on aperçoit les culées d'une arche hardiment jetée à travers la gorge, à 16 mètres environ au-dessus du sol. Elle servait de porte monumentale aux abords de la capitale[1], d'où son nom *Bâb es Sîk*, Porte du Sik, que les Bédouins ont étendu à tout le terrain situé au devant du défilé. Les niches creusées à la naissance de l'arche étaient garnies de statues. Dans le voisinage, les parois portent encore des niches d'autel, des tableaux votifs et des inscriptions.

Le long de la gorge, on aperçoit de temps en temps, de côté et d'autre, une tranchée horizontale taillée dans le roc à environ dix mètres de hauteur. Elle contient des tuyaux en terre cuite noyés dans le mortier. Ces aqueducs conduisaient à Pétra les eaux des sources d'*el Dji*, et franchissaient les vallées latérales sur des arceaux en maçonnerie.

Après s'être avancé pendant 15 minutes dans cette espèce de caverne, on arrive à un premier carrefour fortement éclairé grâce au débouché de deux ravins, le *sidd el Madjîb* qui descend du nord et le *sidd el Herreinîyéh* qui descend du sud. Vient ensuite le passage le plus étroit du *Sîk*. A droite et à gauche, de nombreuses niches d'autel et des inscriptions votives en grec.

Dix minutes plus loin, une raie lumineuse verticale apparait tout à coup à travers l'étroite fissure du défilé. Une nouvelle gorge illumine du sud le tournant à droite, qui lui-même est vivement éclairé par un ravin qui descend du nord. Puis, comme par un effet magique, s'élève en face, dans la paroi de grès rouge, un temple sculpté, radieux sous les flots de lumière qui l'inondent.

Khaznet Firaoûn. Le monument appelé *Khaznet Firaoûn*, Trésor de Pharaon, par les voyageurs et *el Djerra* ou *el Hasa* par les indigènes à cause de l'urne qui le couronne, est un temple d'Isis, taillé dans un bloc énorme et compact de grès rouge. Sa conservation est due à l'abri que les rochers lui offrent contre les vents et la pluie. Cette œuvre est due probablement à l'empereur Adrien qui visita Pétra en 131 et qui vénérait Isis parmi ses divinités tutélaires. Elle appartient en tout cas au style baroque de l'architecture romaine de cette époque-là.

La façade se compose de deux étages qui comprennent une hauteur de 20 mètres. L'étage inférieur est orné d'un péristyle de six colonnes. Les deux colonnes médianes constituent le seul travail qui ne soit pas évidé dans la masse ; l'une d'elles a été renversée par un tremblement de terre. Les chapiteaux, l'entablement et le fronton sont d'un travail soigné et délicat. De chaque côté de la porte, richement décorée, est représenté un homme conduisant un cheval. La frise est ornée de cratères, et à ses extrémités se voient deux sphinx ailés et accroupis. L'at-

1. Cette arche s'écroula en 1895.

Fig. 48. — KHAZNET FIRAOUN. — Temple d'Isis.

tique aussi se termine, à droite par un lion, et à gauche par une panthère rampante. Le fronton est surmonté d'un disque solaire placé entre deux cornes unies à leur base par deux épis : c'est l'emblème de la déesse Isis.

L'étage supérieur consiste également en une façade formée de six colonnes ; mais l'entablement et le fronton sont brisés au milieu pour laisser la place à un édicule richement sculpté. C'est une pierre cylindrique entourée de quatre colonnes et recouverte d'un dôme conique. Une grande urne en forme le fleuron. Entre les deux colonnes du milieu, un bas-relief représente Isis drapée et la tête couverte d'un voile ; elle tient une corne d'abondance dans la main gauche et un sistre dans la main droite. Entre les deux autres colonnes et dans les niches du fond sont sculptés des génies ou autres personnages ailés, tandis que les faces latérales représentent chacune une amazone armée d'un bouclier et brandissant une épée. Sur les acrotères du fronton brisé se tiennent des aigles. Ces sculptures, dont la plupart des sujets sont empruntés à la mythologie égyptienne, sont fortement endommagées et quelques-unes presque méconnaissables. Les Bédouins s'imaginent que l'urne qui surmonte la façade renferme un grand trésor, et comme elle est inaccessible, ils ont souvent essayé de la briser à coups de fusil.

Au premier étage, la porte s'ouvre sur une chambre carrée d'environ 10 mètres de côté, dépourvue de tout ornement. Cette pièce communique avec trois autres chambres plus petites, dont l'une est même très irrégulière.

Le *Sîk* tourne brusquement vers le nord-ouest et s'élargit peu à peu. De tous côtés les parois des montagnes sont recouvertes d'un nombre infini de monuments funèbres nabatéens et gréco-romains, qui s'étagent les uns au-dessus des autres. A droite, à 150 pas du *Khasnet Firaoûn*, un escalier taillé dans le roc conduit à un sanctuaire à ciel ouvert : c'est une grande salle de réunion de 9 mètres sur 11 de côté, munie d'une rangée de bancs disposés le long de ses parois. Plus loin, à gauche, viennent des niches d'autel. Puis vers l'extrémité de la gorge se présente une série de tombeaux, de toutes formes et de toutes dimensions, les uns à pylones, les autres à créneaux ; la façade est quelquefois lisse, d'autres fois ornée de pilastres ; ailleurs le monument est évidé sur trois de ses faces et même dégagé de tous côtés. Un de ces monuments n'a pas eu sa porte perforée. Après un nouveau tournant vers le nord, on passe devant le théâtre, à gauche, puis on entre dans la capitale de la Nabatène.

Près du théâtre on trouve une bonne place de campement. Mais le centre de la ville près du *Qasr Firaoûn*, vers l'ouest, offre un site encore plus charmant.

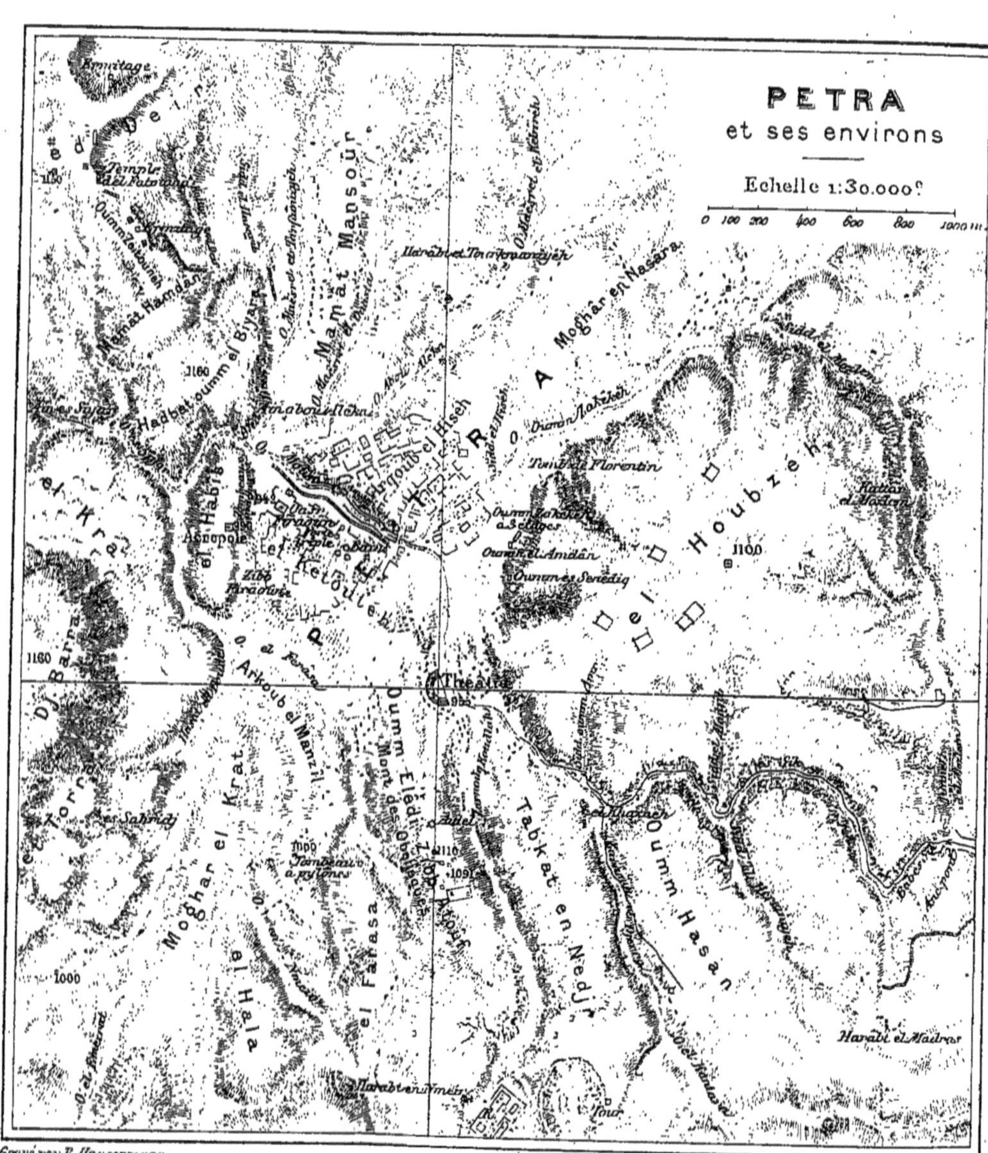

Gravé par R. Hausermann.

D'après A. Musil, Wâdi Mûsa (Petra), Arabia Petraea, II.

Pétra.

Pétra est une des villes les plus remarquables de l'Orient, autant par son site pittoresque que par le caractère original de son architecture, et le degré de préservation de ses innombrables monuments. L'immense masse de grès, dominée à l'ouest par les sommets du *djébel Haroûn* et de l'*ed Deir*, est coupée de profondes crevasses qui convergent toutes vers ce même bassin, un ancien lac encaissé par de hautes falaises de grès bigarrés. Ce repaire, qu'il est impossible de soupçonner, est unique au monde. L'emplacement de la ville est un terrain bossué de forme à peu près quadrangulaire, mesurant environ 1.800 mètres du nord-est au sud-ouest, et 900 mètres de largeur. Le ruisseau, qui devant le théâtre coule du sud au nord, fait un coude presque à angle droit vers l'ouest, et coupe la ville en deux parties à peu près égales Il disparaît ensuite dans une gorge non moins sauvage que celle qui l'amène, pour aller se perdre dans le *ouâdi el Arabah.* De quelque côté qu'on se tourne, les parois verticales de la montagne présentent de longues files de façades de style nabatéen et gréco-romain. Dans quelque gorge qu'on pénètre, se rencontre le même surprenant spectacle. Partout des niches, des autels, des tombeaux des temples de toutes grandeurs et de toutes formes, qui s'étagent les uns au-dessus des autres à une grande hauteur. Les monuments construits dans l'intérieur de la ville sont moins nombreux et surtout moins bien conservés, parce que le grès taillé s'effrite aisément à la longue, et que, dans le cours des siècles, les torrents impétueux ont inondé la place. On trouve des monuments du même genre dans d'autres contrées de l'Asie ; mais à Pétra, cette architecture atteint une variété et une originalité qu'on chercherait vainement ailleurs.

Histoire. Les descendants d'Esaü avaient étendu leur royaume au delà des limites du mont Séir ; ils occupaient aussi les montagnes à l'orient de l'*Arabah.* David les soumit à son sceptre et plaça une garnison israélite dans toutes leurs forteresses [1]. Sous Joram et Josaphat, Edom secoua le joug de Juda [2]. Mais après une nouvelle défaite infligée par le roi Amazias (840-812) dans la vallée de Sel au sud de la mer Morte, sa capitale, **Séla,** en grec Pétra, la Roche, fut prise par les Israélites. Elle eut même son nom changé en celui de **Jecthéel,** en hébreu Jokthéel, qu'on interprète par Protection de Dieu [3].

1. II Rois (II Sam.), VIII, 14. — 2. IV (II) Rois, VIII, 22. — 3. IV (II) Rois, XIV, 7.

Sous le règne de Rasin, roi de Syrie, les Juifs furent expulsés de Séla et celle-ci fut rendue aux Iduméens.

Vers 588, les Edomites prirent possession du midi de la Palestine jusqu'à *Bethsour* et Ascalon, comme prix du service qu'ils avaient rendu à Nabuchodonosor dans la destruction du royaume de Juda. A cette occasion Jérémie (XLIX, 16), prédit que les Edomites seraient expulsés des retraites de leur province orientale, et Abdias (5-6) leur annonce la même calamité en termes pathétiques :

« Toi qui habites dans les creux de rochers,
Dans les demeures élevées ;
Toi qui dis dans ton cœur :
Qui me fera descendre à terre ?
Quand tu éleverais ton aire comme l'aigle,
Quand tu te placerais parmi les étoiles,
Je t'en ferais descendre, dit Jahvé. »

Le châtiment ne tarda pas à les atteindre. Nous savons qu'avant l'année 312 av. J.-C. ils étaient déjà expulsés de toutes les montagnes situées à l'orient de l'Arabah et remplacés par les Nabatéens.

Les Nabatéens, les **Nabaïoth** de la Genèse [1], formaient une des principales tribus descendant d'Ismaël et étaient, par conséquent, de race arabe. Diodore de Sicile [2] raconte qu'Antigone, devenu maître de la Syrie en 312, entreprit une expédition contre les Arabes Nabatéens, qui comptaient environ 10 000 hommes. Ceux-ci, race nomade, mais trafiquante, s'étaient rendus à une foire voisine, laissant à Pétra les vieillards, les femmes et les enfants, ainsi que leurs biens. Sous la conduite du général Athénée, les Grecs surprirent l'asile, « extrêmement fortifié, mais sans murailles. » Ils tuèrent tout le monde, pillèrent la place et allèrent camper à deux stades de là. A leur retour, les Nabatéens les surprennent pendant le sommeil et les massacrent. Après cela, ils cherchent à négocier la paix avec Antigone. Celui-ci feint d'accepter leurs propositions ; mais en secret, il envoie son fils Démétrius pour les attaquer. Avertis de l'arrivée des troupes grecques, les Nabatéens se réfugient à la *Roche* d'où ils bravent tous leurs efforts. Démétrius finit par faire la paix et reçoit de riches présents. Le premier prince nabatéen dont l'histoire fasse mention nous est connu par le second livre des Machabées (XI, 8) : c'est Arétas Ier, dont la domination s'étendait déjà dans le pays de Moab et jusque dans la Damascène. Il refusa en 169 av. J.-C. de donner asile au grand prêtre Jason, afin de ménager Antiochus Epiphane. Erotime II se tailla un vaste royaume indépendant,

1. Gen., XXV, 13 ; — XXVIII, 9 ; — XXXVIII, 3. — 2. XIX.

lorsque la domination des Séleucides et des Ptolémées comm-nça à s'ébranler. Arétas II soutint Gaza menacée par Alexandre Jannée. Celui-ci subit une défaite de la part d'Obodas Ier, mais resta maître des douze villes enlevées aux Nabatéens[1]. Obodas Ier fit battre monnaie. A lui succéda Rabel Ier, puis Arétas III qui prit le titre de *Philhellène*. Celui-ci, pour faire concurrence aux Sabéens dont le centre commercial était *El Oela* sur la mer Rouge, fonda (au nord-ouest de Médine) le port d'**Hégra** appelé Lecce-Come par les Grecs et *el Hoûr* par les Arabes. Il s'empara ensuite de Damas (85 av. J.-C.). Pompée envoya Scaurus contre Arétas à Pétra. Sans opposer de résistance, les Nabatéens reconnurent la suzeraineté de Rome. Viennent ensuite Obodas II (62-47), Melichos II (47-28) et Obodas III (28 9), qui eurent à combattre contre Antipater et Hérode. Arétas IV Philopater (19 av. J.-C. — 40 après J.-C.) avait rétabli son autorité sur Damas, comme nous l'apprend saint Paul[2], probablement par une faveur de Caligula. Il se débarrassa de Syllacus, l'époux de Salomé, sœur d'Hérode, parce que par son habileté il était devenu tout-puissant sous son prédécesseur. Malichos III (48-71) perdit Damas. Il eut comme successeurs Obodas IV et Rabel II.

Adrien, général de Trajan et Cornélius Palma, préfet de Syrie, marchèrent contre Pétra et s'emparèrent de la ville (105 ou 106). Le royaume nabatéen devint alors une province romaine sous le nom d'Arabie Pétrée, et Pétra reçut le nom d'Hadriana, comme cela ressort de la légende des monnaies frappées à cette époque. Trajan fit construire une grande route reliant Gérasa (*Djérasch*), à Aila par Pétra : Pétra atteignit au IIe siècle l'apogée de sa prospérité et de sa grandeur.

Les Nabatéens adorèrent plusieurs divinités, mais spécialement Dusarès, Dhou Schara, le Maître de Schara, que les auteurs classiques identifient avec Bacchus. Dans le Hauran, il était l'équivalent de Dionysios.

Au Ier siècle de notre ère, Pétra était déjà confondue avec Cadès-Barné, et sa belle montagne, à l'occident, avec le mont Hor. Le nom primitif de Séla était Arekem, ou Rekem[3]. Josèphe prend la Séla de la Nabatène pour la Séla de Cadès[4], et le Targum Onkelos appelle Cadès du nom de Reqam[5]. Sur cette opinion erronée se greffa la légende qu'Aaron fut enterré sur le *djébel Haroûn* et que dans le voisinage de Pétra Moïse fit jaillir l'eau du rocher. Aussi les indigènes ne connaissent-ils Pétra que sous le nom de *ouâdi Mousâ*.

Le christianisme s'introduisit de bonne heure à Pétra et déjà

1. *A. J.*, XIII, XIII, 3. — 2. II Cor., XI, 32. — 3. *A. J.*, IV, VIII, 2. — 4. *A. J.*, IV, VII, 1. — 5. Voir à ce sujet, p. 196.

au IVe siècle, saint Athanase mentionne l'évêque de cette ville, Astérius (362). Le Quien cite les noms de cinq autres évêques de ce siège, dont le premier, Aréius, régna en 340 [1]. Il est aussi question d'un monastère dont l'abbé s'appelait Moïse [2]. Plus tard, Pétra devint la métropole de la province ecclésiastique de la Palestine IIIe, qui renfermait un grand nombre de villes et de villages dont presque tous ont disparu depuis.

Avec la décadence de l'empire romain commença celle de Pétra. Elle fut précipitée par l'invasion des troupes de Chosroès et fut consommée par la conquête des disciples du croissant de 629 à 630. Au XIIe siècle, les Francs ont construit une forteresse, l'Acropole, sur le rocher qui domine la ville à l'occident; mais ils n'ont pas retrouvé le nom de l'ancienne ville; ils assimilèrent Pétra avec la ville de Kérak. En 1217, Thétmar laissa à droite « Archym, autrefois la métropole des Arabes [3] », dit-il, rencontra la pierre dont Moïse fit jaillir « l'eau de contradiction », traversa « une gorge très haute, étroite et horrible » et arriva au milieu de magnifiques constructions taillées dans le roc; mais il n'y trouva aucun habitant. Sur le sommet « du mont Hor », qu'il visita ensuite, il rencontra une église avec deux moines grecs [4]. Dès lors la ville tomba complètement dans l'oubli et son site ne fut retrouvé qu'au commencement du XIXe siècle par Seetzen et Burckhardt. Actuellement les ruines et le territoire de Pétra font partie du *Djiftlik* et sont propriétés personnelles du sultan.

Les tombeaux en général.

A Pétra et dans les alentours, les monuments taillés dans le roc vif dominent de beaucoup, comme il est naturel, ceux qui furent construits en pierre. Les premiers se divisent en deux classes principales : les tombeaux nabatéens et les tombeaux gréco-romains.

Tombeaux nabatéens. Les tombeaux creusés à fleur de terre et recouverts de grosses dalles constituent la forme la plus ancienne des sépultures de Pétra. On les rencontre surtout au-dessus du tunnel d'*el Mozlem* et dans la gorge de même nom, qui débouche au nord-est de la ville. Il est vraisemblable qu'ils sont dus à une race qui a précédé les Nabatéens à Pétra.

Les plus anciens hypogées nabatéens remontent au IVe siècle, peut-être même au Ve siècle avant notre ère. Leur architecture est d'un style assez uniforme et représente le plus souvent la façade d'un petit temple ou, d'après MM. Brunnow et

1. *Or. christ.*, III, p. 667 et 723. — 2. Boll. *A. SS.*, VII Febr., II, p. 45. — 3. On voit par là que Pétra avait repris son nom primitif Arékem, qu'on trouve dans Flavius Josèphe (*A. J.*, IV, VII), — 4. *Iter in T. S.*, éd. Tobler, 1851, p. 30-33.

Domaszewski, celle d'une maison d'habitation construite en briques, de 8 à 15 mètres de hauteur. A l'origine, la façade était lisse et percée d'une porte fort simple. Le couronnement consiste en une grande gorge égyptienne surmontée d'un attique sur lequel sont sculptés en relief quatre à sept créneaux à escalier. Cette ornementation rappelle les créneaux des monuments assyriens et mieux encore les tombes royales de Persépolis. Parfois la corniche est double, et entre les deux court une sorte de frise ornée de créneaux semblables aux précédents, mais plus petits et plus nombreux. Quelques tombeaux sont évidés de la masse sur trois de leurs côtés; il y en a même qui sont complètement isolés du rocher. Dans ce cas, les créneaux supérieurs ne sont plus représentés en simple relief, mais taillés profondément dans le roc en vrais marches d'escalier. — Sous les Ptolémées, l'art national des Nabatéens commença à subir l'influence de l'art grec et avec lui de l'art égyptien. Au Ier siècle avant notre ère, lorsqu'Arétas III prit le surnom de *Philhellène*, la civilisation grecque avait déjà jeté de profondes racines dans le sol nabatéen. Les monuments funéraires de cette époque le proclament, du reste, hautement; aux éléments orientaux de leur architecture se mêlent de plus en plus des éléments empruntés à l'art grec. Les édicules sont flanqués de pilastres corniers, et plus tard apparaissent des pilastres intermédiaires. Le couronnement ne conserve que deux demi-créneaux à escalier, placés en regard aux deux extrémités de l'attique; mais ils sont si grands qu'ils en occupent généralement toute la surface. La frise inférieure reste sans décoration; parfois, cependant, elle est ornée de motifs carrés ou de pilastres trapus, quand sa hauteur est augmentée. Finalement, les monuments se terminent par un entablement et par un fronton triangulaire. Les portes sont alors richement ornées de pilastres, d'architraves et de frontons.

Une autre forme de tombeaux, non moins ancienne que la précédente, est représentée par des monuments cubiques qui se dressent librement à l'orient du *Sîk* et sur quelques hauts plateaux du voisinage de Pétra. Ces sortes de pylônes, en forme d'autel, s'élèvent parfois sur un socle divisé en trois marches. A l'origine, ils ne comportaient aucune ornementation; mais par la suite ils furent décorés de pilastres, de demi-colonnes et d'autres éléments empruntés à l'art grec.

On rencontre aussi des tombeaux qui se terminent par un fronton arqué supporté par des pilastres corniers. La porte représente une architecture identique. MM. Brunnow et Domaszewski [1] supposent que ce groupe de monuments appar-

1. *Op. cit.*, I, p. 156.

tient à une race de peuple différent des Nabatéens, probablement de Syriens, pour lesquels l'arc constituait, semble-t-il, un élément d'architecture nationale. M. Musil a rencontré de semblables mausolées au nord de Mâdaba.

La salle intérieure des sépulcres nabatéens ne répond nullement au luxe de la façade. Elle est d'ordinaire dépourvue de tout ornement. Deux parois, quelquefois trois, sont évidées de manière à former une série de niches quadrangulaires qui partent du sol jusqu'au plafond. Le corps était déposé dans le sol, au-devant d'un de ces caissons vides, et recouvert d'une dalle, puis d'une couche de maçonnerie destinée à dissimuler la tombe.

Tombeaux gréco-romains. Pendant que les Nabatéens continuaient à construire leurs hypogées dans leur forme nationale, les Romains, peut-être aussi les Nabatéens romanisés, introduisirent à Pétra l'architecture purement romaine. Tous les monuments de ce genre appartiennent à la troisième période de l'architecture romaine, c'est-à-dire. à celle qui touche à la période de décadence survenue au IVe siècle ; par conséquent ils datent presque tous du IIe et du IIIe siècle de notre ère. La pureté des lignes, la simplicité et la majesté de la composition disparaissent pour céder la place au faste et au luxe des détails, à la surabondance de l'ornementation. Toute surface plane est envahie par une exubérance de niches, de statues de bas-reliefs et de panneaux. Cette tendance à viser à l'effet par le décor se manifeste aussi dans la recherche des vastes dimensions. L'étalage de la pompe s'accommode mal avec le bon goût. Malgré ces taches, ces monuments ne produisent pas moins un effet magique dans le mystérieux repaire qui les a vus naître. Il est seulement regrettable que pour leur construction, comme pour celle du théâtre, on ait sacrifié un grand nombre d'hypogées nabatéens.

Plusieurs constructions restées inachevées nous font connaître le procédé employé par les ouvriers, à toute époque, pour exécuter ces travaux grandioses. Elles furent toutes excavées de la masse et ornées de leurs sculptures sans l'aide d'échafaudage. On commença par layer le grès à la partie supérieure, et, après avoir soigneusement achevé le couronnement, on descendit par degré, jusqu'à ce qu'on fût arrivé à la base. La plupart des chapiteaux et autres motifs de décoration semblent être à peine ébauchés. C'est qu'à l'origine ils étaient recouverts d'ornements en stuc, qui ont disparu depuis. Les Nabatéens ont employé largement le stuc sur le grès qui s'effrite avec le temps à l'intempérie de l'air.

Visite de Pétra à l'intérieur.

La ville de Pétra est divisée en deux grands quartiers par le *ouâdi Moûsa*. qui du *Sîk*, au sud-est, se dirige au nord-ouest, pour s'enfoncer dans la gorge d'*es Siyar*. Primitivement, la ville s'étendait, semble-t-il, sur la rive droite du torrent, et occupait la colline rocheuse, *arqoûb el Hiséh*, à l'ouest, et le large *ouâdi Zakêkéh* à l'est. C'est par cette vallée que descendaient les eaux du ruisseau, lorsqu'elles traversaient le tunnel d'*el Mozlem*. Un solide rempart, flanqué de tours rondes et carrées, protégeait la ville ; au nord, on en découvre encore des pans de muraille de 5 mètres de hauteur.

Plus tard, lorsque Pétra se fut enrichie par le commerce, il se forma un nouveau quartier, le quartier aristocratique, sur la rive gauche du *ouâdi Moûsa ;* mais il n'a jamais été protégé que par les forts situés sur les hauteurs du *Zibb Atouf*, au sud-est, et de l'acropole, à l'ouest. Ils étaient destinés à défendre les approches de la ville par la voie des hauts plateaux. Entre les deux quartiers, la rivière, dont le lit est encore assez profond, était encaissée par deux solides murailles et couverte de voûtes sur la plus grande partie de son parcours.

Qasr Firaoûn. Au sud de la rivière, vers l'occident, se dresse l'unique monument construit qui soit resté debout ou qui ne soit pas enseveli sous les décombres. Les Bédouins l'appellent *Qasr Firaoûn*, le château de Pharaon. C'est un élégant temple *in antis*, avec un péristyle de quatre colonnes d'ordre dorique. Toute l'ornementation, corniches, moulures et feuillage, est d'un dessin délicat et exécuté avec grand soin ; mais elle est tout entière en stuc ; elle s'est bien conservée dans la partie septentrionale. La frise est décorée de triglyphes et de couronnes dans les métopes. Les murailles latérales du *pronaos* portent un panneau destiné, sans doute, à recevoir un épigraphe. Dans l'angle à droite, on remarque une cage d'escalier. L'intérieur du temple était divisé en trois nefs, dont les deux latérales étaient surmontées d'un second étage. La *cella*, occupée par la statue de la divinité tutélaire, était enduite de stuc comme tout le reste du monument. Dans la structure des murs, on a employé des poutrelles destinées à lier, comme chaînage, les matériaux, ou à régulariser le niveau des assises.

Au-devant du temple, un bloc de 12 mètres de côté et de 2 à 3 mètres de hauteur formait l'autel. Un couloir en pente douce y conduit du côté de l'occident.

Triple portail. En se dirigeant vers l'orient, on remarque sur une longueur de 300 pas les traces d'une rue large, autrefois pavée et ornée de portiques. Elle aboutit à un triple portail, dont le montant septentrional, richement sculpté, est encore debout. Ce grandiose monument formait probablement l'entrée de l'enceinte du temple et du bosquet sacré.

Entre le *Qasr Firaoûn* et ce portail, un peu vers le sud, on a trouvé une pierre, socle d'une statue, qui porte une inscription nabatéenne en cinq lignes. D'après M. Clermont-Ganneau, l'épigraphe parle de la statue du roi Rabel Ier, fils d'Obodat, érigée

Fig. 49. — Qasr Firaoun.

par Hâritat (Arétas le Philhellène), la seizième année de son règne, c'est-à-dire vers 87 av. J.-C. [1].

Thermes. Le monticule qui s'élève au sud du portail renferme les décombres d'un bain public, dont on peut entrevoir trois chambres par une grande ouverture. L'une d'elles a ses parois ornées de colonnes engagées et de niches, qui, comme le plafond à caissons, sont revêtues de stuc. Un canal voûté amenait dans ces thermes l'eau de la rivière.

En suivant le lit du torrent dans la direction du sud, on rencontre, à 120 pas du portail, un vaste réservoir et un peu plus loin les ruines d'un pont, ou plutôt un reste de la voûte qui

1. *Rec. d'arch. or.*, II, p. 221-234.

couvrait le ruisseau [1]. On contourne ensuite la pointe du *djébel Oumm Elêdi*, ou mont des Obélisques, dont les pentes sont criblées de tombeaux. En six minutes on arrive au théâtre.

Théâtre. Le *Sîk* atteint une largeur de 60 mètres d'un sol assez uni. Le torrent suit la falaise septentrionale, de manière à laisser une belle place sur sa rive gauche devant le théâtre. Six degrés conduisent au *proscenium* qui fermait l'hémicycle par une rangée de 20 colonnes, dont il ne reste que les traces.

Fig. 50. — THÉATRE.

Autour de l'orchestre, dont la corde a 42 mètres et la flèche 23 à 24 mètres, se développe l'amphithéâtre formé de 34 gradins, hauts d'un demi mètre et entièrement creusés dans la montagne. Cinq escaliers, dont deux se trouvent aux extrémités, conduisent jusqu'à la galerie supérieure. Celle-ci est très large et était probablement ornée jadis d'une colonnade. Plus haut, on voit les restes des tombes nabatéennes dont la destruction fut causée par la construction du théâtre. Les gradins, qui pouvaient offrir de la place à 3,000 personnes, sont en grès rouge mêlé de blanc, de jaune, de bleu, de violet, avec des veines d'un

1. En face de l'embouchure du *ouâdi en Nasâra* qu'on dépasse ensuite, est enterrée une statue en marbre d'une femme drapée, mais privée de la tête.

dessin si capricieux que tout l'amphithéâtre semble être recouvert d'une riche tenture brodée.

Tombeau d'un prince. En face du théâtre, mais à une grande élévation, on remarque un grand tombeau nabatéen avec pilastres corniers et une porte à fronton. La frise, de caractère égyptien, est surmontée d'un attique avec un demi-créneau à chaque extrémité. En 1896, M. Musil y trouva une dalle de grès portant en caractères nabatéens l'épitaphe

Fig. 51. — PÉTRA. Parois du sud-est.

« d'Unaisu, frère de Sukailat, reine des Nabatéens. » D'après M. Euting, Sukailat est probablement la mère de Rabel II, régente l'an 71 ap. J.-C., pendant la minorité de son fils[1].

Tombeau dorique. En remontant du théâtre vers la ville, on rencontre à une distance de 100 pas, à droite, un beau monument dorique appelé par les indigènes *Oumm es Senêdiq*. La terrasse artificielle qui le précède est divisée en deux étages, formé chacun de cinq arcades et d'un portique à chaque extrémité. Sur la plate-forme s'élèvent quatre grosses colonnes qui supportent un entablement avec fronton triangulaire terminé

1. Brunnow, *op. cit.*, I, p. 402.

par une urne. Dans l'immense entaille creusée à trois mètres de profondeur derrière la façade, s'ouvre une porte de 2 m. 50 de largeur, au milieu d'une rangée de douze colonnes surmontées d'un entablement, toujours de style dorique. La vaste chambre du monument est simplement ornée de hautes niches quadrangulaires. Ce tombeau servit d'église chrétienne, proba

Fig. 52. — Tombeau d'Oumm Amdan et Tombeau d'Oumm Zakèkéh à trois étages.

blement au VIe siècle, comme le prouve l'inscription grecque peinte au minium sur la paroi du fond. L'évêque consécrateur s'appelait Jason.

Tombeau corinthien. On passe devant plusieurs autres beaux monuments et l'on arrive en 5 minutes à l'*Oumm el Amdân*, tombeau corinthien. La façade est imitée de celle du *Khaznet Firaoûn*; seulement les bas-reliefs manquent, les sculptures sont moins fouillées et dans un état plus délabré. Les deux portes latérales sont restées inachevées.

Tombeau à trois étages. Au nord du monument précédent s'élève un tombeau à 3 étages appelé *Oumm Zakêkéh*. C'est le plus grand de tous les édifices de Pétra. Bien qu'il soit fortement endommagé, surtout dans sa partie supérieure, il est encore d'un effet imposant. Au lieu de reproduire la façade d'un temple, il ressemble plutôt à un palais. Le premier étage est percé de quatre portes, flanquée chacune de deux colonnes. Les deux portes médianes sont surmontées d'un fronton triangulaire et les extrêmes d'un fronton arqué. Un haut entablement porte le deuxième étage orné de 18 colonnes plus petites. Dans les entrecolonnements s'ouvrent des fenêtres. Toute l'architecture est d'ordre ionien. Le rocher ne s'élevant pas assez pour permettre d'y creuser tout le troisième étage, on a complété celui-ci avec des pierres de taille. Les chambres sépulcrales sont frustes. Tout l'édifice, y compris les fûts de colonnes, était originairement recouvert d'un enduit en stuc.

Tombeau de Florentin. Sur une distance de 200 pas on ne rencontre plus de monuments ; mais à la pointe formée par la gorge qui descend du haut plateau d'*el Houbzéh*, se présente le tombeau de Florentin, le monument le plus remarquable par la noblesse de son style et le soigné de son exécution. Il s'élève sur une terrasse. La façade en forme de temple est ornée de quatre colonnes. Le fronton terminal supporte une urne en guise d'acrotère et le tympan est décoré d'une aigle aux ailes déployées, et d'une tête de Méduse, devenue presque méconnaissable. La porte est encadrée de deux pilastres. Sur l'architrave on lit une inscription latine au nom de L. Sextus Florentinus, gouverneur de Pétra ; le fronton est couronné par la statue d'une Victoire.

De là on franchit la vallée d'*el Mozlem* qui sur ses deux rives renferme de nombreux sépulcres, soit creusés dans le flanc du rocher, soit enfoncés dans le sol à fleur de terre.

Moghâr en Nasâra. Au delà du *ouâdi el Mozlem*, la montagne est formée de bancs rocheux de 6 à 10 mètres de hauteur, en retrait les uns sur les autres. Les files presque régulières de tombeaux s'étagent jusqu'au sommet et donnent l'illusion d'une ville abandonnée.

Harâbt Tourkmaniyéh. A 500 pas vers le nord-ouest, sur la rive droite du *ouâdi Abou Atêka*, on remarque un tombeau qui est surtout intéressant par son inscription nabatéenne longue de 3 m. 90 et haute de 1 m. 20. Elle remonte à la fin du Ier siècle avant notre ère.

Arqoûb el Hiséh. Du tombeau *Tourkmanîyéh* on descend vers le sud et l'on remonte sur l'*arqoûb el Hiséh*, la colline rocheuse qui s'élève presque au centre de la ville et qui n'est guère accessible que par le nord. C'est là que se trouvaient, à en juger par les ruines, les principales constructions de la ville primitive. Au septentrion existent encore des pans de mur de l'ancien rempart, et au sud-ouest ceux d'une tour carrée de 17 mètres de long sur 14 de large. Au-dessus de cette tour se trouve un grand réservoir. Tout auprès on voit les vestiges d'une église à trois nefs, terminée chacune par une abside; elle mesure 22 mètres en longueur sans l'atrium et 12 mètres en largeur.

A l'occident, l'*arqoûb el Hiséh* est limité par le ravin d'*Abou Alêka*, dont le lit est couvert de tamaris et de lauriers roses. Cette vallée débouche dans le *ouâdi Moûsa*, à environ 200 pas au nord-ouest du *Qasr Firaoûn*.

Visite des hauts lieux de Pétra.

Mont de l'Acropole ou el Habîs. A l'ouest du *Qasr Firaoûn*, se dresse une puissante masse rocheuse, dont le flanc oriental est taillé à pic, le côté nord contourné par la gorge d'*es Siyar* et le reste de la montagne oblongue, isolée par une profonde fissure qui débouche dans le torrent.

Parmi les tombeaux creusés dans la paroi rocheuse près du *Qasr Firaoûn*, deux, distants de 80 pas l'un de l'autre, sont restés inachevés. Celui qui est muni de deux colonnes isolées de la masse attire surtout l'attention et explique le procédé employé par les ouvriers pour créer ces monuments. Vers le sud se trouve un sépulcre dont les parois sont criblées d'un réseau de cavités quadrangulaires qui le font ressembler à un *columbarium*. Il constitue une véritable énigme pour l'archéologue.

Un chemin en escalier taillé dans le roc, mais en fort mauvais état et dont l'ascension n'est pas à recommander, mène sur le plateau d'*el Habîs*, aplani artificiellement et entouré d'un mur d'enceinte garni de meurtrières. Au centre s'élève une tour en ruines avec des chambres voûtées. On y arrive par un sentier qui y monte au sud.

Ce rocher, où toute forteresse pouvait être considérée comme imprenable, était probablement déjà fortifié par les Nabatéens. Quant au château-fort dont on y voit les vestiges, il est l'œuvre de Baudouin Ier qui le fit construire en 1116. Les historiens des Croisades ne parlent de cette forteresse que d'une manière confuse. Albert d'Aix la place au *djébel Haroûn*; d'autres la confondent avec le fort du *Val de Moyse* qui est, cependant, toujours indiqué dans un pays couvert d'arbres fruitiers et non loin de la source de Moïse, c'est-à-dire à *el Ouaïrah*. Les *Novaïri*, plus précis, la nomment *Asouît*. L'auteur, après avoir fait une description exacte de Pétra, dit que le sultan Bibars s'en approcha et se convainquit par ses yeux que l'*Asouît* était une citadelle extrêmement forte et d'une architecture admirable[1]. A l'ouest d'*el Habîs*, mais sur un plateau inférieur, existe un haut lieu nabatéen avec un autel de sacrifice. L'absence de tombeaux indique par elle-même que pour les anciens cette montagne était sacrée.

Zibb Firaoûn. A 300 pas du *Qasr Firaoûn*, vers le sud, on rencontre à gauche du chemin une colonne solitaire de 4 à 5 mètres de hauteur, composée de plusieurs tambours de grès, mais privée de son chapiteau. Elle est appelée *Zibb Firaoun* et marque l'emplacement d'un temple, dont on voyait encore les vestiges il y a cinquante ans. Aujourd'hui il n'en reste, sur la surface du sol, que quelques tronçons de colonne.

Tombeau des Soldats. A 400 pas du *Zibb Firaoûn*, toujours vers le sud, un mauvais escalier descend dans le *ouâdi Farâsa* qui remonte le flanc occidental du *djébel Oumm Elêdi* ou mont des Obélisques. En suivant cette vallée, on arrive à une bifurcation, au milieu d'un premier groupe de tombeaux sans grand intérêt. On remonte la branche septentrionale de la gorge. Celle-ci se rétrécit et devient d'une ascension assez pénible, fermée qu'elle est par un mur de barrage qui servait à protéger les tombes contre les torrents impétueux occasionnés par les pluies torrentielles. En quelques minutes on se trouve en présence d'un deuxième groupe de tombeaux remarquables, qui s'étagent sur les deux flancs du ravin. A gauche, un tombeau romain a sa chambre principale ornée de demi-colonnes doriques cannelées, mais sa façade n'a jamais été exécutée. A droite, se dresse un mausolée dont la façade est formée de deux colonnes au milieu et d'un pilastre accouplé d'un quart de colonne à chaque extrémité. L'entablement est surmonté d'un fronton. Dans l'entre-colonnement, au-dessus de la porte, une niche contient une statue qui représente un centurion en costume d'officier romain. Deux niches latérales renferment également les statues de deux personnages dont un seul est vêtu. Ces statues, aujourd'hui très détériorées, ont valu au monument le nom de tombeau des Soldats.

De là on peut gravir le haut lieu du *Zibb Atoûf*; mais nous indiquerons ci-dessous un chemin plus commode pour y arriver.

En continuant son chemin vers le midi, on descend par un escalier dans le *ouâdi Farât el Bédoûl*, la branche méridionale du *ouâdi Farâsa*. La gorge se dirige du nord-est au sud-ouest jusqu'aux sépulcres et au sanctuaire d'*el Nmeir*; puis elle se replie vers le nord-ouest pour rejoindre le *ouâdi Farâsa*. Sur tout son parcours se présentent des œuvres remarquables et variées, mais la plupart très dégradées.

1. Rey, *Col. fr.*, p. 396-398.

Zibb Atoûf ou mont des Obélisques. Du théâtre on remonte le *Sîk* à une distance de 200 pas, laissant à droite un des plus beaux groupes de tombeaux que renferme Pétra. On pénètre ensuite dans la gorge du *zarnoûk Koûdlah* qui monte à droite, au sommet d'*Oumm Elêdi* appelé aussi *Zibb Atoûf*. Le chemin est ingénieusement taillé dans le roc et formé à trois reprises par un escalier. L'ascension est fatigante et demande une heure de marche. Après avoir fait 500 pas, on arrive à

Fig. 53. — Obélisques.

une première terrasse où l'on aperçoit des autels votifs et des inscriptions nabatéennes. Au sortir de la gorge se présente une nouvelle terrasse ; puis une sorte de cheminée mène à une première esplanade qui porte les vestiges d'une citadelle. C'est une grande enceinte avec une tour à l'entrée du plateau et une seconde à 200 mètres plus loin vers le nord, sur une escarpe de 15 à 20 mètres de hauteur. Au midi, la forteresse est isolée du haut plateau par une large et profonde tranchée. Rien n'indique que cette forteresse soit médiévale. De tout temps cette montagne a dû servir d'assiette à une citadelle, pour protéger la ville contre l'ennemi, qui pouvait s'en approcher par le chemin des hauts plateaux du côté de l'orient et du midi.

Au sud de l'enceinte, la montagne a été aplanie. On n'y a

laissé que deux obélisques de 6 à 7 mètres de hauteur, entièrement dégagés de la masse de grès rouge. A 400 pas plus loin, vers le sud, en existe un troisième. Ces obélisques ne sont peut-être que des monuments commémoratifs ; mais ils peuvent aussi représenter le dieu Dusarès ; car dans un grand nombre de niches d'autel sont sculptés des cippes votifs, souvent jusqu'au nombre de trois, dans lesquels cette divinité est censée incorporée.

Au nord de la forteresse, vient une cour creusée dans la surface du roc, avec un intéressant autel de sacrifice. Il est quadrangulaire et entièrement évidé dans la masse. Tout auprès, vers le sud, on remarque un deuxième autel de forme brute, avec une sorte de cuvette ronde, du fond de laquelle un canal communique avec une petite grotte ménagée dans la paroi septentrionale du rocher. A environ 9 mètres au sud de la cour, est creusée une piscine qui recueillait les eaux de pluie.

Au *Zibb Atoûf*, qui domine de 168 mètres le *Qasr Firaoûn*, le coup d'œil sur Pétra et les environs est ravissant.

Du *Zibb Atoûf* on peut se rendre sur le plateau de *tôr el Hémédi*, vers l'est, d'où l'on arrive au *ouâdi el Kantara* qui possède aussi, entre autres monuments, un remarquable autel, *Oumm Hasân*. Cette vallée débouche au sud du *Khaznet Firaoûn* sous le nom de *zarnoûq el Djerra* ; mais dans sa partie inférieure, le passage en est très pénible. Il vaut mieux revenir au *Zibb Atoûf*, à moins qu'on ne veuille suivre le chemin du haut plateau qui débouche au *Bâb es Sîk*, en traversant les monuments d'*el Madrâs*.

Haut lieu d'el Houbzéh. La montagne orientale de Pétra, appelée *el Houbzéh*, formait aussi pour les Nabatéens un grand sanctuaire. Les escaliers qui y montaient de divers côtés sont devenus impraticables. On y arrive aujourd'hui par la gorge qui s'ouvre au nord du monument de Florentin et qui monte vers le sud-est. De là un escalier ruiné mène à un plateau vallonné, d'où un chemin conduit à une esplanade jusqu'au pied d'un mamelon Là on voit des bassins bordés au nord par une estrade. A côté existe une autre plate-forme également artificielle, présentant une cavité circulaire de 2 mètres de diamètre. Vers le centre du plateau (alt. 1.100 m.), le mamelon porte aussi des traces de nombreuses entailles. Autour de ce plateau on rencontre de nombreux autels votifs, dont le plus intéressant est orné d'un aigle de 0 m. 55 de hauteur. Cet oiseau figure aussi sur les monnaies nabatéennes.

Ed Deir. Temple d'el Fatoûma. Cette excursion demande 2 à 3 heures aller et retour. Elle est naturellement fatigante, mais sans danger. A la plupart des voyageurs, elle offre plus d'intérêt que les précédentes.

Du *Qasr Firaoûn* on suit pendant 2 minutes le *ouâdi Moûsa* vers l'ouest, et l'on arrive au débouché du *ouâdi Abou Alêka*, appelé *ouâdi el Maïtéréh* après sa jonction avec la vallée qui descend du *Manât Mansour*, où se trouvent une centaine de tombeaux. On dépasse le *ouâdi Abou Alêka*, et 100 pas plus loin on entre dans la gorge d'*ed Deir* qui monte droit au nord. Le chemin a été taillé dans le roc sous la domination romaine, et

Fig. 54. — TEMPLE D'EL FATOUMA.

n'est souvent qu'un escalier aux marches inégales entrecoupées de paliers. Dans toutes les anfractuosités on aperçoit des façades nabatéennes et des niches votives.

Arrivé à une bifurcation de la vallée, on tourne à gauche dans la direction du nord-nord-ouest ; puis, après avoir suivi un escalier, on se dirige vers l'ouest, laissant une gorge à droite et quelques minutes plus loin une autre à gauche. Un long escalier en lacet se présente à l'entrée d'une nouvelle fissure qui monte au nord. L'escalier aboutit à une terrasse où poussent des lauriers au fond d'anciens réservoirs d'eau. Les tombeaux nabatéens sont nombreux et l'un d'eux porte une inscription. Un nouvel escalier part du sud-ouest de la terrasse et monte à un rocher dans lequel sont taillées deux chambres qui formaient un ermitage. Celle de gauche servait d'habitation ; elle est percée d'une fenêtre et munie d'un banc et d'un lit en pierre. Sur la porte on lit un nom grec accompagné d'une croix peinte au minium. Cette même porte conduit à un oratoire terminé par une absidiole qui renferme un autel. Sur la paroi de la montagne, à une assez grande hauteur, on remarque plusieurs croix et monogrammes. Sur le plateau d'*ed Deir* existent deux autres habitations d'anachorètes.

De l'ermitage on continue son chemin vers le nord-ouest, et à 150 pas plus loin, un dernier escalier conduit au sommet d'*ed Deir*. Encore 300 pas vers la droite et l'on se trouve en présence du temple d'*el Fatoûma*, le plus vaste monument monolithe de Pétra.

Temple d'el Fatoûma. Ce monument est de même style et de même ordonnance que le *Khaznet Firaoûn*, sauf qu'il est exécuté dans de plus vastes dimensions. Par contre, il est moins gracieux et à formes moins harmonieuses que le premier. Il n'est pas non plus orné de bas-reliefs. Les moulures étaient même la plupart en stuc. Son péristyle est formé de six colonnes comme le *Khaznet Firaoûn ;* mais les extrémités sont flanquées en plus d'un pilastre cornier à chaque étage. La façade mesure 49 mètres en longueur et 38 en hauteur, y compris l'urne colossale qui couronne l'édicule du centre, et qui à elle seule mesure une hauteur de 9 mètres.

Comme pour tous les autres monuments, l'intérieur ne répond pas au faste de la façade. La salle, qui a 12 mètres en largeur et 10 en profondeur, est fruste et dépourvue de tout ornement. La paroi du fond seule est garnie d'une grande niche, jadis occupée par un autel.

Le temple aux chameaux. A 800 mètres au nord du temple d'*el Fatoûma* existe un autre sanctuaire. C'est une salle creusée dans le roc, munie d'un autel. Sur la paroi extérieure de ce temple sont représentés en bas-relief deux Nabatéens, tenant chacun un chameau conduit à l'autel du sacrifice. La sculpture est très dégradée.

Le plateau offre des traces d'autres autels de sacrifice, mais pas de tombeaux : c'était un haut lieu consacré à la divinité. Le nom d'*ed Deir*, le Monastère, qu'il a reçu des Arabes, est dû à un ancien couvent ou mieux à une laure à laquelle appartenaient les ermitages qu'on y voit encore. Il est question, en effet, d'un « Moïse, abbé qui habitait Pétra [1]. »

1. *V.* Bolland, *A. SS.*, II, VII Febr., p. 45.

Du plateau d'*ed Deir*, qui a 1.150 mètres d'altitude, la vue est très étendue; elle n'est barrée qu'au sud par le *djébel Haroûn*, qui apparait dans toute sa majesté.

Le djébel Haroûn.

Le *djébel Haroûn*, le mont d'Aaron, est situé à 2 heures de Pétra. Il a une altitude de 1.330 mètres Son ascension exige encore une autre heure de marche. L'excursion peut se faire à cheval jusqu'au pied de la cime couronnée par la mosquée. Mais les indigènes ne permettent que bien difficilement aux chrétiens de monter jusqu'au sommet. Aussi ne devrait-on pas tenter cette excursion sans s'être entendu préalablement avec le *scheikh* d'*el Dji*, qui fixe généralement un prix très élevé pour accorder cette faveur.

Du *Zibb Firaoûn*, on franchit le *ouâdi el Farâsa*, puis celui d'*Oumm Ratam* et l'on remonte par la rive droite du *ouâdi Hasât ed Doudéh*, rencontrant partout des tombeaux plus ou moins éboulés. Le sentier traverse ensuite les mamelons de grès blanchâtre du *moghâr el Krât*, d'où l'on jouit d'une belle vue sur Pétra, sur la gracieuse montagne d'*el Barra* au nord-ouest (alt. 1.160 m.) et sur le *djébel Haroûn* au sud-ouest. Il reste encore à franchir le *ouâdi el Ameirât*, puis celui d'*el Hésêra* pour arriver au pied de la montagne du *nébi Haroûn*.

La rampe est assez escarpée; mais le chemin monte en zigzags pendant 50 minutes, jusqu'à une première esplanade. Celle-ci sert de piédestal à une nouvelle masse rocheuse qui s'élève sur le bord oriental. Vers l'ouest, on voit les traces d'un monastère. Il a été mentionné en 1110 par Foucher de Chartres et était encore occupé par deux moines grecs en 1217, lorsque Thétmar le visita. A 300 pas au nord-est du couvent, un escalier conduit au sommet, plate-forme allongée où s'élève le sanctuaire musulman dédié au grand-prêtre Aaron. Le modeste *ouéli* a une longueur extérieure de 13 mètres et une largeur de 10 m. 50. A l'intérieur, la salle est divisée par deux piliers qui supportent les voûtes et la coupole blanche. Elle renferme le cénotaphe d'Aaron, qui est un sarcophage en marbre reposant sur 4 colonnettes. Sur ces colonnettes, M. Musil a remarqué plusieurs inscriptions grecques et hébraïques[1]. De l'angle nord-est de la salle, un escalier descend dans une chambre souterraine. Les fondements de la petite mosquée sont très anciens.

Du *djébel Haroûn* on jouit d'une vue remarquable sur la vallée de l'*Arabah*, les montagnes de Séir et le plateau de Tih, mais particulièrement sur Pétra, ses tombeaux et les profondes crevasses des montagnes environnantes.

1. *Op. cit.*, II, p. 118.

CHAPITRE V

De Pétra à Chôbak.

On peut se rendre de Pétra à Chôbak par trois routes différentes, à partir d'*el Dji* : 1° par *aïn Nedjel;* c'est la voie la plus courte; — 2° par *Odroh* et *ed Dôsak ;* c'est la plus intéressante; — 3° par *Maân*. Ce chemin très long rejoint le deuxième à *Odroh*, après un parcours de 18 kilomètres à travers une plaine aride, monotone et sans intérêt. Nous n'avons donc qu'à tracer les deux premières voies.

Pour le voyage de *Maân* à *Djizéh* (station de *Mâdaba*), à *Ammân* et à *Deraa* en chemin de fer, voir plus loin au chapitre X.

I. — *De Pétra à Chôbak par Aïn Nedjel.*

El Dji	1 h. 00	Aïn Nedjel	2 h. 45
Aïn el Haï	0 35	Chôbak	0 35
Aïn Mahzoûl	1 55		
Tell Haouari	1 30	TOTAL	8 h. 20

Lorsqu'au retour de Pétra on se trouve en face du village d'*el Dji*, on croise le débouché du *ouâdi ez Zerâba* qui descend du nord, puis celui du *ouâdi el Hasba* venant d'*el Dji* (2 min.). On s'avance alors de 100 pas jusqu'à la jonction du *ouâdi el Halîl*, à l'est, et du *ouâdi el Kletiâ* qui remonte au nord-nord-est. Le chemin se déploie en zigzags sur les pentes du flanc gauche de cette dernière vallée, et passe près d'une première source, *aïn el Mokhr* (30 min.), puis 200 pas plus loin, près de la source d'aïn el Haï, entourée d'un tapis mousseux. De ce point on domine l'antique forteresse d'*el Ouaïrah*. A la bifurcation de la vallée, on se maintient à droite dans celle d'*el Haoût*. Celle-ci aboutit à une plaine ondulée et bien cultivée, *el Batinéh*. On franchit ensuite une colline (40 min.), et de son point culminant on jouit d'un superbe coup d'œil sur le *djébel Haroûn* et sur la vallée d'*Arabah* semée de collines. Le chemin suit alors l'ancienne voie romaine, dont une partie du pavage est encore visible. Cette voie passe près d'*aïn Mahzoûl* (1 h. 15), source qui donne naissance au ruisseau du *ouâdi*

Djélouah. Celui-ci traverse un pays boisé, une véritable forêt de chênes verts et de térébinthes, mène au *tell Haouari* où coule une bonne source (1 h. 30), puis à un bouquet de *boutm*. Là se trouvent les ruines d'un ancien village, *khirbet Meqdès* (alt. 1.460 m.). Une demi-heure plus loin, on arrive à *Hor el Hiséh;* puis on descend dans la vallée d'*el Helêléh* (25 min.), d'où l'ancienne route romaine conduit en 1 h. 30 à *aïn Nedjel*, source abondante dont l'eau est recueillie dans un réservoir. Place de campement.

Aïn Nedjel est une ancienne station romaine appelée **Nekla** par Ptolémée (V, 164), et **Négla** par Etienne de Byzance. Quelques ruines du camp romain et les vestiges d'un pont s'y voient encore. Le bord méridional du *ouâdi Nedjel* porte les ruines du village de *Zarâb*. Vers le nord-est, à 35 minutes de la source, on aperçoit *Chôbak*.

II. — *De Pétra à Chôbak par Odroh.*

El Dji	1 h.	00	Ouadi Djerba	0 h.	50
Aïn Moûsa	0	45	Ed Dôsak	3	30
Route romaine	1	10	Chôbak	1	00
Odroh	2	40	TOTAL	10 h.	55

On dépasse l'embouchure du ruisseau d'*el Dji*, au milieu de magnifiques bosquets de figuiers et d'oliviers. Deux cents pas plus loin, on laisse à gauche l'embouchure du *ouâdi el Kleita* et l'on suit, dans la direction de l'est-nord-est, celui de *Haïl* au fond duquel murmure un petit ruisseau. Ce cours d'eau actionnait autrefois plusieurs moulins dont on voit encore les ruines ainsi que des tronçons d'aqueducs qui y amenaient l'eau. Le chemin monte rapidement sur le flanc méridional de la vallée et atteint (45 min.) la source d'*Aïn Moûsa*, eau excellente qui s'échappe avec abondance des fentes de rochers à l'extrémité orientale de la vallée. On n'aperçoit aucune trace de construction dans le voisinage.

Pour les anciens, tels qu'Eusèbe et saint Jérôme, qui croyaient que le *djébel Haroûn* représentait le mont Hor de la Bible, ce serait là la source que Moïse aurait fait jaillir en frappant le rocher deux fois de son bâton pour donner de l'eau aux Israélites. Les Arabes, agrémentant cette merveille, racontent que le législateur, voyant ses compagnons souffrir de la faim, tua sa chamelle et la leur servit. Comme ensuite ils étaient tourmentés par la soif, il frappa le rocher de son bâton et il en sortit du sang. La frappant une seconde fois, il en sortit une eau, depuis lors intarissable. Cette source a donné son nom au ruisseau qui traverse Pétra.

Sur le bord de la vallée, on voit les ruines de *Mehelléh*. D'après Burckhardt (p. 420), 20 familles grecques habitaient ce village encore au XVIIIe siècle ; mais elles l'ont abandonné pour s'établir à Kérak.

Le chemin monte à travers le *ouâdi el Bika* jusqu'au faîte du *djébel Milrân* (1.539 m.), d'où la vue embrasse les montagnes de Pétra On descend ensuite dans le *ouâdi* naissant d'*Abou et*

Fig. 55. — Aïn Mousa.

Tiar et l'on croise l'ancienne route romaine (1 h. 10). Une plaine ondulée s'étend de là jusqu'à *Odroh* (2 h. 40).

Odroh, que Ptolémée (V, 16), appelle **Adrou,** est un ancien camp romain établi sur une colline isolée (alt. 1.280 m.). L'enceinte, qui subsiste partout à une hauteur de 1 à 5 mètres, forme un rectangle de 255 mètres de long sur 184 mètres de large du côté de l'est, et 179 mètres du côté opposé. Les angles sont protégés par de puissantes tours arrondies de 20 mètres de diamètre et de quatre tours oblongues sur les petits côtés et de six sur les grands dans lesquels s'ouvre une porte au nord et au sud. L'appareil est monumental. Les assises ont une hauteur de 0 m. 70 à 0 m. 85, et les blocs, d'un calcaire très dur et taillé avec soin, mesurent de un à deux mètres. Il est vraisemblable que ce majestueux prétoire remonte à l'empereur Trajan (98-117).

A 30 mètres au midi de la tour d'angle sud ouest existent les ruines d'une église à trois nefs, de 16 m. 50 de largeur et 23 de longueur, y compris l'abside encore debout jusqu'à la hauteur de la conque. A cent pas de la tour nord-est, jaillit une belle source au milieu d'un bassin naturel. Une autre, *aïn el Fézei*, se rencontre au sud-est de la précédente près du *khirbet el Bédès*.

Les habitants de Maân démolissent ces belles ruines, et cassent les blocs quand ils ont besoin de moellons pour faire de la chaux ou pour bâtir les édifices publics et autres.

D'*Odroh* la voie monte droit au nord, suivant une ancienne route romaine encore marquée par des tronçons ou des fragments de colonnes milliaires, et à droite et à gauche par des tours de garde en ruines. Elle traverse le *ouâdi Djerbâ* (50 min.), vallée peu profonde mais large et verdoyante grâce aux sources voisines, dont la principale s'échappe d'une colline située à deux minutes vers le septentrion. A droite, s'étendent les ruines d'*el Djerbâ*, au centre desquelles s'élève une tour carrée de dix pas de côté. C'est le château fort du **Ouâdi Gerba** élevé par les Croisés et formant un des fiefs du Krak de Montréal ou Chôbak [1].

Au delà du *ouâdi el Djerbâ*, le pays est couvert de dunes crayeuses ; mais le paysage reste monotone, sombre et sans horizon pendant plus de 2 heures. A l'est, la plaine s'étend à perte de vue et se confond avec le désert. Ce n'est qu'en s'approchant du *ouâdi Nedjel* que le sol se couvre de touffes d'herbes et que la gracieuse silhouette de la forteresse de Chôbak captive l'attention.

Après avoir fait un trajet de 18 kilomètres à travers cette plaine inculte, on remarque à droite, sur une éminence (alt. 1.269 m.), qui borde le *ouâdi Nedjel* au midi, les ruines du *Qasr ed Dôsak*, château fort, ou plutôt caravansérail d'origine arabe. Dans la cour, vers l'occident, subsistent encore les vestiges d'une petite mosquée.

On remonte la vallée vers l'occident à travers des champs où l'on cultive le tabac, le doura, le maïs et d'autres céréales. Le petit ruisseau qui fertilise le sol, activait jadis un moulin dont on voit encore les ruines. A 40 minutes d'*ed Dôsak*, le chemin plie vers le nord et aboutit à *Chôbak* en 20 minutes. Campement sur le flanc oriental de la colline.

Si l'on préfère passer la nuit près de la belle source d'*aïn Nedjel*, on continue à suivre la vallée pendant un quart d'heure, pour revenir le lendemain par le même chemin et monter à Chôbak (35 min.).

1. Rey, *Les Colon. franques*, p. 398.

Fig 56. — CHÔBAK, vue du sud.

Chôbak.

Chôbak est un village entouré d'une enceinte presque circulaire au sommet d'une colline isolée, dominant tout le pays d'alentour. Celle-ci a une altitude de 1.330 mètres, et bien qu'elle ne s'élève qu'à 50 mètres au-dessus du sol environnant, elle constitue une position très forte à cause de ses pentes partout très escarpées. On n'y pénètre que par une seule porte, à laquelle conduit un chemin raide et sinueux. A l'intérieur, beaucoup de maisons sont en ruines. Cinq à six cents habitants vivent dans des masures, tandis que le double de gens qui appartiennent à cette localité, demeurent sous les tentes dans les campagnes des environs, et élèvent des troupeaux ou cultivent la terre.

Chôbak est le chef-lieu du district d'*esch Schéra*, administré par un *Moudîr*. Une vingtaine de *khayyâls* y sont casernés pour faire la police.

Histoire. En 1115, Baudouin Ier fit construire sur cette colline un château fort à triple enceinte, destiné à commander les routes commerciales et à couvrir les approches orientales du royaume. Guillaume de Tyr dit que la place reçut le nom de *Mons Regalis*, parce qu'elle a été fondée par le roi[1]. On l'appelait aussi le Krak de Montréal. L'année suivante, Baudouin la visita en personne et se rendit de là à Elim (*Ila* ou *Aqabah*)[2]. En 1152, Maurice, seigneur de Montréal, céda à l'Hôpital de Jérusalem deux fiefs de sa seigneurie, savoir, les casaux de Bénisalem et de Cansir[3]. Renaud de Châtillon, seigneur de Hébron et de Montréal, confirma cette donation en 1177[4]. Saladin, devenu maître de Kérak en 1187, ne put emporter Montréal qu'après un siège long et opiniâtre.

Thétmar traversa « Monréal scobach » en 1217, et trouva la « forteresse à triple rempart » d'une solidité remarquable. Il logea chez une veuve française qui tenait une auberge et qui lui procura des guides sûrs avec des chameaux, ainsi que des provisions, pour continuer son voyage au mont Sinaï[5].

Ludolphe de Sudheim (1336-1341) nous a laissé la meilleure description de cette remarquable forteresse. Le château fort, appelé en arabe *Arab*, dit-il, en chaldéen *Schobach* et en latin *Mons regalis*, possédait dans son enceinte extérieure un grand rocher d'où s'échappaient trois sources qui irriguaient tout le territoire. Dans la deuxième enceinte poussait assez de blé pour nourrir la garnison pendant toute une année. Dans l'enceinte centrale il y avait jadis des vignes, alors arrachées. La place était tellement forte que les sultans y faisaient garder leurs trésors. Au-dessus du château se trouvait un bourg appelé *Sabab*, où habitaient plus de 6.000 chrétiens[6].

Vers la fin du XIVe siècle, la belle forteresse des Croisés fut démolie et remplacée par un château arabe beaucoup plus petit. Au siècle dernier, Ibrahim Pacha fit démanteler la place. Plusieurs courtines furent relevées depuis par un blocage grossier.

Visite. De l'œuvre des Latins, il ne reste plus que les ruines d'une église large de 12 mètres et longue de 20, non compris l'abside. Un arc de ce monument est encore debout. Un magnifique linteau de 2 m. 80 de longueur, qui surmontait probablement la porte de l'édifice sacré. est orné d'une inscription latine malheureusement martelée. On n'y lit que les lettres suivantes : UGO VICE... QVI... MCXVIII... M. Euting a reconnu à la fin de l'épigraphe les lettres... LES..., qu'il rapporte au mot *ecclesia*[7].

1. *Rec. hist. Cr.*, I, p. 499. — 2. Foucher de Chartres, *Hist. Hierosol.*, l. II, c. LVI. — Albert d'Aix, l. XII, c. XXI et XXII. — 3. Delaville Le Roux, *Cart.* I, p. 160. — 4. *Id.*, p. 355. — 5. *Op. cit.*, p. 31. — 6. *Op. cit.*, p. 89. — 7. Brunnow et Domaszewski, *op. cit.*, I, p. 116.

Une tour semi-circulaire et un redan de la construction sarrasine ont toute une assise décorée d'une inscription arabe en style fleuri du XIVe siècle. Du centre de la forteresse, un escalier souterrain de 372 marches, mais obstrué aujourd'hui, descend à une source qui coule avec abondance au nord-ouest de la colline. Dans les terrasses qui s'étagent sur les flancs du monticule, les traces des ouvrages avancés et de la triple ceinture dont parlent Guillaume de Tyr et les pèlerins, sont encore reconnaissables.

A l'époque des Croisades, une espèce de poudre de sucre était désignée, dans le commerce, sous le nom de sucre de Krak et de Montréal[1]. La plantation des cannes à sucre a dû se faire sur les bords de la mer Morte; car Chôbak, pays de figuiers, est à une altitude qui ne permet pas la culture des cannes à sucre.

Théman. Foucher de Chartres insinue qu'à Montréal on a trouvé les traces d'une ancienne forteresse. Or, Eusèbe dit que Thaiman est un bourg occupé par une garnison romaine, à 15 milles au nord de Pétra[2]. Le P. Lagrange est incliné à identifier Thaïman avec Chôbak et à y voir Théman, l'importante ville d'Edom mentionnée par la Genèse (XXXVI, 34, 42[3]). Amos (I, 12) cite en effet Théman avec Bosra (*Bouseirèh*), et Jérémie (XLIX, 7) et Ezéchiel (XXV, 13) avec la ville de Dédan, qu'Eusèbe indique à 4 milles au nord de Phaïnon, peut-être le moderne *el Daidân*. M. A. Musil propose, avec bien plus de raison, d'identifier Théman avec *et Taouânèh*, la Thoana des Romains. (*V.* plus loin, p. 250).

1. Rey. *op. cit.*, p. 397. — 2. *On.*, p. 96. — S. Jérôme ne parle que de 5 milles. — 3. *R. B.*, 1897, p. 217.

CHAPITRE VI

De Chôbak à Kérak.

A 1 h. 30 au nord de Chôbak, la route se bifurque et deux voies, l'une et l'autre romaines, montent presque parallèlement jusqu'à Kérak à une distance moyenne de 10 kilomètres l'une de l'autre. Celle de droite a ses milliaires au nom de Trajan et passe par *Taouânéh* et *Dât Râs*. Celle de gauche, qui traverse *et Tafiléh*, est la plus ancienne et en même temps la plus intéressante au point de vue des souvenirs bibliques et historiques. Nous indiquerons d'abord cette dernière ; quant à l'autre, voir plus loin p. 249.

I. — *De Chôbak à Kérak par et Tafiléh.*

Bifurcation	1 h. 30		Ouâdi el Hésa	2 h. 52
Ouâdi Gharandel	2 00		El Môtéh	4 47
Bouseir	0 45		Kérak	1 50
Et Tafiléh	2 30		Total	16 h. 14

Au sortir de **Chôbak**, la route suit le ruisseau qui serpente au fond du *ouâdi Chôbak*, et débouche (40 min.) dans le *ouâdi Ghououeir*, petit *Ghôr*. C'est une gorge de grès rouge dont les parois portent plusieurs graffites nabatéens et grecs semblables à ceux du Sinaï. La route remonte au septentrion et, arrivée en face d'un village en ruines désigné sous le nom de *Démous*, les Blocs (50 min.), elle se bifurque. On laisse le chemin de droite, pour suivre celui de gauche qui se porte vers le nord-ouest, passe près des sources de *Biyar es Sébaa*, les sept Puits (32 min.), et traverse ensuite une éminence boisée de chênes verts (37 min.). Dix minutes plus loin, on franchit une petite crête d'où l'on jouit d'une superbe vue, à droite, sur les deux pics du *djébel Dânâ*, la plus haute montagne de cette contrée (alt. 1.627 m.), et à gauche sur la rocheuse *Arabah*. On laisse bientôt du même côté le *khirbet Dânâ* situé sur un petit haut plateau dans le large et verdoyant *ouâdi* de même nom. Avant d'arriver à la jonction du *ouâdi Chôbak* avec celui de *Dânâ*, on distingue dans la direction de l'ouest-sud-ouest les ruines de *khirbet Fênân*, la Phunon de la Bible[1].

Gébal. Depuis Dânâ jusqu'à la gorge profonde d'*el Hésâ*, au nord de *Tafiléh*, le district porte le nom arabe de *Djébâl*. **Gébal** est le nom d'un peuple mentionné par le Psalmiste[2] avec les Moabites, les Ammonites, les Amalécites et d'autres peuples coalisés contre le royaume de Juda, probablement sous le roi Josaphat[3]. D'après Josèphe, une partie de l'Idumée s'appelait Gobolitide ou Gabalitide, et ses habitants Gabalites[4]. Eusèbe et saint Jérôme[5] font de la Gébalène l'équivalent de l'Idumée, ou tout au moins l'un des districts des environs de Pétra. La région appelée *Djébâl* semble donc représenter le territoire de la peuplade iduméenne de Gébal.

La route contourne le *djébel Dânâ*, prend la direction du nord-est et traverse (25 min.) un vaste champ de ruines, *khirbet el Mouhezzek*, qui s'étend sur un tertre près d'une source. Parmi les ruines, on remarque celles d'une église où l'on a trouvé des débris de colonnes et de chapiteaux, avec un linteau portant une belle inscription grecque: « Le beau martyrion d'Achis et le cimetière des justes d'Achis (ont été établis), sous Léonce Entoméos, évêque du lieu, l'an des martyrs 502. » C'est l'an 786 de notre ère. Le P. Germer Durand[6], qui a publié l'épigraphe, pense que ce lieu répond à **Augustopolis,** siège épiscopal mentionné par Georges Palamos[7].

On entre ensuite dans le *ouâdi Gharandel*, vallée arrosée par une source très abondante. Au-dessus du bord méridional (36 min.), s'étendent les ruines de *khirbet Gharandel*. C'est l'ancienne **Arindela,** ville romaine occupée par la 2e cohorte des Galates[8]. Au ve siècle, elle était le siège d'un évêché. Le Quien (III, p. 727) ne cite que deux de ses évêques, Théodore, qui figure au concile d'Ephèse en 431, et Macaire, qui prit part au concile de Jérusalem en 536. Rien n'est distinct dans les monceaux de débris des anciens édifices. Les cinq colonnes qui se tiennent debout ne sont pas *in situ*. Cependant, on remarque les vestiges d'une église avec de nombreuses demi-colonnes.

A 45 minutes du *khirbet Gharandel*, on laisse à gauche les ruines d'un village qui porte le nom du santon *Houdîféh*, dont on voit le tombeau dans le voisinage.

Bosra. A gauche, à une distance de 1 h. 35 de la route, on aperçoit au fond d'une vallée le hameau de *Bouseir*, nom qui

1. Musil, *op. cit.*, II, p. 333. Pour Phunon, la célèbre station des Israélites, *V.* p. 197 et p. 201. — 2. Ps. LXXXII (LXXXIII), 8. — 3. Cf. II Par., XX, 1-29. — 4. *A. J.*, II, I, 2; — IX, IX, 1. — 5. *On.*, p. Gèbalène. — 6. *Echos d'Or.*, 1897-1898, p. 117. — 7. Ἱερὰ ιστορία περὶ τῆς πόλεως... p. τπα : Manuscrit du ixe s., Archives du patriarcat gr. de Jérusalem. — 8. *Not. dign.*, 73, 44.

est le diminutif de Bosra, la célèbre métropole des Iduméens[1]. Eusèbe, saint Jérôme et Théodoret l'appellent Bosor. Ptolémée la cite sous le nom de Bostra parmi les villes romaines; elle était alors occupée par la 3e légion Cyrénaïque[2].

Isaïe nous montre le Messie revenant en triomphateur d'Edom et de Bosra, revêtu du manteau de pourpre des généraux, ou plutôt du manteau rougi par son propre sang. L'Idumée représente les ennemis de Dieu que le Christ a vaincus par sa mort :

« Qui est celui qui vient d'Edom,
Aux vêtements éclatants de Bosra,
Magnifique dans son costume,
Fier de la plénitude de sa force?
C'est moi qui prononce avec justice
Et qui ai le pouvoir de sauver[3]. »

Les prophètes Jérémie, Amos, Abdias et Ezéchiel ont annoncé la destruction de l'orgueilleuse Bosra. L'accomplissement des prophètes fut commencé par les Chaldéens[4], continué par les Machabées et achevé par les Romains au temps de la guerre des Juifs.

Bouseir est une bourgade d'une trentaine de misérables huttes rangées autour d'un château fort moderne, à moitié ruiné, dans lequel les habitants cachent leurs provisions au temps des invasions hostiles. Mais elle est assise sur un promontoire qui n'est rattaché au flanc méridional du haut plateau que par une étroite langue de terre, limitée au nord et à l'ouest par le profond *ouâdi Ri* et au sud et à l'est par la gorge du *ouâdi Karkour*. Tout le plateau est semé de ruines de vieux édifices, d'une grosse tour et de longs murs formés de blocs considérables. Vers l'est, un escalier descendait de la ville à une source qui s'échappe au bas de la colline.

En continuant sa route, on arrive au *kirbet es Saoû* (32 min.), et puis à l'*aïn es Saoû* (8 min.) et à l'*aïn el Béda* (16 min.). On franchit la ligne de partage des eaux (alt. 1.265 m.) entre le *ouâdi Bouseir* et le *ouâdi et Tafiléh* (18 min.). Le chemin passe près d'*aïn es Sahoué* (27 min.), côtoie le *ouâdi el Mouseili*, laisse à droite l'*aïn et Tafiléh* (39 min.) et monte à la ville de même nom (10 min.), au milieu de splendides bosquets. Campement à l'est de la ville.

Et Tafiléh.

Et Tafiléh, appelée aussi *el Djébâl* par les indigènes, est un gros bourg campé sur le sommet d'une longue colline (alt. 1.005 m.), qui se détache du *djébel Zahret es Salma*. Au

1. Gen., XXXVI, 33. — 2. VI, 16. — 3. Is., LXIII, 1. — 4. Mal., I, 3.

sud, elle est séparée artificiellement du haut plateau par un large fossé. Au nord, son accès est défendu par une forteresse moderne bâtie avec d'anciens matériaux. La ville compte environ 600 maisons ou huttes, et sert d'entrepôt aux marchandises d'Hébron vendues aux tribus nomades avoisinantes. C'est le chef-lieu du district du *Djebâl* et la résidence d'un *Qaimaqam* et d'une garnison composée de quelques centaines d'hommes d'infanterie et d'une cinquantaine de soldats à cheval. Son *scheikh* est le chef nominal du *Djébâl;* mais de fait les *Haoueïtat* y sont les maîtres.

Une vingtaine de sources coulent autour de la colline et forment un ruisseau qui répand la fertilité dans tout le voisinage. Vers le nord-est et le midi en particulier, s'étendent de magnifiques jardins potagers ombragés par une grande variété d'arbres fruitiers. A travers la vallée qui descend dans l'*Arabah*, on aperçoit au nord-ouest l'extrémité de la mer Morte, *Bahr Loût,* avec le *djébel Ousdoum*, mont de Sodome.

Tophel. Tafiléh semble répondre à la ville de **Tophel,** que le Deutéronome (I, 1) mentionne pour déterminer la position des Israélites « dans l'Arabah entre Phunon (à l'ouest) et Tophel (à l'est) », au sud de Moab. Les autres localités citées dans ce verset se trouvent au midi. **Taphila** était une des sept forteresses bâties par les Croisés dans la terre d'Outre-Jourdain. Elle relevait de Kérak [1].

D'*et Tafiléh,* le chemin croise la rivière (20 min.) et suit pendant 35 minutes le versant du *ouâdi et Tafiléh.* Arrivée dans la plaine (20 min.), il laisse à 30 minutes vers l'ouest le petit village d'*en Nasr* et, 22 minutes plus loin, le village ruiné d'*Ayméh* ou d'*Iméh*, probablement le **Iyyim** ou **Ijeabarim** de la Bible, la deuxième station des Israélites au sortir du Phunon [2]. A droite apparaît le *khirbet el Mischmâl*, hameau qui possède une tour en ruines, et le *Roudjm el Kérak*, tour construite en pierres sèches. Après avoir traversé pendant 2) minutes un haut plateau (alt. 1.112 m.), on s'engage dans une vallée latérale, *ouâdi Thémed*, dont on suit pendant 30 minutes le versant oriental. On remonte son bord occidental et l'on atteint, après une demi-heure de marche, la source d'*el Kazrein* qui coule au milieu d'une belle végétation, sur le bord méridional du *ouâdi el Hésâ* (alt. 890 m.).

Le torrent de Zared.

Le *ouâdi el Hésâ* est une gorge sauvage de 500 mètres de profondeur. On met une heure et demie pour descendre obli-

1. Rey, *Familles d'Outremer,* Suppl. p. 15. — 2. *V.* p. 203 et p. 247.

quement jusqu'au fond (alt. 390 m.), où coule un joli ruisseau qui se précipite de cascade en cascade au milieu de nombreux tamaris et de lauriers roses. Après avoir franchi le cours d'eau, il vaut mieux remonter le versant septentrional à pied, jusqu'à une altitude de 550 mètres. En passant le *naqb el Akouséh* (50 min.), on observe à droite un curieux phénomène géologique : la base de la montagne est en grès rouge, suivi de couches calcaires, elles-mêmes couronnées par des bancs de roches basaltiques. La deuxième partie de la montée devient moins raide, et après 2 heures de chevauchée, on se retrouve sur le haut plateau (alt. 900 m.).

Cette profonde vallée qui coupe le pays de l'est à l'ouest, sépare aujourd'hui le district de *Djébâl* du pays de Kérak. Autrefois, elle marquait la frontière septentrionale du pays d'Edom, et la limite méridionale de celui de Moab. D'après l'opinion commune, le *ouâdi el Hésâ* figure dans la Bible sous le nom de vallée ou de **torrent de Zared,** qui veut dire Osiers.

Nous avons déjà vu page 201, que d'après le Deutéronome [1], les Israélites se rendirent d'Asiongaber à **Phunon** en suivant l'**Arabah.** A Phunon eut lieu l'épisode du serpent d'airain dont la vue guérissait les morsures faites par les cérastes du désert. Cette ville appelée Phaen et Phaïnon par les Grecs et les Romains, répond, sans contredit, aux ruines de *khirbet Fênân*, localité riche en mines de cuivre, qu'on rencontre à 10 kilomètres au nord-ouest de Chôbak [2].

Les Israélites avaient reçu de Dieu l'ordre d'épargner les Moabites et les Edomites, leurs frères. D'un autre côté, le roi de Moab, comme celui d'Edom, leur avait refusé de traverser le royaume. Ne voulant pas forcer le passage, les enfants d'Israël se sont hissés sur les hauts plateaux entre Edom et Moab. Ils stationnèrent en premier lieu à **Oboth,** lieu inconnu ; mais le diminutif de ce nom est peut-être conservé dans celui du *ouâdi Oueibéh* [3], qui s'étend à 3 heures au nord du *khirbet Fênân*. « Ils partirent d'Oboth et campèrent à **Jyyé ha Abarim** (Vulgate : Ijeabarim), à la frontière de Moab [4]. » Nous savons que les monts Abarim se trouvaient dans la terre de Moab et dominaient la mer Morte [5]. Ils marchèrent vers l'orient pour contourner le pays de Moab. A Jyyim le livre des Nombres les rapproche déjà « du désert qui est vis-à-vis de Moab, vers le soleil levant [6]. » A environ 12 kilomètres au nord d'*et Tafiléh* et à la même distance du *ouâdi el Hésâ*, au sud-ouest de l'endroit où la route franchit la vallée, nous avons rencontré une ruine nommée *Ayméh* ou *Iméh*. Il est possible que ce soit

1. II, 8, Septante. — 2. *V.* p. 203, — 3. *V.* p. 203. — 4. Nomb., XXXIII, 44. — 5. Deut., XXXII, 49. — Nomb., XXVII, 12. — 6. Nomb., XXI, 11.

l'Iyyim de la Bible. A la station suivante, Israël campa au torrent de Zared, où moururent les derniers hommes de guerre de l'ancienne génération [1]. Il franchit ensuite le torrent de Zared et remonta vers le nord le long du pays de Moab par « le désert de Cademoth [2] », ville située sur ses confins orientaux [3]. Puis, après un laps de temps que les livres saints n'indiquent pas, il passa l'Arnon et pénétra dans le royaume des Amorrhéens.

Le torrent de Zared ne peut être, comme on voit, que le *ouâdi el Hésâ*, qui limite au nord le district du *Djébâl*, l'ancienne Gabalène, l'une des divisions du pays d'Edom. C'est au sud de ce torrent, qui formait la frontière méridionale de Moab, que se trouvait aussi Tophel qu'on peut identifier avec *et Tafiléh*, le chef-lieu du *Djébâl*.

Du torrent d'el Hésâ, on peut se rendre à Kérak par deux voies, l'une et l'autre également monotones. La première, qui continue à suivre la voie romaine, est plus longue et moins bonne que l'autre. Elle longe la lisière des pentes du *Ghôr*, qui dominent la mer Morte. Arrivée en face des ruines du *Hammâm Sélimân* (2 h.), la route fléchit vers le nord-ouest, traverse le *ouâdi ed Derredjéh* (45 min.) et passe par le village d'*el Khanziréh*, le **Cansir** des Croisés (*V.* p. 240). Il est entouré de beaux jardins et vergers irrigués par des sources nombreuses (2 h. 20). Le chemin pousse ensuite au nord, traverse le hameau d'*Oeraq* (1 h. 15), situé au milieu de terrains bien cultivés. Un quart d'heure plus loin, on rencontre la belle source d'*aïn Teraïn*, près d'un village en ruines; puis, par une montée très rude, il suit le *ouâdi Assal* qui renferme le village de *Qatrabbéh* (1 h. 10). Après une nouvelle marche d'une heure, on descend dans le *ouâdi el Frandji*, d'où l'on monte à Kérak (1 h. 10). Total 9 h. 55. La route suivante est préférable.

Du bord d'el Hésâ, le chemin monte directement au nord par le *derb es Sultâni*. Après 1 h. 50 de marche, on aperçoit vers le sud-ouest le *khirbet el Amaqâ*, bourg en ruines, de nouveau habité depuis quelques années. A droite, au village de *Djafâr* (10 min.), la route romaine de *Dat Râs* vient rejoindre le *derb es Sultâni*. En 1337, le gouverneur de Kérak construisit en ce lieu une mosquée, par-dessus les tombeaux de Djafâr, de Hodeib et de Soleiman, trois compagnons du prophète. Cette mosquée, toute délabrée qu'elle est, constitue encore un but de pèlerinage pour les Bédouins. On franchit la ligne de partage des eaux entre la vallée d'*el Hésâ* et celle de Kérak (alt. 1.136 m.) et, descendant par une pente très douce, on remarque à 100 pas de la route le *ouéli* délabré d'*Abou Tâleb* (30 min.).

Une demi-heure plus loin, à gauche, apparaît le bourg d'*el Môteh*, repeuplé depuis peu. Il est situé au milieu d'une plaine fertile traversée par une ancienne route romaine. Ce village répond à la bourgade de **Môthô**, où, d'après Ouranios cité par

1. Deut., II, 13-16. — 2. Deut., II, 13 et 26. — 3. Jos., XIII, 18.

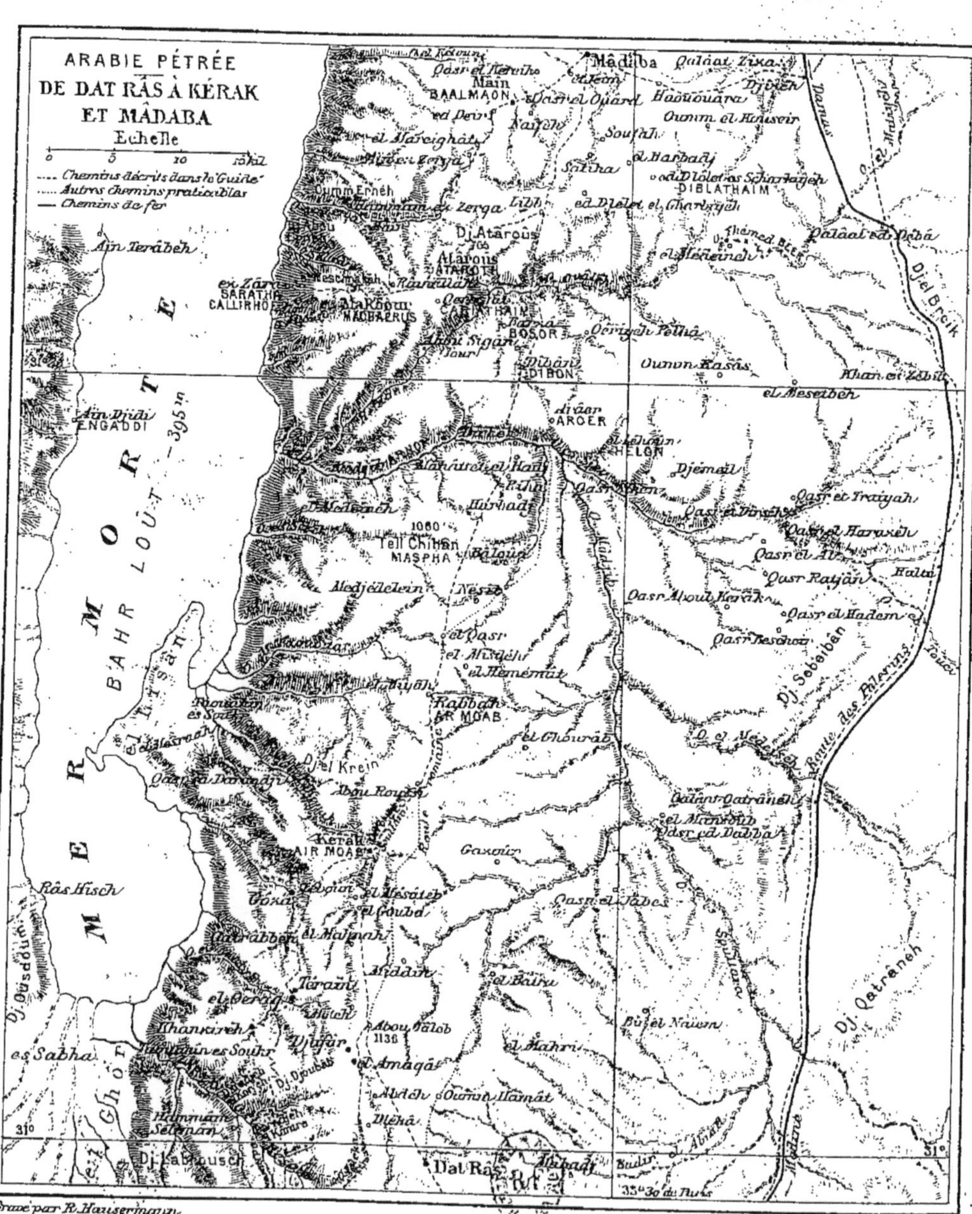

Gravé par R. Hausermann.

D'après A. Musil, Karte von Arabia Petraea.

Etienne de Byzance, Rabel Ier, roi des Nabatéens, tua dans le combat Antiochus III Dionysios[1]. Théophane (IXe au. Xe s.)[2] raconte qu'en 623, Théodore, général d'Héraclius, se porta contre les Sarrasins qui étaient montés du désert. Il établit son camp au bourg de **Mouché** et battit quatre armées arabes à **Mothous.** Des quatre chefs ennemis, le général Châlid seul réussit à s'échapper. Mothous répond à *el Môtéh* et Mouché semble bien être représenté par le *khirbet el Mahnah* situé à 40 minutes à l'ouest du village précédent[3].

Le plateau est de mieux en mieux cultivé et nourrit de nombreux troupeaux de moutons et de chameaux. On croise la route romaine (20 min.), et, après avoir dépassé le *khirbet el Gouba* (30 min.), on entre dans le *ouâdi Mesâteb* qui tire son nom d'un ancien village en ruines situé sur la rive gauche. Au delà du *khirbet Leboûn* (1 h.), la vallée de *Mesâteb* prend le nom de *ouâdi Etoui* jusqu'à l'extrémité du plateau (20 min.). A travers l'échancrure de la vallée, on découvre l'imposante forteresse de Kérak entourée de tous côtés par de profonds ravins. On descend à l'*aïn es Sitt* (35 min.) à travers la nécropole de l'ancienne cité; il existe encore plusieurs sépulcres creusés de côté et d'autre dans la paroi rocheuse. Au fond de la vallée, on franchit le petit cours d'eau et l'on remonte le versant opposé vers la pointe orientale de la ville, où l'on rencontre la route qui vient du nord. Celle-ci monte en zigzags par un chemin rocailleux et entre dans la ville par une large brèche ouverte près du *Bordj en Nasâra* (22 min.). Campement au-delà du quartier d'*en Nasâra*, à droite en entrant.

II. — *De Chôbak à Kérak par Taouânéh et Dat Râs.*

Ed Dôsak	1 h. 00	Dat Râs	2 20
Et Tahouânéh	4 36	Kérak	3 h. 45
Ouâdi el Hésâ	4 50	TOTAL	16 h. 31

De *Chôbak* on se rend à *ed Dôsak* (1 h.) (*V.* p. 240), d'où l'on remonte vers le nord. On franchit le *ouâdi Nedjel* (10 min.) et l'on arrive au *tarik er Rasîf*, antique voie romaine aisément reconnaissable par les vestiges de son pavé et les nombreuses bornes milliaires qui jonchent le sol à distances régulières (20 min.). La route passe près d'une source de mauvaise eau, *aïn et Tarik*, renfermée dans une triple enceinte de blocs de

1. D'après les rectifications de M. Clermont-Ganneau, *Recueil d'arch. or.*, II, p. 231-232. — 2. *Chronogr.*, Migne, *P. G.*, CVIII, 689. — 3. Musil, *op. cit.*, II, 152.

basalte (1 h. 38); 20 minutes plus loin, le *djébel Dânâ* et le *djébel Ghadîr* deviennent visibles à l'ouest, et à l'est apparaît le *djébel el Akriyéh*, derrière lequel se dresse au loin le mont *Hala Séla*. A l'est de la route, au milieu de vestiges d'anciens jardins, coule la source d'*el Hor* (3 min.); à l'ouest apparaît le *tell ez Zalma* et plus haut le *khirbet Ammou Doudjadj*. La dépression du *hôr Mabâreq* et celle d'*Ammou Dudjadj* forment vers l'occident, le *ouâdi Gharandel* (*V.* p. 244). La route laisse à gauche le *khirbet el Heyméh* (30 min.), traverse le *ouâdi Taoulâniyéh*, du bord duquel on voit au nord-est la *hala el Taoulâniyéh* et à l'est le *djébel Abou-Méris*; puis elle passe sur le bord oriental du bassin du *hôr el Menayêm*, où se dresse, dans un mur d'enceinte, la tour d'*es Sérabît*, à moitié ruinée (30 min.). Après avoir longé les contreforts orientaux du *djébel Djédou*, on arrive à la vallée *d'et Taouânéh*, qui mène aux ruines de même nom (1 h. 5).

Thoana. Théman.

La route suit le fond d'un vallon qui divise le champ de ruines d'*et Taouânéh* en deux parties inégales. Le quartier le plus considérable s'étend à l'ouest et semble ne présenter que des décombres de maisons. A l'est s'élevait la forteresse dont les murs en pierres de taille ont 1 m. 20 d'épaisseur et s'élèvent encore à certains endroits, à 4 mètres de hauteur. Elle renferme les vestiges d'un temple à 3 nefs, entouré d'une enceinte construite en pierres basaltiques à bossage irrégulier, et assemblées sans mortier.

Et Taouânéh est la ville de **Thoana** de Ptolémée (V, 17), occupée par une garnison romaine. Elle est appelée **Thornia** dans la table de Peutinger (VIII). M. Musil y voit aussi l'antique Théman [1], la patrie d'Eliphaz, un des trois amis de Job [2]. Elle était surtout célèbre pour la sagesse proverbiale de ses habitants [3]. Pline semble autoriser cette identification, en écrivant : « Nabataeis Thimaneos junxerunt veteres, nunc sunt **Taveni**, Svellini et Sarraceni [4]. »

Au nord d'*et Taouânéh*, on rencontre tous les quarts d'heure, soit à droite, soit à gauche du chemin, des restes de tours de garde. Quant aux bornes milliaires, on les voit par groupes de 4 jusqu'à 10, marquant les restaurations successives qu'a subies la voie. Après avoir dépassé la tour d'*el Kufaiféh* (1 h. 10, — alt. 1.151), on descend sur un plateau (alt. 1.130 m.) qu'on traverse en 10 minutes. Arrivé à la naissance du *ouâdi Qoleïtha*, on le

1. Gen., XXXVI, 34. — 2. Job, II, 11. — 3. Jér., XLIX, 7. — 4. H. N., VI, 28.

suit pendant 20 minutes pour traverser ensuite un pays très accidenté, dominé par le *Roudjm Selmân* (25 min.), à un demi-kilomètre à droite du chemin.

Plus loin (27 min.), on gagne une borne milliaire, la 56e depuis Pétra ; c'est un groupe de 10 tronçons de colonnes dont trois sont encore debout. Puis (35 min.), on remarque à gauche, sur le bord d'un précipice, les restes d'un château fort. On croise ensuite une route romaine (13 min.), à une altitude de 910 mètres et, par une pente douce, on se dirige vers le *ouâdi el Hésa*, le **torrent de Zared** (*V.* p. 246), dont on atteint le bord en 1 h. 1/2 (alt. 603 m.). Au sommet des deux versants, on distingue des traces d'anciens fortins. Le chemin descend au fond de la gorge en lacets, et franchit le ruisseau (alt. 460 m.) en laissant à gauche un ancien pont et un aqueduc dont il ne reste plus que peu de vestiges (20 min.). En remontant le versant opposé dans la direction du nord-est, on passe près de l'*aïn el Yahoudiyéh*, puis on arrive à un premier plateau, *el Aîné* (alt. 666 m.). Il y coule une source d'eau excellente qui actionne un moulin moderne. Le sol est couvert d'arbres épineux et jonché des ruines d'une tour, d'un aqueduc et de quelques maisons. Le chemin continue à monter jusqu'au haut plateau (alt. 1.070 m.), laissant sur une colline à droite le *ouéli Begheirah*, oratoire d'un santon renommé (1 h. 1/2). Une descente assez douce d'une demi-heure mène à *Dat Râs* (alt. 1.150 m.).

Dat Râs.

Dat Râs couvre de ses ruines une éminence (alt. 1.155 m.) qui domine toute la campagne environnante. Quelques familles bédouines de la tribu des *Hedjeyah* viennent d'y construire un certain nombre de huttes. Il semble, dit M. Musil (II, p. 79), qu'il y eut là deux villes : l'une fort ancienne, dont les ruines forment de grands monceaux de décombres au nord et au nord-est, l'autre plus récente, dont il demeure trois temples. L'un d'eux se dresse au sud-ouest. Il a conservé des murs imposants de 5 à 6 mètres de hauteur. Du deuxième, au sud, il reste une grande partie de la façade, munie d'une porte et de deux grandes niches latérales. Son ornementation est très simple, mais les pierres de construction ont des dimensions considérables. Le troisième, moins vaste, mais mieux conservé que les deux précédents, est situé sur un mamelon plus bas (1.122 m.), à 8 minutes des premiers. C'est un temple péristère, dont les colonnes ont été emportées pour être utilisées ailleurs. Dans l'angle nord-est de la cella, a été ménagé un escalier qui conduisait à la plate-forme. *Dat Râs* était, comme on voit, une ville sainte et une station militaire à l'époque romaine. On y remarque aussi les traces de deux églises dont l'une est très grande et bien orientée. Des citernes vastes et nombreuses se rencontrent dans les ruines et aux alentours. On n'a pas encore pu préciser quel nom portait l'ancienne ville. Mais *Dat Râs* semble représenter **Kyriacoupolis,** qui, avant le VIIe siècle, formait, d'après Grégoire Palamos, un évêché de la IIIe Palestine.

De *Dat Râs*, la route plie vers le nord-ouest à travers un pays fertile et en partie cultivé. Après une heure de marche, on découvre vers le sud-ouest le *khirbet Dléka* et au loin, à l'est, la forteresse de *Mehadj*. A gauche vient, 10 minutes plus loin, le *khirbet Abdéh*. La plupart des mamelons portent des petites tours qui servaient anciennement à garder les champs vers l'époque de la moisson. Puis on aperçoit à gauche *ed Djafâr* avec sa mosquée délabrée (*V.* p. 248), ensuite (30 min.) le petit sanctuaire en ruines d'*Abou Tâleb* et enfin (15 min.), à 2 kilomètres de la route, *el Môtéh* (*V.* p. 248). De là à Kérak, 1 h. 50 (*V.* p. 249).

KÉRAK.

La ville de Kérak, dont la forteresse construite par les Croisés forme la principale attraction, est assise sur un vaste rocher calcaire qui se termine par un haut plateau légèrement incliné vers le nord. La forteresse qui couronne cette colline offre la forme d'un triangle à peu près équilatéral d'environ 800 mètres de côté, la pointe tournée vers l'orient et la base vers l'occident. Au centre de la ville, l'altitude est de 950 mètres, mais elle s'élève davantage à l'angle sud-ouest.

Kérak est dominée de tous côtés par une couronne de montagnes dont elle est complètement isolée par des ravins aux flancs escarpés de plus de 100 mètres de hauteur. Au midi seulement la colline se rattachait autrefois par un isthme étroit au haut plateau qui se relève d'une vingtaine de mètres ; mais cette nuque a été emportée et remplacée par une vaste tranchée de 30 mètres de profondeur. Au-dessus de ce ravin artificiel se dresse majestueusement la célèbre citadelle qui elle-même est séparée de la ville par un grand fossé. Ailleurs, divers travaux rendaient les pentes inaccessibles, et aux points les plus vulnérables du rempart, s'élevaient des tours demi-rondes et carrées. On n'avait d'accès dans la place que par trois tunnels creusés dans le roc au pied des remparts. De la pointe sud-est, la vallée d'*es Sitt* contourne la ville à l'est jusqu'à l'angle nord-ouest, changeant plusieurs fois de nom. Elle est sillonnée par un ruisseau alimenté par de nombreuses sources. On y voit encore les vestiges de plusieurs moulins. Le *ouâdi el Frandji*, qui charrie les eaux d'*aïn el Frandji*, la Source des Francs, longe la ville à l'ouest, courant en ligne droite du sud au nord, pour rejoindre la vallée précédente. Leurs eaux sont recueillies par le *ouâdi el Kérak* qui les conduit à la mer Morte.

Depuis 1894, Kérak est chef-lieu d'un *Moutessarifiéh*, ou préfecture, dépendant du Vilayet de Damas. Ce *Sandjak* embrasse dans son rayon toute la région située à l'est du Jourdain et de

Fig. 57. — El Kérak, vu du sud.

la mer Morte, depuis le *nahr ez Zerqâ*, le fleuve de Jaboc, jusqu'au golfe d'*Aqabah*, c'est-à-dire, tout le pays des Moabites à l'époque des patriarches, avec l'Idumée orientale. La ville possède un bureau de poste et de télégraphe turcs, avec une garnison de 400 à 500 hommes d'infanterie.

La population est évaluée de 9 à 10.000 habitants, dont un millier professent la religion chrétienne. Ceux-ci se divisent en 650 Grecs non-unis qui possèdent une église et une école pour garçons et filles, et 350 catholiques latins, sous la direction de deux prêtres du patriarcat latin de Jérusalem. Près de leur église fonctionne une école pour les garçons dirigée par l'un des missionnaires, et une autre pour les filles tenue par les Sœurs du Saint-Rosaire. Le gouvernement y a fait construire également une école turque avec les pierres enlevées aux remparts. La majeure partie des habitants s'occupent d'agriculture et surtout de l'élevage du bétail.

Histoire. Kérak est l'antique **Qir Moab** de la Bible, appelée aussi Qir Hérès et Harézeth par les prophètes[1], et en araméen Keràka-Moab, boulevard de Moab. A l'origine, les Moabites occupaient toute la région qui s'étendait entre le torrent de Zared et celui de Jaboc. Mais vers l'époque de l'Exode, les Amorrhéens s'emparèrent de la partie septentrionale de leur royaume et les refoulèrent au sud de l'Arnon. C'est ainsi que ce fleuve devint la limite méridionale de la Terre promise. Moïse ne toucha pas à la terre que possédaient alors les Moabites, étroitement parentés avec Israël ; mais il s'empara des provinces qu'ils avaient perdues entre l'Arnon et le Jaboc, et les céda à la tribu de Ruben et à celle de Gad. Les relations des Moabites avec leurs nouveaux voisins étaient tantôt hostiles, tantôt amicales. Eglon, roi de Moab, soumit les tribus de Ruben et de Gad et s'empara du territoire de Jéricho, « la ville des Palmiers », où il reçut pendant 18 ans les tributs imposés aux Israélites vaincus. Aod délivra Israël du joug de Moab[2]. Après cet événement, nous voyons des Israélites, comme Elimélech et Noémi, chercher dans ce pays un refuge contre les malheurs des temps. C'est ainsi que Ruth la Moabite suivit Noémi, sa belle-mère, à Bethléem où elle devint l'épouse de Booz, l'ancêtre de David et du Messie[3]. Plus tard, David y amena ses parents pour les mettre à l'abri de la persécution de Saül[4]. Mais, devenu roi, David eut à soutenir la guerre contre les Moabites, les vainquit et leur imposa un tribut annuel de 100.000 agneaux et d'autant de béliers avec leur toison[5].

Après la division d'Israël, Mésa, roi de Moab, chercha à délivrer son pays et à lui donner ses anciennes frontières. Il réussit en partie. Après la mort d'Achab (905 av. J.-C.), il refusa de payer le tribut convenu. Joram, roi d'Israël, s'allia à Josaphat, roi de Juda, et au roi d'Edom, prit et détruisit toutes les places fortes de Moab, à l'exception de Qir Moab où s'était réfugié le roi et où il fut bientôt assiégé. Dans sa détresse, Mésa monta sur le mur de la ville et immola son premier-né en holocauste au dieu Chamos, comptant sauver son royaume par cet horrible sacrifice. Révoltés par cet acte de barbarie, les Israélites levèrent le siège et s'en retournèrent dans leur pays[6]. Plus tard, Isaïe[7] et Jérémie[8] annoncèrent les humiliations qui devaient fondre sur Moab enorgueilli par sa puissante forteresse. L'exécution de ces prophéties commença au temps de Judith[9], et

1. Is., XVI, 7, 11. — Jer., XLVIII, 36. — 2. Jg. III, 12-27. — 3. Livre de Ruth. — 4. I Rois (I Sam.), XXII, 3-5. — 5. II Rois (Sam.), VIII, 2. — 6. IV (II) Rois, III. — 7. Is., XV, 1 ; XVI, 6, 7. — 8. Jér., XLVIII, 31, 36. — 9. Jud., I, 12, t. gr.

Moab reçut son dernier châtiment vers 646 av. J.-C. Ses villes furent détruites et sa population presqu'entièrement exterminée par Assurbanipal, roi d'Assyrie, d'après les annales de ce souverain[1]. Les Arabes envahirent peu à peu le pays et les Moabites disparurent comme peuple vers le IIe siècle avant notre ère.

A l'époque de la domination grecque, Qir Moab était redevenue une ville importante de l'Arabie Pétrée, sous le nom de **Characa**[2]. Le christianisme pénétra de bonne heure dans cette ville que nous voyons figurer avec son ancien nom de **Characmoba**, et au Ve siècle elle fut le siège d'un évêché. Parmi ses évêques, on ne connaît que Démétrius qui assista au concile de Jérusalem en 536, et Jean, disciple de saint Etienne le Sabaïte et célèbre par sa sainteté et ses miracles[3].

Dans la carte de Mâdaba, il ne reste plus qu'un fragment de la place forte de Kérak, perchée sur un rocher, avec de grands bâtiments, églises, galeries, etc.

A l'époque des Croisés, Kérak était presque abandonnée et en ruines. Vers 1136, Payen, échanson du roi Foulques, rebâtit la forteresse et en fit le principal boulevard de la « terre d'Oultre-Jourdain. » La seigneurie de Kérak et de Montréal était par sa situation et son étendue la plus importante des grandes baronies du royaume. Elle s'étendait depuis *Zerqa Mâîn* jusqu'à *Aqabah*, et comprenait dans sa sphère de juridiction la péninsule de Sinaï et la seigneurie de Saint-Abraham ou d'Hébron. Kérak, en particulier, formait la clef de toutes les routes militaires et commerciales conduisant d'Egypte en Syrie. Elle fut alors érigée en archevêché latin, à la place de Rabbath Ammôn, sous le titre de *Petra Deserti*.

En 1177, Renaud de Châtillon épousa en secondes noces « la dame de Crac », Etiennette de Milly, veuve de Homfroi de Thoron, seigneur de la terre d'Outre-Jourdain. Il repoussa avec vaillance les rudes assauts que Saladin livra à la place en 1183 et les années suivantes. Après la mort tragique de Renaud de Châtillon à Hattin le 4 juillet 1187, Etiennette gouverna la ville et résista plus d'un an aux efforts de l'armée de Saladin. Elle ne se rendit que contrainte par la famine. Saladin et ses successeurs complétèrent les fortifications de la ville et plus tard encore les souverains d'Egypte et de Syrie se la disputèrent. Elle continua à prospérer jusqu'en 1517, date à laquelle elle passa sous la domination ottomane. Ibrahim Pacha, après y avoir subi un premier échec en 1832, s'en rendit maître en 1840 et fit démolir une partie de ses remparts. En 1893, un corps

1. *V.* le texte : Vigouroux, *Bibl. et déc. mod.*, IV, p. 119-122. — 2. Ptolém., V, 17. — 3. Bolland, *A. SS.*, Juillet, III, p. 518.

d'armée turc, sous le commandement d'Helmi Pacha, marcha contre Kérak, dans le but de mettre fin à l'anarchie qui régnait dans le pays et de rétablir la sécurité pour les voyageurs. Après un siège de quelques semaines, la place fut emportée.

Depuis le départ des Croisés, les chrétiens du rite syrien s'y étaient maintenus en assez grand nombre. Mais isolés du monde et ne recevant plus de prêtres de leur rite, ils en demandèrent un au patriarche grec de Jérusalem et passèrent ainsi au schisme photien. En 1875, 200 à 300 d'entre eux demandèrent un prêtre catholique au patriarche latin de Jérusalem. Mais l'enlèvement d'une jeune fille catholique par un musulman ayant suscité de graves hostilités entre les chrétiens appartenant à la tribu des Azézât et une autre tribu islamite, la plupart des catholiques émigrèrent avec leur missionnaire à Mâdaba en 1880. Depuis 1894, un nouveau prêtre latin a pu s'établir à Kérak.

Visite de la ville.

Quartier chrétien. Après avoir dépassé la tour d'*en Nasâra*, à droite, on laisse du même côté le *Maktabéh*, l'école turque, et l'on entre dans le quartier chrétien, *en Nasâra*, qui s'étend du sud-est au nord-ouest le long de l'enceinte. La mission catholique se présente d'abord, puis la mission grecque, chacune avec son église respective. Près de l'école des Grecs, on a trouvé deux salles d'un bain romain avec un beau dallage en marbre. Au milieu du quartier chrétien, *en Nasâra*, un peu vers le sud, s'ouvre une grande place qui renferme un cimetière turc et une mosquée en ruines, *Djami*. C'était une église du XIIe siècle. Les piliers et les arceaux sont encore debout; sur l'arc ogival de la porte on voit aussi des symboles chrétiens.

Château de Bibars. En s'avançant de là vers l'angle nord-ouest de la ville, on laisse à droite une piscine à demi comblée. A quelques pas plus loin, à l'extrémité de l'enceinte, se dresse la tour de Bibars, *ez Zaher*, appelée *bordj ez Zaher*, parce qu'une inscription arabe en attribue la fondation à ce sultan. L'épigraphe, accostée de deux lions rampants, court le long de la façade intérieure. Des cinq tours qui flanquent les remparts, c'est la plus importante. Elle est une construction massive, très solide et affecte la forme d'un trapèze. Elle a 12 à 13 mètres de largeur et mesure environ 75 mètres dans sa plus grande longueur. Les murs, d'une épaisseur énorme, sont percés de meurtrières. Les premières assises furent construites avec d'anciens matériaux. Grâce à l'échancrure du *ouâdi el Kérak*, la forteresse se découvre des hauteurs de Jérusalem.

Les tunnels. A cent pas au sud du *bordj ez Zaher*, un tunnel sinueux, d'environ 50 mètres de longueur, descend rapidement de la plate-forme de la ville et débouche à l'extérieur, au

A. Musil, *Arabia Petraea*, I, 47.

Fig. 58. — PLAN D'EL KÉRAK.

pied du rempart. Il est entièrement taillé dans le roc et n'est éclairé que par une ouverture ronde pratiquée dans la voûte. Ce souterrain forme l'une des portes de la ville. L'arcade d'entrée du tunnel remonte au temps des Romains. Au-dessus, on a intercalé une pierre portant une inscription arabe. A 500 pas plus loin, au delà d'une vaste piscine encore utilisée, *birket el Hedjâb*, se trouve une entrée semblable ; mais les deux sont en partie éboulées et le passage ne se fraie que difficilement à travers les blocs qui jonchent le sol. Un troisième tunnel, plus détérioré que les deux précédents, s'ouvre au sud-est. Les pentes sur lesquelles débouchent les trois anciennes portes sont si raides, que le mur d'enceinte atteint parfois 20 à 30 mètres de hauteur.

De la vieille mosquée près d'*en Nasâra*, un chemin assez large descend du nord au sud vers la citadelle qui domine la ville. La rue traverse des agglomérations de misérables huttes basses et sordides. A mi-chemin, un vieil olivier dresse ses rameaux noueux derrière un gros mur en pierre sèche qui l'abrite, et à son pied gît une magnifique architrave romaine. La population tient ce lieu, *el Hadr*, pour sacré. On arrive ensuite à la place publique au fond de laquelle s'élève le Sérail, la demeure du *Moutessarif*. Un peu plus loin vient, à gauche, une petite mosquée et, appuyé au rempart, un long et solide bâtiment, appelé *khan el Kébas* ; à droite, s'élève l'habitation du commandant de la place forte. Derrière cet édifice, se dresse fièrement la citadelle, le joyau de Kérak, le monument le plus intéressant et le plus considérable d'entre les travaux de défense de l'époque des Croisades.

La Citadelle forme un grand quadrilatère irrégulier mesurant en moyenne 200 mètres de longueur du nord au sud, et 90 mètres de largeur. Les murs sont très élevés, très épais et relativement bien conservés ; l'étage supérieur seul est dégradé.

Au nord, le château fort est séparé de la ville par un fossé taillé dans le roc sur une largeur de 6 à 10 mètres ; bien que rempli de décombres, il mesure encore une profondeur de 4 à 6 mètres. On le franchit à l'ouest et l'on pénètre dans la forteresse par un couloir en zigzags. L'intérieur se compose de deux cours, de vastes salles, d'une masse de voûtes et d'arcades, de spacieuses galeries et de longs corridors qui donnent une idée exacte de ce qu'était un château fort des Croisés. La première cour qu'on rencontre est basse et étroite ; mais elle s'étend sur tout le flanc occidental de la citadelle. Sur trois de ses côtés, elle est entourée de puissantes constructions, tandis qu'à l'est s'élève une escarpe rocheuse, fortifiée par une muraille de 10 à 12 mètres de hauteur qui supporte la cour supérieure. Au milieu de la cour inférieure s'ouvre un escalier qui descend dans des casemates. Ces souterrains ne reçoivent le jour que par des ouvertures rondes pratiquées dans la voûte, et servent à présent de caserne.

Un étroit escalier et un chemin assez large taillés dans l'escarpe conduisent à la cour supérieure, très large et très vaste, mais aujourd'hui encombrée de constructions modernes destinées à la garnison. La gracieuse chapelle, que les Croisés avaient appuyée contre le mur septentrional, a complètement disparu. Dans l'angle nord-ouest, un antique bas-relief, personnage auquel manque la tête, a été employé comme pierre de construction. Vers le sud, à droite, on voit un fragment d'inscription latine au-dessus d'une porte qui communique avec la cour inférieure. Puis, derrière une construction transversale, un escalier descend dans les casemates de l'angle sud-est, qui servent aujourd'hui de prisons. La citadelle est en outre pourvue de nombreuses et vastes citernes capables de contenir l'eau nécessaire pour soutenir un long siège. Du haut de ses murs, la vue s'étend sur la mer Morte et la vallée du Jourdain au-dessus de Jéricho. On aperçoit dans le lointain le mont des Oliviers, derrière lequel on distingue le quartier russe de Jérusalem et *Nébi Samouîl*.

Au sud, la citadelle se termine par un mur renforcé de saillies en forme de tours et garni de meurtrières. Ses glacis descendent profondément dans la tranchée qui, de haute antiquité, a été taillée dans le col rattachant la colline d'*el Kérak* au haut plateau. Au fond de cette tranchée, on a établi un immense réservoir, *birket Oumm en Nasr*, auquel on descendait du château fort par un étroit couloir taillé dans le roc. Un passage semblable reliait la citadelle à la source d'*es Sitt* et à celle d'*es Safsaféh* située à un niveau inférieur de 50 mètres ; ces sortes d'escaliers sont devenus impraticables.

Le *ouâdi el Kérak* descend à la mer Morte près de la presqu'île d'*el Lisân*, dont le golfe forme le port de Kérak. Un bateau à vapeur fait aujourd'hui le service entre *el Lisân* et la plage près de l'embouchure du Jourdain, pour le service de la poste, le ravitaillement, le commerce, etc.

CHAPITRE VII

De Kérak à Mâdaba.

Er Rabbah	2 h.	30	Dibân	2 h.	55
Temple d'el Qasr	0	46	Ouâdi el Ouâleh	1	55
El Qasr	1	07	Libb	1	10
Ouâdi Môdjib, bord mér.	1	05	Mâdaba	2	30
Ouâdi Modjib, bord sept.	1	05	Total	15 h.	03

Du *bordj en Nasâra* on descend dans la vallée pour rejoindre le *derb es Sultâni*, l'ancienne voie romaine. Après 35 minutes de marche, on arrive au bord septentrional du *ouâdi Haouaresch*, puis à la naissance du *ouâdi Kimsar* (35 min.). Pendant tout le parcours on traverse une plaine légèrement ondulée et assez bien cultivée, laissant à droite et à gauche du chemin les ruines de 5 ou 6 villages et de temps en temps une borne milliaire, jusqu'à ce qu'on ait atteint les ruines d'*er Rabbah* (1 h. 20), qui s'étendent sur un mamelon allongé (alt. 930 m.).

Ar Moab.

Er Rabbah est l'antique **Ar Moab**, Ville de Moab, qui constituait la métropole des Moabites. Avant ceux-ci, elle était habitée par un peuple de géants appelés Emin[1]. Puis elle eut à souffrir de la guerre que les Amorrhéens avaient livrée aux Moabites avant l'arrivée d'Israël[2]. C'est là tout ce que les Ecritures saintes nous apprennent sur son histoire, qui se confond, d'ailleurs, avec celle du pays dont elle était la capitale.

Alexandre Jannée conquit une grande partie du pays de Moab[3]. Or, parmi les douze villes que son fils Jean Hyrcan II offrit à Arétas IV, roi de la Nabatène, pour obtenir son aide contre son frère Aristobule II, figure Arabatha ou Rabatha[4], qui ne peut être qu'*er Rabbah*[5]. Cette ville portait aussi le nom de Rabbath-Moab, que les Grecs ont rendu par *Rabath-Môba*. C'est sous ce nom qu'elle figure sur les monnaies appar-

1. Deut., II, 9-11. — 2. Nomb., XXI, 28. — 3. Josèphe, *A. J.*, XIV, 18. — 4. *Id.*, *Ibid.*, XIII. — 5. Musil, *op. cit.*, I, p. 122.

nant à cette ville et portant l'effigie d'Antonin, de Septime Sévère et de Caracalla.

Eusèbe et saint Jérôme nous apprennent de plus que l'antique Ar Moab, devenu Rabath-Môba, s'appelait de leur temps **Aréopolis** [1]. Saint Jérôme écrit en outre que cette ville fut rudement éprouvée par un tremblement de terre [2]. Ce fut l'an

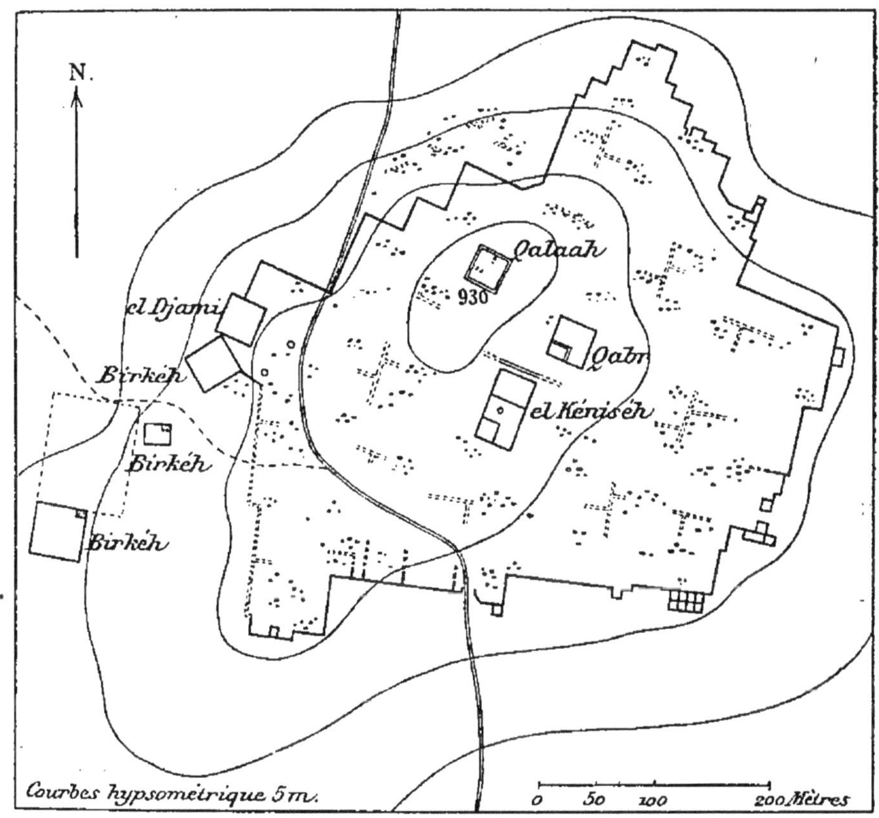

A. Musil, *Arabia Petraea*, I, 370.

Fig. 59. — Plan d'Ar Moab (Er Rabbah).

344 ou 365 ap. J.-C. Au siècle suivant, elle était le siège d'un évêché. Parmi ses évêques, Anastase assista au deuxième synode d'Ephèse en 449, et Elie à celui de Jérusalem en 536.

Saint Jérôme fait dériver le nom d'Aréopolis du mot hébreu Ar et du mot grec πόλις. D'après d'autres écrivains du IVe et du Ve siècle, l'étymologie de ce nom est Ἄρεος πόλις, ville d'Arès ou Mars. En effet, les monnaies romaines de cette ville représentent

1. Cf. Sozomène, VII, 15. — Le géographe arabe Aboulféda dit encore qu'*er Rabbah* a succédé à « Mâb, ville célèbre mentionnée dans les livres des Juifs. » — 2. *Comm. in Is.*, XV. 1.

sur le revers Arès, dieu de la mythologie grecque identifié avec le dieu Mars des Romains[1].

Visite des ruines. *Er Rabbah*, qui s'élève sur un mamelon de 20 mètres de hauteur, est restée complètement abandonnée pendant bien des siècles. Depuis peu elle est habitée par 2 ou 3 familles de Bédouins. Ce vaste champ de ruines est entouré d'un mur d'enceinte de plus de 2 kilomètres de développement, dont on peut encore suivre les traces.

A peine entré dans la ville, on quitte la route qui se plie vers l'occident et l'on monte vers le nord. A 150 pas de l'enceinte méridionale, on rencontre un bâtiment en ruines appelé *el Kéniséh*, l'Eglise. Il a 60 mètres de long du nord-est au sud-ouest, et 36 mètres de large, et est divisé en deux compartiments. Ses murs sont construits avec des fragments de basalte et de fûts de colonne, qui dénotent une très haute antiquité. A l'intérieur, le sol est pavé de grandes dalles de basalte. Or, on sait que l'emploi du basalte dans les constructions appartient à une civilisation antérieure à l'époque romaine. Au nord de cette construction passe une ancienne rue dans la direction de l'est à l'ouest ; puis, 25 pas plus loin, se présente un bâtiment de 39 mètres sur 36, renfermant dans son angle sud-ouest une tombe musulmane. Les murs ont 1 m. 80 d'épaisseur. Tout autour, le sol est jonché de tronçons de colonnes. A 80 pas à l'ouest-nord-ouest du tombeau, *qabr*, le point culminant de la ville est occupé par les fondements d'un fort. En traversant la route, à l'endroit où elle sort de la ville, on voit deux colonnes corinthiennes encore debout, les vestiges d'un temple carré dont beaucoup de débris couvrent le sol. Un peu plus loin, se dresse la façade d'un autre temple, fort disloqué par un tremblement de terre. Un Bédouin a installé sa demeure à l'entrée de ce monument, connu sous le simple nom d'*el Djami*, le Sanctuaire. La façade a conservé en bon état deux grandes niches latérales à arc surbaissé. Au-dessous des niches, MM. Brunnow et Domzewski ont lu les noms de Dioclétien et de Maximien, qui probablement y avaient eu leurs statues[2]. Au milieu, la porte est surmontée d'un ornement où se lit une inscription grecque ; vers le midi, une pierre longue de 2 mètres

1. Quelques écrivains modernes ont soutenu que c'est par erreur qu'Aréopolis ou Rabath Môba, aujourd'hui *er Rabbah*, a été identifiée au IVe siècle avec l'Ar Moba de la Bible. Aréopolis, disent-ils, est une ville d'origine romaine ; elle acquit de l'importance après qu'Ar Moab fut renversée par le tremblement de terre dont parle saint Jérôme, puis abandonnée. — Cette hypothèse est dénuée de fondement. Puis, d'après la Bible, Ar Moab est la ville la plus voisine de la rive méridionale de l'Arnon. Or, entre *er Rabbah* et le torrent on n'a découvert aucune trace d'antique cité, et l'onomastique locale n'a conservé le souvenir d'aucune. Enfin, les ruines d'*er Rabbah* prouvent que cette localité remonte bien au delà de l'époque romaine. — 2. *Op. cit.*, I, p. 54.

porte les traces d'une inscription latine. Contre ce temple est appuyé un beau réservoir ; de son angle nord-est part un mur solidement construit. Puis, à 75 mètres de l'enceinte occidentale est creusé un deuxième réservoir et à 100 pas plus loin, vers le sud-ouest, un troisième, le plus grand des trois. Il mesure 50 mètres de longueur, 45 de largeur et 6 de profondeur. Les murs qui ont 3 mètres d'épaisseur, sont formés de grands blocs dont quelques-uns dépassent une longueur de 2 mètres. Un escalier descend au fond de la piscine. Vers le nord de la ville un mur solide, que M. Musil croit être le rempart primitif, court de l'est à l'ouest[1].

La route se plie vers le nord-est, offrant çà et là quelques colonnes milliaires. Après s'être avancé de 13 minutes, on aperçoit à droite les fondements d'un petit temple romain, appelé *el Miyâh*.

A *el Misdéh* (20 min.), on passe, à droite, devant une tour ruinée qui est antérieure à l'époque romaine. A gauche, se trouvent les ruines en basalte d'*el Hamémât*. Pour les uns ce serait **Emim**, en hébreu Hémîm ; pour d'autres la ville de « Ham dans le pays de Moab », où Chodorlahomor défit les Zouzim[2]. Ce ne sont là que de simples conjectures.

Temple d'el Qasr. Les Bédouins nomment *el Qasr*, *Khirbet-el Qasr* et aussi *Beit el Karm*, Maison du Vignoble, le beau temple tétrastyle qui se présente 13 minutes plus loin ; ils ne l'appellent que rarement *Qasr er Rabbah*. Ce monument corinthien, qui remonte au temps d'Adrien ou d'Antonin, s'élève au milieu d'une magnifique enceinte jonchée de ruines. Il mesure 21 m. 10 en longueur et 31 m. 50 de front. Les quatre colonnes de la façade, dont les tambours inférieurs sont encore en place, ont 1 m. 30 de diamètre. Les antes, construites comme des tours, sont munies d'escaliers qui conduisaient à la terrasse. Le vestibule a 3 m. 70 de profondeur et l'intérieur de l'édifice était divisé en 3 nefs. Dans les décombres, on rencontre aussi des sculptures archaïques en basalte, qui dénotent l'existence antérieure d'un temple moabite. C'est peut-être le sanctuaire d'Ar Moab, le Bayit de Chamos, auquel le prophète Isaïe (XV, 2), semble faire allusion.

On peut se rendre au *ouâdi Modjîb*, l'Arnon, soit directement (1 h. 42), soit en faisant un détour par le *tell Chihân* (3 h.).

D'el Qasr à l'Arnon par le tell Chihân.

A *Beit el Karm* on laisse l'ancienne route romaine qui se dirige au nord-nord-est pour aller droit au nord. On traverse

1. *Op. cit.*, I, p. 369-373. — 2. Gen., XIV, 5.

la fertile plaine du *ouâdi Ghourrhé* (26 min.) et on laisse à gauche le *Khirbet Medjedelein*, les deux Migdols (11 min.). De là une ancienne route romaine mène droit au pied du *Kara* ou *tell Chihân* (15 min.). Là on monte au nord-est par une route moabite autrefois pavée de basalte et bordée d'une double ligne de blocs basaltiques fichés dans le sol. Les pentes douces de la colline étaient, comme les abords, cultivés en terrasses. Partout l'on remarque de gros murs en pierres noires, constructions antérieures à l'occupation romaine. En 15 minutes on arrive au sommet. Il est couronné d'un mur d'enceinte carrée d'environ 50 mètres de côté, au milieu de laquelle s'élève une tour carrée de 12 mètres de côté, construite en grande partie avec de la pierre calcaire. Tout autour gisent des débris de colonnes, parmi lesquels on remarque un chapiteau ionique de forme grossière. La vue est fort belle. Elle domine toute la plaine de Moab et la mer Morte, et s'étend jusqu'à Bethléem et au mont des Oliviers. On peut suivre de là toute la déchirure profonde du *Môdjib* qui sillonne le plateau de l'est à l'ouest.

Le *tell Chihân* semble être la **Maspha de Moab**, où David mit ses parents à l'abri des persécutions de Saül, sous la protection du roi de Moab [1]. Nul endroit ne convient mieux à la « Tour de garde de Moab ».

Du *tell Chihân* on passe près du *khirbet Baloua* et on arrive à l'*es Sedjérâh* en 1 h. 45 (alt. 800 m.). L'*es Sedjérâh* est un beau tamaris planté sur le bord du *ouâdi Môdjib*. Cet arbre, qu'on voit de fort loin, sert de point de repère aux voyageurs. Tout auprès s'élève un blockhaus occupé par quelques soldats turcs. A l'est, on voit un château fort romain, *Mâhâttet el Hadj*, dont les murs ont conservé près de 3 mètres de hauteur. Il mesure environ 50 mètres de côté et a chacun de ses angles flanqué d'une tour carrée; une tour intermédiaire de même force (5 m. 50 de côté) garnit 3 de ses faces; la quatrième, dans laquelle s'ouvre la porte, est munie de 2 tours.

Eusèbe et saint Jérôme racontent que la passe de l'Arnon au nord d'Aréopolis était pleine d'horreur et de danger, et que pour ce motif elle était gardée de côté et d'autre par un poste militaire [2]. Nous savons d'autre part que la « cohors III Alpinorum » occupait le château fort qui répond au *Mâhâttet el Hadj* [3].

L'Arnon, qui veut dire en hébreu *rapide* ou *bruyant*, séparait le pays de Moab du pays des Amorrhéens occupé ensuite par le peuple de Dieu. Ce fleuve a été appelé le *Rubicon des Israélites*. Mais comme ceux-ci durent contourner le pays de Moab au sud et à l'est, ils passèrent le torrent dans son cours

1. III (I) Rois, XXII, 3. — 2. *On.*, p. 11. — 3. *Not. dignit.*, 82, 35.

supérieur, là où « il coule dans le désert en sortant du territoire des Amorrhéens[1]. » Le cours supérieur du Môdjib s'appelle *Seil es Saidéh*, puis, plus à l'orient, *ouâdi Kharazéh*, et reçoit les eaux des sources à l'est de la route des pèlerins et du chemin de fer de Damas à Médine.

La vallée de l'Arnon est une faille gigantesque produite par quelque grand cataclysme. Sa largeur d'une crête à l'autre a environ 4 km. 1/2 et sa profondeur près de 600 m. Les pentes sont en conséquence fort raides, surtout sur la rive méridionale qui est plus élevée que la septentrionale, mais la route, récemment restaurée, est assez bonne pour permettre de descendre à cheval au fond de cette gorge sauvage.

De l'ancienne route romaine, il ne reste qu'un sentier qui serpente à travers les bancs de basalte et de marne crayeuse jaune, rouge, blanche et verte. Les couches calcaires affectent l'apparence, tantôt de murs cyclopéens, tantôt celle de monuments en ruines.

A 38 minutes au-dessous d'*es Sedjérâh*, la descente devient très raide. Le chemin arrive par de nombreux lacets à un premier plateau (9 min.), où gît une borne milliaire avec inscription. C'est la 16e depuis Mâdaba. Un quart d'heure plus bas (alt. 250 m.), se présente un ancien fort romain en ruines, qui s'appelle aussi *Mâhâttet el Hadj*. Il a environ 60 mètres de long sur 46 de large et possède 2 réservoirs. Puis vient une autre colonne milliaire (8 min.), ensuite un deuxième plateau (3 min.) et 7 minutes plus loin coule le torrent (alt. 105 m.), que la voie romaine franchissait sur un pont d'une seule arche de 10 mètres d'ouverture, aujourd'hui renversée. Au fond de cette gorge silencieuse serpente un petit ruisseau limpide, bordé de lauriers roses et d'arbustes et foisonnant en petits poissons.

Le versant septentrional est moins raide et moins élevé que le méridional. En 35 minutes on monte en zigzags à un petit plateau (alt. 375 m.), où gisent de nombreuses bornes milliaires, dont 4 portent des épigraphes. Dans le même temps, on arrive au bord du *ouâdi Môdjib* (alt. 728 m.).

Aroer.

A une demi-heure de la route, vers l'est, deux collines, qui dominent le précipice, portent le nom d'*Arâer* et sont couvertes de ruines. Celles-ci n'offrent rien de saillant ; mais il ne semble pas qu'elles appartiennent à l'époque romaine. *Arâer* est l'**Aroer** de la Bible, la ville « située sur le bord de la vallée d'Arnon[2]. »

1. Cf. Nomb., XXI, 11 ; — XXXIII, 44. — 2. Deut., II, 36 ; — IV, 48.

A 50 minutes à l'est d'*Arâer*, également sur le bord de la gorge, se rencontre *el Lehoun*, avec des vestiges de fortification et d'autres constructions qui semblent remonter à une époque antérieure à celle d'*Arâer*. Elles sont bâties en blocs non équarris et sans mortier [1]. On propose de l'identifier avec **Hélon**, ville que le prophète Jérémie (XLVIII, 21) indique dans le Misor, la plaine de Moab.

Misor. Dans la Bible, le haut plateau de Moab porte le nom de **Sadéh**, campagne, ou de **Misor**, la plaine d'une manière générale, ou bien en la précisant par le nom d'une ville, comme, par exemple, le Misor de Mâdaba [2].

La Belqâ. Jusqu'au XIVe siècle, les Arabes désignaient sous le nom de *Belqâ* le pays compris entre l'Arnon et le Jaboc. C'était à l'origine la plaine de Moab. Mais aujourd'hui les Bédouins donnent à la *Belqâ* des limites plus restreintes au nord et au sud.

Dibon.

En continuant la route des bords du *ouâdi Môdjib* à travers une plaine déserte, on rencontre à gauche (25 min.) les ruines de *Dibân*. C'est l'antique Dibon, une des villes enlevées à la pointe de l'épée et détruites par les Israélites, lorsqu'ils firent la guerre aux Amorrhéens [3]. Elle échut en partage aux fils de Gad qui la rebâtirent [4]. Aussi est-elle parfois appelée Dibon-Gad. Lors du partage définitif de la Terre promise, elle fut cédée aux Rubénites [5]. Mais à la mort d'Achab (905), Mésa s'en empara et en fit une résidence royale qui ne cessa d'appartenir aux Moabites [6], jusqu'à leur disparition.

Les ruines de *Dibân* s'étendent en masses informes sur deux collines entourées d'une muraille. Toutes les constructions apparentes semblent remonter à l'époque romaine et byzantine. On y a trouvé un linteau de porte marqué de deux croix. Au centre de la colline septentrionale, la plus élevée, se dresse un petit plateau de 8 mètres de hauteur, où l'on montait par un escalier. Ce plateau est transformé en cimetière. La ville moabite doit être ensevelie sous la ville romaine.

Stèle de Mésa. En 1869, M. Clermont-Ganneau découvrit à l'ouest de la porte méridionale de cette dernière colline un monument devenu célèbre : la stèle de Mésa. C'est un bloc cubique de basalte noir d'un mètre de hauteur et de 0 m. 60 de côté. L'une des faces porte une inscription de 34 lignes en un dialecte hébreu, avec des caractères de type phénicien. A la

1. Musil, *op. cit.*, I, p. 131. — 2. Cf. Deut., III, 10. — Jos., XIII, 9, 17, 21, t. hébr. — 3. Nomb., XXI, 3. — 4. Nomb., XXXII, 34. — 5. Jos., XIII, 17. — 6. Jér., XLVIII, 18.

suite de querelles survenues entre les Bédouins de la tribu des *Béni Sakhr* et celle des *Béni Hamidéh*, la pierre fut brisée en morceaux. On a, heureusement, pu sauver la plupart des fragments, ce qui a permis de la reconstituer. La stèle se trouve à Paris, au musée du Louvre. Mésa, qui se nomme le

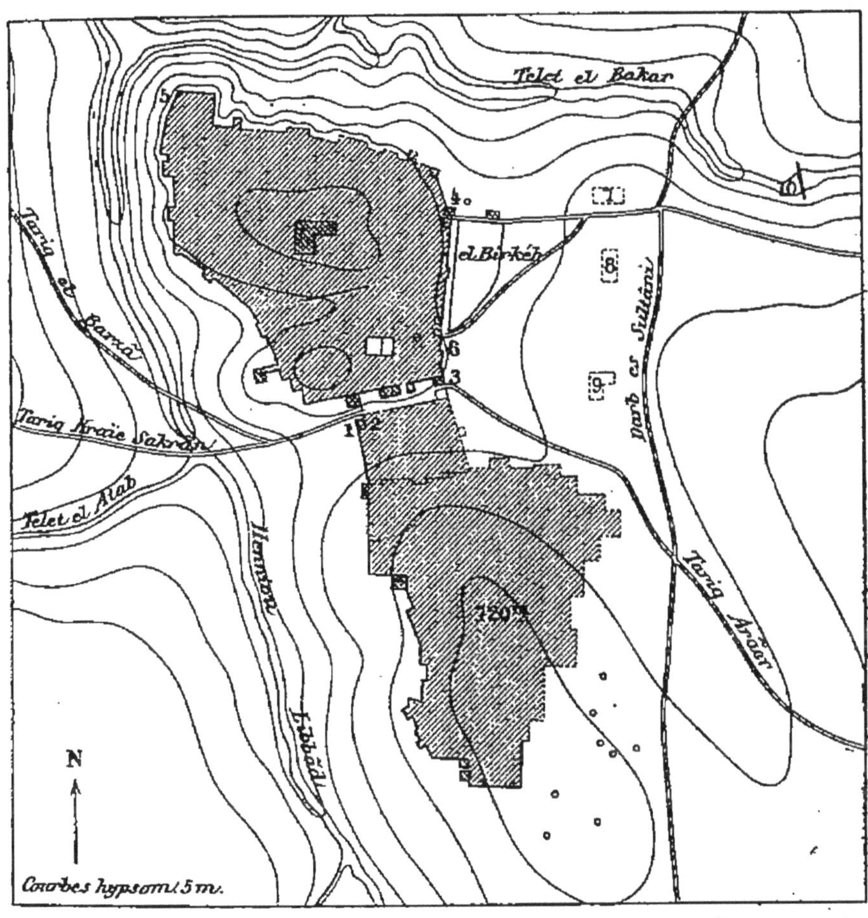

A. Musil, *Arabia Petraea*, I, 377.

Fig. 60. — PLAN DE DIBON (KHIRBÉH DIBAN).

1. *Porte.* — 2. *Tour.* — 3. *Porte.* — 4. *Porte principale.* — 5. *A l'angle sud-ouest, porte entre deux tours.* — 5. *Emplacement de la stèle de Mésa.* — 7. 8. 9. *Réservoirs.*

Dibonite, y célèbre ses victoires sur Israël et d'autres ennemis. Il raconte aussi qu'il a fortifié *Qargha*, probablement la citadelle, après y avoir établi un *bamâh*, un haut lieu, à son dieu Chamos. Il ajoute qu'il a exécuté plusieurs travaux dans le roc, probablement le haut plateau de la citadelle et les nombreux réservoirs aux alentours de la ville.

Bosor. La route continue dans la direction du nord-nord-est et laisse à gauche les ruines d'une tour, *Abou Sigân*. Arrivé à 50 minutes au nord de *Dibân*, on laisse à gauche, à 2 kilomètres de la route, le *khirbet Barzâ*, dont les ruines dénotent une ville jadis importante[1]. On propose de l'identifier avec **Bosor**, en hébreu Béser, ville de refuge qui appartenait à la tribu de Ruben[2], et qui est généralement cité avec Cariathaïm et Bethgamul. Jérémie l'appelle Bosra[3]. Dans sa stèle, Mésa se glorifie d'avoir bâti (reconstruit) la ville de Bosor.

Bethgamul. *Khirbet Djémeil*, ancienne localité en ruines, située à 8 kilomètres à l'est du chemin, au sommet d'une colline, rappelle Bethgamul, en hébreu Beit-Gamul, que le prophète Jérémie nomme avec Dibon et Cariathaïm[4].

En continuant sa route pendant 45 minutes, on se trouve en face, à 3 kilomètres à l'orient du chemin, de *Qérîyéh Felhâ*, dont les ruines viennent d'être habitées de nouveau.

On franchit ensuite (20 min.) le *ouâdi el Ouâléh* près d'un pont de construction romaine, dont il ne reste que les piles. La rivière, qui roule au fond de la vallée ses eaux limpides et poissonneuses à travers des fourrés de lauriers et de tamaris, forme le principal affluent de l'Arnon, qu'il rejoint à quelques kilomètres du rivage de la mer Morte.

Beer.

A environ 15 kilomètres en amont, vers le nord-est (et à la même distance au sud-est de Mâdaba), la vallée d'*el Ouâléh* porte le nom de *ouâdi et Thémed*. Elle est remarquable par la nappe d'eau qui s'étend sous le sol de son lit. Partout où l'on creuse la terre à une profondeur de 3 à 6 pieds, on rencontre de l'eau. Aussi, y voit-on des centaines de puits peu profonds et forés sans art. C'est là qu'on place **Béer**, les Puits, la 52e station des enfants d'Israël. Lorsqu'ils eurent passé l'Arnon, là où « il coule dans le désert en sortant du territoire des Amorrhéens, » ils souffrirent de nouveau de la soif « dans le désert[5]. » Le Seigneur dit alors à Moïse : « Rassemble le peuple, et je lui donnerai de l'eau. » A l'apparition de l'eau, le peuple témoigna sa joie par ce gracieux cantique :

« Monte, puits ! Acclamez-le
Ce puits, que des princes ont creusé,
Que les grands du peuple ont ouvert
Avec le sceptre, avec leurs bâtons[6]. »

1. Musil, *op. cit.*, p. 128. — 2. Jos., XX, 8. — I Par., VI, 78. — 3. XLVIII, 24. — 4. XLVIII, 23. — 5. Nomb., XXI, 18. — 6. Nomb., XXI, 16-18.

C'est probablement la même localité que **Beer Elim,** le Puits des forts ou des térébinthes, mentionné par Isaïe (XV, 8).

De Béer « du désert, ils allèrent à Matthana ; de Matthana à Nahaliel ; de Nahaliel à Bamoth, » marchant de l'orient vers l'occident. Le site de **Nahaliel** que les Septante rendent par Manael est inconnu. Sur la rive gauche du *ouâdi et Thémed*, à 3 lieues à l'orient de la route, se rencontre le *khirbet Médeinéh*, nom qui rappelle Matthana. Mais là il y a précisément les puits de Béer. Quoi qu'il en soit, il est vraisemblable que ces deux dernières stations se trouvent le long de la vallée d'*el Ouâléh*.

Cariathaïm. A 9 kilomètres à l'ouest de la route, existent les ruines de *Qereiyât*, avec de nombreuses citernes et, dans le voisinage, des sépulcres et des habitations creusées dans le roc [1]. Par son nom et sa position, cette localité répond, de l'avis commun, à **Cariathaïm,** en hébreu Savéh-Cariathaïm, où Chodorlahomor et ses alliés battirent les Emim, peuple de géants [2]. Saint Jérôme dit que « Cariathaïm, à 10 milles de Médaba, vers l'occident, dans le Baare, était un bourg chrétien très florissant appelé Coroiatha [3]. »

A 45 minutes du *ouâdi el Ouâléh*, on aperçoit au loin *Mâdaba*. Puis on laisse à gauche (25 min.) le *khirbet Libb*, ruines qui couvrent le sommet d'une large colline. C'est la ville que Josèphe indique dans le pays de Moab, une fois sous le nom de **Libba** [4], une autre fois sous celui de **Lemba** [5]. C'est peut-être cette même ville qui figure plus tard sous le nom de **Lebona en Arabie** [6].

Diblathaïm. A 20 minutes au nord de *Libb*, on laisse à droite le *khirbet Hereidîn*. A 30 minutes de la route, à gauche, se trouve le *khirbet ed Dlêlet el Gharbiyéh*, puis à 1 h. 1/2 à l'est-nord-est de cette localité le *khirbet ed Dlêlet esch Scharkiyéh*. Les ruines de la première appartiennent à une ancienne place forte très importante, qui commandait 3 routes. M. Musil [7] propose de l'identifier avec Beth-Déblathaïm, ville de Moab dont Jérémie annonce la destruction [8]. La Déblathaïm du prophète est sans doute la même que **Helmon Diblathaïm,** en hébreu Almôn Diblâtâyemâh, station des Israélites entre « Dibon-Gad » et « les monts Abarim en face de Nébo [9]. »

Une lieue plus loin, on passe devant une localité nommée *Naïféh* à 2 kilomètres à l'ouest de la route ; mais il est douteux que ce soit la ville de **Népho,** en hébreu Nôfah, mentionnée dans le chant de guerre des Nombres [10]. *Et Teim*, qu'on ren-

1. Musil. *op. cit.*, I, p. 33. — 2. Gen., XV, 5. — 3. *De situ...*, Migne, *P. L.*, XXIII, col. 883. — 4. *A J.*, XIV, XIV. — 5. *A. J.*, XIII, XV, 4. — 6. *Not. dign.*, 80, 27. — 7. *Op. cit.*, I, p. 251-253. — 8. XLVIII, 22. — 9. Nomb., XXXIII, 46-47. — 10. Nomb., XXI, 30.

contre ensuite (25 min.), à un kilomètre à gauche du chemin, est un champ de ruines de l'époque romaine et byzantine. Encore 3 kilomètres à travers une plaine fertile et bien cultivée et l'on arrive à Mâdaba, centre d'intéressantes excursions. C'est la ville de **Médaba** de la Bible, que saint Jérôme définit par ces mots : « Médaba, ville de l'Arabie, près d'Hésébon, qui a conservé jusqu'aujourd'hui son ancien nom [1]. »

MADABA.

Mâdaba, repeuplée depuis 1880, est un village d'environ 2.000 habitants, bâti sur une colline qui s'élève à 30 mètres au-dessus d'un vaste haut plateau ondulé. La Mission catholique, dirigée par deux prêtres du patriarcat latin de Jérusalem, compte 350 membres de rite latin. Le presbytère, l'église avec une école pour les garçons et une autre pour les filles sous la direction de quatre Sœurs du Saint-Rosaire, occupent le sommet du *tell*. Les Grecs non-unis, au nombre de 450 à 500, ont leur église, avec presbytère et écoles, dans un quartier à part vers le septentrion. Ils descendent des *Karadjéh* et des *Mahahi* de Kérak [2]. Depuis 1885, le gouvernement y a installé un *Moudir* ou chef de district. Le village n'occupe qu'une partie de l'ancienne ville. Il possède un bureau de poste et de télégraphe turc. A 2 h. 1/2 à l'orient de *Mâdaba* se trouve la station de *Djîzéh* sur la ligne de chemin de fer du Hedjaz.

Histoire. Médaba, en hébreu Médbâ, est citée pour la première fois dans le chant de guerre que les Israélites prêtaient par ironie aux Amorrhéens célébrant leurs victoires sur les Moabites [3]. Séhon, roi d'Hésébon, marcha contre les Israélites qui venaient d'envahir son royaume et les rencontra entre Médaba et Jasa [4]. Il subit une sanglante défaite. Médaba et son Misor ou sa campagne furent donnés à la tribu de Ruben [5]. Dans la suite, Joab, envoyé par David pour venger l'outrage infligé à ses messagers par les Ammonites, battit sous les murs de Médaba leurs alliés accourus de la Mésopotamie et de la Syrie [6].

Le roi Mésa se glorifie plus tard dans sa stèle d'avoir enlevé la ville à Amri, roi d'Israël (934-923). Réoccupée par les

1. *De situ...*, *loc. cit.*, col. 910. — 2. *V.* p. 256. — 3. Nomb., XXI, 30. — 4. M. Musil (*op. cit.*, p. 107 et 122) pense que Jasa, que saint Jérôme (*De situ...*, *loc. cit.*, col. 904) indique entre Médaba et Dibon, pourrait bien être *Oumm el Oualîd*, localité située à 2 h. 30 au sud-est de Mâdaba. On y voit les ruines d'une ville importante, dont la forteresse et d'autres bâtiments étaient construits en blocs non taillés. D'autres édifices sont en pierres de taille et pourvus de voûtes. (*V.* p. 209). — 5. Jos., XIII, 9 ; — 15-18. — 6. I Par., XIX, 1, 15.

Israélites au temps de Josaphat, roi de Juda (920-894) [1], elle se trouvait de nouveau au pouvoir des Moabites au temps d'Isaïe (760-727). Mais bientôt ceux-ci subirent le joug terrible des Assyriens.

Pendant ses luttes contre Bacchide, général de Démétrius, Jean Machabée se rendit chez les Nabatéens pour leur confier les biens personnels de Jonathas. Il fut attaqué par les gens de Médaba et mis à mort avec ses compagnons [2]. Jonathas et Simon vengèrent la mort de leur frère. Ils se mirent en embus-

Fig. 61. — MADABA, vue du nord-ouest.

cade, surprirent le cortège nuptial d'Amaratios, un des chefs de Médaba, qui revenait avec son épouse de Nébatha (peut-être Nadabath qui est Néba), et en égorgèrent 400 personnes [3]. Jean Hyrcan Ier, fils de Simon, s'empara ensuite de la ville après un siège pénible de 6 mois (135). Puis, Jean Hyrcan II, fils d'Alexandre Jannée (78 av. J.-C.), offrit Médaba avec 11 autres villes à Arétas IV, pour obtenir son aide contre son frère Aristobule II [4]. Elle figure dès lors jusqu'au VIe siècle de notre ère comme « ville des Nabatéens [5]. »

Médaba était particulièrement florissante à l'époque romaine. La principale divinité en était Astarté. Elle est représentée sur le revers d'une monnaie de Médaba, dont la face porte la tête laurée avec le buste d'Héliogabale (218-222). A l'époque chré-

1. IV (II, Rois) III, 23. — 2. I Mach., IX, 32-42. — *A. J.*, XIII, I, 2 et 4. — 3. *A. J.*, XIII, I, 4. — 4. *A. J.*, XV, 4. — *G. J.*, I, II, 6. — 5. V. Etienne de Byzance et Pierre l'Ibérien.

tienne, elle devint ville épiscopale de la province de Bosra ou de la IIe Arabie. Gaïanos, un de ses évêques, assista au concile de Chalcédoine (451). Il est probable que la ville fut détruite par les Perses en 614 ; mais il est certain que plus tard elle resta pendant quelque temps habitée par des musulmans. Peu à peu elle fut complètement abandonnée et même perdue de vue jusqu'au XIXe siècle. Grâce à l'intervention du patriarcat latin et du consulat français à Jérusalem, Midhat Pacha, gouverneur de Syrie, autorisa, en 1880, les chrétiens de Kérak à s'établir dans les ruines de Mâdaba et à cultiver les terres environnantes. Ils furent rejoints depuis par d'autres chrétiens et un bon nombre de musulmans.

Visite de la ville. Lorsque les nouveaux colons furent arrivés à *Mâdaba*, ils s'empressèrent de bâtir leurs huttes et leurs étables sur les anciennes ruines, auxquelles ils empruntèrent les matériaux de construction. De plus, autour de leurs habitations, surtout au sud-est du village, se sont formés en peu de temps d'énormes monceaux de décombres et de cendres provenant du combustible (un mélange de terre, de paille et de bouse de vache), employé pour cuire le pain. Ce n'est qu'à la longue, et souvent par hasard, qu'on a découvert des mosaïques sous la plupart des masures, avec une dizaine d'églises. Aussi est-il très difficile de voir la plupart des intéressantes trouvailles. *Mâdaba* était autrefois entourée d'un rempart d'environ 2 kilomètres 1/2 de développement, et munie de plusieurs portes dont au moins 4 sont reconnaissables. En venant du midi, on y entre par la porte du sud-est, dont il ne reste que de faibles vestiges.

L'église des Saints-Apôtres. A 80 pas de l'entrée, à gauche, s'élève une maison, qui, comme on s'en est aperçu en 1899, a trois de ses chambres établies sur une superbe mosaïque. Un médaillon enguirlandé représente des animaux et deux personnages de 0 m. 60 de hauteur. Une inscription grecque apprend qu'elle fut fondée en l'honneur des saints Apôtres en 578 ou 579 par l'évêque Sergius.

La cathédrale. En montant sur un petit plateau, 200 pas plus loin, on laisse à droite, à 100 pas du chemin, l'emplacement d'une autre église à présent complètement détruite. C'est là qu'on a trouvé un bas-relief en marbre représentant une croix au milieu d'une couronne. On le conserve dans l'église latine. Cent pas plus loin, on rencontre à gauche une nouvelle basilique qui reçut des habitants le nom de cathédrale, parce qu'elle est plus grande que les autres monuments religieux. C'est un rectangle de 47 m. 20 de long, sans le parvis, et de 22 m. 20 de large à l'intérieur. Deux rangées de 8 colonnes la divisent en 3 nefs. Le sol des nefs latérales est plus élevé d'un mètre que celui de la nef centrale. L'abside est inscrite dans le rectangle entre deux sacristies. Le pavé en mosaïque est divisé en panneaux carrés où figurent toutes sortes d'ani-

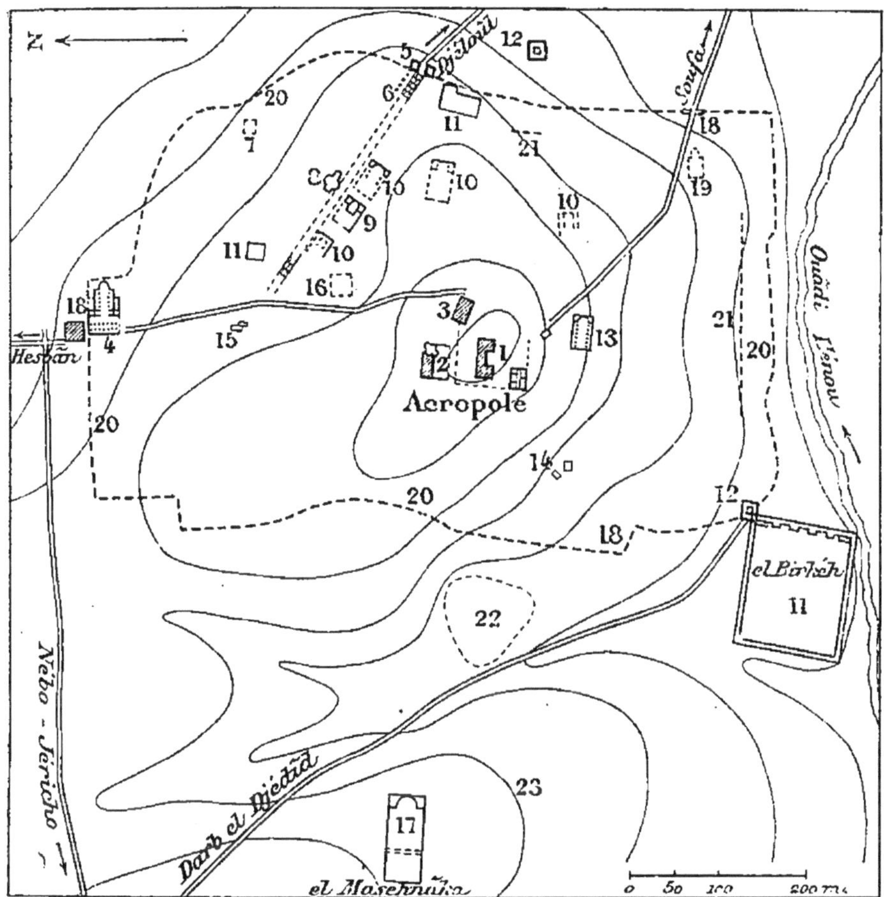

A. Musil, *Arabia Petraea*, I, 115.

Fig. 62. — Plan de Médaba (Madaba).

1, 2. 3. *Acropole. Mission latine.* — 4. *Mission grecque, avec la carte en mosaïques.* — 5. *Porte orientale.* — 6. *Colonnade.* — 7. *Mosaïque représentant une femme sur un divan.* — 8. *Eglise de la Vierge.* — 9. *Eglise de Saint-Elie.* — 10. 10. 10. 10. *Eglises.* — 11. 11. 11. *Anciens réservoirs.* — 12. 12. *Tours.* — 13. *Cathédrale.* — 14. *Mosaïques, Danses païennes.* — 15. *Mosaïques à figures humaines.* — 16. *Temple païen transformé en mosquée.* — 17. *Eglise avec deux antiques colonnes.* — 18. 18. 18. *Portes.* — 19. *Eglise des Saints-Apôtres.* — 20. 20. 20. *Enceinte de la ville.* — 21. *Vestiges d'une 2ᵉ enceinte.* — 22. *Bassin.* — 23. *Grottes habitées.*

maux. C'est d'après ce plan que sont construites la plupart des églises de *Mâdaba*. Aux alentours gisent de nombreux débris de chapiteaux, de colonnes et d'entablement, avec un linteau de porte de 2 m. 40 de longueur et une architrave de 2 m. 60. Toutes ces sculptures sont de style corinthien. Dans les décombres on a recueilli en 1880 une épitaphe en langue araméenne et en caractères nabatéens, datée de la 46e année d'Arétas. C'est le IVe de ce nom, surnommé le Philodème et cité par saint Paul [1]. Cette inscription se trouve aujourd'hui au musée du Vatican.

On passe ensuite devant la maison commune construite en anciennes pierres de taille, dont l'une porte une inscription coufique. Elle est noircie et haut placée, et il n'a pas encore été possible de la déchiffrer.

L'Acropole. De là on arrive à l'acropole (alt. 774 m.), où se trouvaient probablement aussi les hauts lieux mentionnés par le prophète Isaïe (XV, 2). En 1897, lors de nouvelles constructions, les fondements de l'acropole se trouvaient momentanément à découvert. M. Musil en fit alors relever le plan [2]. La forteresse est un rectangle d'environ 150 mètres de long sur 100 de large; le mur est flanqué de tours aux angles et sur les faces intermédiaires. Son emplacement est occupé par l'église, le presbytère et le jardin de la Mission catholique. L'école des garçons se trouve vers l'ouest, et au nord s'élève l'établissement des Sœurs. Là on a découvert les vestiges d'un bain.

Porte orientale. Du haut plateau on redescend par l'angle nord-est, où l'on aperçoit les premières assises d'un mur formé de beaux blocs à refend. Après avoir dépassé le sérail du *Moudîr*, on se dirige à l'est, entre les vestiges d'une église à droite et une splendide mosaïque représentant une tête de femme dans une pauvre maison à gauche. Le sentier débouche à la porte orientale.

La porte orientale a conservé les premières assises de ses jambages. Elle avait 4 m. 15 d'ouverture et était protégée par deux tours carrées de 7 mètres de côté. De celle du nord reste encore la base qui dénote un travail romain. De la porte part une rue pavée de 8 mètres de largeur. A droite se dressent cinq colonnes de la galerie qui bordait cette voie et qui semble avoir abouti, après un parcours de 140 mètres, à un forum dont on reconnait à peine quelques traces. Plus loin, au sud de la rue, on a retrouvé sous une maison les fondements d'une église à 3 nefs. Elle a été construite avec des matériaux anciens parmi lesquels on remarque des chapiteaux et des tronçons de colonnes. La mosaïque est formée de losanges ornés de gazelles, d'oiseaux, de fruits et de fleurs.

L'Elianée. A quelques pas de là, du même côté, une autre église à trois nefs fut découverte en partie dans une cour et en

1. II Cor., XI, 32. — 2. *Op. cit.*, I, p. 119.

partie sous les appartements d'une maison grecque. Une inscription grecque en mosaïque dit que le monument fut achevé l'an 607 à 608 sous l'évêque Léonce. Un escalier conduit dans une crypte située sous le *presbyterium* et l'abside supérieure. Le sol de la crypte est couvert d'une mosaïque de toute beauté ; elle porte une inscription qui nous apprend que « la Sainte-Elianée » fut construite en l'honneur du prophète Elie par l'évêque Sergius, de 595 à 596.

L'église de la Sainte-Vierge. Presqu'en face, mais de l'autre côté de la rue, une hutte couvre les restes d'un monument de forme bizarre. C'est une rotonde, probablement d'origine païenne, qu'on a prolongée vers l'orient par une longue abside polygonale. Au centre de la rotonde pavée en mosaïque, un cercle de 1 m. 30 de diamètre contient une inscription grecque en 10 lignes qui apprend que l'église était dédiée à la Mère de Dieu. Un autre texte grec en 7 lignes, mais fort mutilé, attribue l'exécution de ces mosaïques au temps de Justinien. Vers l'angle nord-est de la ville, on a trouvé une mosaïque romaine exécutée avec beaucoup d'art et une grande finesse ; elle représente une femme couchée sur un divan.

Contre l'atrium de l'Elianée buttent les avances d'une abside. A quelques pas de là, vers le sud-ouest, un ancien temple a été transformé en mosquée ; c'est aujourd'hui un monceau de ruines. On y a trouvé quelques inscriptions coufiques devenues illisibles. Le chemin traverse une sorte de place publique, fait un coude et prend la direction du nord-ouest à travers deux rangées de maisons basses qui forment le bazar. L'une d'elles, à quelques pas à gauche du chemin, possède une mosaïque bien conservée avec des figures humaines. A droite, à une certaine distance de la rue, existe un ancien réservoir.

En s'approchant de la Mission grecque située à l'est de la porte septentrionale de la ville, on remarque à gauche plusieurs citernes creusées dans le roc en forme de bouteille, à une profondeur de 20 mètres, avec un diamètre presque d'égale dimension. Une inscription qu'on y lit attribue cette œuvre à Justinien Ier. Les blocs carrés qui se rencontrent le long de la rue, autrefois pavée, proviennent de la porte de la cité.

La carte de Mâdaba. A gauche, s'élevait au ve ou vi[e] siècle une basilique précédée d'un atrium. Entre la rue et l'atrium on voyait jusqu'en 1896 une magnifique mosaïque avec des chasses, des danses et diverses autres scènes. L'atrium était également orné d'un pavé du même genre, mais représentant une carte géographique où l'on a relevé, dit-on, il y a une vingtaine d'années, les noms de Rome, de Babylone, etc. [1]. La

1. *V.* Musil, *op. cit.*, I, p. 116.

basilique elle-même était divisée en 3 nefs par deux rangées de 4 colonnes corinthiennes de 0 m. 85 de diamètre. Il n'y avait qu'une abside, avec une chambre à droite et à gauche. Le pavé des trois nefs formait aussi une carte géographique. Le nom des villes était marqué en grec et les principaux monuments des cités les plus importantes étaient représentés en figure.

En 1893, on bâtit une nouvelle église sur les fondements de l'ancienne. Durant le cours des travaux, les mosaïques ont été tellement endommagées, qu'elles ont toutes disparu en dehors du monument sacré. A l'intérieur, la 10e partie seulement du pavé a été sauvée [1] et se trouve aujourd'hui entourée d'une balustrade en bois. Elle représente une grande partie de la Palestine et, telle quelle, cette œuvre d'art forme un document inestimable pour la palestinologie.

Sur le flanc sud-ouest de Mâdaba, une maison possède une mosaïque où des filles et des femmes se livrent à une danse païenne. Une autre est bâtie sur un pavé non moins artistique, où l'on voit des figures d'animaux, une tête d'homme et une tête de femme.

Le réservoir. En sortant par la porte de l'angle sud-ouest de la ville, on se trouve en présence d'un immense réservoir, *el Birkéh*, de 122 mètres de long sur 95 mètres de large avec 3 à 4 mètres de profondeur. Au nord et à l'est, le mur mesure 3 m. 60 d'épaisseur à sa partie supérieure et, comme il est construit à fruit, il peut avoir le double de cette dimension à sa base. On y descend par deux larges escaliers. Malheureusement on a démoli la paroi extérieure du mur méridional pour construire avec ses belles pierres de taille la maison commune. A l'angle nord-est du réservoir s'élevait une tour de 9 mètres sur 7 mètres de côté. Elle était assise à l'angle sud-ouest du rempart. Au nord de la vasque, un mur de barrage formait un étang; mais aujourd'hui tout est comblé.

El Meschnakah. Sur la pente d'une colline, à environ 350 mètres à l'ouest de la ville, existait un monastère avec une église à trois nefs, aujourd'hui cachée sous les tombes du cimetière catholique. De l'atrium ou du narthex de cette église restent deux colonnes bizarres qui forment l'entrée du cimetière. Bien qu'enfoncées dans le sol, elles s'élèvent à une hauteur de 5 m. 50, avec 1 m. 70 d'entrecolonnement. Chacune est formée de deux tambours d'un renflement exagéré; à l'extrémité, le diamètre mesure 0 m. 54 et 0 m. 70 à la partie médiane. Les chapiteaux, l'un ionique, l'autre corinthien, n'ont

1. Le pavé était loin d'être complet avant la construction de la nouvelle église.

pas été sculptés pour ces fûts. Les deux supportent une architrave. Sur les fûts sont inscrites les marques distinctives, *ouasm*, de plusieurs tribus de Bédouins. Ceux-ci désignent ce monument sous le nom d'*el Meschnakah*, le Gibet.

Somme toute, sauf le grand réservoir et les deux fûts d'*èl Meschnakah*, qui sont antérieurs à l'ère chrétienne, tout ce que l'on a mis au jour à Mâdaba appartient à l'époque romaine et byzantine. Du ve au vi^e siècle, elle possédait, comme on l'a vu, une école florissante de mosaïstes.

CHAPITRE VIII

Excursions autour de Mâdaba.

I. — *De Mâdaba à Ammân par Hesbân.*

En Netaffah	0 h. 30	Ammâm	4 h. 40
Hesbân	1 22		
El Al	0 35	Total. . . .	6 h. 37

La route sort de Mâdaba près du couvent grec et monte doucement au nord. Elle laisse à gauche *en Nétaffah*, le Suintement (30 min.). C'est une caverne en forme de réservoir de 22 mètres de diamètre et de 12 mètres de profondeur, remplie d'eau potable qui suinte du rocher. Puis (12 min.), on remarque à gauche, à un kilomètre du chemin, *Kefr Abou Sarbout* et à droite *Kefr Abou Haninâh*, ruines romaines et byzantines de deux villages chrétiens. Il en est de même de *Kefr el Ousta*, du *deir Schillik* et d'*el Oreinéh* qui se présentent une demi-heure plus loin, à gauche. A 35 minutes de là viennent les ruines de *Sérâra* et, à 2 kilomètres à gauche du chemin, le *Qabr Abdallah el Adjémi*, tombeau d'Abdallah le Perse. On suit la montée d'*el Merbat* qui mène au *Roudjm es Souânniyéh*, un monceau de silex accumulés au sud d'*Hesbân*.

Hésebon.

Les ruines d'*Hesbân*, à gauche, s'étendent à une distance de 800 mètres sur la crête d'une longue colline (alt. 874 m.), qui se dirige du sud-sud-ouest au nord-nord-est. C'est l'antique **Hésebon.**

Histoire. Hésebon, en hébreu Hesbôn, était originairement une ville moabite. Séhon, roi des Amorrhéens, s'en empara et en fit sa capitale. A l'arrivée des Israélites sous la conduite de Moïse, Séhon fut vaincu et tout son royaume tomba au pouvoir des vainqueurs. Hésebon fut cédée d'abord aux descendants de Ruben, puis à ceux de Gad, dont le territoire était

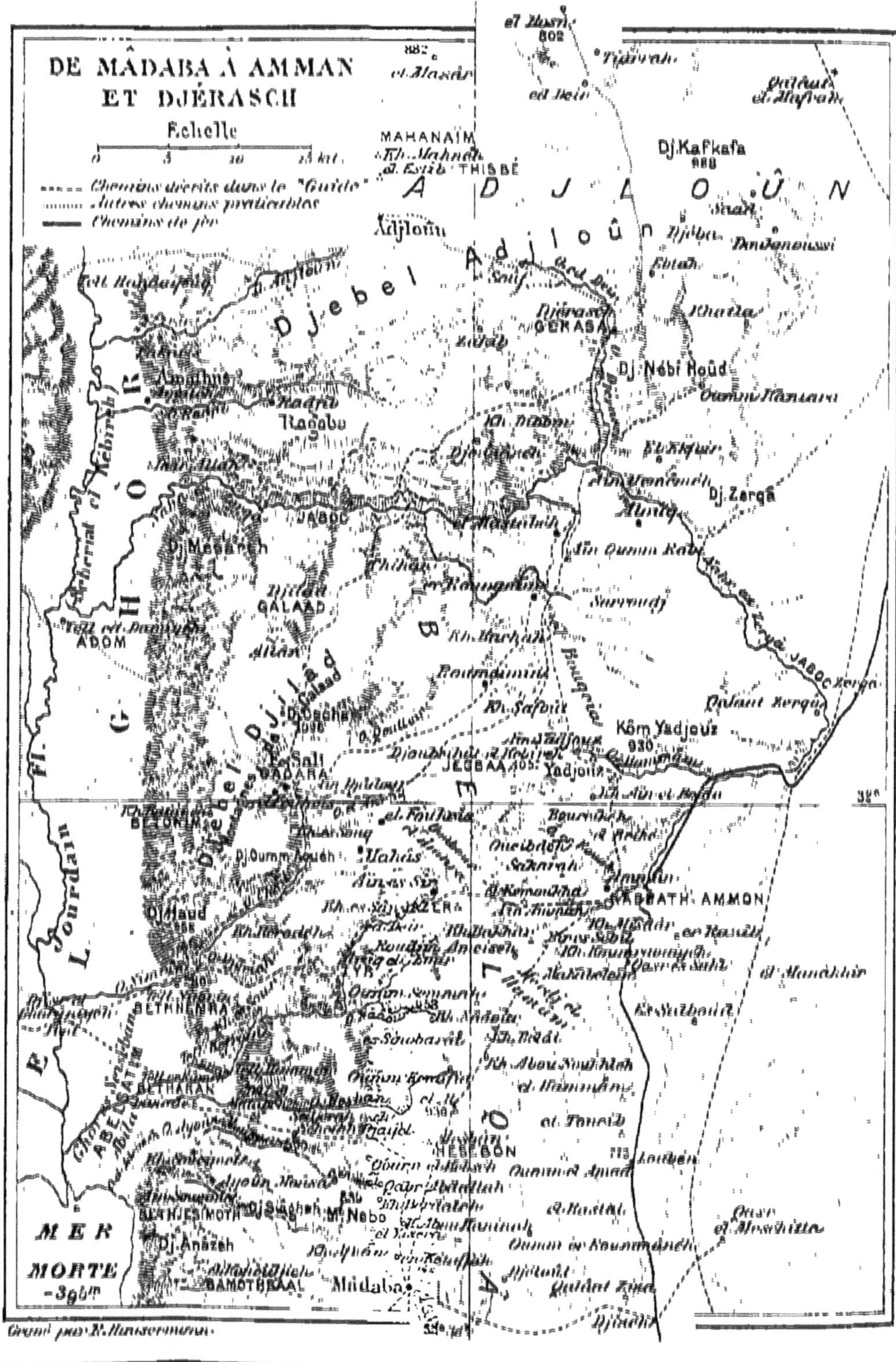
DE MÂDABA À AMMAN
ET DJÉRASCH
Echelle
Chemins décrits dans le "Guide"
Autres chemins praticables
Chemins de fer
MAHANAIM
THISBÉ
Dj. Kafkafa
A D J L O Û N
Adjloûn
Djebel Adjloûn
GERASA
Dj. Nébi Hoûd
Ragaba
Dj. Zerga
JABOC
Dj. Mesarch
GALAAD
ADOM
Kôm Yadjouz
JEGBAA
Yadjouz
GADARA
Es Salt
Dj. Oumm Aoueh
RABBATH AMMON
Dj. Haud
BETHNEMRA
BETHARAN
ABELSATIM
HESEBON
BETHJESIMOTH
Mt Nebo
Dj. Anazeh
BAMOTHBAAL
Mâdaba
MER
MORTE
Jourdain
Gravé par E. Hausermann

limitrophe [1]. Après la division du royaume, Hésebon resta aux rois d'Israël ; mais sous Osée (725), Sargon II emmena ses habi-

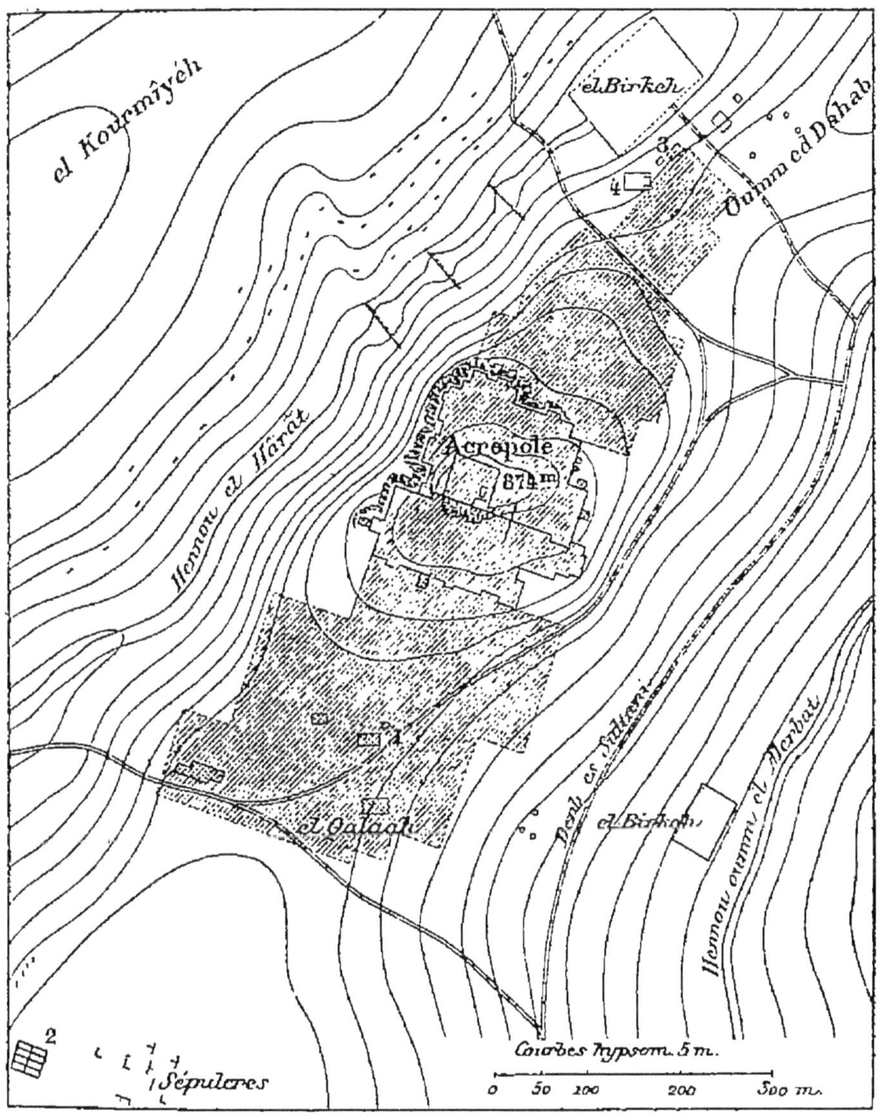

A. Musil, *Arabia Petraea*, I, 384.

Fig. 63. — Plan de Hesban (Hésebon).

tants, avec tous ceux du royaume du Nord, en captivité au-delà de l'Euphrate. Elle fut repeuplée de Moabites. En 588, tout le pays d'Ammon et de Moab fut soumis au joug des Chaldéens.

1. Jos., XXI, 39. — I Par., VI, 81.

Alexandre Jannée (106-79) restaura la ville et y introduisit les Juifs auxquels se joignirent des Syriens [1]. Hérode le Grand y fit construire un château fort pour surveiller la Pérée [2]. Conquise par Placide, général de Vespasien, Hésebon devint une ville romaine importante, sous le nom d'Esbus. Le christianisme s'y développa rapidement et nécessita la création d'un évêché, suffragant de Bosra. On ne connait de ses évêques que Gennâdios et Zosos. Ce dernier assista au concile de Chalcédoine. Occupée pendant quelque temps par les musulmans, comme l'indique le nom du plateau au sud-ouest de la cité, *el Djamaisjéh*, la Mosquée, elle fut ensuite complètement abandonnée.

Ruines. L'ancienne Hésebon s'élevait au centre, sur une éminence séparée artificiellement de la crête au nord et au sud. Elle servit d'acropole à la ville gréco-romaine qui s'étendit spécialement vers le midi.

A l'angle sud-ouest de la ville, on voit les ruines d'un château-fort d'origine romaine, *el Qalaah*, qu'un négociant utilise aujourd'hui comme magasin de grains. Plus au nord, gisent des décombres d'un palais marqués par une colonne encore debout et qui provient probablement d'un ancien temple. Partout l'on remarque des débris de colonnes, de moulures, de sculptures, ainsi que des voûtes, des citernes et surtout de beaux réservoirs. Au sud-est, un de ces bassins a 58 mètres de longueur sur 42 de largeur avec 3 à 4 mètres de profondeur. Mais les décombres se sont trop accumulés sur la crête, pour qu'il soit permis, sans entreprendre des fouilles, de distinguer les anciens monuments.

Une des constructions les mieux conservées est un bâtiment divisé en huit compartiments au sud-sud-ouest de la ville. Dans la masse rocheuse de cette colline, au sud et à l'ouest de cet édifice, on a creusé un grand nombre de sépulcres.

Dans l'enceinte centrale de la ville s'élevait une construction de 50 mètres sur 48, dont le mur est solidement bâti en blocs non taillés. Les murs de l'acropole ont également leurs premières assises bâties en gros blocs à peine équarris. Tout autour de nombreuses colonnes, qui auront appartenu à un temple, sont couchées à terre [3].

Au nord-ouest de la ville, on rencontre les restes d'un petit temple ionique et les arasements d'une église bien orientée d'environ 22 mètres de long sur 17 de large.

A l'occident, le vallon d'*el Hârât* est traversé par plusieurs murs de barrage qui formaient des bassins. Puis vient un grand

1. *A. J.*, XIII, XV, 4. — 2. *A. J.*, XV. — 3. *V.* Musil, *op. cit.*, I, p. 386-387.

réservoir carré, au nord-ouest. La pente occidentale offre plusieurs beaux sépulcres creusés dans le roc.

A 3 kilomètres au nord-ouest de *Hesbân*, mais à environ 200 mètres en contrebas de la citadelle, coule une source d'excellente eau, *aïn Hesbân*. Celle-ci forme aussitôt un ruisseau poissonneux qui serpente à travers la vallée à laquelle elle donne son nom. Le chemin sinueux qui monte de la source à la ville passe par un défilé taillé dans le roc à une hauteur de quelques mètres. Il est appelé par les indigènes *el Boueib*, la petite Porte. C'est par là que les femmes descendaient pour puiser de l'eau à la source. Cet ensemble rappelle le passage du Cantique des Cantiques (VII, 4, t. héb.) : « Tes yeux sont comme les piscines d'Hésebon, près de la porte des filles des grands. »

La colline qui s'étend au-delà du ruisseau est le centre d'une trentaine de dolmens de formes très variées.

Eléalé.

Au sortir de *Hesbân*, on monte au nord, laissant à droite une colline conique, *Madaoura el Al*, place ronde d'*el Al*. C'est un haut lieu sacré marqué par un cercle de pierres avec deux piliers formés de blocs bruts appelés *Kéhâkir*. En 25 minutes on arrive à une haute colline rocheuse (alt. 930 m.) à larges gradins naturels, dont le sommet est couvert de ruines sur environ 100 mètres de diamètre. C'est *el Al*, l'Elevée, l'**Eléalé** de la Bible.

Histoire. Eléalé, Dieu est sublime, a été enlevée aux Amorrhéens par les Israélites, et cédée aux fils de Ruben qui l'ont reconstruite [1]. Au temps d'Isaïe [2], qui prédit que les vignes, les vergers et les champs de blé d'Eléalé et d'Hésebon seraient dévastés, cette ville appartenait aux Moabites. Son histoire est celle des villes voisines. Au IVe siècle, elle formait encore un grand bourg [3].

Ruines. *El Al* n'est plus qu'un amas informe de décombres, au milieu desquels apparaissent des débris de sculptures romaines et byzantines. Au sommet se dressent encore plusieurs tronçons de colonne. L'une d'elles dépasse les ruines environnantes de 2 m. 50. Au sud-est, un jambage de porte perce les décombres à une hauteur de 2 mètres à la façon d'un menhir.

D'*el Al* la route, antique voie romaine, traverse une plaine assez bien cultivée. A la naissance du *ouâdi Hesbân* (35 min.), elle laisse à droite *Oumm el Kenâfid*, la mère des Hérissons

1. Nomb., XXXII, 37. — 2. XVI, 9. — 3. *On.*, p. 84.

(alt. 851 m.), colline couronnée de quelques ruines, à côté d'un *tell* occupé par quelques maisons modernes. Puis (20 min.), se présente du même côté *khirbet Abou Noukhléh* (alt. 912 m.), site d'une ancienne localité importante. Dix minutes plus loin, à gauche, un groupe de sapins, *es Sinobarât*, couronne un mamelon. A droite apparaît, 10 minutes plus loin, le *khirbet Bélath*, dont les ruines, probablement d'origine romaine, couvrent tout le sommet de la haute colline (alt. 930 m.). On passe ensuite (15 min.) au pied d'un *tell* (alt. 958 m.), qui porte le hameau de *khirbet Nââour*. Au nord du *tell* coule l'*aïn Nââour*, source de la Noria. Elle donne naissance à un ruisseau qui, vers le sud, forme une pittoresque cascade de 15 mètres de hauteur. En avançant de 25 minutes, on côtoie à droite une nouvelle colline, *Oumm es Semmak* (alt. 969 m.), couverte des ruines d'une ville romaine ou byzantine.

Ici la route se bifurque. Un embranchement, la voie romaine, remonte au nord-nord-ouest à *Djérasch*. On suit l'autre, dans la direction du nord-est et l'on entre dans l'**Ammonitide.**

Les Ammonites.

Les Ammonites, descendants de Loth, s'établirent originairement sur le territoire qu'ils enlevèrent aux Zomzommim, race de géants[1]. Mais ils furent chassés à leur tour par Séhon, roi des Amorrhéens et refoulés vers l'orient. Les Israélites, après avoir battu Séhon, lui enlevèrent le pays conquis sur Ammon et le cédèrent aux fils de Gad. A l'époque des Juges, les Ammonites revendiquèrent leur ancien territoire et déclarèrent la guerre à Israël. Jephtéh s'avança contre eux « et les battit depuis Aroër jusque vers Mennith, leur prenant vingt villes, et jusqu'à Abel Kéramin [2] ».

Eusèbe indique Mennith du livre des Juges à 4 milles au nord d'Esbus (Hesbon), sur le chemin de Philadelphie ou Rabbath Ammon [3], et Abel Keramin, qu'il nomme le bourg d'Abéla, à 6 milles au sud de cette dernière ville [4]. Mais jusqu'ici aucune identification satisfaisante n'a pu être faite.

Les limites du pays d'Ammon ont varié selon les époques, et son histoire se confond avec celle de sa métropole aujourd'hui *Ammân*.

Après une demi-heure de marche, on traverse la plaine de *Merdj el Hamâm* et l'on passe (10 min.) à droite, au pied de deux collines, *Makâbalein*, l'une et l'autre couvertes de débris d'anciens monuments, comme celle qu'on voit à gauche, *Roudjm Ameisch* (alt. 994 m.). Sur le bord du chemin (12 min.), se pré-

1. Deut., II, 20-21. — 2. Jg., XI, 33. — 3. *On.*, p. 132. — 4. *On.*, p. 32.

sente un puits *Bîr es Sébîl*. On laisse à gauche les ruines de *khirbet Bakhar* et à droite celles d'*el Koumraouîyéh*. A 40 minutes du puits, on arrive au *khirbet el Misdâr* situé sur un mamelon. A cinq minutes à l'ouest de ce *tell* existe un beau sépulcre romain, taillé dans le roc. Sa façade orientale est ornée de plusieurs niches de 3 mètres de hauteur, destinées à recevoir des statues. Dans la même paroi on voit encore le buste d'une femme, sculpté en relief. Les indigènes appellent ce monument *Arâq el Aïscha*, du nom d'une des femmes de Mahomet, qu'ils croient représentée dans ce bas-relief.

On approche d'*Ammân*, et l'on distingue le nouveau quartier circassien qui s'étend au pied d'une montagne peu élevée, mais qui cache l'ancienne ville. Au fond de la vallée se déroule une longue ligne de verdure au milieu de laquelle serpente un ruisseau d'une eau claire, fraîche et poissonneuse. En 20 minutes on atteint le premier pont, à trois petites arches mais dans un état fort délabré. Le cours d'eau prend naissance à 15 minutes en aval, à gauche, à l'*aïn Ammân*, magnifique source qui jaillit avec abondance, au milieu de diverses constructions antiques. On suit la rive gauche du *nahr Ammân* qui actionne plusieurs moulins et, après un demi-kilomètre de marche on entre dans la ville moderne, dont les maisons à droite sont entourées de beaux vergers.

La meilleure place de campement est à l'autre extrémité de la ville, devant le théâtre et l'Odéon (15 min.).

RABBATH AMMON

Ammân est un des plus beaux et des plus vastes champs de ruines de l'orient du Jourdain. La ville basse comme la ville haute sont couvertes des débris de l'antique splendeur de **Philadelphie, ou Rabbath Ammon,** la métropole des Ammonites.

Ammân est située dans la fertile vallée, *ouâdi Ammân*, qui forme le cours supérieur du *nahr ez Zerqa*, le Jaboc de la Bible. Elle est devenue depuis quelques années la résidence d'un *Moudîr*, ou chef de district, et compte environ 1.000 maisons habitées la plupart par des Tcherkesses, musulmans Circassiens, qui ont abandonné leur patrie pour rester sous le sceptre du sultan. La station du chemin de fer est à une heure à l'est de la ville.

Histoire. Au temps de Moïse « Rabbath, ville des enfants d'Ammon, » était célèbre par le lit en fer d'Og, roi de Basan, le dernier rejeton des Rephaïm [1]. Après la division de la Terre

1. Deut., III, 11.

promise, la tribu de Gad venait en contact continuel avec les Ammonites qui habitaient à l'orient de son territoire [1]. Malgré la défaite subie par les Ammonites sous Jephté, Naas, roi de Rabbath, alla mettre le siège devant Jabès en Galaad [2]. Mais son camp fut dispersé par les troupes du roi Saül. David, devenu roi, n'avait pas oublié les bons traitements de Naas, quand il dut fuir devant Saül. Lorsqu'il apprit sa mort, il envoya porter ses condoléances à Hanon, son fils, qui lui suc-

Fig. 64. — Amman (Rabbath-Ammon), vue du théâtre au sud.

céda sur le trône. Celui-ci, à l'instigation du peuple, traita les ambassadeurs du roi des Israélites comme des espions, et leur fit subir un traitement ignominieux. Prévoyant que David tirerait vengeance de cet affront, Hanon enrôla, à prix d'argent, les Syriens de Rohob et de Soba. Joab, arrivé sur la rive gauche du Jourdain, se trouva pris entre deux armées, celle des Ammonites rangés autour de leur capitale au nord, et les Araméens campés près de Médaba au sud. En chef expérimenté, Joab envoya Abisaï, son frère, contre les premiers et, marchant lui-même contre les seconds, il leur infligea une san-

1. Jos., XIII, 25. — 2. Le *ouâdi Yabis*, gorge profonde qui débouche sur la rive orientale du Jourdain au sud de Beïsan, semble tirer son nom de Jabès.

glante défaite. A cette nouvelle, les Ammonites se réfugièrent dans leur place forte. Les Israélites rentrèrent alors à Jéru-

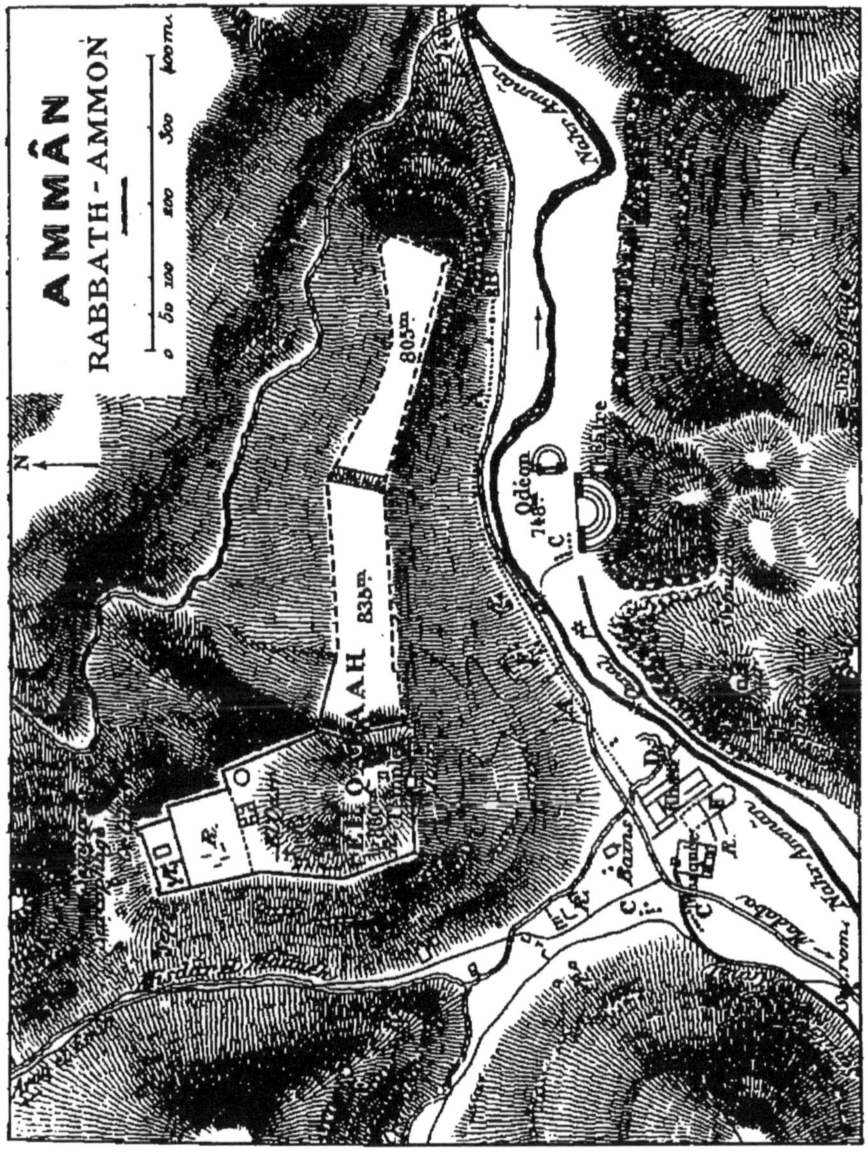

Fig, 65. — Plan d'Amman (Rabbath-Ammon).

salem. La guerre reprit au printemps. Les troupes de Joab ravagèrent le pays d'Ammon et mirent le siège devant Rabbath. Le siège dura deux ans. C'est à cette époque que David ordonna à son général de placer le brave Urie, époux de Bersabée, à un poste périlleux où il trouverait une mort certaine. Joab réussit enfin à se rendre maître de la ville basse ou de la ville des eaux. Restait encore la citadelle, la ville royale. Le commandant hébreu invita David à venir en personne, avec le reste de l'armée, pour lui laisser l'honneur de s'emparer du fameux boulevard d'Ammon. Le roi répondit à l'appel de son lieutenant et, peu après son arrivée, il enleva la place, recueillit un riche butin et exerça de dures représailles envers les hommes armés [1].

Après la mort de Salomon, les Ammonites restèrent tributaires des souverains du royaume du Nord. Mais Azarias, roi de Juda (811-760), les soumit à son joug. Ils se révoltèrent sous Joatham, son successeur, qui ne put en obtenir le tribut que pendant trois ans [2]. Leur indépendance ne dura pas longtemps. « Bet-Ammon dans le Hauran » fut pris par Assurbanipal, d'après les annales de ce prince, et les Ammonites devinrent les vassaux des Assyriens [3], pour passer ensuite sous la dépendance des Chaldéens et des Perses. Plus tard, Rabbath fut soumise successivement à l'Egypte et à la Syrie, et reçut de Ptolémée Philadelphe (285-247 av. J.-C.) le nom de Philadelphie. Polybe (v, 71) raconte qu'Antiochus le Grand (222-185) y assiégea longtemps les troupes de Ptolémée Philopator, et ne réussit à s'emparer de la citadelle que grâce à la trahison d'un prisonnier. Celui-ci fit connaître le passage souterrain par lequel la garnison tirait sa provision d'eau. Le passage fut en conséquence obstrué et, faute d'eau, la place dut se rendre. Judas Machabée obtint plusieurs victoires sur les Ammonites ; mais il ne s'attaqua pas à leur métropole. Celle-ci devint plus tard un des principaux boulevards de la Décapole. Au IVe siècle de notre ère, Ammien Marcellin classe Philadelphie parmi les places fortes de la Cœlésyrie. Au siècle suivant, elle formait un des 19 sièges épiscopaux de la Palestine IIIe. Au Xe siècle encore, Mukkadasi appelle « Ammân » la capitale de la Belqâ.

Visite des ruines. L'ancienne Rabbath comprend la citadelle ou la ville haute, située sur une colline irrégulière, et la ville basse qui occupait les deux flancs du *ouâdi Ammân*. L'une et l'autre offrent des ruines du plus haut intérêt.

El Qalaah, la citadelle, est assise sur un haut plateau en forme d'équerre. La branche la plus longue, qui mesure environ 900 mètres de longueur sur 80 de largeur, court de l'est à l'ouest, et la plus courte d'environ 400 mètres de longueur sur 200 de largeur part de la première, vers l'orient, pour se diriger du sud au nord. La colline est entourée de tous côtés

1. II Rois (II Sam.), X, XI et XII. — 2. II Par., XXVII, 5 et 6. — 3. Cf. Amos, I, 14. — V. Vigouroux, *op. cit.*, IV, p. 120.

par des vallées escarpées, excepté au nord où une échancrure artificielle la sépare du reste de la montagne. Le haut plateau est formé de trois terrasses qui montent de l'est à l'ouest à une hauteur de 133 mètres au-dessus du cours d'eau. L'enceinte qui l'entoure de tous côtés et qui a conservé 10 mètres de hauteur, à l'angle nord-ouest, est de construction gréco-romaine. Parmi les nombreuses tours qui flanquaient le rempart, celle du sud-ouest attire surtout les regards ; elle mesure 9 m. 25 sur chaque face et est munie d'une belle porte du côté du nord.

A la jonction des deux branches de l'équerre, s'élevait une porte monumentale à trois baies, dont la centrale avait 2 m. 50 d'ouverture. Il en reste les bases des 4 piliers au milieu des débris accumulés à l'entour. Puis vient un grand temple de style corinthien, dont on ne voit que les soubassements du pronaos, et des morceaux de corniches et de colonnes mutilées qui ont toutes 1 m. 60 de diamètre. Trois fragments d'une inscription grecque nous apprennent que ce temple a été bâti sous le règne de l'empereur Marc-Aurèle (161-180). Il était probablement dédié à Hercule qui dans la mythologie grecque représentait le dieu-soleil adoré par les Ammonites. Les monnaies de Philadelphie frappées à l'effigie de Marc-Aurèle portent en légende : Philadelphie d'Hercule de Cœlé-Syrie.

Monument sassanide. En s'avançant vers le nord, à travers un vaste champ de ruines de toutes sortes, on arrive à un curieux monument carré appelé *el Qasr*. Il mesure 26 m. 50 sur 25 et est formé d'une pièce centrale carrée de 10 mètres de côté et autrefois couverte d'un dôme. Dans chaque angle de l'édifice se trouve une chambre carrée. Sur les 4 flancs de la salle du milieu, s'ouvre, par un arc en plein cintre, une pièce voûtée en quart de sphère. Les parois de ces cinq dernières pièces sont couvertes d'élégantes ciselures représentant des rangées d'arcades superposées en plein cintre, des zigzags et une ornementation végétale où domine la vigne. Au xe siècle ce monument passa, semble-t-il, pour le tombeau d'Urie le Héthéen. Car Mukkadasi écrit en 985, en parlant d'Ammân : « Le château de Goliath est situé sur la colline qui surplombe la ville et renferme la tombe d'Urie par-dessus laquelle on a élevé une mosquée. » L'architecture et la décoration rappellent celles du *Qasr el Meschitta* (V. p. 346) et trahissent une origine persane. Il se rattache à un édifice du même genre dont on voit les traces vers le nord et formait probablement le pavillon d'un prince de la dynastie des Sassanides qui régna jusqu'en 632 de notre ère.

Derrière l'*el Qasr* on rencontre une cour longue de 108 mètres de l'est à l'ouest, et de 93 mètres du nord au sud. Le mur septentrional était orné de grandes niches autrefois couvertes de voûtes en coquille et destinées à recevoir des statues, comme la grande cour de Baalbek. 1

Le réservoir secret. A l'extrémité septentrionale du plateau, sur le flanc de l'échancrure qui le sépare de la montagne, existe une vaste piscine creusée dans le roc et autrefois complètement dissimulée. De l'intérieur, un passage, également taillé dans le vif, monte par de marches nombreuses dans la citadelle. C'est là le passage secret mentionné par Polype. Dans la

Fig. 66. — El Qasr. Monument sassanide.

même échancrure on voit deux sarcophages romains, des sépulcres taillés dans le roc et un oratoire musulman à ciel ouvert. Au nord-ouest du rempart, sur le flanc de la colline, existe un mausolée romain en maçonnerie. C'est une chambre de près de 5 mètres de longueur et 6 de largeur et voûtée en tunnel. Elle renferme six sarcophages rangés le long de ses parois.

Forum. En descendant dans la vallée, on rencontre au sud de la citadelle les ruines d'un monument d'ordre corinthien de 55 mètres de long sur 25 de large. La façade septentrionale qui émerge des masures circassiennes, est percée d'une triple porte. Selon toute apparence ces belles ruines appartiennent à un forum ou à un temple.

Rue à colonnades. Devant la façade méridionale de ces ruines, passe une rue pavée et autrefois bordée de galeries. Elle part d'une ancienne porte de la cité à l'est, suit la ligne courbe du ruisseau et aboutit à l'ouest à une mosquée, après un parcours de plus d'un kilomètre : peu de colonnes sont restées debout ; mais beaucoup jonchent le sol le long du chemin.

Fig. 67. — FORUM OU TEMPLE.

Théâtre. On descend quelques pas vers l'est, et, franchissant le ruisseau sur une passerelle, on est en face du théâtre. Ce monument est un des mieux conservés parmi les théâtres romains, et le plus vaste de tous ceux qui se rencontrent en Syrie. Il est construit dans une anfractuosité naturelle d'une colline rocheuse tournée vers le nord et se compose de trois rangs de gradins coupés par des paliers. Le rang inférieur a 5 gradins, le 2e 14 et le 3e 16. Le mur qui borde le fond du couloir supérieur s'élève à 21 mètres au-dessus du sol. Au centre de ce mur s'ouvre la loge impériale d'une architecture magnifique et bien conservée, bien qu'une famille circassienne l'ait habitée pendant quelque temps et accommodée à son goût. L'arène a 21 mètres de diamètre et le gradin supérieur en a 70, de sorte que 4.000 spectateurs pouvaient s'y tenir à l'aise. L'acoustique est excellente. Les vomitoires par lesquels s'écoulait la foule étaient établis dans l'épaisseur des murs. Deux constructions en forme de tours de 31 mètres de long sur 7 de large précédaient les deux flancs de l'hémicycle, destinées aux gladiateurs et aux bêtes fauves.

Fig. 68. — Théatre.

Odéon. A quelques pas au nord-est du théâtre et à angle droit avec sa façade, s'élève l'odéon autrefois relié au monument précédent par une galerie. C'est un petit théâtre, qui malgré le nom d'odéon qu'on lui donne, ne semble pas avoir été jamais couvert. Il n'a qu'un diamètre extérieur de 26 mètres et se compose de 7 gradins où 400 auditeurs pouvaient trouver de la place. Trois vomitoires facilitaient la sortie. L'hémicycle est terminé par deux tours dont celle du sud seule est en partie debout. Contre les deux tours s'appuyait le *proscenium* également fort délabré. La façade est percée d'une grande quantité de trous destinés à des crampons qui retenaient des plaques de marbre, des bas-reliefs ou d'autres ornements.

A l'angle sud-ouest du théâtre, la colonnade qui le reliait à l'odéon se retourne vers le nord pour aller rejoindre, semble-t-il, la rue aux colonnes. La rivière était en cet endroit couverte d'une voûte sur une longueur de 200 mètres. L'aqueduc qui débouche à cette galerie, à l'ouest, permet de croire qu'au devant du théâtre s'étendait un vaste bassin, aujourd'hui remblayé, servant aux naumachies.

Au sud de ces monuments, les collines renferment un grand

Fig. 69. — Odéon.

nombre de sarcophages. En suivant l'aqueduc sur la rive droite du *nahr Ammân*, à une distance de 200 pas, on arrive à un ancien pont d'une seule arche en plein cintre, de 10 mètres d'ouverture; mais le chemin est encombré de cours et de maisons. Il vaut mieux passer sur la rive gauche par la passerelle du théâtre, en face d'un bâtiment qui renferme à la fois un moulin à eau et un moulin à vapeur.

En face du vieux pont, à l'ouest, débouche le *misdar el Mêdînéh*, le vallon du Minaret, qui vient du nord et qui forme le ravin occidental de la citadelle.

Thermes. On y voit, d'abord, l'extrémité d'un vaste bâtiment de 70 mètres de largeur qui se termine par un mur polygonal à 3 pans. Chaque pan est garni d'une abside de 8 m. 50

de diamètre et de 4 petites niches creusées dans les parois intérieures. Parallèlement à ce mur, à l'intérieur s'élevait une rangée de colonnes dont 4 sont encore debout, mais sans chapiteaux. Ce monument appartient à de vastes thermes romains alimentés par un aqueduc qui longe la rive gauche du ruisseau. A l'ouest un Khan arabe, une cathédrale et une mosquée occupent l'emplacement de ces bains.

Le Khan mesure 93 mètres en longueur et 52 en largeur; mais il est tout délabré.

La Cathédrale est d'origine byzantine et date du ve siècle. Trois nefs, bien orientées, se déploient sur une longueur de 49 mètres et une largeur totale de 38 mètres. La nef centrale se termine par une abside de 7 m. 50 de diamètre et les latérales par une niche de 1 m. 60 de profondeur. A 34 mètres de la façade on a remarqué les arasements d'une partie de l'atrium. De tout l'édifice il ne reste que peu de ruines.

La Mosquée située au nord-ouest de la basilique remonte à l'époque des Abassides. Elle se compose d'une grande cour d'environ 40 mètres de côté et se termine par une salle de même largeur sur 11 m. 40 de profondeur. Le plafond est formé de larges dalles qui reposent sur une série de petits arceaux soutenus par des piliers carrés. A l'entrée de la cour, un minaret de 3 mètres de côté s'élève à une hauteur de 14 mètres.

Si l'on poursuit son chemin le long de la rivière, dans la direction de l'ouest-sud-ouest, on rencontre à 350 pas de la mosquée, à gauche du chemin, les restes d'un magnifique mausolée romain de style corinthien. A droite, sur le flanc de la montagne, plusieurs sépulcres sont taillés dans le roc. A 400 pas plus loin, il s'en trouve d'autres avec des *Kokims* ou fours à cercueil, comme on en voit dans les anciens tombeaux juifs. On peut faire une agréable promenade à travers le nouveau quartier circassien jusqu'à l'*aïn Ammân* (25 min.).

Si de la mosquée on remonte le *misdar el Mêdinèh*, on rencontre d'abord six fûts de colonnes de la rue à galerie, encore debout. Puis on passe par-dessus l'aqueduc qui alimentait d'abord les Thermes romains, puis un bain arabe situé vers le nord-est, mais tout en ruines. Plus loin, sur le versant de la colline, à l'angle sud-est de la *Qalaah* (à 5 minutes de la mosquée), se trouvent les restes d'une église byzantine. Elle était divisée en trois nefs et se terminait par une abside. L'édifice n'avait que 14 mètres de largeur à l'intérieur.

En face, mais plus au nord, une autre église à 3 nefs a été construite au devant d'une grotte qui renferme un sarcophage évidé dans le roc. Le bâtiment mesure une vingtaine de mètres en longueur, sans compter l'abside et le narthex dont 4 colonnes subsistent encore.

Le vallon qui débouche en ce point, à gauche, mène en 5 minutes à un cromlech au milieu duquel s'élèvent 4 grands dolmens et un petit. Sur la colline d'en face vers l'ouest, se dresse un grand menhir. Dix autres monuments mégalithiques de ce genre, souvenirs de la civilisation primitive, se rencontrent dans les environs d'*Ammân*.

II. — *De Mâdaba à Mâîn, Hammâm ez Zerqa, Makâour et Atârous.*

Cette excursion demande une journée entière sinon deux. Elle peut se faire à cheval, excepté dans le *ouâdi ez Zerqa Mâîn*, où l'on sera obligé de marcher quelquefois à pied. La traversée de cette vallée est très fatigante.

Tell Mâîn	1 h.	15
Aïn ez Zerqa	1	00
Hammâm ez Zerqa	2	55
Makâour	2	05
Khirbet Atârous	1 h.	30
Libb	2	10
Mâdaba	2	30
TOTAL	13 h.	25

De Mâdaba un bon chemin traverse un fertile plateau dans la direction du sud-ouest. Après une chevauchée de 20 minutes, on rencontre à gauche *et Teim*, puis on laisse à droite (20 min.), à environ 15 minutes de la route, les vestiges d'un château fort, *Qasr el Kereik*, et 25 minutes plus loin, du même côté, ceux du *Qasr el Ouârd*, château de la Rose, et l'on arrive en 10 minutes au pied du *tell Mâîn*. C'est une colline isolée de 860 mètres d'altitude, située au centre d'un bassin formé par une couronne de collines. Sur son sommet habitent une douzaine de familles chrétiennes venues de Kérak en 1886 et 5 familles musulmanes. Elles se sont installées au milieu des ruines de l'antique Baalmaon.

Baalmaon.

Baalmaon, en hébreu Baal Méôn, Baal des Eaux, est une ville de la plaine de Médaba qui fut cédée à la tribu de Ruben[1]. Elle figure dans la stèle de Mésa sous le nom de Beth-Baal-Méôn. C'est aussi celui qu'elle porte dans le livre de Josué[2]. Son histoire est celle des autres cités situées au nord de l'Arnon. Eusèbe et saint Jérôme écrivent : « Béelméon au delà du Jourdain, rebâtie par les fils de Ruben, est aujourd'hui une grande bourgade près de Baaru en Arabie, où s'échappent des sources

1. Nomb., XXXII, 38. — 2. Jos., XIII, 17.

thermales, au 9e milliaire d'Esbus (*Hesbân*). Elle s'appelle Béelmaous[1]. »

Le *tell Mâîn* a des pentes très raides au sud, à l'est et au nord. En y montant par un vallon, sur son flanc méridional, on rencontre (5 min.) une digue qui formait un vaste bassin, puis on atteint le faubourg percé d'innombrables citernes sur une longueur d'environ 300 pas. Parmi les ruines on remarque une basilique chrétienne divisée en 3 nefs par 2 rangées de colonnes; quelques tronçons et quelques débris de chapiteaux en jonchent encore le sol; elle mesure environ 30 mètres en longueur, non compris l'abside et l'atrium. A 100 pas de là, vers l'est, une porte s'ouvrait dans un rempart et menait à la ville proprement dite. Au centre de celle-ci s'élevait l'acropole, reconnaissable par ses murs construits en gros blocs d'une grande solidité. De ce point la vue est très étendue.

De *Mâîn* on descend au sud-sud-ouest, laissant à gauche *ed Deir*. On suit une vallée tributaire, où l'on remarque des vestiges de murs, quelques piliers et un réservoir, et l'on descend dans le *ouâdi Zerqa Mâîn*. A travers une gorge on arrive à un espace ouvert et fertile (25 min.). Dix minutes plus loin, on atteint *el Mareighât* (alt. 700 m.), vaste champ de monuments mégalithiques. Il s'étend de l'est à l'ouest sur une longueur de 1.500 m., avec une largeur moyenne de 800 mètres, et domine les sources chaudes, *aïn ez Zerqa*, au midi, en quelque sorte au pied du *djébel Atârous*. A l'est se dresse un menhir isolé, *Hadjr el Mansoûb*, la Pierre levée. Puis vient une série de menhirs rangés en cercle et entourés d'un grand nombre de dolmens, au milieu desquels se rencontre un pressoir à vin et quelques chambres taillées dans le roc. C'est de ce haut lieu, d'un côté, et de la source d'*ez Zerqa*, de l'autre, que la ville voisine a reçu le nom de Baal Méôn, Baal des Eaux.

On contourne à l'ouest la hauteur d'*el Mareighât*, pour descendre en 25 minutes à l'*aïn ez Zerqa*, la fontaine Bleue (alt. 390 m.). Celle-ci s'échappe, d'une crevasse inaccessible, au milieu de beaux fourrés de lauriers, de roseaux et de grands joncs. Elle possède une température moyenne de 36° C. et fournit le plus grand contingent d'eau à la profonde et pittoresque vallée.

On peut se rendre à cheval au *Hammâm ez Zerqa* en suivant le plateau ondulé au-dessus du versant septentrional de la vallée jusqu'à *Oumm er Ernêh*, la Mère du nez (alt. 369 m.), promontoire de lave

1. *On.*, p. 44 et 46. — Les deux écrivains ajoutent que Béelmaon est la patrie du prophète Elisée. C'est inexact. Elisée n'est pas natif de Beelmaous, mais de Bethmaula, l'Abel Méhôla de la Bible, situé à 10 milles au sud de Bethsan, comme eux-mêmes le reconnaissent ailleurs (*On.*, p. 34).

basaltique (3 h.). Le long du ruisseau, le chemin est plus pénible et ne peut se faire qu'à pied. Par contre, l'excursion est plus poétique et ne demande pas plus de temps. Nous suivrons cette dernière voie.

Le sentier suit la ligne d'un ancien aqueduc dans la direction du sud, sur le versant gauche dominé par la petite chaine du *djébel Atârous*. A droite (20 min.) on rencontre le *ouâdi er Rischascha* qui amène les eaux de l'*aïn Ouasâdé* ; puis vient le *ouâdi Adaméh* (35 min.). La rivière, remplie de petits poissons, roule ses eaux tièdes de rocher en rocher à travers deux lignes de verdure d'où s'élancent çà et là quelques palmiers. Après une heure de marche, l'odeur de soufre révèle la présence de sources thermales sulfureuses qui, sur une distance de 4 kilomètres, s'échappent de la paroi septentrionale entre un banc de grès et un banc calcaire. La première et la deuxième source n'ont qu'une température de 45° et de 55° C. ; mais plus loin, au *Hammâm ez Zerqa*, qui coule au pied d'*Oumm er Ernéh*, elles atteignent 65 à 70° C. En fait de construction, on n'y voit qu'un reste de canal en maçonnerie.

Hammâm ez Zerqa passait communément pour la Callirhoé des Grecs ; ce qui est fort douteux (*V.* p. 297). Mais il est probable que la Genèse (XXXVI, 24) parle de ces sources, lorsqu'elle dit : « C'est cet Ana qui trouva des eaux chaudes dans le désert, pendant qu'il paissait les ânes de Sébéon, son père. » Le même livre (X, 19) nomme parmi les villes situées sur les bords de la mer Morte celle de **Lésa** ou **Lâsa**, la Fissure. D'après la tradition ancienne attestée par le Targum de Jonathan et celui de Jérusalem, ainsi que par saint Jérôme [1], cette ville s'élevait à l'emplacement ou dans le voisinage de Callirhoë. L'embouchure du *ouâdi ez Zerqa Mâîn* conviendrait bien au site de Lésa.

Pierre l'Ibérien parle d'un endroit solitaire appelé Baar dans la vallée des sources thermales [2]. Eusèbe indique un lieu nommé Baré au nord de Cariathaïm (*khirbet Qereiyet*) près de Médaba [3]. Ailleurs il dit que Béelméon est près de Baaru où coulent des sources thermales [4]. L'historien juif écrit de son côté que la vallée, qui entoure Machaerus au nord et qui renferme des sources chaudes, s'appelait **Baaras** [5]. Ce nom qui dérive de l'araméen Biréh, palais, laisse supposer qu'il existait dans ces parages un château fort.

Du *Hammâm ez Zerqa* à la mer Morte, la distance est d'environ 6 kilomètres ; mais le chemin est bien mauvais.

1. *Quæst. in Gen.*, X, 19. — 2. Raab, p. 82. — 3. *On.*, p. 112. — 4. *Id.*, p. 44-46. — 5. *G. J.*, VII, VI, 3.

Machaerus.

On remonte le *ouâdi ez Zerqa* et on gravit son flanc méridional par la première vallée latérale, *ouâdi el Kleit* (35 min.). Le sentier traverse alors un plateau couvert de basalte et atteint en 1 h. 1/2 les ruines du *béled Makâour*. C'est l'ancienne **Machaerus** ou **Machéronte.** A 1 kilomètre 1/2 plus loin, vers le nord-ouest, on aperçoit une colline ronde couverte de ruines d'un château fort appelé par les Arabes *Qasr el Meschnakah*, le château du Gibet. C'est la célèbre forteresse construite par Hérode le Grand, et qui servait de citadelle à la ville.

Dans la stèle moabite il est dit que le roi Mésa repeupla Atharoth (*Atârous*) avec des gens de **Mokhrath**. Il semble bien qu'il est ici question de la ville appelée plus tard Machaerus et aujourd'hui *Makâour*[1]. Josèphe raconte que la forteresse de Machaerus fut fondée par Alexandre Jannée (104-78)[2], ce qui laisse supposer que jusqu'alors la ville ne jouissait que de peu d'importance. Ruinée par Gabinius (61) elle fut relevée par Hérode le Grand, qui s'y construisit un palais[3]. C'est le *Qasr el Meschnakah*. Au dire de Pline (VI, 16), il en fit la première place forte de la Judée après Jérusalem. C'est là qu'Hérode Antipas retint en prison saint Jean-Baptiste et le fit décapiter pour plaire à Hérodiade[4]. Après la destruction de Jérusalem, un grand nombre de Juifs se réfugièrent à Machéronte où ils opposèrent aux Romains une résistance acharnée. Néanmoins, elle fut prise et complètement détruite par le général Bassus. Machaerus ne figure pas dans la mosaïque de Mâdaba. Saint Jérôme n'en parle pas non plus. Cependant les ruines qu'on y voit sont byzantines.

Makâour est placée sur une éminence de 730 mètres d'altitude et de 1 125 mètres au-dessus de la mer Morte. Les ruines s'étendent à environ un kilomètre du nord au sud et 800 mètres de l'est à l'ouest, et sont divisées en deux quartiers par un vallon. Au nord et à l'est on remarque des restes de rempart. A l'ouest un édifice de 13 mètres sur 10 se termine par une abside sous laquelle se trouve une crypte. C'est une église à laquelle les Arabes ont conservé le nom de *Kéniséh*. Au sud du vallon, on rencontre une église plus petite, dont l'abside est circonscrite dans un rectangle. On y rencontre, en outre, beaucoup d'édifices autrefois voûtés et de nombreuses et profondes citernes.

Un large vallon sépare le *béled Makâour* du *Qasr el Mesch-*

1. *V.* Caleb Hauser, *Q. S.*, 1907, p. 289. — 2. *G. J.*, VII, VI, 2. — 3. *Id.*, *Ibid.* — *A. J.*, XIV, V, 4. — *G. J.*, I, VIII, 25. — 4. *A. J.*, XVIII, V, 2.

nakah. Cette forteresse couronne une colline isolée, en partie artificielle, qui rappelle par sa forme le *djébel Foureidis*, le mont Hérodium près de Bethléem. La voie qui y conduit est appelée *el Djisr*, le Pont. Elle monte au château par un escalier en partie taillé dans le roc. Le fort, construit très solidement, mesure 56 pas au nord, 46 au sud, 67 à l'ouest et 80 à l'est[1].

Callirhoë, Sarathasar.

A l'ouest du *béled Makâour*, la montagne descend vers la mer Morte par trois grandes terrasses. Sur la dernière plate-forme (2 h. 40), d'une hauteur de 110 mètres au-dessus du niveau de la mer Morte, un puissant rocher porte les ruines d'une tour rectangulaire de 31 mètres de long sur 20 de large. On l'appelle *ez Zâra*. Au pied du rocher coule une source thermale d'une température de 43° C. Elle forme un petit ruisseau qui se jette à la mer après un parcours d'environ 2 kilomètres. Sur ses rives existent des vestiges de maisons et de jardins où poussent encore quelques palmiers. Au nord-ouest de la tour coulent plusieurs autres sources thermales, dont quelques-unes sont ferrugineuses ; leurs eaux sont toutes excellentes à boire et alimentent de vastes fourrés de joncs et de roseaux. A une demi-heure plus loin, vers le nord, s'élève le *tell el Ghourbân*, au témoignage des Bédouins, jadis couronné d'une forteresse ; sa forme rappelle d'une manière frappante le *djébel Foureidis* et le *tell el Meschnakah*. Ce terrain, situé à environ 1 h. 1/2 au sud de l'embouchure du *ouâdi ez Zerqa Mâin*, porte le nom de *Hammâm ez Zâra*.

Le nom et le lieu répondent fort bien à la ville de « **Sarath-Asar dans la montagne** », en hébreu Séreth has Sahar, que le livre de Josué mentionne avec Cariathaïm, Bethphégor, Bethjésimoth et d'autres villes de la rive orientale de la mer Morte[2]. Elle est encore citée par Josèphe sous le nom de Zara, parmi les places fortes qu'Alexandre Jannée conquit dans le pays de Moab[3].

C'est ici que M. Musil[4] localise **Callirhoë**, les Belles Eaux, que d'autres placent au *Hammâm ez Zerqa*. L'historien juif raconte qu'Hérode passa le Jourdain et vint à Callirhoë près de la mer Morte pour demander à ses thermes la guérison de l'affreuse maladie qui le rongeait. Les eaux chaudes de ces sources, ajoute-t-il, possèdent « entre autres qualités, celle d'être bonnes à boire. » Pline en parle aussi (V, 16) et, comme Josèphe, il n'indique pas Callirhoë au fond d'une gorge sauvage et presque

1. V. G. A. Smith, *Q. S.*, 1905, p. 220. — 2. Jos., XIII, 19. — 3. *A. J.*, XIII, XV, 4. — 4. *V.* Musil, *op. cit.*, I, p. 238-241.

inaccessible comme le *ouâdi Zerqa Mâîn*, mais plutôt en vue de la mer Morte. Dans la bouche des indigènes, cette localité a perdu son nom grec pour reprendre son nom primitif [1].

Ataroth.

De *Makâour* une ancienne route très sinueuse mène en 1 h. 1/2 au *khirbet Atârous*. Au sud-est de *Makâour* on aperçoit un menhir dressé sur une hauteur appelée *et Teyr*. Après une marche de 45 minutes, on arrive à la chaîne du *djébel Atârous*, qu'on longe dans la direction du nord-nord-est. Bientôt (6 min.) apparaissent des pierres levées avec des blocs en maçonnerie, puis des cromlechs et des dolmens. Toute la crête de la montagne jusqu'au *khirbet Atârous* (40 min.), est couverte de ces monuments mégalithiques.

Le *khirbet Atârous* occupe un des points culminants de la chaîne (alt. 750 m.). Il est marqué par un térébinthe sacré qui s'élève au milieu d'un bâtiment carré. On l'aperçoit de fort loin. Tout autour s'étendent les ruines informes d'une ancienne place forte limitée au nord et au sud par une tranchée de 3 à 5 mètres de largeur et d'environ 3 mètres de profondeur. A l'ouest s'étend la profonde vallée du *Hadjr Manîf* et à l'est celle de *Talaat el Araïs* qui est très fertile.

C'est l'ancienne **Ataroth**, les Couronnes, une des villes enlevées par les Israélites à Séhon, roi des Amorrhéens [1]. Elle fut rebâtie ou fortifiée par les fils de Gad [2], qui plus tard la cédèrent, avec d'autres villes du même pays, aux fils de Ruben. Mésa se glorifie de l'avoir prise et saccagée.

A 40 minutes au nord-est du *khirbet*, on rencontre le *roudjm Atârous* au sommet de la montagne de même nom (alt. 765 m.). Ce n'est qu'un monceau de pierres ; mais à son pied, vers l'occident, on voit des ruines, des citernes et quelques térébinthes. M. A. Henderson [3] y voit le site d'**Ataroth-Sophan** ou **Sophar**, autre ville restaurée par la tribu de Gad [4].

En 1 h. 1/2 on arrive à *Libb*, où l'on rejoint l'ancienne voie de *Dibân* à *Mâdaba*. On est de retour à ce dernier village après une marche de 2 h. 1/2. (*V*. p. 270).

III. — *De Mâdaba au mont Nébo.*

Cette excursion avec retour à Mâdaba demande une demi-journée.

De Mâdaba on se dirige à l'ouest-nord-ouest et l'on s'engage dans la route de *Sâfa* qui laisse à gauche le *khirbet Afnân* et à

1. Nomb., XXXII, 3. — 2. Nomb., XXXII, 35. — 3. *D. B. H.*, I, p. 104. — 4. Nomb., XXXII, 35.

droite celui du *Deir Schillik*. Après une heure de marche, on aperçoit à gauche le sommet d'*el Yisera* couronné des ruines d'une antique localité. C'est peut-être la ville de **Iésa**, où Séhon, roi des Amorrhéens, vint livrer bataille aux Israélites [1]. Eusèbe l'appelle Iessa et l'indique entre Medaba et Esbus ou Hésebon [2]. A droite se trouvent les ruines du *khirbet Abou Bedd*, le Père de la Meule. Il doit son nom à un disque en pierre de 2 m. 90 de diamètre, dressé verticalement au nord du *khirbet*. Comme elle ne porte pas au centre le trou qui caractérise les meules de moulin, il faut plutôt y voir une pierre sacrée. En avançant 10 minutes dans la direction du nord, on arrive au *khirbet Berdala* où se détache bientôt un chemin qui mène à l'ouest (15 min.), dans le territoire d'*en Néba*, nom qui rappelle le célèbre mont **Nébo** de la Bible. Par ce nom, les indigènes entendent un ensemble de ballons rocheux limités au sud-est par le *ouâdi el Afrît*, au nord par le *ouâdi Âyoûn Moûsa*, au nord-est par le *talâat es Sâfa*, au sud par le *ouâdi Djedeid* et au sud-ouest par le *telet Hésa*. A l'ouest et au nord-ouest, une nuque profonde rattache *en Néba* à la crête du mont *Siâgha* (1 h. 40 de Mâdaba).

Le mont Nébo.

Les saintes Ecritures permettent de fixer avec assez de précision la position du mont Nébo. D'après le Deutéronome (XXXII, 49), Dieu ordonna à Moïse de gravir « le sommet d'Abarim, sur le mont Nébo. » D'après le même livre (III, 27), le législateur reçut dans cette circonstance l'ordre de « monter au sommet du Phasga. » Plus loin (XXXIV, 1), il est dit que Moïse « se porta des plaines de Moab au sommet de Phasga, qui est en face de Jéricho. » Le mont Nébo n'est donc qu'un sommet du Phasga, montagne qui appartient à la chaine des monts Abarim à l'orient de la mer Morte, et qui s'élève en face de Jéricho.

Lorsqu'Israël envahit le royaume des Amorrhéens, il vint de « Nahaliel à Bamoth ; de Bamoth à la vallée dans les champs de Moab, au sommet du Phasga, qui domine le désert [3]. » Ailleurs il est dit : que les enfants d'Israël vinrent de « Helmon-Déblathaïm et campèrent au mont Abarim en face de Nébo [4]. » Avant d'arriver à Phasga ou au Nébo, ils avaient dressé leur camp, comme on le voit, au sud-est de cette montagne. Mais après avoir battu le roi Og à Edraï et conquis tout le royaume de Basan, ils vinrent camper « dans les plaines de Moab, au-delà

1. Nomb., XXI, 23. — 2. *On.*, p. 104. — Saint Jérôme l'indique entre Medaba et Dibon. — 3. Nomb., XXI, 20 21. — 4. Nomb., XXXIII, 47.

du Jourdain, vis-à-vis de Jéricho[1] », c'est-à-dire sur le bord oriental du fleuve.

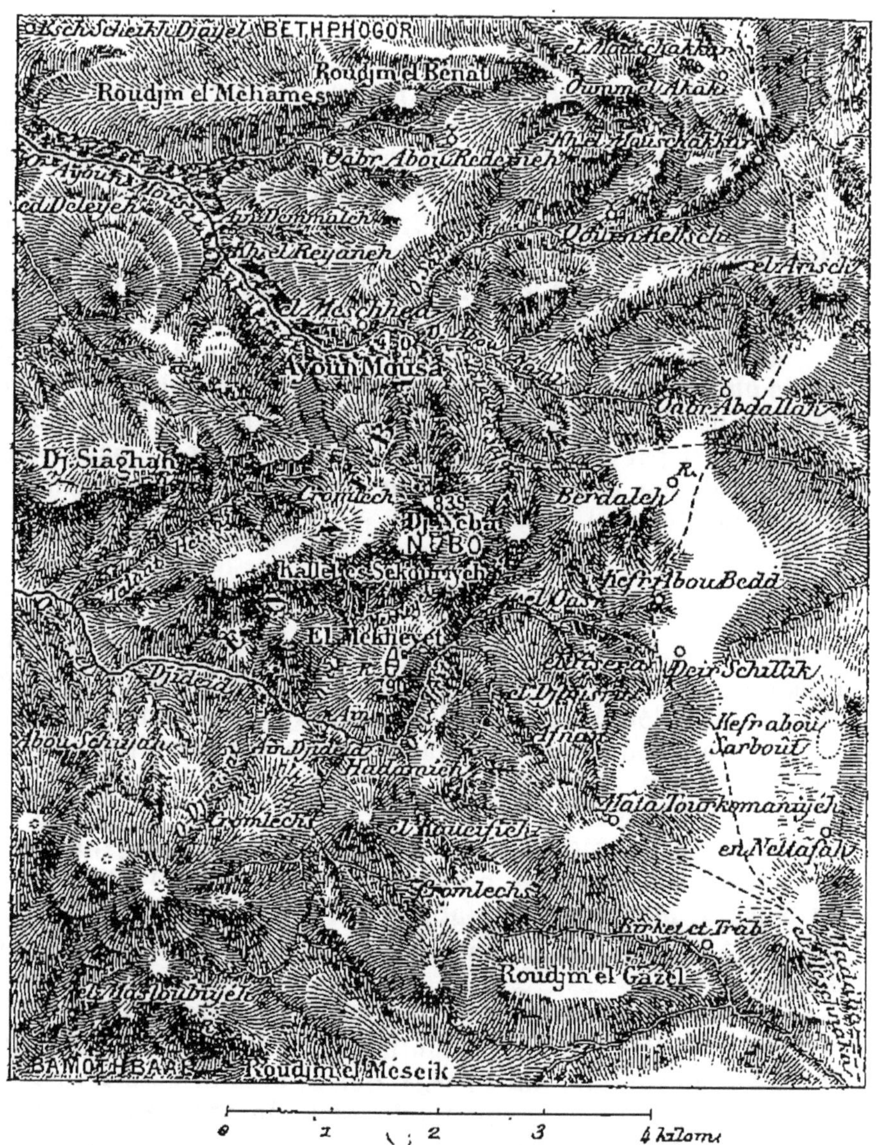

Fig. 70. — Carte du mont Nébo et de ses environs.

Bamothbaal. Balac, roi de Moab, suborna le prophète Balaam pour qu'il maudît Israël. Il le fit venir « à Bamoth, d'où Balaam put apercevoir les derniers rangs du peuple[2]. »

1. Nomb., XXII, 1. — 2. Nomb., XXII, 41.

Mais voyant qu'il bénissait le peuple de Dieu au lieu de le maudire, le roi lui dit : « Viens avec moi à une autre place d'où tu le verras: tu en apercevras seulement l'extrémité sans le contempler tout entier; de là, maudis-le-moi. » Il le mena au champ des Zophim (des Sentinelles), sur le mont Phasga, et, ayant élevé sept autels, il offrit un taureau et un bélier sur chaque autel [1]. Or, le *ouâdi Djideid* sépare *en Néba* au sud d'une rangée de sommités rocheuses dont l'une s'appelle *Masloubîyéh*, lieu de Crucifixion. Au-delà, à partir d'*el Koueidjîyéh*, s'étend de l'est à l'ouest une superficie de 3 kilomètres carrés, qui ne renferme pas moins de 160 dolmens. De l'aveu commun, *el Koueidjîyéh* répond à l'emplacement de **Bamoth** ou **Bamoth-baal**, les Hauts lieux de Baal, où les Israélites firent une station avant leur arrivée au Jourdain, et où plus tard Balaam prononça la première fois des bénédictions sur eux. De plus, au nord-est d'*en Néba*, le vallon porte le nom de *talâat es Sâfa*, la montée blanche. Ce nom est radicalement identique au mot hébreu **Zuph**, dont le pluriel est **Zophim**. et semble bien être un souvenir du champ des Sentinelles ou des Vues, d'où Balaam put voir l'extrémité du camp d'Israël dans le *Ghôr* ou vallée du Jourdain.

Le lieu de la vision de Moïse. Parmi les sommets d'*en Neba*, deux méritent spécialement d'attirer l'attention. L'un, simplement nommé *djébel Néba*, est, d'après M. Musil et d'autres voyageurs, le lieu où Dieu montra au législateur la Terre promise. L'autre, appelé *khirbet el Mekhaïet*, plus vaste, mais plus bas que le précédent, portait la ville de **Nébo**. La première a des pentes assez douces et se termine par une plateforme d'environ cent mètres de diamètre. Elle est entourée des restes d'un mur de clôture ou d'un cercle de pierre, et bien que le sol soit maigre, il a conservé plusieurs traces d'ancienne culture. Elle a 835 mètres d'altitude au-dessus de la mer Méditerranée, 1.230 mètres au-dessus de la mer Morte, et s'élève à 215 mètres au-dessus des Fontaines de Moïse. Du sommet se déroule un panorama unique en son genre. Par l'entaille du *ouâdi el Kétouni* apparaît le miroir bleu foncé de la mer Morte, avec l'oasis d'*Aïn-Djidi* et, plus loin, les hauteurs de Ziph, de Béni-Naïm, de Iaththa et d'Arâd au sud d'Hébron. Puis, par la coupure du *telet Hésa* et celle du *ouâdi Kénéiyéséh*, on aperçoit la moitié septentrionale de la mer Morte, masquée, en partie seulement, par le mont *Siâgha*. Vient ensuite la plaine de Jéricho et la vallée du Jourdain où le fleuve se déroule en replis nombreux comme un immense serpent. Le territoire qui s'étend à l'occident du Jourdain ressemble à un mur gigan-

1. Nomb., XXIII, 14.

tesque à trois étages. Au loin se dessine le haut plateau de la Palestine avec l'Hérodium, Bethléem, le mont des Oliviers, *Nébi Samouïl* et le faubourg de Jérusalem sur la route de Jaffa. Plus au nord, l'œil découvre les montagnes d'Ephraïm, avec le Garizim et l'Hébal, la plaine de Jezraël et les hauteurs de Zabulon, la chaîne de Gelboé, le mont Thabor et le *Kaukab el Hâoua* ou le Belvoir. Plus loin encore, on voit les montagnes de Nephtali se confondre avec celles du Liban, et le bassin du lac de Tibériade s'étendre par une traînée vaporeuse jusqu'au Grand Hermon. A l'est du Jourdain s'échelonnent les hauteurs de Galaad, le *djébel Oscha* et à travers une profonde échancrure à l'orient de la forteresse d'*es Salt*, se dessine une partie du pays montagneux qui s'étend entre *Adjloûn* et *Djérasch*. Au nord-est, l'horizon est limité par les collines d'*Hesbân* et *d'el Al*, et à l'est et au sud, par la crête d'*es Sâfa* dont les derniers contreforts sont *Koueidjièh* et *Masloubîyéh*.

Ce lieu était par excellence celui d'où le législateur, qui ne devait pas avoir la consolation de fouler de ses pieds la Terre promise, pouvait jouir de l'admirable panorama décrit dans le Deutéronome (XXXIV, 1-3) : « Galaad jusqu'à Dan, tout Nephtali et le pays d'Ephraïm et de Manassé, tout le pays de Juda jusque vers la mer occidentale, le Négeb, le district du Jourdain, la vallée de Jéricho, qui est la ville des palmiers, jusqu'à Ségor. »

La ville de Nébo. Nébo ou Nabo (*Septante* Nabau), figure parmi les villes que les fils de Gad et de Ruben demandèrent à Moïse à cause de leurs nombreux troupeaux. Après l'avoir obtenue, ils la rebâtirent avec les autres villes [1]. Les Paralipomènes en parlent incidemment, en disant que Bala, un descendant de Ruben, « habitait Aroër et jusqu'à Nébo et Béel-Méon [2]. » Elle était alors assez importante ; car Mésa, roi de Moab, a fait écrire sur sa stèle : « Chamos me dit : Enlève Nébo aux Israélites, et j'y suis allé pendant la nuit et j'ai combattu contre elle depuis l'aube du jour jusqu'à midi ; je l'ai prise et je les ai mis à mort tous, 7.000 hommes, garçons, femmes, filles et esclaves ; car j'en ai fait un sacrifice à Aschtar-Chamos. J'ai enlevé les foyers des autels de Jahvé et je les ai déposés devant Chamos [3]. » Eusèbe ne mentionne que le mont Nébo, sans parler d'habitants [4]. Sainte Silvie d'Aquitaine y a cependant noté des traces de fortifications ; mais on lui dit que ç'avait été le camp des Israélites [5]. Pierre l'Ibérien mentionne « le bourg de Nébo [6]. »

En descendant du *djébel Nébo* vers le sud, on arrive en

1. Nomb., XXXII, 3 et 38. — 2. I Par., V, 8. — 3. *D. B. H.*, II, mot Nebo. — 4. *On.*, p. 136. — 5. *Op. cit.*, p. 58. — 6. *Revue de l'Or. lat.*, III, p. 379.

17 minutes à un contrefort qui se relève d'une trentaine de mètres à une altitude de 790 mètres. C'est l'assiette de la ville de Nébo. Le plateau est entouré des restes d'un solide mur d'enceinte d'environ 500 mètres de longueur et en moyenne de 200 mètres de largeur. Le sol est partout jonché de ruines qui portent le nom de *khirbet Mékhaïet*. Dans la partie septentrionale, on remarque vers l'est les traces d'une grande église orientée, terminée par une abside. Hors de l'enceinte, du même côté, s'élevait une petite mosquée, et à quelques pas plus loin, une petite église avec un monastère, Au centre du plateau, dans une sorte d'acropole formée par deux murs transversaux, s'élevait une tour ronde, de 25 mètres de diamètre, au milieu de laquelle se trouvait une citerne. La partie méridionale de l'enceinte est entrecoupée par deux autres murs et se termine par une tour quadrangulaire de 10 mètres sur 7. Ces ruines remontent toutes à l'époque byzantine [1].

Le Siâgha. En allant du *khirbet el Mekhaiet* vers l'ouest-nord-ouest, on rencontre, à droite du chemin, quelques sépulcres creusés dans un banc rocheux, sur lequel se trouve un pressoir à huile. Plus loin vient l'enclos d'un ancien jardin, au nord duquel on voit les ruines d'*el Qasr*, probablement un vieux monastère. On franchit ensuite la dépression qui sépare *en Néba* du mont *Siâgha* et, après une marche de 45 minutes d'*el Mekhaïet*, on arrive aux débris d'une église et d'un couvent qui couronnent le haut plateau d'*es Siâgha*. Sainte Silvie trouva déjà sur ce sommet une « église de petites proportions ». C'est de la porte de l'édifice sacré qu'on lui expliquait la vision de Moïse. Là aussi, lui dit-on, se trouvait le sépulcre du législateur. Mais ce n'est pas une tradition locale. « Un berger du bourg de Nébo, raconte Pierre l'Ibérien, pénétrant un jour au fond d'une caverne, y vit un vénérable vieillard entouré d'une lumière éblouissante. Il le prit pour Moïse et y amena d'autres chrétiens. On n'y trouva plus rien », mais on resta assuré que là était le lieu de sépulture du législateur. Le *Siâgha* offre la même vue que le *djébel Néba*, sauf, qu'étant de quelques mètres plus élevé que ce dernier, la vue est légèrement plus étendue vers l'orient ; mais c'est précisément cette contrée qui n'est pas mentionnée dans la vision ; Moïse l'avait parcourue lui-même.

Les Fontaines de Moïse. On continue pendant quelque temps à chevaucher vers l'ouest, rencontrant sur son passage une citerne et deux tours à l'usage des gardiens des anciens jardins. L'on descend ensuite du côté de l'est-nord-est par une pente qui pendant 15 minutes est très raide, bien que le sentier

1. *V.* Musil, *op. cit.*

se développe en lacets. Au bout d'une demi-heure, on arrive à un site vraiment pittoresque. La vallée s'élargit et forme un bassin elliptique d'une largeur maxima de 500 mètres et divisé en deux parties égales par un ruisseau d'une eau limpide comme le cristal. Les deux rives sont fertiles et bien cultivées,

Fig. 71. — Les fontaines de Moïse, près du mont Nébo.

et forment une gracieuse oasis encaissée dans des montagnes arides. Les rochers se rapprochent ensuite. Du versant du *Siâgha* s'échappe une forte source, qui après un parcours d'à peine dix mètres se précipite du sommet d'un rocher de dix mètres de hauteur, formant ainsi une magnifique cascade. La paroi est tapissée de sycomores et de plantes grimpantes, derrière lesquelles s'ouvre une grotte profonde ornée de stalactites, de capillaires et de mousse. A 150 pas de cette source, vers l'ouest-sud-ouest, en jaillit, du même flanc, une seconde plus abondante que la première et qui confond aussitôt son eau avec elle (alt. 450 m.). Le peuple les appelle *ayoûn Moûsa*, les sources de Moïse. D'autres filets d'eau sourdent au pied d'un banc calcaire, et ensemble ces eaux traversent un épais fouillis de roseaux et de broussailles et s'enfoncent dans la gorge étroite du *ouâdi Ayoûn Moûsa*, où elles se perdent dans le sable avant d'atteindre la mer Morte. Entre les deux sources principales s'ouvrent un grand nombre de grottes creusées par d'anciens ermites et utilisées aujourd'hui par les Bédouins qui cultivent l'oasis. Les unes servent de magasins, d'autres de sépulcres. A l'extrémité orientale de la petite plaine, on voit au milieu des jardins un champ de ruines appelé *el Meschhed*, le Sanctuaire.

Asedoth de Phasga. C'est probablement ici l'emplacement de la ville d'Asédoth de Phasga que le Deutéronome (III, 17)[1] mentionne dans ces parages, et qui emprunte son nom à un cours d'eau. Les Septante, comme la version syriaque, voient dans Asédoth de Phasga un nom propre de lieu. La Vulgate l'a rendu par « au pied du mont Phasga ». Mais le mot Asédoth signifie plus exactement un cours d'eau, et c'est par le mot « irrigué » que la version arabe l'a rendu le plus souvent et la version chaldéenne par celui « d'écoulement ».

D'*ayoûn Moûsa* on retourne à Mâdaba en 1 h. 40.

Si du Nébo on voulait se rendre directement au Jourdain, il faudrait visiter les sources de Moïse avant de monter au *Sîagha*. D'ici le chemin descend vers *tell er Raméh* et rejoint celui de Mâdaba à Jéricho au pied de la montagne.

IV. — *De Mâdaba à Jéricho.*

Khirbet Berdala	1 h. 10		Tell er Raméh	0 h. 45	
Serabit el Maschoukkar	1	45	Pont du Jourdain	2	6
Serabit el Mehâtah	0	30	Jéricho	1	4
Tell el Matâbeh	1	00	TOTAL	9 h.	

Jusqu'au-delà du *khirbet Berdala*, on suit la route qui conduit au mont Nébo (1 h. 10) (*V.* p. 298). S'avançant ensuite vers le nord, on laisse à gauche le *Qabr Abdallah el Adjemi* situé au sommet d'une haute colline (alt. 832 m.), et l'on prend la direction vers l'ouest par la partie supérieure du *ouâdi en Naml*, la vallée des Fourmis, qui plus loin prend le nom d'*ayoûn Moûsa*. Après 50 minutes de marche, on laisse à droite le *Qourn el Hebsch*, la corne du Bélier, appelé aussi *Abou en Naml*; puis (23 min.), le tombeau, *Qabr*, du Scheikh *Abou*

1. Cf. Jos., XII, 3; — XIII, 20.

Redeinéh (alt. 674 m.). Là on se trouve à 2 kilomètres au nord d'*ayoûn Moïsa*, et pendant longtemps on jouit d'un beau coup d'œil sur le mont Nébo. A droite, on voit les *Roudjm el Mehaouesch* et *el Bénât*.

Bethphogor. Le plateau qu'on traverse ensuite porte le nom de *Sérabît el Maschoukkar* (alt. 572 m). *Sérabît* vient de *Sarbat*, hauteur ou *haut lieu*. On y voit un groupe de 24 colonnes, les unes renversées, les autres encore enfoncées dans le sol. Elles ont de un à deux mètres de longueur avec un diamètre variant de 0 m. 35 à 0 m. 55 et se terminent toutes par une base carrée comme les bornes milliaires. Il n'est pas admissible que ces colonnes disparates aient été taillées en cet endroit pour une route romaine, puis abandonnées. Il n'y a pas d'exemple non plus que les musulmans aient élevé de pareils monuments sur leurs tombeaux. Ce sont plutôt des pierres sacrées d'un sanctuaire païen. De cette hauteur la vue plonge sur toute la vallée orientale du Jourdain, depuis le fleuve jusqu'au pied des montagnes, et l'on est autorisé, pour bien des raisons, à y voir le mont Phogor et l'emplacement de Bethphogor.

Le Mont Phogor. Du champ de Zophim, le roi Balac mena Balaam « sur le sommet de Phogor qui domine le désert [1] ». Arrivé au mont Phogor, Balaam leva les yeux et « vit Israël campé par tribus [2] ».

Bethphogor. C'est sur cette même hauteur, au mont Phogor, qu'il faut chercher Bethphogor, appelée dans le texte hébreu Bet-Péor. En effet, à deux reprises le Deutéronome indique cette ville « vis-à-vis de la vallée », en face de Jéricho où campait Israël [3], et une fois « vis-à-vis du tombeau de Moïse, » au mont Nébo [4].

Baal Phogor. Bethphogor semble n'être qu'une abbréviation de Beth Baal Phogor, comme Bethmaon [5], appelée aussi Baalméon [6], est la forme contractée de Beth Baal Méon [7].

Au mont Phogor, Balaam, appelé pour maudire le peuple d'Israël, sous l'empire d'une force mystérieuse le bénit malgré lui pour la troisième fois. Mais le perfide devin conseilla alors au roi de pervertir les Israélites à l'aide des filles moabites. Un grand nombre d'Hébreux succombèrent à leurs séductrices et adorèrent le dieu Baal sous une de ses formes particulières, c'est-à-dire, comme Baal Phogor, en hébreu Beel Péôr. Cette divinité semble avoir été en vénération sur cette montagne jusqu'au IVe siècle de notre ère ; car Eusèbe dit : « Béelphégor, qui signifie simulacre d'ignominie, est une idole de Moab, appelée

1. Nomb., XXXIII, 28. — 2. Nomb., XXIV, 2. — 3. Deut., III, 29 ; — IV, 46, t. hébr. — 4. Deut., XXXIV, 6.— 5. Jér., XLVIII, 23.— 6. Nomb., XXXII, 38. — 7. Jos., XIII, 17.

Baal, au mont Phogor [1] ». Saint Jérôme, traduisant ce passage, ajoute que « les Latins l'appellent Priape [2] ». Quant à la ville de Bethphogor, les deux écrivains disent plus loin qu'elle se trouvait à l'orient du Jourdain « sur le mont Phogor, vis-à-vis de Jéricho, à six milles au-dessus de Liviade [3] ». Du *tell er Râméh,* sans contredit l'ancienne Liviade, la distance de 6 milles ou 9 kilomètres nous ramène entre l'arbre sacré *Sedjérah esch Scheikh Djâyel* (alt. 500 m.), que M. Musil propose comme le site de Bethphogor, et le *Roudjm el Bénât*, le tertre des Filles. Y aurait-il dans ce dernier nom une réminiscence des filles de Moab et de Madian, qui ont causé le malheur de tant de fils d'Israël ?

Bientôt le chemin traverse un nouveau plateau (30 min.) appelé *Sérabît el Méhâtah*, qui renferme 12 colonnes semblables aux précédentes. Ce lieu répond également aux conditions requises pour l'emplacement de Bethphogor, sauf la distance indiquée par Eusèbe et saint Jérôme. Une heure plus loin se présente à droite le *tell el Mastâbéh* couronné de 5 dolmens de forme très originale. De cette colline jusqu'au *ouâdi el Kefrein*, le sol est parsemé, vers le nord, de 200 à 300 dolmens de toutes dimensions, ainsi que de quelques menhirs et cromlechs [4] ; 12 minutes plus loin, on laisse à gauche le *tell Hétânou*, petite colline qui est déjà à 140 mètres au-dessous du niveau de la Méditerranée. A environ un kilomètre au nord, mais au-delà du *ouâdi Hesbân*, existe le *mensef Abou Zeid*, la table du Père Zeid. C'est un disque de 3 m. 45 de diamètre et de plus d'un mètre d'épaisseur, percé au centre d'un trou de 0 m. 60 de diamètre. Cet immense bloc de calcaire qu'on a dû amener de fort loin, ne peut être qu'une pierre sacrée, un autel [5].

En continuant son chemin, on rencontre le *tell esch Schâgoûr* à droite, puis du même côté le *tell er Râméh* (alt. 228 m.), couronné du *ouéli* du *Scheikh Dâhis*. Cette colline est entourée d'une belle verdure de *sidr*, grâce au ruisseau du *Meschrah Aqoûa*, la belle Rivière, amenée par le *ouâdi Hesbân*, qui prend ici le nom de *ouâdi er Râméh*.

Betharan-Liviade. *Tell er Râméh*, colline de la Hauteur, est l'ancienne Betharan ou mieux Beth-Haram, maison de la Hauteur [6]. Elle est presque toujours associée avec Bethnemra, la maison des Eaux abondantes, appelée Bethnimrin par le Talmud et aujourd'hui *Beit Nimrîn*, une belle colline située à 8 kilomètres au nord du *tell er Râméh* et qui, de la plaine, attire le regard du voyageur par la blancheur de son sommet et la couronne de verdure de sa base. (*V.* p. 311).

1. *On.*, p. 44. — 2. *Id.*, p. 45. — 3. *On.*, p. 48. — 4. *S. E. P.*, p. 230-236. — 5. *S. E. P.*, p. 193. — 6. Nomb., XXXII, 36.

Les données bibliques et les renseignements fournis par Josèphe, Eusèbe, sainte Silvie et d'autres écrivains rendent l'identification de Betharan avec le *tell er Râmèh* certaine. Prise sur Séhon, roi d'Hésébon, les Israélites la cédèrent aux descendants de Gad [1]. Lorsque sous Sargon II les habitants du royaume du Nord furent emmenés en captivité, elle fut de nouveau occupée par les Moabites. Vers l'an 80 avant J.-C., Alexandre Jannée la prit aux fils de Moab [2]. Hérode Antipas, tétarque de Galilée et de Pétrée, la fortifia, l'embellit et l'appela Liviade en l'honneur de Livias, femme de l'empereur Auguste. Néron la donna avec Abila à Agrippa II ; mais pendant l'insurrection des Juifs contre les Romains, Placide, général de Vespasien, la réduisit en cendres. Rebâtie plus tard, elle devint du IVe au Ve siècle une ville chrétienne sous la direction d'un évêque. Eusèbe nous append que Betharan, alors nommée Livias, continuait à être appelée « Bethramtha » par les Syriens [3].

Comme, d'après la tradition, Betharan ou Liviade était enclavée dans la plaine occupée par les Israélites avant le passage du Jourdain, elle devint un but de pèlerinage et servit à célébrer les grands souvenirs de ce camp à jamais mémorable. Sainte Silvie y vénéra le lieu où Moïse écrivit le Deutéronome, institua Josué son successeur, composa son sublime cantique et bénit une dernière fois les enfants d'Israël avant de gravir le mont Nébo, pour y rendre son âme à Dieu.

On franchit ensuite le beau ruisseau du *Meschrah Aqoua* (5 min.), puis le *ouâdi el Kefrein* (20 min.) et l'on entre dans le *Ghôr es Seisebân*, la vallée des Acacias, qui rappelle la ville d'Abelsatim ou Abel ha Sittim, le pré des Acacias, ou simplement Sittim.

Le camp d'Israël. Le camp des Israélites s'étendait entre Bethjésimoth au sud et Abelsatim au nord d'après l'Ecriture sainte [4], et renfermait Betharan d'après la tradition. L'emplacement d'Abelsatim n'est pas déterminé. Josèphe, qui l'appelle le camp d'Abila, dit qu'il était « environné de palmiers et se trouvait près du Jourdain à 60 stades (11 kilomètres) de Jéricho [5]. » C'est à Abelsatim que les filles de Moab vinrent trouver les fils d'Israël pour les séduire [6].

Bethjésimot ou Bet Simot était une ville conquise par Israël sur le roi Séhon, dans l'Arabah près de la mer Salée [7], au pied du mont Phasga. Josèphe raconte que Placide s'empara de Bésimoth, pendant la campagne de Vespasien, après avoir pris Livias et Abila [8]. Elle existait encore au temps d'Eusèbe qui

1. Jos., XIII, 27. — 2. *A. J.*, XIV, I, 4. — 3. *On.*, p. 48. — 4. Nomb., XXXIII, 49. — 5. *G. J.*, IV, VIII, 6 ; — *A. J.*, IV, VIII, 1 ; — V, I, 1. — 6. Nomb., XXV, 1. — 7. Jos., XV, 6. — 8. *Loc. cit.*

l'indiqua à 10 milles au sud de Jéricho, sous le nom de « Bethsimouth, qui veut dire lieu d'Isimouth[1]. » Le Talmud met entre Bethsimoth et Abelsatim une distance de 12 milles (18 kilomètres). Le Pèlerin de Plaisance descendit du lieu du baptême de Notre-Seigneur à la mer Morte, le long de la rive gauche du Jourdain, et visita le camp des Israélites à « Salamaïda » (probablement pour Samaïta), lieu qu'il rapproche des fontaines de Moïse. Toutes ces indications conviennent fort bien aux ruines

Fig. 72. — Le pont du Jourdain, près de Jéricho.

appelées *khîrbet Soueimet* ou au site d'*aïn Soueimet*, source qui coule à l'est du *khirbet*, dans le débouché du *ouâdi el Adeiméh*, à 2 kilomètres au nord de la mer Morte et à 4 kilomètres à l'orient du Jourdain. Le *ouâdi el Adeiméh* n'est que le prolongement de celui d'*ayoûn Moûsa*.

Du *ouâdi el Kefrein* on descend doucement vers le Jourdain à travers la plaine torride, tantôt complètement stérile, tantôt couverte de broussailles plus ou moins épaisses. Le cours du Jourdain s'annonce par une forêt de peupliers trembles, de frênes et de quelques vieux chênes qui ombragent de gigantesques roseaux et des joncs touffus.

1. *On.*, p. 48,

On maintient constamment la direction de l'ouest-nord-ouest et en 1 h. 40 on atteint le pont, *djisr el Ghorânîyéh*, qui traverse le Jourdain. C'est un pittoresque pont couvert construit tout entier avec des poutrelles et des branches d'arbre.

Péage. Pour passer le pont, il faut payer :
1° 2 métalliqs (11 centimes) pour un piéton.
2° 4 métalliqs (22 centimes) pour un âne chargé.
3° 3 piastres (69 centimes) pour un cheval et son cavalier, ou pour un cheval attelé à une voiture.

De Jéricho les voitures peuvent arriver jusqu'au *ouâdi el Kefrein* ; mais à certains endroits les voyageurs sont bien cahotés.

Du pont du Jourdain jusqu'à Jéricho on met 1 h. 50.

De Jéricho à Jérusalem, *Voir* notre ouvrage : *Le nouveau Guide de Terre sainte, 1907*, I, p. 261-280.

CHAPITRE IX

De Jéricho à es Salt, Djérasch, Ammân et retour par Arâq el Emir.

Cette excursion, avec un jour d'arrêt à *Djérasch* et un autre à *Ammân*, demande une semaine entière. On ne trouve une hospitalité convenable que chez les Missionnaires d'*es Salt*. On devra donc s'entendre à Jérusalem avec un drogman qui fournira les tentes, les chevaux et tout ce qui sera nécessaire pour le voyage. L'escorte d'un *khayyâl* ou soldat à cheval ne devient utile qu'à partir d'*es Salt*, où l'on s'adressera au *Qaïmmaqam*. On donnera au *khayyâl* un *medjidiéh* par jour à la fin du voyage.

Si l'on se rend à *Ammân* par *Mâdaba*, on peut revenir par *Djérasch*, *es Salt* et *Arâq el Emîr*.

De Jéricho à es Salt (8 heures).

De Jéricho au pont du Jourdain 1 h. 50. Pour le péage à l'entrée du pont, *V.* p. 310.

Au delà du pont d'*el Ghoraniyeh*, on laisse à droite le chemin qui, dans la direction de l'est-sud-est, va à Mâdaba et l'on suit celui de gauche, dans la direction de l'est-nord est. Pendant une demi-heure on traverse un épais bosquet de tamaris et d'acacias, qui deviennent de plus en plus clairsemés et rabougris à mesure qu'on s'éloigne du fleuve. Une demi-heure plus loin, on franchit quelques mamelons de marne et l'on arrive au *ouâdi Nimrîn* où coule un magnifique ruisseau d'eaux vives et limpides (40 min.). En 20 minutes, on se trouve au pied du *tell Nimrîn*, colline blanchâtre qui s'élance d'un sombre bosquet de *sidr* et qui de tous les points de la plaine aride attire les regards du voyageur.

Bethnemra.

Au sommet du *tell Nimrîn* (alt. 280 m.), on rencontre un cimetière arabe avec trois tombeaux en maçonnerie. Sur l'un d'eux M. C. Conder remarqua une sculpture qui représente un homme à cheval brandissant une épée. Tout autour le sol est emé de pierres frustes d'anciennes constructions, parmi lesquelles M. Warren a retrouvé un chapiteau[1].

Tell Nimrîn est la ville biblique de **Bethnemra**[2], appelée en hébreu Beth Nimrâh, Maison des eaux limpides. Prise par les Israélites sur les Amorrhéens[3], elle fut rebâtie par la tribu de Gad. Dans les Livres saints elle est toujours mentionnée avec Betharan (*tell er Râmeh*). Eusèbe et saint Jérôme la citent sous le nom de Bethnamran et disent qu'elle était, de leur temps, un village appelé Bethnamris, situé à 5 milles de Liviade qui n'est autre que Betharan. Le Talmud la nomme déjà Bet-Nimrîn[4].

Le torrent de Nimrîn. Le beau torrent qui baigne le pied de la colline et que nous suivrons jusqu'à *es Salt*, est également mentionné par Isaïe[5] et Jérémie[6] dans leurs prophéties contre Moab, sous le nom de « eaux de Nimrin » ou « Nemrin ». Sur tout son parcours, la rivière sinueuse roule ses eaux limpides entre deux haies de roseaux, de buissons et de lauriers roses d'un aspect riant. La vallée profonde qui l'encaisse est relativement verdoyante ; ses deux flancs sont couverts d'arbustes et même de quelques beaux arbres, et çà et là on y rencontre des champs mis en culture.

Le pays de Galaad. La chaîne de montagne qui s'étend sur la rive droite du *ouâdi Chaïb* et qui au-delà d'*es Salt* se prolonge jusqu'au *nahr ez Zerqa*, le fleuve Jaboc, est appelée *djébel Djilâd*, nom qui dérive de **Gilead** ou **Galaad**. A l'origine, ce nom s'appliquait à toute la région arrosée par le Jaboc et s'étendait également au pays montagneux d'*Adjloun*. Pris dans son acception la plus large, le pays de Galaad comprend toute la contrée habitée par les Israélites à l'est du Jourdain, depuis le Yarmoûk au nord jusqu'à l'Arnon au sud. Ce pays était particulièrement réputé pour ses bons pâturages et ses belles forêts de chênes. Il est encore boisé sur une grande étendue, et ses nombreuses sources et rivières rendent le sol très fertile s'il est cultivé.

A partir du *tell Nimrîn*, la vallée prend le nom de *ouâdi Chaïb*. *Chouaïb*, diminutif de *Chaïb*, est le nom que le Coran donne à Jéthro, beau-père de Moïse. Les musulmans vénèrent le tombeau du prêtre de Madian en plusieurs contrées. Ceux qui habitent l'orient du Jourdain croient qu'il est enterré sur une colline qui, 2 h. 35 plus loin, domine la vallée. Le *ouéli*

1. *V. S. E. P.*, *Tell Nimrîn*. — 2. Nomb., XXXII, 36. — Jos., XIII, 27. — 3. Nomb., XXXII, 36. — 4. Neubauer, *op. cit.*, p. 248. — 5. XV, 6. — 6. XLVIII. 34.

qu'on y a érigé au *nébi Chaïb* est tout couvert de haillons votifs que lui ont offerts les dévots.

Après avoir suivi la rivière sur la rive gauche pendant 25 minutes, on la traverse à gué au milieu d'un massif de lauriers, avant d'atteindre la vallée qui y débouche de l'est et qui mène à *Arâq el Emîr* (*V*. p. 339). On laisse à main gauche le *tell Bileibîl*, mont des *Boulbouls*, grande colline dont le sommet est plat et les flancs en partie taillés artificiellement. En face, vers l'est, le *tell el Moustâh* porte des vestiges de constructions. Plus loin (25 min.), on laisse également à gauche le *djébel Haud*, dont le pic (alt. 258 m.) domine le *Ghôr* ou la vallée du Jourdain. Bientôt on repasse le torrent pour gravir les flancs rocheux de la rive gauche, et longtemps le sentier domine de très haut le lit du cours d'eau qui, par sa verdure et ses fleurs, offre un ravissant coup d'œil. On fait un grand détour vers l'est pour franchir un ravin débouchant en face du *djébel Oumm Aaouéh* qui se dresse sur la rive droite (1 h.). Puis on contourne le *djébel Mâhas* (alt. 805 m.), laissant à droite le *ouéli* du *nébi Chaïb*. Avant d'arriver à la profonde vallée d'*el Azrâq* (20 min.), on passe de nouveau sur la rive droite, où l'on rencontre successivement l'*aïn Moukerfât* et le *khirbet es Soûq*. Le fond de la vallée commence à être cultivé et autour de quelques rares habitations on aperçoit des jardins potagers ombragés par de beaux arbres fruitiers. En une demi-heure on atteint la source d'*aïn Hasîr* et 40 minutes plus loin, celle d'*aïn Djâdour*.

L'aïn Djâdour s'échappe avec abondance d'une grotte profonde au pied d'une haute colline située sur le flanc droit de la vallée. Sur les pentes rocheuses ruissellent des sources moins importantes, au milieu d'une luxuriante végétation. Au sommet s'élève une antique chapelle en partie creusée dans le roc. On y a remarqué des traces de peinture et des restes de sculpture. Le linteau de la porte mérite d'être noté pour sa forme originale. La légende musulmane fixe en ce lieu le tombeau de Gad, sans aucune apparence de vérité.

Le fond de la vallée est occupé par de verdoyants jardins plantés de figuiers, de grenadiers, d'oliviers et d'autres arbres fruitiers. Le versant opposé, vers l'orient, est couvert de magnifiques vignes qui s'étendent sur une série de terrasses. On y remarque un grand nombre de sépulcres taillés dans le roc selon la méthode des anciens Juifs. Vers le nord apparait une construction moderne, un mur de façade que les Grecs ont établi devant un sépulcre gréco-romain assez remarquable, datant des premiers siècles de notre ère. Le peuple l'appelle *es Sâra*.

Le chemin, bordé de quelques moulins et encaissé par les clôtures des jardins, devient de plus en plus gai et pittoresque jusqu'à *es Salt*, qu'on atteint en 10 minutes, après avoir rejoint la nouvelle route carrossable qui vient de l'est.

ES SALT.

Es Salt (alt. 835 m.) est une ville certainement très ancienne ; mais son identification a donné lieu à de sérieuses discussions. Eusèbe dit que Ramoth, « ville sacerdotale et de refuge de la tribu de Gad, dans la Galaaditide, est un bourg situé à 15 milles à l'occident de Philadelphie [1]. » L'historien indique, sans aucun doute, Ramoth en Galaad [2] ou Maspha de Galaad [3] à *es Salt*, qui est en effet situé à 21 kilomètres à l'ouest-nord-ouest d'Ammân. Mais cette identification est erronée. Car, d'après toutes les données bibliques, Ramoth de Galaad se trouvait au nord du Jaboc, le *nahr ez Zerqa*, et même au nord de Mahanaïm, *khirbet el Mahnéh* [4].

Le nom d'*es Salt* semble bien dériver du mot latin *saltus*, montagnes brisées, que les Grecs ont rendu par celui de Σάλτων ou Σάλτον ἱερατικόν, le Salton sacerdotal. Georges Cyprius, qui la mentionne sous ce nom, l'indique dans la Palestine IIIe [5]. Le même auteur nomme cette ville « Salton Bataneos en Arabie [6]. » Or, à 6 kilomètres à l'ouest d'*es Salt* existe encore le *khirbet Batânéh*, qu'on identifie avec la ville biblique de **Betonim** [7].

Il est très probable que Salton est l'ancienne **Gadara** que Josèphe [8] désigne comme ville de la Pérée. Dans un autre pas-

1. *On.*, p. 144. — 2. III (I) Rois, XXII, 3. — 3. Jg., XI, 29. — Jos., XIII, 26. — 4. Jacob, revenant de la Mésopotamie, descendit de Mitspah (Gen., XXXI, 49) qui est Ramoth ou Maspha de Galaad, à Mahanaïm (Gen., XXXII, 1). Puis il passa le gué du Jaboc (Gen., XXXII, 22). Dans les passages où les villes sont citées d'après leur position du nord au sud, Ramoth en Galaad vient toujours avant Mahanaïm (Jos., XXV, 38, 39 ; — XIII, 26). Il faut donc la chercher plutôt au nord de la tribu de Gad. Mahanaïm est communément identifiée avec le *khirbet el Mahnéh* situé à 10 km. au sud-ouest de *Beit er Râs* et à 30 km. à l'est de *Beïsan*. On a proposé d'identifier Ramoth ou Maspha, la patrie de Jephté, que Josèphe (*A. J.*, V, VII, 12) appelle Sébée, avec *Soûf*, gros village situé à 5 km. au nord-ouest de *Djérasch*. *Soûf* pourrait bien dériver de Zophim, équivalent de Maspha ; mais ce lieu est situé au sud d'*el Mahnéh*. M. Schumacher a rencontré au nord-est de *Djérasch* un *tell Masfâh* (*V. D. D. V.*, IV, 850) ; mais ce *tell* est également au sud d'*el Mahnéh*. Il est plus probable que Ramoth correspond à *Beit er Râs* qui a remplacé **Capitolias**. Ramoth, Capitolias et *Beit er Râs* sont trois noms qui ont le même sens dans des langues différentes. D'un autre côté, *Beit er Râs* convient bien à Ramoth, qui, comme ville de refuge, devait être centrale et d'un accès facile à tous les habitants de Galaad ; d'après son nom, elle était aussi sur une haute colline, comme l'est *Beit er Râs*. — 5. *Descriptio orbis romani*, éd. Gelzer, 1890, p. 1057. — 6. *V.* Reland, Palaestina, p. 217 ss. et 224 ss. — 7. Jos., XIII, 26. — Cf. Caleb Hauser, *Q. S.*, 1906, p. 146. — 8. *G. J.*, IV, VII, 3. — Ne pas confondre avec Gadara, ville de la Décapole, aujourd'hui *Oumm Qeis*, qui domine l'embouchure de la vallée du Yarmoûk.

sage[1], il indique cette Gadara non loin de Bethennabris qui est Bethnemra ou tell Nimrîn. Ptolémée[2] cite aussi une ville de Gadora avec Scythopolis ou Bethsan et Pella ; elle ne semble pas être différente de celle de l'historien juif. Du reste, le nom de Gadara paraît bien s'être conservé dans la délicieuse source d'*aïn Djâdoûr*, au sud de la ville.

Salton Hieraticon était une ville épiscopale suffragante de Bosra, d'après un document, ou de Pétra d'après un autre[3].

Fig. 73. — Es Salt (Gadara).

A l'époque des croisades, Baudouin Ier leva des tributs annuels dans les montagnes d'*Adjloûn* et « dans les environs de Szalt[4]. » Il est vraisemblable que les Francs ont restauré la citadelle qu'on voit en ruines au nord-est. Le gros appareil de ses substructions trahit une origine romaine ou byzantine. Les auteurs arabes nous apprennent, d'un autre côté, que la forteresse a été détruite par les Mongols en 1260 et rebâtie par le sultan Bibars en 1265. Ibrahim Pacha la fit sauter en 1840.

Es Salt (alt. 835 m.) acquit une certaine importance au siècle dernier. Son commerce attira un grand nombre de familles musulmanes et grecques de Damas et d'autres pays de la Syrie.

1. *G. J.*, IV, VII, 4. — 2. V, 14. — 3. Reland, *loc. cit.* — 4. Rey, *Colon. fr.*, p. 401.

Aujourd'hui sa population compte 15.000 à 20.000 âmes. *Es Salt* est le chef-lieu de la province de la *Belqâ* et la résidence d'un *Qaïmmaqam*. Un détachement d'infanterie occupe la caserne élevée en 1874 sur les ruines de la citadelle. La ville possède aussi un bureau de poste et de télégraphe turc. Un médecin anglais de la Mission protestante y a établi sa résidence.

La ville s'étend en amphithéâtre sur les flancs de deux collines qui se touchent. A l'origine, elle n'occupait que le versant nord couronné par les ruines de la citadelle; par l'accroissement de la population, de nouveaux quartiers se sont formés sur le versant opposé, au sud-ouest. A droite et à gauche elle est limitée par de fertiles vallées qui, en se joignant au sud, forment le grand *ouâdi Chaïb*. A la naissance de cette vallée, tout le terrain est transformé en beaux jardins ou en vergers.

Es Salt compte environ 3.000 habitants de rite grec non-uni. Ils possèdent deux églises et des écoles de garçons et de filles. La paroisse catholique latine, desservie par deux prêtres du patriarcat latin de Jérusalem, se compose d'un millier d'âmes et possède une belle église qui se dresse au centre même de l'amphithéâtre sur lequel est bâtie la ville. Outre une école de garçons dirigée par les Pères Missionnaires, il y existe une école de filles tenue par les Sœurs du Saint-Rosaire. Depuis peu on y a aussi ouvert une paroisse pour les grecs-catholiques. La Mission protestante anglaise compte 400 âmes; elle y entretient aussi une école pour les garçons et les filles.

La plupart des habitants sont des Bédouins semi-nomades qui se sont habitués à la vie sédentaire. Un grand nombre d'entre eux vont encore chaque année passer la belle saison sous la tente, soit pour garder leurs troupeaux, soit pour surveiller leurs champs et leurs vignes. Musulmans et chrétiens ont conservé dans leur langage et leurs mœurs et coutumes beaucoup de rapport avec les tribus nomades.

Le vin d'*es Salt* est excellent et les raisins secs sont renommés. On y cultive beaucoup le sumac qui est exporté pour la tannerie. A la petite industrie de cette ville vient de se joindre l'exploitation de la craie phosphatique que M. Blankenhorn a découverte sur le plateau de *Sirou*, vers l'Orient. Une société anglaise essaya d'exploiter ces mines; mais elle y renonça bientôt, n'y trouvant pas son compte. Le gouvernement ottoman en fit alors la concession, dans des conditions moins onéreuses, à une société de Syriens. On vient de construire une route carrossable d'*es Salt* au plateau de *Sirou*, avec l'intention de la prolonger jusqu'à la station d'*Ammân*. Une autre route carrossable d'*es Salt* à Jéricho est en projet.

Djébel Oscha.

Si l'on s'arrête à *es Salt*, l'excursion au *djébel Oscha* (alt. 1.096 m.), au nord-ouest de la ville, se recommande à tout voyageur. C'est le plus haut pic de la chaîne des montagnes de Galaad. Son ascension est assez douce et exige à peine une heure. On y monte par une étroite vallée, dont les flancs sont disposés en terrasses couvertes de champs, d'arbres et surtout de vignes. Au sommet, un superbe chêne-vert offre au voyageur un délicieux abri. A côté de cet arbre s'élève le *ouéli du nébi Oscha*. D'après une ancienne tradition juive, d'ailleurs incertaine, le prophète Osée était natif de Galaad et reçut sa sépulture près d'*es Salt*. Les musulmans vénèrent comme son tombeau une auge, sans couvercle, longue de 5 mètres, placée au milieu du sanctuaire. Cet édifice n'a, dans son état actuel, que 3 à 4 siècles d'existence.

Le *djébel Oscha* offre un magnifique diorama sur une grande partie de la Palestine, particulièrement sur le plateau du *djébel Adjloûn* et la vallée du Jourdain. Le fleuve est visible en plusieurs points et partout reconnaissable par sa ligne de verdure. Au loin, on distingue nettement le Garizim et l'Hébal, le Thabor, les montagnes de *Safed*, jusqu'au grand Hermon.

D'es Salt à Djérasch.

On peut se rendre d'*es Salt* à *Djérasch* par 3 chemins différents. Les deux premiers, l'un par *Djilâd* et l'autre par *Roumeimîn*, sont assez fatigants. Le troisième par la plaine d'*el Bouqeia* est plus commode, surtout pour les bêtes de somme, et non moins intéressant.

I. **D'es Salt à Djérasch par Djilâd** (7 h. 10). Montant vers le nord, on laisse à gauche la citadelle, puis le *djébel Oscha* et *Allân* où se trouvent quelques belles sources (1 h. 5). Une demi-heure plus loin, on arrive à *Djilâd*, qui rappelle le nom de Gilead ou Galaad. On traverse ensuite un pays boisé particulièrement de beaux chênes plusieurs fois séculaires. Après avoir franchi une profonde vallée, on laisse *Chihân* à droite (35 min.), et l'on descend au *nahr ez Zerqa* par une gorge sauvage, mais pittoresque (1 h. 15). On franchit le fleuve à gué et l'on remonte au *khirbet Dibbin* (2 h.), d'où l'on atteint *Djérasch* en 1 h. 45.

II. **D'es Salt à Djérasch par Roumeimin** (7 h. 25). Du sud de la ville (alt. 700 m.), on monte à travers un vignoble vers le nord-est, par une pente assez raide jusqu'au *khirbet el Foukân* (alt. 900 m. — 1 h. 5). De là on descend dans le *ouâdi Qouttein* (10 min.) et 50 minutes après, on traverse pendant un quart d'heure une véritable forêt de chênes. Au sortir de la forêt, on entre dans le *ouâdi el Khôr* qui mène en 25 minutes au hameau de *Roumeimîn* (alt. 545 m.), où habitent environ 150 catholiques sous la direction d'un prêtre du patriarcat latin de Jérusalem, et à peu près autant de grecs non-unis. Chaque rite a son église et ses écoles. Par une pente très escarpée on descend dans le *ouddi Roumeimîn* où coule un gracieux ruisseau (10 min.). Après l'avoir traversé, on le suit jusqu'auprès d'un moulin (5 min.), d'où l'on franchit une nouvelle colline pour redescendre dans le *ouâdi Salihi* où le ruisseau se précipite en belle cascade d'un rocher de 18 mètres de hauteur (55 min.). On remonte le flanc septentrional et l'on arrive au *dahret er Roummân* occupé par le village de même nom, où habitent dans de misérables huttes quelques centaines de Turcomans. De là on descend à la source d'*er Roummân* qui forme ruisseau (10 min.) et qui va rejoindre les eaux bonnes et abondantes d'*aïn oumm Rabi* (25 min.). Reste encore à faire une marche de 1 h. 10 jusqu'au *nahr ez Zerqâ*. (Voir le voyage suivant).

III. **D'es Salt à Djérasch par la plaine d'el Bouqeia** (7 h. 55). C'est la voie la plus longue; mais comme les chemins sont meilleurs, on y avance plus rapidement. Les Tcherkesses ont même réussi à se rendre de *Djérasch* à *es Salt* avec leurs lourds chariots traînés par des bœufs.

D'*es Salt* on descend par le *ouâdi Chaïb* jusqu'à la route des mines de phosphate de chaux, qu'on suivra pendant 45 minutes dans la direction de l'est. On quitte la route pour gravir une côte rocailleuse assez escarpée, en suivant pendant quelque temps la route de Naplouse longée par le télégraphe (50 min.). Du haut plateau on jouit d'une belle vue sur le *djébel Oscha* et, au loin, sur le massif du *djébel 'Adjloûn*. On descend doucement vers le nord-est à travers des champs cultivés ou des terres couvertes de pâturages. En 1 h. 20 on arrive au *khirbet Safoût*, sur le bord occidental de la *Bouqeia*, vaste bassin de 16 kilomètres de largeur, encadré de montagnes. Sur toute son étendue le sol est très bien cultivé et d'une fertilité remarquable. Le chemin remonte au nord, entre la belle petite plaine parsemée de tentes bédouines à droite, et les hauteurs boisées à gauche. Les chênes y sont nombreux mais chétifs et rabougris. Les plus robustes sont tombés sous la cognée des Tcherkesses, qui déboisent ces montagnes sans pitié.

Au bout de 1 h. 50 on croise le *ouâdi Salihi*, pour entrer bientôt dans le *ouâdi er Roummân* qui mène à la belle fontaine d'*aïn Oumm Rabi* (45 min.). On remonte par une bonne route sur le haut plateau, à droite, d'où se déploie un splendide panorama (15 min.). A ses pieds coule le *nahr ez Zerqa*, décrivant une grande courbe vers le nord au milieu de deux bordures touffues de roseaux et de lauriers roses. A 300 pas à gauche, se présente, au sommet de la montagne, le hameau d'*el Mastabéh* où habitent quelques familles arabes, et plus au sud le village d'*er Roummân* occupé par quelques centaines de Turcomans. A droite apparaît le hameau d'*Aloûq*. Au-delà du fleuve se dressent les masses sombres du *djébel Adjloûn* couvert de forêts, et vers l'ouest se dessinent le *Ghôr* et les montagnes de la Palestine. Le chemin descend par de nombreux circuits au *nahr ez Zerqa*, laissant à droite, au-dessus du gué, les ruines d'un ancien moulin (55 min., — alt. 240 m.).

Jaboc. Le *nahr ez Zerqa*, la rivière Bleue, est le Jaboc de l'Ancien Testament. A son retour de la Mésopotamie, Jacob établit son camp en un lieu qu'il appella Mahanaïm, les deux Camps, le sien et celui de Dieu où il rencontra les anges [1]. Résolu de se réconcilier avec son frère Esaü, il se détourna de son chemin et descendit au Jaboc. Il passa le fleuve pendant la

Fig. 74. — NAHR EZ ZERQA (LE JABOC).

nuit et combattit jusqu'à l'aurore contre un ange qui, à cette occasion, lui imposa le nom d'Israël, c'est-à-dire, celui qui lutte avec Dieu. Jacob imposa à ce lieu le nom de Phanuel, Apparition de Dieu. Après l'entrevue d'Esaü, il repassa le fleuve et se rendit à Soccoth et de là à Sichem [2].

Le Jaboc arrosait le pays de Galaad qu'il divisait en deux. Aujourd'hui, il forme la limite politique entre le *Qaimmaqamlik* d'*Irbîd* et celui d'*es Salt*, ou mieux entre l'*Adjloûn* et la *Belqâ*. Il prend sa source un peu au sud-est d'*Ammân*, coule au nord-est, puis au nord-ouest et, arrivé au sud du

1. Gen., XXXII, 1. — 2. Gen., XXXII, 13-32.

djebel Zerqa, il se replie vers l'ouest et se jette dans le Jourdain près de l'ancien pont de *Damiéh*, en face du *Qourn Sartabéh*, où s'élevait la ville de **Sartaba** qui est probablement la **Zarethan** ou la **Tsérédatha** de la Bible[1].

Le *nahr es Zerqa* charrie une eau claire et bonne, entre deux rangées de bouquets de lauriers roses. La vallée qui se déploie avec de nombreuses sinuosités est large et fertile ; elle est limitée par des pentes rocheuses de 100 à 300 mètres de hauteur. A la saison des pluies, le *nahr* devient un torrent impétueux qui atteint une largeur considérable. Mais en automne, il ne conserve que 6 à 8 mètres de largeur avec une profondeur de 0 m. 50 à 0 m. 70. De puissants blocs de pierre et de grands bancs de sable et de gravier, étendus sur les deux rives sur une largeur de 300 à 400 mètres, indiquent son cours d'hiver.

A quelques centaines de mètres à l'est du gué, le *nahr es Zerqa* reçoit les eaux du *ouâdi Djérasch*, auxquelles se sont mêlées celles du *ouâdi Riyâschi*. Presque en face, sur la rive gauche, jaillit une source chaude, *aïn el Hemêméh*.

Après avoir traversé la rivière, on remonte la rive droite par une sorte d'amphithéâtre, et on atteint le bord de la vallée en 4 minutes. Dix minutes plus loin, on passe par un vallon couvert de broussailles de chêne et l'on arrive en une demi-heure sur un haut plateau, où coulent les sources marécageuses d'*ayoun Amâmi*. Sur le chemin (30 min.), on rencontre une borne milliaire. La voie romaine d'*Ammân* à *Djérasch* franchissait le *nahr es Zerqa* sur un pont près d'*aïn el Hemêméh*, passait par *Deir Abou Saédi* et débouchait à l'arc de triomphe que l'on a en vue. Cette voie, appelée *derb er Rasîf*, est pavée et bordée de bornes milliaires au nom de Trajan, des Antonins, de Septime-Sévère, de Constantin et de Julien l'Apostat.

A droite, au delà du *ouâdi Djérasch*, s'élève une montagne conique qui porte un hameau avec un sanctuaire dédié au *nébi Hoûd*, que les musulmans invoquent pour ceux qui ont perdu l'usage de la raison par quelque maléfice.

En 12 minutes on atteint le *bâb el Ammân*, l'arc de triomphe d'où s'étendent les imposantes ruines de *Djérasch*. Le village circassien se voit un peu plus bas vers la droite (6 min.).

Place de campement. Le sol couvert par les ruines est réduit en champs cultivés. Les vergers qui entourent les maisons des Tcherkesses, sont humides. La meilleure et la plus belle place de campement se trouve au nord-est de la ville. C'est une grande aire entourée d'un mur à pierre sèche, en face d'un moulin à tour d'eau, appelé *el Adebiyéh*. On y arrive en traversant tout le village (*V.* p. 323).

1. Jos., III, 6 (LXX). = III (I) Rois, IV, 12. = II Par., IV, 17.

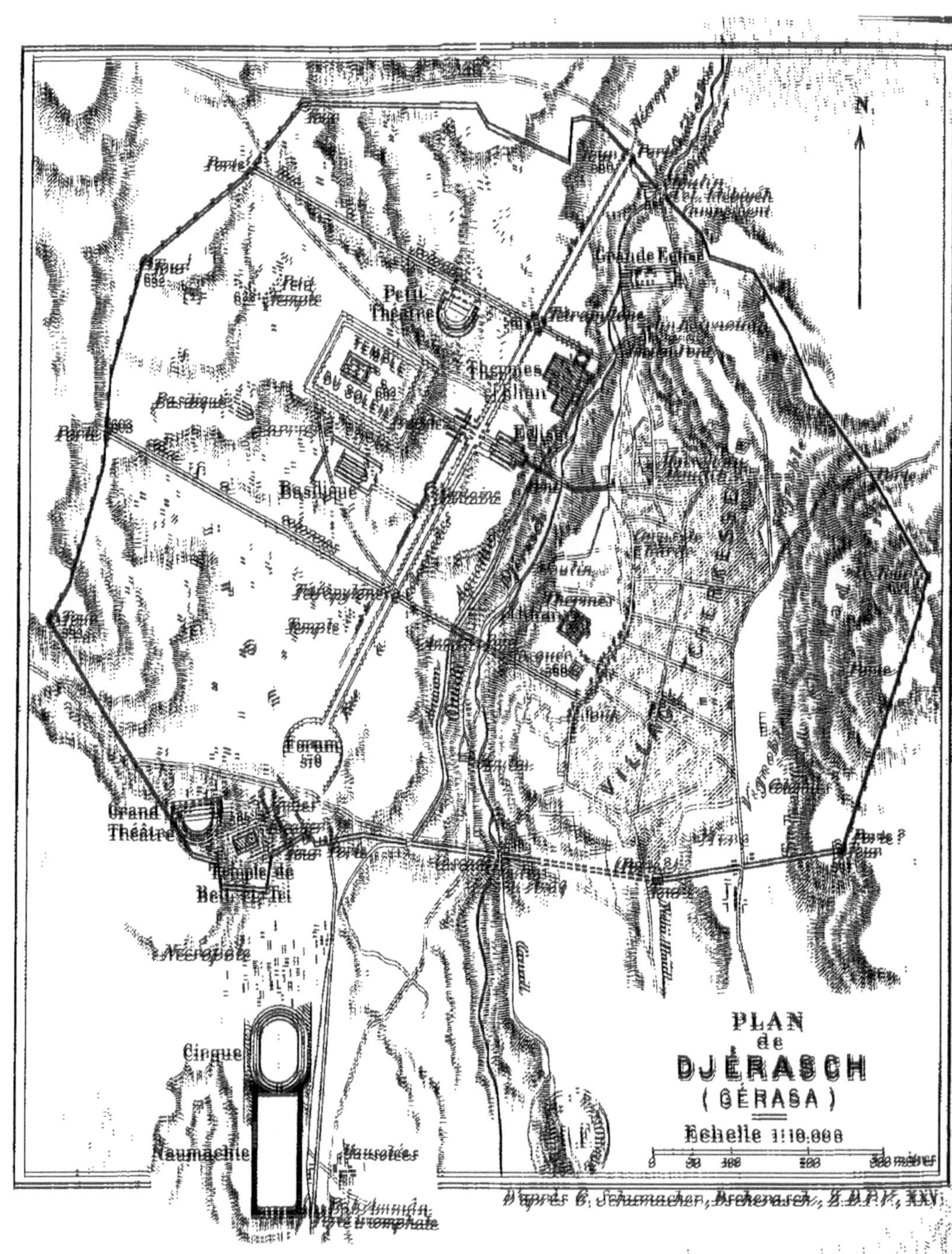

D'après G. Schumacher, Dscherasch, Z.D.P.V., XXV

DJÉRASCH. GÉRASA.

Djérasch est avec Palmyre la perle des champs de ruines de la Syrie. Baalbek possède des monuments plus grandioses et mieux conservés ; mais ils sont de beaucoup moins nombreux et moins variés que ceux de *Djérasch*. Ici plus qu'ailleurs se

Fig. 75. — DJÉRASCH (GÉRASA), vue du campement au nord-est.

manifeste avec quelle intensité l'influence romaine pénétra les contrées les plus éloignées.

Djérasch est situé dans un bassin environné de montagnes et traversé par une vallée peu profonde, mais fertile, qui descend des derniers contreforts du *djébel Adjloûn*, sous le nom de *ouâdi ed Deir*, puis, depuis le nord de la ville jusqu'au *nahr ez Zerqâ*, sous celui de *ouâdi Djérasch*. Elle divise la ville en deux grands quartiers, dont celui de la rive droite (alt. 610 m.) est beaucoup plus élevé que l'autre (alt. 536 m.). La riante vallée est fertilisée par un cours d'eau qui se fraye un passage à travers des fourrés de lauriers. C'est la **Chrysorrhoas**, la rivière d'or des Romains. *Djérasch* était restée complètement abandonnée depuis une dizaine de siècles, lorsque le gouvernement ottoman y envoya, en 1878, une colonie de Circassiens musulmans, qui préférèrent le joug du sultan à celui du tsar. Ils fondèrent heureusement leur village sur la rive gauche, où les ruines sont moins nombreuses et moins importantes que sur la rive opposée. On y compte environ 330 maisons avec 1.600 à 1.700 habitants, dont 30 à 40 sont des indigènes qui servent les Tcherkesses en qualité de bergers ou de journaliers. Leur chef a le titre de *Moudîr*, dépendant du *Qaimmaqam* d'*Irbîd* ; il tient à sa disposition 40 soldats ou *khayyâl*, pour faire la police. Le *soûq* ou le bazar est sans importance.

Histoire. Depuis le temps des Machabées jusqu'à l'invasion musulmane, *Djérasch* s'appelait **Gérasa.** Il est possible que cette ville ait porté auparavant le nom de Galaad [1]. En effet, d'après le Midrasch Samuel (XIII) « Guérasch est Galaad [2]. » Saint Jérôme écrit de son côté que Galaad, dont parle le prophète Abdias, était « l'Arabie appelée jadis Galaad et à présent Gérasa [3]. » Tous les écrivains du IIIe au VIe siècle placent, en effet, Gerasa en Arabie [4]. Eusèbe incline même à voir dans Gérasa la ville des Gergésiens dont parle le Deutéronome. « Gergasi (Deut. VII, 1), dit-il, ville au delà du Jourdain, sur le bord de la montagne de Galaad, possédée par la tribu de Manassé. On dit que c'est Gérasa, ville insigne de l'Arabie ; d'autres pensent que c'est Gadara ; cependant l'Evangile mentionne les Géraséniens [5]. »

On trouve cette ville mentionnée pour la première fois sous le nom de Gérasa au temps d'Alexandre Jannée (104 à 78 av. J.-C.). Ce monarque, en guerre contre Ptolémée III Latyre, réduisit d'abord Pella, dit l'historien juif, puis s'empara de Gérasa, où Théodore, prince de Philadelphie, venait de déposer ses trésors [6]. D'abord ville limitrophe de la Cœlésyrie ou de la Syrie Majeure, parfois sous le nom d'**Antiocheia** ou de **Chrysorrhoas**, elle appartenait à l'Arabie au IIIe siècle. Ammianus Marcellinus en 353 et plus tard Eusèbe l'énumèrent même parmi les villes fortes les plus importantes de l'Arabie. Elle était occupée par la IIIe légion Cyrénaïque. Au Ve siècle, elle formait un évêché. Placus, évêque de Gérasa, souscrivit au concile de Chalcédoine (451). A l'arrivée des troupes victorieuses du

1. Ce ne pouvait être Ramoth Galaad qui, comme nous l'avons dit, se trouvait plus au nord.

2. Neubauer, *Géogr. du Talm.*, p. 250. — 3. *Comm. in Abd.*, v. 19. — 4. Ammonius Marcellinus, XIV, VIII, 3. — S. Epiphane, *Adv. haer.*, LXXIII, 26. — Etienne de Byzance, etc. — 5. Le pays des Géraséniens, dont parle saint Matthieu (VIII, 28), se trouvait sur le bord oriental du lac de Tibériade. Ce nom est écrit de diverses manières dans les manuscrits grecs : Gergéséniens, Géraséniens et Gadaréniens. Mais il ne peut se rapporter ni à Gadara, *Oumm Qeis*, ni à Gérasa, *Djérasch*.— 6. *G. J.*, I, IV, 8. — II, XVIII, 1 ; — III, III, 3.

croissant, Gérasa se soumit à Chorobabîl, lieutenant d'Omar. De cette époque datent sa décadence et son abandon.

Au xIIe siècle, Togthekin, roi de Damas, y fit construire un château fort. En 1122, Baudouin II marcha contre Gérasa et se rendit maître du fort qui n'était défendu que par 40 soldats. Il accorda la liberté aux prisonniers et rasa la petite fortification [1]. Yakout, géographe arabe du xIIIe siècle, décrit *Djérasch* comme une localité déserte. Elle resta dans cet état d'abandon jusqu'à l'arrivée de la colonie circassienne en 1878. Seuls les Bedouins, attirés par l'eau et les pâturages, dressèrent leurs tentes, par intervalles, à l'ombre des anciens édifices.

Visite des ruines.

Nous commencerons par visiter les ruines du quartier de la rive gauche, en traversant le village tcherkesse du nord au sud ; puis nous remonterons du sud au nord à travers les ruines plus importantes de la rive droite.

Description générale. La ville était entourée d'un mur d'un développement d'environ 5 kilomètres 1/2, comprenant une superficie d'une centaine d'hectares. Cette maçonnerie, de 2 mètres à 3 m. 50 d'épaisseur, était revêtue de gros blocs à bossage, qui dénotent une construction romaine. On peut suivre aisément le tracé de l'enceinte, qui était percée de 4 portes dans le quartier supérieur, et de 2 ou 3 dans le quartier inférieur. Les remparts avaient la plupart de leurs saillies flanquées de tours ; il en était de même des principales portes.

La ville haute est traversée par une rue bordée d'une double rangée de colonnes, se dirigeant du sud-ouest au nord-est parallèlement à la rivière. Deux autres rues, également bordées de colonnes, partent des deux portes occidentales, croisent la précédente à angle droit, descendent sur la rive gauche en franchissant la rivière sur des ponts, et aboutissent aux portes orientales. Entre ces deux ponts il en existait un troisième pour la voie sacrée qui montait de la ville inférieure au temple du Soleil.

Sur la rive gauche s'étendent tout le long du ruisseau de frais jardins potagers et des vergers, où dominent les peupliers blancs.

I. **Sur la rive gauche, du nord au sud.** En face du campement, sur la rive droite du ruisseau, on voit un moulin du nom d'*el Adébiyéh*, muni d'une tour à eau. C'est là que passait le

1. *Hist. d'Eracles Empereur,* Rec. des Hist. des Crois. Hist. occid., I.

mur de la ville au moyen d'un pont, se dirigeant du nord-ouest au sud-est.

Grande église. Dans le verger qu'on rencontre à 100 mètres de là, à droite, s'élevait l'église principale de la ville qui aura bientôt disparu par suite de l'exploitation de ses matériaux. Elle a 5 nefs et mesure 60 mètres en longueur et 36 m. 60 en largeur. L'abside est ornée à l'intérieur de 3 niches de 1 m. 46 de diamètre, couvertes de magnifiques conques en coquille,

Fig. 76. — AÏN KÉRAOUAN.

richement sculptées. On en trouve de semblables près du temple du Soleil. Des colonnes ne restent en place que 7 bases attiques, avec quelques tambours de 0 m. 96 de diamètre. La façade est percée de 5 portes et précédée d'un narthex et d'un atrium qui s'étend sur une longueur de 8 m. 50 jusqu'au bord du ruisseau, probablement voûté jadis en cet endroit. Parmi les matériaux employés dans cette basilique, se trouve une inscription au nom de Trajan et une autre d'après laquelle le sanctuaire de la déesse Némésis s'élevait autrefois en ce lieu.

Aïn Kéraouân. A 100 mètres de là coule la plus belle source du pays. Elle était entourée d'un bassin carré construit en grandes pierres de taille, dont subsiste encore le mur oriental orné de belles moulures. Cette eau alimentait les thermes qu'on aperçoit sur la rive droite (*V.* p. 334), et la naumachie près de l'arc de triomphe (*V.* p. 326). L'aqueduc franchissait la rivière par le pont de la première rue à colonnes, dont on voit les ruines au sud-ouest à 50 mètres de la source. A partir d'*aïn Kéraouân*, le *ouâdi ed Deir* prend le nom de *ouâdi Djérasch*.

En continuant son chemin (200 m.), on rencontre à droite une maison moderne dont la galerie est formée de belles colonnes torses striées. Les immenses pans de mur qui s'élèvent tout auprès appartiennent à l'ancienne voie sacrée qui franchissait le cours d'eau sur un deuxième pont. La rue qui s'ouvre à gauche conduit à l'habitation du *Moûdir* appelée *Madâf*. Là on donne aussi l'hospitalité aux étrangers. 100 mètres plus loin se présente, à gauche, le corps de garde; à droite, près du ruisseau, se trouve un moulin. Encore 100 mètres et l'on arrive au bazar, *es soûq*, où l'on vend surtout des denrées alimentaires.

Thermes. En avançant de 100 mètres, on remarque à droite un vaste édifice ruiné, de 35 mètres de long sur 29 de large. Ce sont des thermes. Cette construction, moins grande et moins riche que les bains de la rive droite, se compose d'une série de pièces voûtées et de grands et beaux arceaux tout en pierres de taille. A l'est subsistent encore les traces des frontons. Les Bédouins l'ont appelé *el Khan*, parce que depuis le VIIe siècle il servait de lieu de repos aux caravanes. Au sud, au milieu d'un pré, s'élèvent deux colonnes corinthiennes surmontées de leur entablement. A l'angle sud-est se dresse la mosquée.

Pont. Arrivé 100 mètres plus bas, le chemin tourne à angle droit vers l'ouest et aboutit au pont méridional, le prolongement de la deuxième rue transversale à colonnes. Il est composé de 5 arches de 50 mètres de longueur et de 13 de largeur. Les arches extérieures sont assez étroites; mais la centrale a 11 m. 40 d'ouverture; elle est ruinée sur ses flancs, mais sert encore pour les piétons.

A 75 mètres du pont, on traverse la rivière sur une passerelle, et l'on arrive à une arche jetée par-dessus le chemin. Celle-ci est littéralement couverte de plantes grimpantes et porte un petit canal qui amène l'eau au moulin voisin.

En sortant de l'ancienne enceinte (100 m.), on laisse à gauche un autre moulin, où le *nahr Djérasch* forme une belle cascade, *tahoûnet Abou Arâq*. D'ici jusqu'au *nahr ez Zerqa* 6 autres moulins sont échelonnés le long du ruisseau.

Encore un demi-kilomètre et l'on est en présence de l'arc de triomphe, *Bâb el Ammân*, Porte d'Ammân.

II. **Sur la rive droite, du sud au nord.** Ce quartier, de beaucoup le plus important, est inhabité; mais le sol est cultivé et les champs sont entourés de murs de clôture peu élevés, construits avec les matériaux empruntés aux vieux monuments.

L'arc de triomphe. Le **Bâb el Ammân,** la porte d'*Ammân*, est un arc de triomphe érigé à la naissance de la route, *via triumphalis*, que Trajan fit construire de Gérasa à Pétra. C'est un monument à triple porte, d'une longueur totale de 25 m. 30 et d'une largeur de 13 mètres. La baie centrale a une hauteur

Fig. 77. — Bab el Amman. Arc de Triomphe.

de 12 mètres et une ouverture de 6 m. 47, avec 6 m. 67 de profondeur. Au-dessus de chaque porte latérale se trouve une niche carrée destinée à une statue. Au sud, entre les portes, s'élèvent des colonnes composites dont la partie inférieure, reposant sur une base attique, est décorée de feuilles d'acanthe. L'attique du monument s'est écroulé, ainsi que la plus grande partie de la façade septentrionale.

Naumachie. Au flanc occidental de cet arc de triomphe, M. G. Schumacher, le savant explorateur des ruines de Djérasch[1], a reconnu l'existence d'une naumachie destinée aux jeux nautiques. C'est un rectangle de 155 m. 50 de longueur sur 55 de largeur et 12 en profondeur. Il est comblé de terre à

1. *V. Djérasch, Z. D. P. V.*, XXV, 1902, p. 112-175.

une hauteur de 3 mètres et actuellement utilisé pour la culture. Le mur méridional, qui a 4 m. 70 d'épaisseur, est percé de 4 écluses, et le mur occidental de 3. Un aqueduc amenait dans ce bassin les eaux d'*aïn Kéraouân*. Les sièges pour les spectateurs ont complètement disparu.

Cirque. Au nord, contigu à la naumachie, se trouve un grand cirque de 90 mètres de longueur sur 55 de largeur, terminé à chaque extrémité par un hémicycle. Des gradins qui entouraient l'arène, quatre seuls subsistent. Au fond, une porte communiquait avec la naumachie. L'arène est également transformée en champ cultivé.

Nécropole. A l'est du bassin, on remarque plusieurs mausolées avec des sarcophages. Entre le cirque et l'enceinte de la ville s'étend une vaste nécropole. On rencontre de ces monuments funèbres au devant de toutes les portes de la ville surtout au nord. Mais tous les sépulcres apparents ont été fouillés maladroitement par des chercheurs de trésor.

Porte méridionale. A 200 mètres au nord du cirque, on arrive à la porte méridionale de la ville. Elle avait aussi trois baies ; mais elle est détruite jusqu'à sa base.

Forum. A 50 mètres au nord de la porte, on rencontre un Forum, monument à ciel ouvert, où le peuple s'assemblait pour discuter des affaires publiques. Cette place est pavée et entourée d'une magnifique colonnade qui affecte la forme d'un fer à cheval de 74 m. 40 de diamètre. Au sud-ouest, elle est ouverte sur une largeur de 71 mètres et donne accès à un escalier monumental qui monte au temple de *Beit et Tei*. Au nord, la colonnade est coupée en deux parties inégales par une rue à colonnes qui y débouche. La rangée orientale comprend 31 colonnes et l'occidentale 25, presque toutes encore debout avec leur entablement. Elles sont d'ordre ionique et mesurent 5 m. 60 de hauteur, non compris le stylobate sur lequel elles reposent, mais elles manquent d'élégance.

Temple de Beit et Tei. Du Forum un escalier monumental, établi sur des voûtes et long de 80 mètres avec 15 mètres de hauteur, montait au temple appelé *Beit et Tei* par les Arabes. C'est un temple périptère, sans antes, de style corinthien. Il a 30 mètres de long et 20 m. 30 de large et était flanqué de 11 colonnes au nord et au sud et de 8 sur les façades. Une colonne seule est restée debout, privée de son chapiteau ; mais la plupart des bases sont reconnaissables. La cella, construite avec des blocs soigneusement ajustés, a conservé ses murs à une hauteur d'au moins 2 m. 50 ; au midi, le mur a encore 10 mètres de hauteur. Ses parois étaient ornées de pilastres correspondant aux colonnes du périptère ; mais aucun ne porte son chapiteau. La porte, qui du pronaos s'ouvre dans la cella, a 4 m. 70 de largeur. Toute l'esplanade était entourée d'un mur d'enceinte. On suppose que le temple était dédié à Dionysios. Du haut de ces ruines on domine toute la ville ; le coup d'œil est superbe.

Grand théâtre. Au nord-ouest du temple s'élève un théâtre adossé contre l'enceinte de la ville. Il s'ouvrait au nord, de manière que les spectateurs n'avaient jamais le soleil en face et jouissaient d'un magnifique coup d'œil sur les monuments de

Fig, 78. — FORUM, vu du nord.
Au fond le temple de Beit et Tei et le grand théâtre.

la ville. L'orchestre, qui a 35 m. 40 de diamètre, est entouré de 32 gradins ; 5 escaliers conduisent à une première galerie qui circule au-dessus du 15e gradin ; elle est garnie d'une série de 8 loges. De là, 9 escaliers montent au couloir supérieur qui fait le tour de l'hémicycle au-dessus de la 32e rangée de sièges ; 4 vomitoires voûtés s'ouvrent au midi. La hauteur totale est de 19 mètres et le grand diamètre de l'édifice a 87 mètres. Le théâtre pouvait contenir 4.500 spectateurs. L'avant-scène, ou le proscenium, a 13 m. 50 de profondeur et, y compris les constructions adjacentes, 87 mètres de longueur ; mais elle s'est effondrée et sert malheureusement de carrière aux Tcherkesses.

Elle était percée de 3 portes, dont celle du milieu était carrée et les deux autres en plein-cintre. La façade extérieure était richement décorée de niches flanquées de pilastres. La face intérieure était ornée, avec plus de luxe encore, de niches et de sculptures, et précédée d'une rangée de colonnes corinthiennes, dont quelques-unes sont encore debout.

La rue principale. Du Forum part une rue qui se dirige en ligne droite du sud-ouest au nord-est, parallèlement à la rivière.

Fig. 79. — Rue a colonnade. Au fond le petit temple.

La rue était pavée et bordée de chaque côté d'une belle colonnade. Sa longueur est de 803 mètres, avec une simple pente d'un centimètre par mètre, et sa largeur, d'axe en axe, varie entre 12 m. 30 et 12 m. 60. L'entrecolonnement varie aussi entre 3 m. 10 et 4 m. 50. Des 520 colonnes qui composaient primitivement cette galerie, 71 restent encore debout, la plupart avec leur chapiteau et leur entablement. Les autres ont été renversées par les tremblements de terre, ou à l'aide de la poudre employée par les Tcherkesses. Dans la partie médiane de la rue, les colonnes sont corinthiennes avec base attique, de style noble et correct ; mais vers le Forum et la porte septentrionale, elles sont ioniques de forme trapue manquant d'élégance. Elles ont 6 m. 50 à 9 mètres de hauteur y compris la base et le chapiteau. Les fûts ont 1 mètre de diamètre et se composent de tambours en calcaire très dur de 1 mètre à 1 m. 50 ; aucune n'est cannelée. Les rangées de colonnes d'ordre ionique semblent avoir été érigées longtemps après les colonnes d'ordre corinthien.

Sur les deux côtés de la rue, on remarque, entre la colonnade et les murs des habitations, les bases d'une seconde rangée de colonnes qui servaient, peut-être, à un passage couvert.

Premier tétrapylône. A 150 mètres au nord du Forum, on rencontre, à gauche, les vestiges d'un temple ; 50 mètres plus loin, la rue est croisée à angle droit par une rue transversale qui part d'une porte occidentale et descend vers l'est par le grand pont à 5 arches (*V.* p. 325). Elle aussi était bordée de deux rangées de colonnes ; mais il n'en reste que peu de chose. Au carrefour des deux rues, s'élevait un tétrapylône formé de 4 énormes piliers reliés entre eux par des arceaux et supportant une coupole de 9 m. 90 de diamètre. De ce monument, il ne reste que la partie inférieure des piliers s'élevant à une hauteur de 2 mètres au-dessus du sol. Ils sont décorés de niches destinées à des statues.

Fontaine monumentale. En avançant de 130 mètres, on voit, à gauche de la rue, une fontaine monumentale d'une architecture à la fois noble et riche. La fontaine s'élevait au centre d'un hémicycle de 20 mètres de diamètre, couvert par une voûte en quart de sphère. Cette abside est construite dans l'épaisseur d'un grand bâtiment à deux étages, entre lesquels court une belle corniche soutenue par des modillons. Chaque étage est orné de 3 niches demi-rondes et de 4 carrées, surmontées de frontons. L'édifice est couronné par un grand fronton brisé, richement sculpté. Au devant de l'hémicycle gît un vaste bassin en marbre sous un amas de grosses pierres de taille. D'après une inscription qu'on y a trouvée, ce monument remonte au règne de Marc-Aurèle, vers l'an 175.

Eglises. A l'ouest de la fontaine (75 m.), on peut voir les restes d'un monument à 3 nefs. Dans la même direction on rencontre, 200 mètres plus loin, un second monument beaucoup plus petit. Les deux sont orientés et se terminent par une abside ; ils ont été construits avec les matériaux d'édifices plus anciens. Tout permet d'y voir deux églises chrétiennes.

Temple du Soleil. En continuant son chemin vers le nord, on arrive, à 60 mètres de la fontaine, à gauche, au propylée du temple de Jupiter Sérapis, le dieu Soleil. Les ruines imposantes de ce vaste temple, conçu tout entier dans le style romano-corinthien, attestent la splendeur et la magnificence primitive du grand sanctuaire de Gérasa, qui se dressait au centre de la ville.

Le propylée, large de 15 mètres, est orné de colonnades, de pilastres et de niches terminées en coquille et surmontées de frontons finement sculptés. Le portail a 5 mètres d'ouverture et 11 mètres de hauteur ; mais son architrave s'est écroulée. Elle est flanquée de 2 pilastres qui soutiennent un entablement très riche, couronné par un fronton triangulaire. Le propylée remonte à Antonin le Pieux, vers 162 ap. J.-C.

Du portail, qui s'ouvre à 78 mètres de la rue, on arrive à un

Fig. 80. — Fontaine monumentale.

escalier large de 5 mètres conduisant à la cour du temple. Celle-ci occupe une terrasse qui repose sur des voûtes. Elle a 160 mètres de longueur, sur 104 de largeur et était jadis entourée d'une double rangée de colonnes au nombre de 160. Il n'en reste debout que 5. Les piliers des angles sont flanqués de deux demi-colonnes sur leurs faces intérieures ; leur coupe offre la forme d'un cœur, comme celui des piliers de la synagogue de Capharnaüm (*Tell Houm*).

Au centre de la vaste cour, s'élève, sur un soubassement de 2 m. 50 de hauteur, le temple proprement dit, un prostyle avec antes. L'escalier et le perron qui portait l'autel des sacrifices ont disparu. Le vestibule se composait d'une rangée de 6 magnifiques colonnes ; une paire de colonnes semblables s'élevaient entre les antes et une autre paire sur chacun de leurs flancs. Des 12 colonnes, 9 sont conservées intactes. Elles ont une hauteur de 13 m. 83, y compris la base et le chapiteau, avec un diamètre moyen de 1 m. 35. A l'intérieur, la cella forme une salle de 17 m. 08 sur 11 m. 20 ; elle est dans un état fort délabré et remplie de décombres. La porte, de 5 mètres d'ouverture, s'est effondrée. Dans les murs latéraux, on remarque de

Fig. 81. — TEMPLE DU SOLEIL.

côté et d'autre 6 niches fort gracieuses. Au fond, à droite et à gauche de l'espace voûté réservé à la statue de la divinité titulaire, s'ouvre une porte sur un escalier qui conduisait à une galerie. Cette splendide construction semble remonter au milieu du IIe siècle.

Voie sacrée et quatrième église. A droite de la rue principale, en face du propylée, une rue à colonnes descendait dans le quartier de la rive gauche et franchissait la rivière sur le deuxième pont. C'était le *dromos* ou la voie sacrée du temple. Sur cette voie, à 25 mètres de la grande rue, on a bâti une église orientée vers le sud-est suivant l'axe de la rue. Elle est à 3 nefs séparées par deux rangées de 8 colonnes corinthiennes.

De la rangée méridionale, sept sont encore debout. A l'intérieur, elle mesure 41 m. 80 sur 20. La nef du milieu a une largeur de 13 mètres et l'abside un diamètre de 9 m. 20. Une cour entourait ce monument. Les matériaux proviennent tous d'anciens édifices.

Deuxième tétrapylône. A environ 150 mètres au nord du propylée, une nouvelle rue transversale, également bordée de colonnes, croise la rue principale, allant d'une porte occiden-

Fig. 82. — Deuxième tétrapylône.

tale de la ville à une porte orientale. De ses galeries, il ne subsiste que 3 colonnes. Au point d'intersection des deux rues, s'élève un tétrapylône de plan carré, de 12 m. 13 de côté à l'extérieur, et cylindrique à l'intérieur. La coupole et la majeure partie des pieds droits se sont effondrés ; mais on remarque encore sur la paroi intérieure des niches destinées à des statues.

Petit théâtre. En longeant un gros mur de clôture vers l'occident, on arrive, à 80 mètres de distance, à un second théâtre, qui, moins grand que celui du sud, le surpasse en beauté. Il est tourné au nord-est et semble avoir été destiné principalement aux combats de gladiateurs et de bêtes fauves.

L'arène a 23 mètres de diamètre. L'amphithéâtre se compose d'une rangée inférieure de 8 gradins et d'une supérieure de 9, auxquels 9 escaliers donnaient accès. Entre ces deux rangées de sièges circule un couloir ou chemin de ronde dont le dossier, de 2 m. 15 de hauteur, est percé de 5 passages voûtés. D'une ouverture à l'autre, on voit un groupe de 3 belles niches, deux carrées et une ronde, de 0 m. 82 à 0 m. 86 de largeur. Le rayon extérieur de l'amphithéâtre est de 29 mètres et sa hauteur totale de 12.

Le proscenium, en fort mauvais état, a une longueur de 28 mètres. Il est précédé d'un vestibule entouré de belles colonnes corinthiennes, dont plusieurs sont restées sur pied. Il est long de 29 mètres et comprend, à son extrémité septentrionale, la rue à colonnes qui traverse la ville de l'ouest à l'est.

Petit temple. Sur la hauteur qui domine le temple du Soleil au nord-ouest (alt. 622 m.), à 250 mètres à l'ouest du théâtre, se dressent 5 belles colonnes d'ordre corinthien. Elles appartiennent à la colonnade d'un petit temple périptère d'environ 60 mètres de longueur sur 40 de largeur. Les vestiges de la cella disparaissent sous les décombres. Tout auprès, vers l'ouest, se trouvent deux autres colonnes mutilées appartenant à un édifice dont on n'a pas encore pu déterminer le caractère.

Grands thermes. Après être revenu au deuxième tétrapylône, on descend vers la rivière par la rue transversale à colonnade. A 56 mètres du carrefour, on rencontre de vastes thermes qui, comme ceux de la rive gauche, s'appellent *el Khan*. Au bord de la rue s'élève un bâtiment carré fort bien conservé. Il a 16 m. 70 de côté et est surmonté d'une coupole de 7 m. 70 de diamètre. Les deux entrées, à l'est et à l'ouest, étaient flanquées de colonnes. Au sud, un escalier conduisait dans l'établissement des bains proprement dits. C'est un assemblage de salles, de couloirs et de chambres voûtés, renfermés dans deux vastes bâtiments. Le premier mesure 67 m. 70 du nord-ouest au sud-est, avec une largeur de 30 mètres. Le second, adossé au précédent, est long de 42 mètres et large de 11 m. 70. L'eau y était amenée d'*aïn Kéraouân* qui coule au-delà de la rivière à 100 mètres au nord-est des thermes. L'aqueduc franchissait le *nahr Djérasch* sur le pont de la rue transversale.

Pour se rendre au lieu du campement, on peut traverser le ruisseau à l'est des thermes.

Porte septentrionale. Du deuxième tétrapylône, la grande rue continue jusqu'à la porte septentrionale, distante de 250 mètres. Mais, sauf la colonnade de la rue, le terrain, transformé en champs labourés plus que le reste de la ville haute, n'offre rien de bien remarquable. De la porte elle-même on ne voit que peu de traces. De là on descend à la rivière qu'on traverse près du moulin à tour d'eau, *el Adébiyéh*, en face du campement.

Excursion aux sources d'es Siqnâni.

Grande nécropole. De la porte septentrionale jusqu'aux sources d'*es Siqnâni* qu'on rencontre à 1.800 mètres au nord de la ville, s'étend la grande nécropole de l'ancienne Gérasa. La route qui suit le *ouâdi ed Deir* est bordée de chaque côté de monuments funéraires, de sarcophages et de tombes. Du côté gauche, la nécropole s'étend à quelques centaines de mètres entre le vallon et les collines occidentales. Avant d'arriver aux réservoirs d'*es Siqnâni*, on remarque un sarcophage dont la cavité mesure 2 m. 43 sur 0 m. 75.

Sources d'es Siqnâni. L'*el Birktên* ou *es Siqnâni*, qu'on rencontre ensuite, est un bassin de 90 mètres de long sur 48 de large, au milieu duquel sourdent plusieurs sources. D'autres sources sont captées au nord du bassin précédent par un mur de barrage. L'eau, après s'être purifiée par le dépôt, s'écoule dans un réservoir situé au sud ; celui-ci est long de 48 mètres et large de 18. Dans son angle sud-ouest on voit une immense gargouille qui représente grossièrement une tête de lion. Le canal qui sort de sa gueule a 0 m. 40 de largeur et 0 m. 33 de hauteur. Il conduisait les eaux dans la ville supérieure.

A l'ouest des bassins, on voit les vestiges d'un vestibule entouré d'une colonnade qui précédait un petit théâtre. On en reconnaît encore quelques gradins et la forme demi-circulaire d'un diamètre extérieur de 38 mètres. Le bassin servait probablement de naumachie.

Mausolée de Samouri. A 110 mètres au nord des bassins, le regard est attiré par un grand mausolée de forme rectangulaire de 8 mètres sur 8 m. 70. Il est orné d'un beau portail, et des 4 colonnes corinthiennes qui le supportaient, 3 sont encore debout avec leur architrave. Ce travail est d'une exécution parfaite. Le monument porte le nom de *Samouri* ou mieux *tahounet Samouri*, parce qu'il a été utilisé pendant quelque temps comme moulin.

De Djérasch à Ammân.

On peut se rendre de *Djérasch* à *Ammân* soit par *Yadjouz*, soit par *Djoubeihât*, l'ancienne Jegbaa ou Yogbéhah de la Bible. Comme ces deux champs de ruines ne sont séparés que par une distance d'une lieue, on peut aisément visiter l'un et l'autre dans le même trajet.

I. **De Djérasch à Ammân par Yadjouz** (7 h. 25). Arrivé au bazar du village tcherkesse, on suit la rue qui plie vers le sud-sud-est et l'on contourne le versant septentrional de la colline du *Nébi Hoûd* (30 min.). Plus loin on croise le *ouâdi Riyâ-chi*, pour traverser ensuite le *nahr ez Zerqa* près d'un pont en ruines, par où passait l'ancienne voie romaine (1 h. 20). Vers l'est, sur la rive gauche, coule la source chaude d'*aïn el Hémêméh*.

En remontant le flanc gauche de la vallée, on laisse à droite le village d'*Aloûq* (45 min.), puis les ruines de *Sarroudj*, un ancien bâtiment rectangulaire en pierres de taille (1 h. 15) et l'on suit le *ouâdi Khalla*, belle vallée couverte de chênes. A l'orient de la plaine d'*el Bouqeia* on rencontre la route romaine d'*Ammân* à *es Salt*, marquée de plusieurs bornes milliaires dont l'une a 3 mètres de longueur (30 min.); 20 minutes plus loin, on voit d'autres fragments de colonnes sur le bord du chemin. De là on tourne vers l'est, pour suivre le *ouâdi Hammâm* qui descend à l'orient et porte ses eaux dans le *nahr Ammân*. A 40 minutes de la route romaine on rencontre l'*aïn Yadjouz* et, sur la rive droite de la vallée, *el Adeil* où se trouve un cimetière arabe avec la tombe peu ancienne de *Nimr Ibn Gobelân*, *scheikh* de la tribu des *Adouân*. Les collines environnantes sont couvertes de chênes.

Yadjouz. Au haut du flanc méridional de la vallée, le sol est jonché de ruines qui s'étendent d'*el Adeil* à une distance de 1.500 mètres vers l'est. On y reconnait les vestiges d'un temple romain. Au delà de la vallée s'élève le *Kôm Yadjouz* (alt. 930 m.), colline couronnée d'un cercle de pierres mégalithiques, au milieu de quelques vestiges de constructions romaines ou byzantines, et de quelques citernes carrées creusées dans le roc.

Yadjouz est certainement une antique cité importante; mais ce nom ne figure pas dans les auteurs arabes, et jusqu'ici la localité n'a pas pu être identifiée[1].

On continue à suivre le *ouâdi Hammâm* jusqu'au premier débouché d'une vallée latérale, à droite, dans laquelle on s'engage pour monter au sud-sud-est. On laisse à droite le *khirbet aïn el Beida* (30 min.), puis, du même côté, *el Drikê* (20 min.), village en ruines dominées par une tour de garde. De là on arrive au flanc occidental de la citadelle d'*Ammân* (1 h. 15).

II. **De Djérasch à Ammân par Djoubeihât** (7 h. 50). Les ruines de *Djoubeihât* s'étendent à une bonne lieue à l'ouest-sud-

1. On aurait tort d'y voir la ville de Jasa ou Jahaz. Celle-ci se trouvait dans le voisinage d'Hésébon (Deut., II, 32), vers le désert, c'est-à-dire à l'orient (Nomb., XXI, 23), dans le misor de Médaba ou de Dibon (Jos., XIII, 18).

ouest de *Yadjouz*. On y arrive par la voie précédente jusqu'à la naissance du *ouâdi Hammâm*. De là on descend au sud à *Djoubeihât el Kébiréh* (25 min.), à droite du chemin. C'est la ville biblique de **Jegbâa** en hébreu **Yogbéhah**. Sous le nom de *Djoubeihât*, appelée aussi *Adjbeihah*, les indigènes entendent une série de 4 monceaux de ruines dont le principal est *Djoubeihât el Kébiréh*, la Grande (alt. 1.057 m.). Au nord-est on voit les restes d'une tour de garde ; puis viennent les ruines d'une construction massive avec voûtes en berceau, des bases de piliers romains ou byzantins, des linteaux de porte, beaucoup de citernes, plusieurs sarcophages de la période romaine et, au midi, une rangée de grottes sépulcrales à auge.

Plus loin (20 min.), vient *Djoubeihât es Saghiréh*, la Petite, dont les ruines ont le même caractère et le même âge que les précédentes. En avançant de 20 minutes, toujours vers le sud, on rencontre des vestiges de constructions grossières, avec des citernes et des grottes. Cet endroit porte aussi le nom de *Djoubeihât*. A 15 minutes de là, vers le sud-est, on rencontre à droite de la route les restes d'une tour ronde construite avec de gros blocs et d'autres traces de bâtiments. Ce lieu s'appelle *el Boureikéh*, la petite Piscine, et appartient à la même localité que les trois *Djoubeihât* précédentes. Elle était traversée par la route romaine [1].

Jegbaa ou Yogbéhâh est mentionnée avec Jazer et Bethnemra dans le livre des Nombres [2]. Elle est également citée dans celui des Juges comme limite de la campagne de Gédéon contre les Madianites [3].

En face d'*el Boureikéh*, à gauche du chemin, on voit le *khirbet Arâq er Rouâk*, le roc des Portiques, avec beaucoup de chambres sépulcrales taillées dans le rocher. On suit quelque temps le *ouâdi er Rouâk* et l'on rejoint la route d'*Ammân* à *es Salt* (40 min.) près d'*el Oueibdéh*, le Col, village en ruines situé à droite du chemin. A 500 mètres à gauche de la route se trouvent quelques sarcophages. Du col, on suit la vallée, laissant *Sakarah* à 600 mètres à droite du chemin, et l'on arrive à la citadelle d'Ammân en 1 h. 10.

Pour la visite d'Ammân, voir p. 283.

D'AMMAN A ARAQ EL EMIR ET JÉRICHO

(11 h. 45).

De la mosquée d'*Ammân*, on remonte le vallon du *Misdar el Médinéh*, en suivant une ancienne route romaine. On laisse à

1. *S. E. P.*, p. 111. — 2. Nomb., XXXII, 35. — 3. Jg., VIII, 1 .

gauche du chemin la belle source d'*Ammân* et l'on arrive à *el Melfouf*, les Choux (1 h. 15). Ce nom s'applique à 6 ruines échelonnées le long de la route. Trois d'entre elles ont des tours de garde d'origine romaine. Puis (10 min.), on aperçoit à droite 3 villages en ruines appelés *el Kemoukha*. On croise ensuite la vallée qui descend de *Djoubeihât* (18 min.), puis la route de *Hesbân* à *Djérasch* (25 min.).

Jazer.

Au nord du carrefour existent les vestiges du *Qoubour el Amorâh*, les tombeaux des Emirs. Un enclos, au sud de la route, renferme 6 sarcophages. Puis du même côté se dresse une tour délabrée qui se voit de fort loin. Elle a 16 mètres de côté et est bâtie avec des pierres de 2 mètres de long sur 1 de haut. Les ruines, qui s'étendent à l'entour sur une superficie de 200 à 300 mètres de rayon, portent le nom de *khirbet es Sâr*. Des flancs de la colline s'échappent plusieurs sources dont les eaux s'écoulent, d'un côté par le *ouâdi es Sîr*, de l'autre par celui d'*esch Schitta*. Elles se réunissent ensuite et se versent dans le Jourdain par le *ouâdi Kefrein*, qui est le prolongement du *ouâdi es Sîr*.

Khirbet es Sâr répond au site de **Jazer** appelée aussi **Azor**. Eusèbe et saint Jérôme placent « Asor ou Jaser », la Jazer de la Bible, une fois à 8 milles et une autre fois à 10 milles à l'ouest de Philadelphie ou *Ammân*, ajoutant que là jaillit un fleuve qui se jette dans le Jourdain [1]. C'est le *khirbet es Sâr*.

Histoire. Jazer était une des villes les plus importantes du pays de Galaad et remarquable pour ses pâturages [2]. Enlevée aux Amorrhéens [3], elle fut cédée aux fils de Gad [4] et assignée aux lévites de la famille de Mérari [5]. Au temps de David, on y comptait de nombreux vaillants de la famille des Hébronites établis dans la région transjordanienne pour le service de Dieu et du roi [6]. Jérémie vante les vignobles qui s'étendaient de Sabama jusqu'à Jazer [7].

Quand les Ammonites furent défaits par Judas Machabée, ils se réfugièrent dans Jazer. Le vainqueur les poursuivit et après un siège opiniâtre, il s'empara de la ville [8]. Josèphe appela cette ville Jazôrom, et Ptolémée semble l'indiquer sous le nom de Gazôron.

A 20 minutes du *khirbet es Sâr* jaillit avec une grande abondance une splendide source appelée *aïn es Sîr*. Auprès de cette source les Tcherkesses possèdent un grand et florissant

1. *On.*, p. 12 et 101. — 2. Nomb., XXI, 32; — XXXII, 3, 9. — 3. Jos., XIII, 25. — 4. Nomb., XXXII, 35. — Jos., XXI, 39. — 5. 6. I Par., XXVI, 31. — 7. Jér., XLVIII, 32. — 8. I Mach., V, 8.

village. *L'aïn es Sîr* forme un beau ruisseau qui s'écoule à travers la verdoyante vallée de même nom. On suit le torrent dans la direction du sud-ouest. Après avoir dépassé quelques moulins, la gorge devient tellement étroite que pendant cinq minutes il ne reste pour les cavaliers d'autre voie que le lit d'un canal creusé sur le flanc escarpé de la rive droite.

A 25 minutes du village, on rencontre à gauche, sur le flanc de la montagne, *ed Deir*, un curieux couvent à 3 étages. La façade, la porte et les fenêtres, tout est taillé dans le vif du roc; les planchers seuls sont en bois. A l'est, une habitation semblable s'est éboulée. En face existe une antichambre sans fenêtres, dans laquelle s'ouvrent deux pièces dont les parois sont percées de 740 petites niches. Elles étaient destinées, croit-on, à recevoir les crânes des ermites défunts. Une belle source jaillit à côté de l'ermitage[1].

Vient ensuite *el Berdaouîl*, à droite (25 min.). Le *bordj Berdaouîl* sur la route de Naplouse, porte le nom arabisé de Baudouin II qui l'a fait construire[2]. Or, les ruines d'*el Berdaouîl* se trouvent sur la route que le même roi a dû suivre quand il marcha contre le fort de Gérasa (*Djérasch*), en 1122[3].

La vallée se replie vers le midi, reçoit de l'est les eaux d'*aïn Térabîl* (18 min.) et passe au pied d'*Arâq el Emîr*, qu'elle laisse à l'ouest (25 min.). On quitte le rivage du torrent avec ses bosquets d'arbres, pour se rendre vers l'ouest où en 20 minutes on aperçoit quelques huttes arabes près d'une belle terrasse cultivée, qui s'étend au-devant d'une grande escarpe rocheuse. C'est *Arâq el Emîr*.

Arâq el Emîr. Le château de Tyr.

Arâq el Emîr, le Roc du Prince, s'appelait originairement Tyr en grec, et Zoûr en hébreu. Josèphe, qui rapporte son origine, nous en a laissé une description détaillée qui concorde fort bien avec le site et les ruines.

Histoire. Un certain Hyrcan, fils cadet de Joseph de la famille des grands prêtres, fut repoussé par ses frères et se retira dans le pays de Galaad, en 190 avant J.-C. N'obtenant pas justice à la mort de son père, il se construisit un solide château fort, orné de grands animaux sculptés, et entouré d'un profond fossé rempli d'eau. Les alentours furent embellis par de magnifiques jardins. Il lui donna le nom de Zoûr, en grec Tyr. Pendant 7 ans il guerroya avec succès contre les Arabes,

1. *S. E. P.*, p. 94. — 2. *V. Le nouveau Guide de Terre sainte*, p. 323. — 3. *V.* p. 323.

Mais à la mort de Séleucus IV, Hyrcan redouta la vengeance de son successeur, le puissant Antiochus, et de crainte de tomber

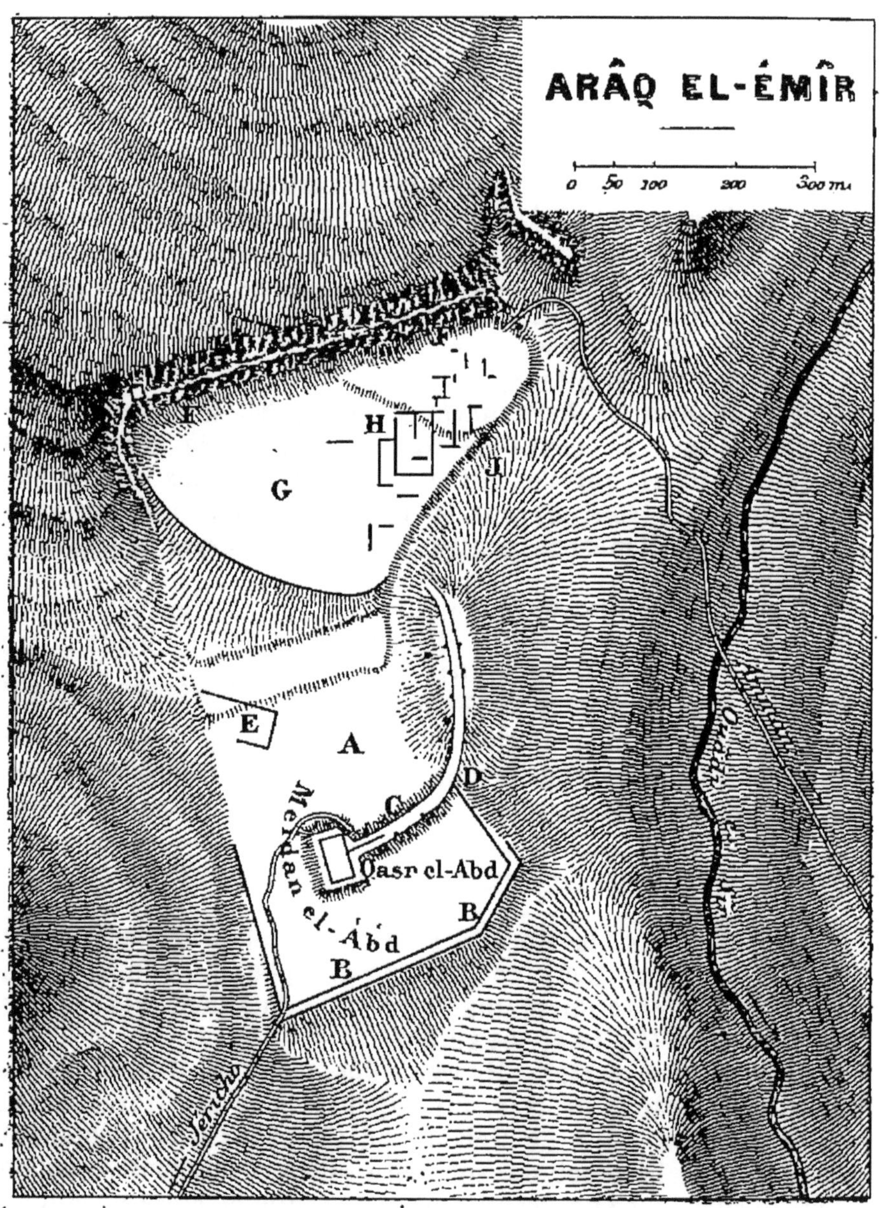

Fig 83. — Plan d'Araq el Émir.

entre ses mains, il se donna la mort en 177. Dès lors le château resta abandonné et tomba en ruines. Il ne fut jamais restauré.

La description de l'historien juif s'accorde en général avec l'état actuel des ruines. Toutefois, il est possible que le château, décoré comme il est de grossières figures d'animaux, remonte à une époque antérieure à la domination grecque, et que Hyrcan n'ait fait que le restaurer. Quelques archéologues y voient même un temple ammonite.

Le château de Tyr se compose de deux parties principales : *Arâq el Emîr* (alt. 494 m.), une immense escarpe artificielle

Fig. 84. — ARAQ EL ÉMÎR.

percée de grottes, au nord, et le *Qasr el Abd* (alt. 457 m.), le château proprement dit, à 550 mètres au sud du précédent.

Arâq el Emîr. Sur une longueur d'environ 500 mètres de l'est à l'ouest, la montagne a été taillée à pic sur une hauteur de 25 à 30 mètres (F F). Dans cette escarpe on a creusé 2 files de vastes chambres. La rangée inférieure en compte 5 et la supérieure 9 ; une étroite plate-forme, ménagée dans le roc, permettait de circuler d'une pièce à l'autre. Ces chambres ont servi d'habitations, de magasins et d'écuries. On y a compté une centaine de mangeoires et un grand nombre d'anneaux creusés dans la masse pour attacher les chevaux. La porte d'une des grottes inférieures a ses chambranles sculptés et ornés d'une inscription hébraïque en caractère de l'époque asmonéenne. Au-devant de cette immense escarpe s'étend une terrasse de

280 mètres de largeur du nord au sud (G). Elle a été formée en abaissant la montagne. Vers l'est, les ruines d'anciennes habitations sont utilisées par quelques Arabes, en partie pour leur logement (H), et en partie pour la culture du tabac et de légumes (J).

Qasr el Abd. De la terrasse, un chemin pavé (D) descend en pente douce au château proprement dit. Le long de cette chaussée se dressent 4 paires de pierres levées en forme de

Fig. 83. — Qasr el Abd.

stèles ou de cippes. Chacune est percée d'un trou au sommet. Les uns y reconnaissent la voie sacrée qui descendait au temple ammonite; d'autres pensent que par ces trous passaient les câbles qui servaient à faire glisser les blocs de la colline jusqu'au bâtiment.

Le château, que les Arabes appellent *Qasr el Abd*, le palais de l'Esclave, à cause d'une sotte légende qu'ils rattachent à sa fondation, occupe le centre d'un vaste amphithéâtre naturel. L'édifice divisé en deux étages a 38 mètres de longueur sur 18 de largeur et s'élève sur une plate-forme artificielle de 4 m. 50 de hauteur. Cette sorte d'îlot est entouré d'un vaste bassin, *Meidân el Abd* (A), fermé au sud par un gros mur de barrage (B B). Il était alimenté par un aqueduc qui y amenait l'eau du *ouâdi es Sîr*. Au nord-est (C), à l'extrémité méridionale de la chaussée bordée de pierres levées, s'élevait un grand portail, dont il ne reste que des traces. Au nord-ouest du *Meidân* existent des vestiges de gros murs.

Le château est construit avec des blocs dont quelques-uns ont 6 mètres de longueur sur 3 de hauteur ; il se termine par une frise où sont représentés des lions grossièrement sculptés en bas-relief sur des pierres de 2 à 3 mètres de longueur. Il en reste encore 4. Parmi les sculptures qui proviennent des portes et des galeries, on remarque un chapiteau qui rappelle l'art égyptien, plusieurs chapiteaux de style corinthien, des frises avec des triglyphes et des gouttes de l'art grec particuliers aux anciens tombeaux de Jérusalem. Le monument est d'un caractère imposant.

Le nom de Zoùr se retrouve dans celui du *ouâdi Sîr*, mais surtout dans celui du *khirbet es Soùr* qu'on rencontrera à une lieue à l'ouest du *Qasr el Abd*. L'architecture de ce palais, ses sculptures et les inscriptions araméennes gravées sur les parois rocheuses d'*Arâq el Emîr*, ont par la précision de leurs dates un mérite inappréciable pour l'archéologie et la paléographie.

De *Qasr el Abd*, on monte dans la direction du nord-ouest par le *khirbet Kérâdéh* (35 m.). Après avoir franchi l'extrémité supérieure du *ouâdi en Nâr*, la vallée du Feu, on laisse à droite l'*aïn Djériah* et l'on descend au *khirbet es Soùr* (50 min.), qui répond au nom hébreu de Tyr (alt. 88 m.). De là on traverse les hauteurs qui dominent le *ouâdi Djériah*, dans lequel débouche du sud le *ouâdi Beit el Maganîyéh* et qui va rejoindre le *ouâdi Chaïb* à l'est du *tell Nimrîn* (1 h. 40). De *tell Nimrîn* à Jéricho, voir p. 311.

CHAPITRE X

De Maân à Ammân et Déraa en chemin de fer.

Horaire. Sur la ligne du Hedjaz, trois trains de voyageurs font chaque semaine le service entre Damas et *Maân*, et trois autres entre *Maân* et Damas. Comme les trains marchent assez lentement et comme l'horaire est changé à mesure que la ligne s'avance vers La Mecque, il faut avoir soin de s'informer d'avance en quels jours et à peu près à quelle heure passent les trains aux stations où l'on veut monter ou descendre.

Pour l'année 1908, les trains partent de Damas pour *Maân* le lundi, mercredi et samedi, et de *Maân* pour Damas le dimanche, mardi et jeudi. En général, il n'y a pas de départ le vendredi.

Tarif. Le prix établi pour chaque kilomètre est :

Ire classe...........	20 paras, soit 12 centimes.
IIe classe...........	15 paras, soit 9 centimes.
IIIe classe...........	10 paras, soit 6 centimes.

Jusqu'à nouvel arrangement, on devra se contenter de wagons de IIIe classe.

Stations et distances de Damas à Maân :

STATIONS	KILOM.	
Damas................		(Bifurcation de la ligne de Beyrouth).
Déraa.................	123	(Bifurcation de la ligne de Caïffa).
Nassîb	135	
Mefrak...................	162	
Semra....................	185	
Zerqâ....................	203	
Ammân..............	222	
Qasr	235	
Loubên..................	249	
Dizéh.................	260	(Gare de Mâdaba).
Debâ.....................	279	
Khan ez Zebîb	293	
— Halte..................	309	
Qatrânéh	326	(Gare de Kérak).
Ferféh, halte..........	367	
El Hésa.................	378	
Djouroûf Déroulsch.	397	
Anêze....................	423	
O. Djardoûn, halte..	441	
Maân.................	459	(Gare de Pétra).

La ligne du chemin de fer court à peu près parallèlement au *derb el Hadj* ou route des Pèlerins, sur la lisière du désert.

Maân (alt 1.074 m.). La voie monte doucement au **Ouâdi Djardoûn,** halte, 18 km. 250 (alt. 1.081). D'ici elle descend d'une manière presqu'insensible jusqu'à Loubên (alt. 773), sur une distance de 210 kilomètres.

Anêze, st. 17 km. 750. *Qalaat Anêze* est un village habité par des Bédouins de la tribu des *Hoûoueitât* qui vivent sous les tentes. On y remarque un fortin dont la construction est attribuée à Soliman Pacha, et deux immenses réservoirs d'eau. A 2 kilomètres à l'ouest de la station, s'élève le *djébel el Anêze* qui est de formation volcanique. Au nord, les ruines de *Dadjanéh* appartiennent à un château fort romain d'environ 100 mètres de côté. C'est peut-être la forteresse de **Klidarro** que Ptolémée indique dans ces parages.

Djouroûf ed Dérouisch, st., 25 km. 250. Le village est habité par 100 à 200 *Hoûoueitât* établis autour d'un puits. Il doit son nom aux derviches qui y sont enterrés. On y voit les vestiges d'un fort romain et ceux d'une grosse tour de garde au sommet d'une colline vers le sud-est. La ligne croise le *ouâdi el Hésa,* le torrent de Zared (*V.* p. 246), avant d'arriver à la station de même nom.

El Hésa, st., 19 km. 1/2. *Qalâat el Hésa* est un grand castel turc à deux étages construit en 1760 par le sultan Moustapha III ; mais il se trouve dans un état délabré. A l'orient existe une grande citerne très ancienne, alimentée par un puits creusé dans le fortin.

Ferféh, halte, 10 km. 750. La ligne croise, jusqu'à la station suivante, plusieurs vallées qui donnent naissance au torrent du Modjib, l'Arnon de la Bible.

Qâtranéh, st., 40 km. 750. *Qalâat Qatrânéh* est un fort construit au temps de Soliman, à côté d'un bassin de 4.500 mètres de périmètre, de 7 mètres de profondeur et d'une capacité de 30.000 mètres cubes d'eau. La station dessert Kérak, situé à 7 heures de distance vers l'ouest-sud-ouest.

Halte. 17 km. A 12 km. de *Qatrâneh* jusque vers la station de *Khan ez Zébîb* on laisse, à environ une heure à l'ouest de la ligne, une dizaine d'anciens châteaux forts, dont le premier *Qasr Bescheir*, est une forteresse romaine, flanquée d'une tour carrée à chaque angle. Au-dessus de la porte, une inscription latine dit que c'est « le *prætorium* de Moab » construit sous Dioclétien [1].

Khan ez Zébîb, st., 14 km. On y voit les ruines d'un grand khan sarrasin muni de tours carrées aux angles. Non loin de là, on rencontre des khans plus petits d'origine romaine ou byzantine, avec les vestiges d'une église byzantine. La ligne

1. Musil, I, 33 et 57.

oblique vers l'est, pour contourner, au delà de la station suivante, le torrent du *ouâdi et Thémed*, un des principaux affluents du *Môdjîb*, et célèbre dans la Bible par ses nombreux puits, Beer ou Bir Elim. (*V.* p. 268).

Débâ, st., 16 km. 1/2. *Qâlaat ed Débâ* est un vieux château fort restauré en 1767. Il est entouré de grandes citernes.

Djîzéh, station de *Mâdaba*, 19 km. Ziza est mentionnée par Ptolémée (V, 16) comme un château fort dans l'Arabie Pétrée. Il était occupé par la cohorte Dalmate-Illyricienne (*Not. dign.*, 80). Le *Qalâat Ziza*, castel arabe à 2 étages, se voit à l'ouest de la gare. Tout auprès existe un réservoir d'une capacité de 70.000 mètres cubes et au nord de vastes ruines d'origine, en partie romaine et en partie arabe des premiers siècles de notre ère. Les ruines d'*el Kastal*, à une heure au nord de *Qalâat Ziza* répondent à l'ancienne forteresse romaine de Ziza.

A 2 km. 1/2 au nord-est de la gare, au delà du *derb el Hadj*, s'élève le vaste palais sassanide de *Meschitta*, édifice quadrangulaire de 146 mètres de long sur 116 de large, flanqué de tours polygonales aux angles. Deux saillants octogones, élevés à droite et à gauche de l'entrée, formaient une splendide façade littéralement couverte de fines et élégantes sculptures sur une longueur de 60 mètres et une hauteur de 5 mètres. Toute cette façade, cédée par le sultan à l'empereur d'Allemagne, fut détachée en 1904 et envoyée à Berlin.

Mâdaba se trouve à 2 h. 1/2 à l'ouest de la station de *Djîzéh* (*V.* p. 270).

Loubên, st., 11 km. Les ruines, à gauche, indiquent le site d'une ancienne ville assise sur deux collines, entre lesquelles se trouvent de nombreuses citernes. C'est la résidence ordinaire du *scheikh* des *Béni Sakhr* qui y habitent sous les tentes au nombre d'environ 7.000 âmes. De *Loubên* (alt. 773 m.), la ligne monte considérablement au milieu de beaux champs de froment.

Qasr, st., 14 km. 750, alt. 942 m. — A *Qasr es Sahl*, à droite, existent les ruines d'un temple ou d'un mausolée grec. Entre *Qasr* et la station suivante, *Ammân*, la ligne descend avec une différence de niveau de 205 mètres sur une distance de 11 km. 1/2. Aussi ce trajet a-t-il nécessité des travaux considérables. Par-dessus un torrent, on a jeté un viaduc de 10 arches, chacune de 12 mètres d'ouverture. Le tablier s'élève à 20 mètres au-dessus du lit. Puis vient un tunnel de 140 mètres de longueur. C'est l'unique perforation de la ligne du Hedjaz.

Ammân, st., 12 km. 1/2, alt. 737 m. La ville est située à 1 heure au sud-ouest de la gare (*V.* p. 283).

Le chemin de fer continue à longer le *ouâdi Ammân* ; puis il alteint le cours supérieur du *nahr ez Zerqa*, le fleuve Jaboc, qu'il franchit sur un viaduc.

Zerqa, st., 19 km. 750. Autour du *Qalâat Zerqa* s'est établie une colonie circassienne, dans un territoire très fertile du *ouâdi Zerqa*. Vers le nord-est, sur la route d'*Ammân* à *Bosra*, la Bostra des Romains, s'élèvent les ruines d'un castel romain.

Khirbet es Semra, st., 17 km. 1/4, alt. 559 m. C'est le principal centre des *Beni Sakhr* qui y ont dressé environ 2.000 tentes. La ligne monte sur un contrefort du *djébel el Kafkaféh* (alt. 938 m.), qui appartient à la chaîne du *djébel Adjloûn* qu'on laisse à gauche.

Mafrak, st., 23 km. 1/2, alt. 711 m. Sur la route de *Bosra* à *Ammân* subsistent les ruines d'un château fort arabe et d'un camp romain. La ligne laisse le *derb el Hadj* à gauche et se dirige au nord-nord-est.

Nassîb, st., 26 km., alt. 574 m. Le village est habité par 700 *fellahs* qui n'ont d'autre eau que celle de citernes. La ligne continue à traverser un plateau uni et monotone, qui est partout couvert d'une mince couche de basalte.

Déraa, st., 12 km. 750, alt. 529 m. Pour la ligne de *Déraa* à Damas et à Beyrouth, et de *Déraa* au lac de Tibériade et à Caiffa, voir *Le nouveau Guide de Terre sainte*, p. 437-493.

EXTRAITS DU PENTATEUQUE [1]

Itinéraire des Israélites du Nil au Jourdain

L'EXODE

CHAPITRE II, 11-24. — Moïse s'enfuit au pays de Madian. Il épouse Séphora.

11 En ce temps-là, Moïse devenu grand, sortit vers ses frères, et il fut
témoin de leurs pénibles travaux ; il vit un Egyptien qui frappait un
Hébreu d'entre ses frères. 12 Ayant tourné les yeux de côté et d'autre, et
voyant qu'il n'y avait *là* personne, il tua l'Egyptien et le cacha dans le
sable. 13 Il sortit encore le jour suivant, et vit deux Hébreux qui se que-
rellaient. Il dit à l'agresseur : « Pourquoi frappes-tu ton camarade ? »
14 Et cet homme répondit : « Qui t'a établi chef et juge sur nous ? Est-ce
que tu veux me tuer, comme tu as tué l'Egyptien ? » Moïse fut effrayé, et
il dit : « Certainement la chose est connue. » 15 Pharaon, ayant appris ce
qui s'était passé, cherchait à faire mourir Moïse ; mais celui-ci s'enfuit de
devant Pharaon ; il se retira dans le pays de Madian, et il s'assit près du
puits.
16 Le prêtre de Madian avait sept filles. Elles vinrent puiser de l'eau,
et elles remplirent les auges pour abreuver le troupeau de leur père.
17 Les bergers étant arrivés, les chassèrent ; alors Moïse se leva, prit leur
défense et fit boire leur troupeau. 18 Quand elles furent de retour auprès
de Raguel, leur père, il dit : « Pourquoi revenez-vous sitôt aujourd'hui ? »
Elles répondirent : 19 « Un Egyptien nous a délivrées de la main des bergers, et même il a puisé pour nous de l'eau et il a fait boire le troupeau. »
20 Il dit à ses filles : « Où est-il ? Pourquoi avez-vous laissé-là cet homme ?
Rappelez-le, pour qu'il prenne quelque nourriture. » 21 Moïse consentit à
demeurer chez cet homme, qui lui donna pour femme Séphora, sa fille.
22 Séphora enfanta un fils, qu'il appela Gersam, « car, dit-il, je suis un
étranger sur une terre étrangère. » [Elle en enfanta un autre, qu'il appela
Eliézer. « car, dit-il, le Dieu de mon père est mon secours, il m'a délivré
de la main de Pharaon. »]
23 Durant ces longs jours, le roi d'Egypte mourut. Les enfants d'Israël,
gémissant encore sous la servitude, poussèrent des cris, et ces cris,
arrachés par la servitude, montèrent jusqu'à Dieu. 24 Dieu entendit leurs
gémissements, et se souvint de son alliance avec Abraham, Isaac et Jacob.
25 Dieu regarda les enfants d'Israël et il les reconnut.

CHAPITRE III, 1-6. — Vocation de Moïse.

1 Moïse faisait paître le troupeau de Jéthro, son beau-père, prêtre de
Madian. Il mena le troupeau au-delà du désert, et arriva à la montagne
de Dieu, à Horeb. 2 L'ange de Jéhovah lui apparut en flamme de feu, du
milieu d'un buisson, Et Moïse vit que le buisson était tout en feu, sans
pourtant se consumer. 3 Moïse *se* dit : « Je veux faire un détour pour

1. Traduction par A. Crampon, *La sainte Bible*, Paris, 1904.

considérer cette grande vision, *et voir* pourquoi le buisson ne se con-
sume point ». 4 Jéhovah vit qu'il se détournait pour regarder et Dieu
l'appela du milieu du buisson, et dit : « Moïse! Moïse! » Il répondit :
« Me voici. » 5 Dieu dit : « N'approche pas d'ici, ôte tes sandales de tes
pieds, car le lieu sur lequel tu te tiens est une terre sainte. » 6 Il ajouta :
« Je suis le Dieu de ton père, le Dieu d'Abraham, le Dieu d'Isaac et le
Dieu de Jacob. » Moïse se cacha le visage, car il craignait de regarder
Dieu.

Chapitre XII, 29-39. — Départ des Hébreux.

29 Au milieu de la nuit, Jéhovah frappa tous les premiers-nés dans le
pays d'Egypte, depuis le premier-né de Pharaon assis sur son trône, jusqu'au premier-né du captif dans sa prison, et à tous les premiers-nés des
animaux. 30 Pharaon se leva pendant la nuit, lui et tous ses serviteurs,
et tous les Egyptiens, et une grande clameur retentit en Egypte, car il
n'y avait point de maison où il n'y eût un mort. 31 Dans la nuit *même*,
Pharaon appela Moïse et Aaron, et leur dit : « Levez-vous, sortez du
milieu de mon peuple, vous et les enfants d'Israël, et allez servir Jéhovah, comme vous l'avez dit. 32 Prenez vos brebis et vos bœufs, comme
vous l'avez demandé ; allez, et bénissez-moi. » 33 Les Egyptiens pressaient
vivement le peuple, ayant hâte de le renvoyer du pays, car ils disaient :
« Nous sommes tous morts ! » 34 Le peuple emporta sa pâte avant qu'elle
fût levée ; ayant serré dans leurs manteaux les corbeilles qui la conte-
naient, ils les mirent sur leurs épaules.
35 Les enfants d'Israël avaient fait ce que leur avait dit Moïse ; ils
avaient demandé aux Egyptiens des objets d'argent, des objets d'or et
des vêtements. 36 Et Jéhovah avait fait trouver au peuple faveur aux
yeux des Egyptiens, qui accueillirent leur demande. Et ils emportèrent
les dépouilles des Egyptiens.
37 Les enfants d'Israël partirent de Ramsès pour Socoth, au nombre
d'environ six cent mille piétons, sans les enfants. 38 En outre, une grande
multitude de gens de toute sorte monta avec eux ; *ils avaient* aussi des
troupeaux considérables de brebis et de bœufs. 39 Ils cuisirent en galettes
non levées la pâte qu'ils avaient emportée d'Egypte ; *car elle était* sans
levain, parce qu'ils avaient été chassés d'Egypte sans pouvoir tarder, ni
prendre de provisions avec eux.

Chapitre XIII, 20-22. — La colonne de nuée.

20 Etant partis de Socoth, ils campèrent à Etham, à l'extrémité du
désert. 21 Jéhovah allait devant eux, le jour dans une colonne de nuée,
pour les guider dans leur chemin, et la nuit dans une colonne de feu
pour les éclairer, afin qu'ils pussent marcher de jour comme de nuit.
22 La colonne de nuée ne se retira point de devant le peuple pendant le
jour ni la colonne de feu pendant la nuit.

Chapitre XIV, 1-31. — Passage de la mer Rouge.

1 Jéhovah parla à Moïse, en disant : 2 « Parle aux enfants d'Israël ;
qu'ils changent de direction et qu'ils viennent camper devant Phihahiroth, entre Magdalum et la mer, vis-à-vis de Beelséphon ; vous camperez
en face de ce lieu, près de la mer. 3 Pharaon dira des enfants d'Israël :
Ils sont égarés dans le pays ; le désert les tient enfermés. 4 Et j'endurci-
rai le cœur de Pharaon, et il les poursuivra ; je ferai éclater ma gloire
dans Pharaon et dans toute son armée, et les Egyptiens sauront que je
suis Jéhovah. » Et les enfants d'Israël firent ainsi.
5 On annonça au roi d'Egypte que le peuple avait pris la fuite. Alors le
cœur de Pharaon et celui de ses serviteurs furent changés à l'égard du

peuple ; ils dirent : « Qu'avons-nous fait de laisser aller Israël et de nous
priver de ses services ? » 6 Et Pharaon fit atteler son char, et il prit son
peuple avec lui. 7 Il prit six cents chars d'élite, et tous les chars de
l'Egypte, et des chefs pour les commander tous. 8 Jéhovah endurcit le
cœur de Pharaon, roi d'Egypte, et Pharaon poursuivit les enfants d'Israël, qui étaient sortis par une main élevée. 9 Les Egyptiens les poursuivirent donc et les atteignirent comme ils étaient campés près de la mer ;
tous les chevaux des chars de Pharaon, ses cavaliers et son armée les
atteignirent près de Phihahiroth, vis-à-vis de Beelséphon.

10 Pharaon approchait. Les enfants d'Israël ayant levé les yeux, virent
les Egyptiens en marche derrière eux ; et les enfants d'Israël, saisis d'une
grande frayeur, poussèrent des cris vers Jéhovah. 11 Ils dirent à Moïse :
« N'y avait-il donc pas des sépulcres en Egypte, que tu nous aies menés
mourir au désert ? Que nous as-tu fait, en nous faisant sortir d'Egypte ?
12 N'est-ce pas là ce que nous te disions en Egypte : Laisse-nous servir
les Egyptiens, car il vaut mieux pour nous servir les Egyptiens que de
mourir au désert ? » Moïse répondit au peuple : 13 « N'ayez point de
crainte, restez en place, et regardez le salut que Jéhovah va vous accorder en ce jour ; car les Egyptiens que vous voyez aujourd'hui, vous ne les
reverrez jamais. 14 Jéhovah combattra pour vous, et vous vous tiendrez
tranquilles. »

15 Jéhovah dit à Moïse : « Pourquoi cries-tu vers moi ? Dis aux enfants
d'Israël de se mettre en marche. 16 Toi, lève ton bâton, étends ta main
sur la mer, et divise-la, afin que les enfants d'Israël passent au milieu à
sec. 17 Et moi, je vais endurcir le cœur des Egyptiens pour qu'ils y entrent
après eux, et je ferai éclater ma gloire dans Pharaon et dans toute son
armée, ses chars et ses cavaliers. 18 Et les Egyptiens sauront que je suis
Jéhovah, quand Pharaon, ses chars et ses cavaliers auront fait éclater
ma gloire. »

19 L'ange de Dieu qui marchait devant le camp d'Israël passa derrière
eux ; et la colonne de nuée qui les précédait, partit et se tint derrière
eux. 20 Elle vint se mettre entre le camp des Egyptiens et le camp d'Israël, et cette nuée était ténébreuse *d'un côté*, et *de l'autre* elle éclairait
la nuit ; et les deux camps n'approchèrent point l'un de l'autre pendant
toute la nuit.

21 Moïse ayant étendu sa main sur la mer, Jéhovah refoula la mer par
un vent impétueux d'orient *qui souffla* toute la nuit et mit la mer à sec,
et les eaux se divisèrent. 22 Les enfants d'Israël entrèrent au milieu de
la mer à sec, et les eaux formaient pour eux une muraille à droite et à
gauche. 23 Les Egyptiens les poursuivirent, et tous les chevaux de Pharaon, ses chars et ses cavaliers, entrèrent à leur suite au milieu de la
mer. 24 A la veille du matin, Jéhovah, dans la colonne de feu et de
fumée, regarda le camp des Egyptiens, et y jeta l'épouvante. 25 Il fit
tomber les roues hors de leurs chars, qui n'avançaient plus qu'à grand'-
peine. Les Egyptiens dirent alors : « Fuyons devant Israël, car Jéhovah
combat pour lui contre les Egyptiens. »

26 Jéhovah dit à Moïse : « Etends ta main sur la mer, et les eaux revien-
dront sur les Egyptiens, sur leurs chars et sur leurs cavaliers. » 27 Moïse
étendit sa main sur la mer, et, au point du jour, la mer reprit sa place
habituelle ; les Egyptiens en fuyant la rencontrèrent, et Jéhovah culbuta
les Egyptiens au milieu de la mer. 28 Les eaux, en revenant, couvrirent
les chars, les cavaliers et toute l'armée de Pharaon qui étaient entrés
dans la mer à la suite des enfants d'Israël, et il n'en échappa pas un seul.
29 Mais les enfants d'Israël avaient marché à sec au milieu de la mer,
les eaux ayant formé pour eux une muraille à droite et à gauche.

30 En ce jour-là, Jéhovah délivra Israël de la main des Egyptiens, et
Israël vit leurs cadavres sur le rivage de la mer.

31 Israël vit la main puissante que Jéhovah avait montrée à l'égard des
Egyptiens ; et le peuple craignit Jéhovah, et il crut à Jéhovah et à Moïse,
son serviteur.

CHAPITRE XV, 1-21. — Cantique de la délivrance.

1 Alors Moïse et les enfants d'Israël chantèrent ce cantique à Jéhovah
ils dirent :

Je chanterai à Jéhovah, car il a fait éclater sa gloire :
Il a précipité dans la mer cheval et cavalier.
2 Jéhovah est ma force et l'objet *de* mes chants ;
C'est lui qui m'a sauvé ;
C'est lui qui est mon Dieu : je le célébrerai ;
Le Dieu de mon père : je l'exalterai.
3 Jéhovah est un vaillant guerrier ;
Jéhovah est son nom.
4 Il a jeté dans la mer les chars de Pharaon et son armée ;
L'élite de ses capitaines a été engloutie dans la mer Rouge.
5 Les flots les couvrent :
Ils sont descendus au fond des eaux comme une pierre.
6 Ta droite, ô Jéhovah, s'est signalée par sa force ;
Ta droite, ô Jéhovah, a écrasé l'ennemi,
7 Dans la plénitude de ta majesté,
Tu renverses tes adversaires ;
Tu déchaînes ta colère :
Elle les consume comme du chaume.
8 Au souffle de tes narines, les eaux se sont amoncelées,
Les flots se sont dressés comme une muraille,
Les vagues se sont durcies au sein de la mer.
9 L'ennemi disait : « Je *les* poursuivrai, je *les* atteindrai.
Je partagerai les dépouilles,
Ma vengeance sera assouvie,
Je tirerai l'épée, ma main les exterminera. »
10 Tu as soufflé de ton haleine :
La mer les a couverts,
Ils se sont enfoncés comme du plomb
Dans les vastes eaux.
11 Qui est comme toi parmi les dieux, ô Jéhovah ?
Qui est comme toi auguste en sainteté,
Redoutable à la louange *même*,
Opérant des prodiges ?
12 Tu as étendu ta droite :
La terre les a engloutis.
13 Par ta grâce tu conduis ce peuple
Que tu as délivré ;
Par ta puissance tu le diriges
Vers ta demeure sainte.
14 Les peuples l'ont appris, ils tremblent ;
La terreur s'empare des Philistins ;
15 Déjà les princes d'Edom sont dans l'épouvante ;
L'angoisse s'empare des forts de Moab ;
Tous les habitants de Chanaan ont perdu courage.
16 La terreur et la détresse tomberont sur eux ;
Par la force de ton bras,
Ils deviendront immobiles comme une pierre,
Jusqu'à ce que ton peuple ait passé, ô Jéhovah,
Jusqu'à ce qu'il ait passé,
Le peuple que tu t'es acquis.
17 Tu les amèneras et les établiras sur la montagne de ton héritage,
Au lieu dont tu as fait ta demeure, ô Jéhovah,
Au sanctuaire, Seigneur, que tes mains ont préparé.
18 Jéhovah règnera à jamais et toujours !

19 Car les chevaux de Pharaon, ses chars et ses cavaliers sont entrés
dans la mer, et Jéhovah a ramené sur eux les eaux de la mer ; mais les
enfants d'Israël ont marché à sec au milieu de la mer.
20 Marie, la prophétesse, sœur d'Aaron, prit à la main un tambourin,
et toutes les femmes vinrent à sa suite avec des tambourins et en dansant. 21 Marie répondit aux enfants d'Israël :

Chantez Jéhovah, car il a fait éclater sa gloire :
Il a précipité dans la mer cheval et cavalier.

Chapitre XV, 22-27. — De Mara à Elim.

22 Moïse fit partir Israël de la mer Rouge. Ils s'avancèrent vers le
désert de Sur, et marchèrent trois jours dans ce désert sans trouver
d'eau. 23 Ils arrivèrent à Mara, mais ils ne purent boire l'eau de Mara,
parce qu'elle était amère. C'est pourquoi ce lieu fut appelé Mara. 24 Le
peuple murmura contre Moïse en disant : « Que boirons-nous ? » 25 Moïse
cria à Jéhovah, qui lui indiqua un bois ; il le jeta dans l'eau, et l'eau
devint douce. Là Jéhovah donna au peuple un statut et un droit et il le
mit à l'épreuve. 26 Il dit : « Si tu écoutes la voix de Jéhovah ton Dieu, si
tu fais ce qui est droit à ses yeux, si tu prêtes l'oreille à ses commandements et si tu observes toutes ses lois, je ne mettrai sur toi aucune des
maladies dont j'ai frappé les Egyptiens ; car je suis Jéhovah qui te guérit. »
27 Ils arrivèrent à Elim, où il y avait douze sources d'eau et soixante-
dix palmiers ; et ils campèrent là, près de l'eau.

Chapitre XVI, 1-35. — Désert de Sin : les cailles et la manne.

1 Ils partirent d'Elim, et toute l'assemblée des enfants d'Israël arriva
au désert de Sin, qui est entre Elim et le Sinaï, le quinzième jour du
second mois après leur sortie du pays d'Egypte. 2 Et toute l'assemblée
des enfants d'Israël murmura dans le désert contre Moïse et Aaron. 3 Les
enfants d'Israël leur dirent : « Que ne sommes-nous morts par la main
de Jéhovah dans le pays d'Egypte, quand nous étions assis devant les
pots de viande et que nous mangions du pain à satiété ? Car vous nous
avez amenés dans ce désert pour faire mourir de faim toute cette multitude. »
4 Jéhovah dit à Moïse : « Je vais faire pleuvoir pour vous du pain du
haut du ciel. Le peuple sortira et en ramassera jour par jour la provision
nécessaire, afin que je le mette à l'épreuve, *pour voir* s'il marchera, ou
non, dans ma loi. 5 Le sixième jour, ils prépareront ce qu'ils auront rapporté, et il y en aura le double de ce qu'ils en ramassent chaque
jour. »
6 Moïse et Aaron dirent à tous les enfants d'Israël : « Ce soir vous
reconnaîtrez que c'est Jéhovah qui vous a fait sortir d'Egypte ; 7 et au
matin vous verrez la gloire de Jéhovah, car il a entendu vos murmures
qui sont contre Jéhovah ; nous, que sommes-nous, pour que vous murmuriez contre nous ? » 8 Moïse dit : « Ce sera quand Jéhovah vous donnera ce soir de la viande à manger, et au matin du pain à satiété ; car
Jéhovah a entendu ce que vous murmuriez contre lui. Nous, que sommes-
nous ? Ce n'est pas contre nous que sont vos murmures, c'est contre
Jéhovah. »
9 Moïse dit à Aaron : « Dis à toute l'assemblée des enfants d'Israël :
Approchez-vous devant Jéhovah, car il a entendu vos murmures. »
10 Pendant qu'Aaron parlait à toute l'assemblée des enfants d'Israël, et
que ceux-ci se tournaient du côté du désert, voici que la gloire de Jéhovah apparut dans la nuée. 11 *Alors*, Jéhovah dit à Moïse : 12 « J'ai entendu
les murmures des enfants d'Israël. Dis-leur : Entre les deux soirs vous
mangerez de la viande, et au matin vous vous rassasierez de pain, et vous
saurez que je suis Jéhovah, votre Dieu. »

[13] Le soir, on vit monter des cailles, qui couvrirent le camp, et le matin il y avait une couche de rosée autour du camp. [14] Quand cette rosée fut dissipée, on aperçut à la surface du désert quelque chose de menu comme des grains, pareil au givre sur le sol. [15] Les enfants d'Israël le virent, et ils se dirent les uns aux autres : « Qu'est-ce que cela ? » car ils ne savaient pas ce que c'était. Moïse leur dit : « C'est le pain que Jéhovah vous donne pour nourriture. [16] Voici ce que Jéhovah a ordonné : Que chacun de vous en ramasse ce qu'il faut pour sa nourriture, un gomor par tête, suivant le nombre des personnes ; chacun en prendra pour ceux qui sont dans sa tente. »

[17] Les enfants d'Israël firent ainsi, et ils recueillirent les uns plus, les autres moins. [18] On mesurait ensuite avec le gomor, et celui qui en avait ramassé beaucoup n'avait rien de trop, et celui qui en avait peu n'en manquait pas : chacun en avait recueilli ce qu'il fallait pour sa nourriture. [19] Moïse leur dit : « Que personne n'en laisse jusqu'au *lendemain* matin. » [20] Ils n'écoutèrent pas Moïse, et plusieurs d'entre eux en gardèrent jusqu'au matin ; mais il s'y mit des vers et tout devint infect. Moïse fut irrité contre eux. [21] Tous les matins, ils ramassaient de la manne, chacun selon sa consommation, et quand le soleil faisait sentir ses ardeurs, le reste se liquéfiait.

[22] Le sixième jour, ils ramassèrent une quantité double de nourriture, deux gomors pour chacun. Tous les principaux du peuple vinrent en informer Moïse, qui leur dit : [23] « C'est ce que Jéhovah a ordonné. Demain est un sabbat, un jour de repos consacré à Jéhovah : faites cuire au four ce que vous avez à faire cuire, faites bouillir ce que vous avez à faire bouillir, et tout ce qui restera, mettez-le en réserve pour le *lendemain* matin. » [24] Ils mirent donc l'excédant en réserve jusqu'au matin, comme Moïse l'avait ordonné, et il ne devint point infect, et les vers ne s'y mirent point. [25] Moïse dit : « Mangez-le aujourd'hui, car c'est le jour du sabbat en l'honneur de Jéhovah ; aujourd'hui vous n'en trouveriez point dans la campagne. [26] Vous en recueillerez pendant six jours ; mais le septième jour, qui est le sabbat, il n'y en aura point. »

[27] Le septième jour, quelques-uns du peuple sortirent pour en ramasser, mais ils n'en trouvèrent pas. [28] Alors Jéhovah dit à Moïse : « Jusques à quand refuserez-vous d'observer mes commandements et mes lois ? [29] Voyez : c'est parce que Jéhovah vous a donné le sabbat qu'il vous donne, le sixième jour, du pain pour deux jours. Que chacun reste à sa place, et que nul ne sorte le septième jour du lieu où il est. » [30] Et le peuple se reposa le septième jour.

[31] La maison d'Israël donna à cette nourriture le nom de manne. Elle ressemblait à de la graine de coriandre ; elle était blanche et avait le goût d'un gâteau de miel.

[32] Moïse dit : « Voici ce que Jéhovah a ordonné : Emplis de manne un gomor, pour la conserver pour vos descendants, afin qu'ils voient le pain dont je vous ai nourris dans le désert, lorsque je vous ai fait sortir du pays d'Egypte. » [33] Et Moïse dit à Aaron : « Prends un vase, mets-y de la manne plein un gomor, et dépose-le devant Jéhovah, afin qu'il soit conservé pour vos descendants. » [34] Comme Jéhovah l'avait ordonné à Moïse, Aaron le déposa devant le Témoignage, afin qu'il fût conservé.

[35] Les enfants d'Israël ont mangé la manne pendant quarante ans, jusqu'à leur arrivée dans un pays habité ; ils ont mangé la manne jusqu'à leur arrivée aux frontières du pays de Chanaan.

[36] Le gomor est la dixième partie de l'épha.

Chapitre XVII, 1-7. — Raphidim.

[1] Toute l'assemblée des enfants d'Israël partit du désert de Sin, selon les marches que Jéhovah lui ordonnait, et ils campèrent à Raphidim, où le peuple ne trouva pas d'eau à boire. [2] Alors le peuple chercha querelle à Moïse, en disant : « Donnez-nous de l'eau à boire. » Moïse leur répon-

dit : « Pourquoi me cherchez-vous querelle? Pourquoi tentez-vous Jéhovah? » 3 Mais le peuple, pressé par la soif, murmurait contre Moïse ; il
disait : « Pourquoi nous as-tu fait monter hors d'Egypte pour nous faire
mourir de soif avec nos enfants et nos troupeaux? » 4 Moïse cria vers
Jéhovah, en disant : « Que ferai-je pour ce peuple? Encore un peu, et ils
me lapideront! » 5 Jéhovah dit à Moïse : « Passe devant le peuple et
prends avec toi des anciens d'Israël; *prends* aussi dans ta main ton
bâton avec lequel tu as frappé le fleuve, et va. 6 Voici que je me tiendrai
devant toi sur le rocher qui est en Horeb ; tu frapperas le rocher, et il en
sortira de l'eau, et le peuple boira. » Moïse fit ainsi en présence des
anciens d'Israël. 7 Et il donna à ce lieu le nom de Massah et Méribah,
parce que les enfants d'Israël avaient contesté, et parce qu'ils avaient
tenté Jéhovah en disant : « Jéhovah est-il au milieu de nous, ou non? »

8-16. — Victoire sur Amalec.

8 Amalec vint attaquer Israël à Raphidim. Et Moïse dit à Josué :
« Choisis-nous des hommes, et va combattre Amalec ; demain je me tiendrai sur le sommet de la colline, le bâton de Dieu dans ma main. »
10 Josué fit ce que lui avait dit Moïse, il combattit Amalec ; or Moïse,
Aaron et Hur étaient montés au sommet de la colline. 11 Lorsque Moïse
tenait sa main levée, Israël avait l'avantage, et lorsqu'il laissait tomber
sa main, Amalec était le plus fort. 12 Comme les mains de Moïse étaient
fatiguées, ils prirent une pierre, qu'ils placèrent sous lui, et il s'assit
dessus; en même temps Aaron et Hur soutenaient ses mains, l'un d'un
côté, l'autre de l'autre ; ainsi ses mains ne fléchirent pas jusqu'au coucher du soleil; 13 et Josué défit Amalec et son peuple à la pointe de
l'épée.
14 Jéhovah dit à Moïse : « Ecris cela en souvenir dans le livre, et
déclare à Josué que j'effacerai la mémoire d'Amalec de dessous le ciel. »
15 Moïse construisit un autel, et le nomma Jéhovah-Nessi [Jéhovah est
ma bannière], et il dit : 16 « Puisqu'on a levé la main contre le trône de
Jéhovah, Jéhovah est en guerre contre Amalec d'âge en âge. »

CHAPITRE XVIII, 1-27. — Visite de Jéthro à Moïse.

1 Jéthro, prêtre de Madian, beau-père de Moïse, apprit tout ce que Dieu
avait fait en faveur de Moïse et d'Israël, son peuple : que Jéhovah avait
fait sortir Israël d'Egypte. 2 Jéthro, beau-père de Moïse, prit Séphora,
femme de Moïse, que celui-ci *lui* avait renvoyée, 3 et les deux fils de
Séphora, dont l'un se nommait Gersam, parce que Moïse avait dit : « Je
suis un étranger sur une terre étrangère » ; 4 et l'autre s'appelait Eliézer, parce qu'il avait dit : « Le Dieu de mon père m'a secouru, et il m'a
délivré de l'épée de Pharaon. » 5 Jéthro, beau-père de Moïse, avec les fils
et la femme de Moïse, vint *donc* vers lui au désert où il campait, à la
montagne de Dieu. 6 Il fit dire à Moïse : « Moi, ton beau-père Jéthro, je
viens vers toi, ainsi que ta femme et ses deux fils avec elle. »
7 Moïse sortit au-devant de son beau-père, et s'étant prosterné, il le
baisa ; puis ils s'informèrent réciproquement de leur santé, et ils entrèrent dans la tente de Moïse. 7 Moïse raconta à son beau-père tout ce que
Jéhovah avait fait à Pharaon et aux Egyptiens à cause d'Israël, toutes
les souffrances qui leur étaient survenues en chemin, et comment Jéhovah les en avait délivrés. 9 Jéthro se réjouit de tout le bien que Jéhovah
avait fait à Israël, *et* de ce qu'il l'avait délivré de la main des Egyptiens.
10 « Béni soit Jéhovah, dit-il, qui vous a délivrés de la main des Egyptiens et de la main de Pharaon, et qui a délivré le peuple de la main des
Egyptiens ! 11 Je sais maintenant que Jéhovah est plus grand que tous
les dieux, car il s'est montré grand alors que les Egyptiens opprimaient
Israël. » 12 Jéthro, beau-père de Moïse, offrit *ensuite* à Dieu un holocauste
et des sacrifices. Aaron et tous les anciens d'Israël vinrent prendre part
au repas, avec le beau-père de Moïse, en présence de Dieu.

13 Le lendemain, Moïse s'assit pour juger le peuple, et le peuple se tint
devant lui depuis le matin jusqu'au soir. 14 Le beau-père de Moïse,
voyant tout ce qu'il faisait pour le peuple, dit : « Que fais-tu là pour ces
gens ? Pourquoi sièges-tu seul, et tout ce monde se tient-il devant toi
depuis le matin jusqu'au soir? » 15 Moïse répondit à son beau-père :
« C'est que le peuple vient à moi pour consulter Dieu. 16 Quand ils ont
quelque affaire, ils viennent à moi ; je prononce entre eux, en faisant
connaître les ordres de Dieu et ses lois. » 17 Le beau-père de Moïse lui dit :
18 « Ce que tu fais n'est pas bien. Tu succomberas certainement, toi et le
peuple qui est avec toi ; car la tâche est au-dessus de tes forces, *et* tu ne
saurais y suffire seul. 19 Ecoute donc ma voix ; je vais te donner un con-
seil, et que Dieu soit avec toi ! Toi, sois le représentant du peuple auprès
de Dieu, et porte les affaires devant Dieu. 20 Apprends-leur les ordonnances et les lois, et fais-leur connaître la voie qu'ils doivent suivre et ce
qu'ils doivent faire. 21 Mais choisis parmi tout le peuple des hommes
capables et craignant Dieu, des hommes intègres, ennemis de la cupidité, et établis-les sur le peuple comme chefs de milliers, chefs de centaines, chefs de cinquantaines et chefs de dizaines. 22 Ils jugeront le
peuple en tout temps, porteront devant toi les affaires importantes, et
décideront eux-mêmes dans les moindres. Allège *ainsi* ta charge, et
qu'ils la portent avec toi. 23 Si tu fais cela, et que Dieu te donnes des
ordres, tu pourras y tenir et tout ce peuple aussi viendra en paix en son
lieu. »

24 Moïse écouta la voix de son beau-père et fit tout ce qu'il avait dit.
25 Moïse choisit dans tout Israël des hommes capables, et il les proposa
au peuple comme chefs de milliers, chefs de centaines, chefs de cinquantaines et chefs de dizaines. 26 Ils jugeaient le peuple en tout temps ; ils
portaient devant Moïse toutes les affaires graves, et décidaient eux-
mêmes toutes les petites.

27 Moïse prit congé de son beau-père, et Jéthro s'en retourna dans son
pays.

CHAPITRE XIX, 1-35 — Au désert de Sinaï. Préliminaire de la promulgation de la loi.

1 Ce fut le premier jour du troisième mois après leur sortie d'Egypte
que les enfants d'Israël arrivèrent au désert de Sinaï. 2 Ils étaient partis
de Raphidim ; arrivés au désert de Sinaï, ils campèrent dans le désert ;
Israël campa là, vis-à-vis de la montagne.

3 Moïse monta vers Dieu, et Jéhovah l'appela du haut de la montagne
en disant : « Tu parleras ainsi à la maison de Jacob et tu diras aux
enfants d'Israël : 4 Vous avez vu ce que j'ai fait à l'Egypte, et comment
je vous ai portés sur des ailes d'aigle et amenés vers moi. 5 Maintenant
si vous écoutez ma voix et si vous gardez mon alliance, vous serez mon
peuple particulier parmi tous les peuples, car toute la terre est à moi ;
6 mais vous, vous serez pour moi un royaume de prêtres et une nation
sainte. Telles sont les paroles que tu diras aux enfants d'Israël. »

7 Moïse vint appeler les anciens du peuple, et il mit devant eux toutes
ces paroles, selon que Jéhovah le lui avait ordonné. 8 Le peuple tout
entier répondit : « Nous ferons tout ce qu'a dit Jéhovah. » Moïse alla
porter à Jéhovah les paroles du peuple, et Jéhovah dit à Moïse : 9 « Je
vais venir à toi dans une nuée épaisse, afin que le peuple entende quand
je parlerai avec toi et qu'il ait toujours foi aussi en toi. »

10 Moïse ayant donc rapporté à Jéhovah les paroles du peuple, Jéhovah
lui dit : « Va vers le peuple, et sanctifie-les aujourd'hui et demain, et
qu'ils lavent leurs vêtements. 11 Qu'ils soient prêts pour le troisième
jour ; car le troisième jour Jéhovah descendra, aux yeux de tout le
peuple, sur la montagne de Sinaï. 12 Tu fixeras au peuple une limite à
l'entour, en disant : Gardez-vous de monter sur la montagne ou d'en
toucher le bord ; quiconque touchera la montagne sera mis à mort. 13 On

ne mettra pas la main sur lui, mais on le lapidera ou on le percera de
flèches ; bête ou homme, il ne doit pas vivre. Quand la trompette son-
nera, ils monteront sur la montagne. » 14 Moïse descendit de la montagne
vers le peuple ; il sanctifia le peuple, et ils lavèrent leurs vêtements.
Puis il dit au peuple : 15 « Soyez prêts dans trois jours ; ne vous appro-
chez d'aucune femme. »

16 Le troisième jour au matin, il y eut des tonnerres, des éclairs, une
nuée épaisse sur la montagne, et un son de trompe très fort, et tout le
peuple qui était dans le camp trembla. 17 Moïse fit sortir le peuple du
camp pour aller au-devant de Dieu, et ils se tinrent au pied de la montagne. 18 Le mont Sinaï était tout fumant, parce que Jéhovah y était des-
cendu au milieu du feu, et la fumée s'élevait comme la fumée d'une
fournaise, et toute la montagne tremblait fortement. 19 Le son de la
trompe devenait de plus en plus fort. Moïse parla, et Dieu lui répondit
par une voix. 20 Jéhovah descendit sur le mont Sinaï, sur le sommet de
la montagne, et Jéhovah appela Moïse au sommet de la montagne, et
Moïse monta.

21 Jéhovah dit à Moïse : « Descends, *et* défends expressément au peuple
de franchir les barrières vers Jéhovah pour regarder, de peur qu'un
grand nombre d'entre eux ne périssent. 22 Que même les prêtres, qui s'ap-
prochent de Jéhovah se sanctifient, de peur que Jéhovah ne les frappe *de
mort*. » 23 Moïse dit à Jéhovah : « Le peuple ne pourra pas monter sur le
mont Sinaï, puisque vous nous en avez fait la défense expresse, en
disant : Pose des limites autour de la montagne, et sanctifie-la. » Jéhovah lui dit : 24 « Va, descends, tu remonteras ensuite avec Aaron ; mais
que les prêtres et le peuple ne franchissent point les barrières pour
monter vers Jéhovah, de peur qu'il ne les frappe *de mort*. » 25 Moïse descendit vers le peuple et lui dit *ces choses*.

Chapitre XXIV, 1-18. — Moïse sur la montagne, avec les soixante-dix anciens d'Israël.

1 Dieu dit à Moïse : « Monte vers Jéhovah, toi et Aaron, Nadab et
Abiu, et soixante-dix anciens d'Israël, et prosternez-vous de loin. 2 Moïse
s'approchera seul de Jéhovah ; les autres ne s'en approcheront pas, et le
peuple ne montera pas avec lui. »

3 Moïse vint rapporter au peuple toutes les paroles de Jéhovah et toutes
les lois ; et le peuple entier répondit d'une seule voix : « Tout ce qu'a dit
Jéhovah, nous le ferons. »

4 Moïse écrivit toutes les paroles de Jéhovah. Puis, s'étant levé de bon
matin, il bâtit un autel au pied de la montagne, et dressa douze pierres
pour les douze tribus d'Israël. 5 Il envoya des jeunes gens, enfants d'Israël, et ils offrirent à Jéhovah des holocaustes et immolèrent des taureaux en sacrifices d'actions de grâces. 6 Moïse prit la moitié du sang,
qu'il mit dans des bassins, et il répandit l'autre moitié sur l'autel. 7 Alors,
ayant pris le livre de l'alliance, il le lut en présence du peuple, qui
répondit : « Tout ce qu'a dit Jéhovah, nous le ferons et nous y obéirons. » 8 Il prit ensuite le sang et en aspergea le peuple, en disant :
« C'est le sang de l'alliance que Jéhovah a conclue avec vous sur toutes
ces paroles. »

9 Moïse monta avec Aaron, Nadab et Abiu et soixante-dix anciens d'Israël ; et ils virent le Dieu d'Israël : sous ses pieds était comme un
ouvrage de brillants saphirs, pur comme le ciel même. 11 Et il n'étendit
pas sa main sur les élus des enfants d'Israël : ils virent Dieu, et ils mangèrent et burent.

12 Jéhovah dit à Moïse : « Monte vers moi sur la montagne, et restes-y ;
je te donnerai les tables de pierre, la loi et les préceptes que j'ai écrits
pour leur instruction. » 13 Moïse se leva, avec Josué, son serviteur, et,
s'avançant vers la montagne de Dieu, 14 il dit aux anciens : « Attendez-
nous ici, jusqu'à ce que nous revenions auprès de vous. Vous avez avec

vous Aaron et Hur; si quelqu'un a un différend, qu'il s'adresse à
eux. »
15 Moïse monta sur la montagne, et la nuée la couvrit ; 16 la gloire de
Jéhovah reposa sur le mont Sinaï, et la nuée le couvrit pendant six
jours. Le septième jour, Jéhovah appela Moïse du milieu de la nuée. 17 La
gloire de Jéhovah apparaissait aux enfants d'Israël comme un feu dévo-
rant au sommet de la montagne. 18 Moïse entra dans la nuée et monta à
la montagne ; et il demeura sur la montagne quarante jours et quarante
nuits.

Chapitre XXXI, 18. — Les tables de la loi.

19 Lorsque Jéhovah eut achevé de parler à Moïse sur la montagne de
Sinaï, il lui donna les deux tables du témoignage, tables de pierre, écrites
du doigt de Dieu.

Chapitre XXXII, 1-35. — Le veau d'or.

1 Le peuple, voyant que Moïse tardait à descendre de la montagne,
s'assembla autour d'Aaron et lui dit : « Allons, fais-nous un dieu qui
marche devant nous. Car ce Moïse, l'homme qui nous a fait monter du
pays d'Egypte, nous ne savons ce qu'il est devenu. » 2 Aaron leur dit :
« Ôtez les anneaux d'or qui sont aux oreilles de vos femmes, de vos fils
et de vos filles, et apportez-les-moi. » 3 Tout le monde ôta les anneaux
d'or qu'ils avaient aux oreilles, et ils les apportèrent à Aaron. 4 Il les
reçut de leurs mains, façonna l'or au burin, après l'avoir fondu, et fit un
veau. Et ils dirent : « Israël, voici ton Dieu, qui t'a fait monter du pays
d'Egypte. » 5 Ayant vu cela, Aaron construisit un autel devant l'image,
et il s'écria : « Demain il y aura fête en l'honneur de Jéhovah. » 6 Le lendemain, s'étant levés de bon matin, ils offrirent des holocaustes et des
sacrifices d'actions de grâces; et le peuple s'assit pour manger et pour
boire, puis ils se levèrent pour se divertir.
7 Jéhovah dit à Moïse : « Va, descends; car ton peuple que tu as fait
monter du pays d'Egypte, s'est conduit très mal. 8 Ils se sont bien vite
détournés de la voie que je leur avais prescrite ; ils se sont fait un veau
en métal, ils se sont prosternés devant lui, et ils ont dit : Israël, voici
ton Dieu, qui t'a fait monter du pays d'Egypte. » 9 Jéhovah dit à Moïse :
« Je vois que ce peuple est un peuple au cou raide. 10 Maintenant laisse-
moi : que ma colère s'embrase contre eux et que je les consume! Mais
je ferai de toi une grande nation. » — 11 Moïse implora Jéhovah, son
Dieu, et dit : « Pourquoi, Jéhovah, votre colère s'embraserait-elle contre
votre peuple, que vous avez fait sortir du pays d'Egypte par une grande
puissance et par une main forte? 12 Pourquoi les Egyptiens diraient-ils :
« C'est pour leur malheur qu'il les a fait sortir du pays d'Egypte, c'est
pour les faire périr dans les montagnes et pour les anéantir de dessus la
terre? Revenez de l'ardeur de votre colère, et repentez-vous du mal que
vous voulez faire à votre peuple. 13 Souvenez-vous d'Abraham, d'Isaac et
d'Israël, vos serviteurs, auxquels vous avez dit, en jurant par vous-
même : Je multiplierai votre postérité comme les étoiles du ciel, et tout
ce pays dont j'ai parlé, je le donnerai à vos descendants, et ils le possède-
ront à jamais. » — 14 Et Jéhovah se repentit du mal qu'il avait parlé de
faire à son peuple.
15 Moïse revint et descendit de la montagne, ayant dans sa main les
deux tables du témoignage ; elles étaient écrites des deux côtés, sur l'une
et l'autre face. 16 Elles étaient l'ouvrage de Dieu, ainsi que l'écriture
gravée sur les tables. 17 Josué entendit le bruit que faisait le peuple en
poussant des cris, et il dit à Moïse : « Un cri de bataille retentit dans le
camp. » 18 Moïse répondit : « Ce n'est ni un bruit de cris de victoire, ni un
bruit de cris de défaite ; j'entends la voix de gens qui chantent. » 19 Lorsqu'il fut près du camp, il vit le veau et les danses, et sa colère s'en-

flamma; il jeta de ses mains les tables et les brisa au pied de la montagne.
20 Et prenant le veau qu'ils avaient fait, il le brûla, le broya jusqu'à le
réduire en poudre, répandit cette poudre sur l'eau, et en fit boire aux
enfants d'Israël.

21 Moïse dit à Aaron : « Que t'a fait ce peuple pour que tu aies amené
sur lui un *si* grand péché ? » 22 Aaron répondit : « Que la colère de mon
seigneur ne s'enflamme pas ! Tu sais toi-même combien ce peuple est
mauvais. 23 Ils m'ont dit : Fais-nous un dieu qui marche devant nous ;
car ce Moïse, cet homme qui nous a fait monter du pays d'Egypte, nous
ne savons ce qu'il est devenu. 24 Je leur ai dit : Que ceux qui ont de
l'or s'en dépouillent ! Ils m'en ont donné, je l'ai jeté au feu, et il en est
sorti ce veau. »

25 Moïse vit que le peuple n'avait plus de frein, parce qu'Aaron lui avait
ôté tout frein, *l'exposant* à devenir la risée de ses ennemis. 26 Et Moïse
se plaça à la porte du camp, et il dit : « A moi ceux qui sont pour Jéhovah ! » Et tous les enfants de Lévi se rassemblèrent autour de lui. Il leur
dit : 27 « Ainsi parle Jéhovah, le Dieu d'Israël : Que chacun de vous
mette son épée au côté ; passez et repassez dans le camp d'une porte à
l'autre, et que chacun tue son frère, son ami, son parent ! » 28 Les enfants
de Lévi firent ce qu'ordonnait Moïse, et il périt ce jour-là environ trois
mille hommes du peuple. Moïse dit : 29 « Consacrez-vous aujourd'hui à
Jéhovah, puisque chacun de vous a été contre son fils et son frère, et vous
recevrez aujourd'hui une bénédiction. »

30 Le lendemain, Moïse dit au peuple : « Vous avez commis un grand
péché. Et maintenant je vais monter vers Jéhovah : peut-être obtiendrai-
je le pardon de votre péché. » 31 Moïse retourna vers Jéhovah et dit :
« Ah ! ce peuple a commis un grand péché ! Ils se sont fait un dieu d'or.
32 Pardonnez maintenant leur péché ; sinon effacez-moi de votre livre
que vous avez écrit. » 33 Jéhovah dit à Moïse : « C'est celui qui a péché
contre moi que j'effacerai de mon livre. 34 Va maintenant, conduis le
peuple où je t'ai dit. Mon ange marchera devant toi ; mais au jour de ma
visite, je les punirai de leur péché. » — 35 C'est ainsi que Jéhovah frappa
le peuple, parce qu'il était l'auteur du veau qu'Aaron avait fait.

CHAPITRE XXXIII, 18-23. — La gloire de Dieu montrée à Moïse.

18 Moïse dit : « Faites moi voir votre gloire. » 19 Jéhovah répondit : « Je
ferai passer devant toi toute ma bonté, et je prononcerai devant toi le
nom de Jéhovah ; *car* je fais grâce à qui je fais grâce, et miséricorde à
qui je fais miséricorde. » Jéhovah dit *encore :* 20 « Tu ne pourras voir
ma face, car l'homme ne peut me voir et vivre. » Il dit *encore :* 21 « Voici
une place près de moi ; tu te tiendras sur le rocher. 22 Quand ma gloire
passera, je te mettrai dans le creux du rocher, et je te couvrirai de ma
main jusqu'à ce que j'aie passé. 23 Alors je retirerai ma main et tu me
verras par derrière ; mais ma face ne saurait être vue. »

CHAPITRE XXXIV, 1-35. — Rétablissement de l'alliance.

1 Jéhovah dit à Moïse : « Taille deux tables de pierre comme les
premières, et j'y écrirai les paroles qui étaient sur les premières tables
que tu as brisées. 2 Sois prêt pour demain, et tu monteras dès le matin
sur la montagne de Sinaï ; tu te tiendras là devant moi au sommet de la
montagne. 3 Que personne ne monte avec toi, et que personne ne se montre nulle part sur la montagne, et même que ni brebis ni bœufs ne pais-
sent du côté de cette montagne. » 4 Moïse tailla *donc* deux tables de pierre
comme les premières ; et s'étant levé de bonne heure, il monta sur le
mont Sinaï, comme Jéhovah le lui avait ordonné ; il portait dans sa main
les deux tables de pierre.

5 Jéhovah descendit dans la nuée, se tint là avec lui et prononça le nom
de Jéhovah. 6 Et Jéhovah passa devant lui et s'écria : « Jéhovah ! Jéhovah ! Dieu miséricordieux et compatissant, lent à la colère, riche en bonté
et en fidélité, 7 qui conserve sa grâce jusqu'à mille générations, qui par-
donne l'iniquité, la révolte et le péché ; mais il ne les laisse pas impunis,
visitant l'iniquité des pères sur les enfants et sur les enfants des enfants
jusqu'à la troisième et à la quatrième génération ! » 8 Aussitôt Moïse s'in-
clina vers la terre et se prosterna, en disant : 9 « Si j'ai trouvé grâce à vos
yeux, Seigneur, daigne le Seigneur marcher au milieu de nous, car c'est un
peuple au cou raide ; pardonnez nos iniquités et nos péchés, et prenez-nous
pour votre héritage. » 10 Jéhovah répondit : « Voici que je fais une alliance :
en présence de tout ton peuple, je ferai des prodiges qui n'ont eu lieu
dans aucun pays et chez aucune nation, afin que le peuple qui t'environne voie l'œuvre de Jéhovah ; car terribles sont les choses que j'accom-
plirai avec toi. »

27 Jéhovah dit à Moïse : « Ecris, toi, ces paroles ; car c'est d'après ces
paroles que j'ai fait alliance avec toi et avec Israël. » 28 Moïse fut là avec
Jéhovah quarante jours et quarante nuits, sans manger de pain et sans
boire d'eau. Et Jéhovah écrivit sur les tables les paroles de l'alliance, les
dix paroles.

29 Moïse descendit de la montagne de Sinaï, ayant dans sa main les
deux tables du témoignage, et il ne savait pas que la peau de son visage
était devenue rayonnante pendant qu'il parlait avec Jéhovah. 30 Aaron
et tous les enfants d'Israël virent Moïse, et comme la peau de son visage
rayonnait, ils craignirent de s'approcher de lui. 31 Moïse les appela, et
Aaron et les princes de l'assemblée revinrent auprès de lui, et il leur
parla. 32 Ensuite tous les enfants d'Israël s'approchèrent, et il leur donna
tous les ordres qu'il avait reçus de Jéhovah sur le mont Sinaï. 33 Lorsque
Moïse eut achevé de parler, il mit un voile sur son visage. 34 Quand
Moïse entrait devant Jéhovah pour parler avec lui, il ôtait le voile jusqu'à ce qu'il sortit ; puis il sortait et disait aux enfants d'Israël ce qui
avait été ordonné. 35 Les enfants d'Israël voyaient le visage de Moïse qui
était rayonnant ; et Moïse remettait le voile sur son visage, jusqu'à ce
qu'il entrât pour parler avec Jéhovah.

LES NOMBRES

Chapitre X, 11-13 et 33. — Départ du Sinaï.

11 La seconde année au vingtième jour du deuxième mois, la nuée
s'éleva de dessus la Demeure du témoignage ; 12 et les enfants d'Israël,
reprenant leurs marches, partirent du désert de Sinaï, et la nuée s'arrêta
dans le désert de Pharan. 13 Ils se mirent en marche pour la première
fois, suivant le commandement que Jéhovah avait donné par Moïse.

. . . .

33 Etant partis de la montage de Jéhovah, ils firent trois journées de
marche, et pendant ces trois journées l'arche de l'alliance de Jéhovah
s'avança devant eux pour chercher un lieu de repos.

Chapitre XI, 1-20 et 31-33. — Murmures à Tabéera : le feu du ciel. Murmures à Qibroth-Hattaava : les cailles.

1 Le peuple se mit à murmurer, ce qui déplut aux oreilles de Jéhovah.
Jéhovah l'entendit, et sa colère s'enflamma, et le feu de Jéhovah s'alluma
contre eux et il dévorait à l'extrémité du camp. 2 Le peuple cria vers
Moïse, et Moïse pria Jéhovah, et le feu s'éteignit. 3 On donna à ce lieu
le nom de Thabéera, parce que le feu de Jéhovah s'était allumé parmi
eux.

4 Le ramas de gens qui se trouvaient au milieu d'Israël s'enflamma de
convoitise, et même les enfants d'Israël recommencèrent à pleurer et
dirent : « Qui nous donnera de la viande à manger ? 5 Il nous souvient
des poissons que nous mangions pour rien en Egypte, des concombres,
des melons, des poireaux, des oignons et de l'ail. 6 Maintenant notre
âme est desséchée ; plus rien ! Nos yeux ne voient que de la manne. »
— 7 La manne était semblable à la graine de coriandre, et avait l'aspect
du bdellium. 8 Le peuple se répandait pour la ramasser ; il la broyait
sous la meule ou la pilait dans un mortier ; il la cuisait au pot, et en
faisait des gâteaux. Elle avait le goût d'un gâteau à l'huile. 9 Quand la
rosée descendait pendant la nuit sur le camp, la manne y descendait
aussi.

10 Moïse entendit le peuple qui pleurait dans chaque famille, chacun à
l'entrée de sa tente. La colère de Jéhovah s'enflamma grandement.
11 Moïse fut attristé, et il dit à Jéhovah : « Pourquoi avez-vous fait ce
mal à votre serviteur, et pourquoi n'ai-je pas trouvé grâce à vos yeux,
que vous ayez mis sur moi la charge de tout ce peuple ? 12 Est-ce moi qui
ai conçu tout ce peuple ? est-ce moi qui l'ai enfanté ? pour que vous me
disiez : Porte-le sur ton sein, comme le nourricier porte un enfant qu'on
allaite, jusqu'au pays que vous avez juré de donner à ses pères ? 13 Où
prendrai-je de la viande pour en donner à tout ce peuple ? Car ils pleu-
rent autour de moi, en disant : Donne-nous de la viande à manger. 14 Je
ne puis pas, à moi seul, porter tout ce peuple ; il est trop pesant pour
moi. 15 Pour me traiter ainsi, tuez-moi plutôt, je vous prie, tuez-moi si
j'ai trouvé grâce à vos yeux, et que je ne voie pas mon malheur ! »

16 Jéhovah dit à Moïse : « Assemble-moi soixante-dix hommes des anciens d'Israël, que tu connais pour être anciens du peuple et hommes
d'office ; amène-les à la tente de réunion et qu'ils se tiennent là avec toi.
17 Je descendrai et je te parlerai là ; je prendrai de l'esprit qui est sur
toi et je le mettrai sur eux, afin qu'ils portent avec toi la charge du
peuple, et tu ne la porteras plus toi seul. 18 Tu diras au peuple : Sancti-
fiez-vous pour demain, et vous aurez de la viande à manger, puisque
vous avez pleuré aux oreilles de Jéhovah, en disant : Qui nous fera manger de la viande ? Car nous étions bien en Egypte ! Et Jéhovah vous donnera de la viande, et vous en mangerez. 19 Vous en mangerez, non pas
un jour, ni deux jours, ni cinq, ni dix, ni vingt jours, 20 mais un mois
entier, jusqu'à ce qu'elle vous sorte par les narines et qu'elle vous soit
en dégoût, parce que vous avez rejeté Jéhovah qui est au milieu de vous
et que vous avez pleuré devant lui, en disant : Pourquoi donc sommes-
nous sortis d'Egypte ? »

. . . .

31 Jéhovah fit souffler un vent qui, de la mer, amena des cailles et les
abattit sur le camp, sur l'étendue d'environ une journée de chemin, de
chaque côté autour du camp, et il y en avait près de deux coudées de
haut sur la surface de la terre. 32 Pendant tout ce jour, toute la nuit et
toute la journée du lendemain, le peuple se leva et ramassa les cailles ;
celui qui en avait ramassé le moins en avait dix gomors ; et ils les éten-
dirent tout autour du camp. 33 *Mais* la chair était encore entre leurs dents,
avant d'être consommée, que la colère de Jéhovah s'enflamma contre le
peuple, et Jéhovah frappa le peuple d'une très grande plaie. 34 On donna
à ce lieu le nom de Qibroth-Hattaava, parce qu'on y enterra les gens qui
s'étaient laissés aller à la convoitise.

35 De Qibroth-Hattaava, le peuple se mit en marche pour Haséroth, et
il s'arrêta à Haséroth.

Chapitre XII, 1-15. — Murmures de Marie et d'Aaron contre Moïse. Marie frappée de lèpre.

1 Marie, avec Aaron, parla contre Moïse au sujet de la femme couschite
qu'il avait prise. 2 Ils dirent : « Est-ce seulement par Moïse que Jéhovah
a parlé ? N'a-t-il pas parlé aussi par nous ? » Et Jéhovah l'entendit.

3 Mais Moïse était un homme fort doux, plus qu'aucun homme qui fût
sur la face de la terre.
4 Soudain Jéhovah dit à Moïse, à Aaron et à Marie : « Sortez, vous trois,
vers la tente de réunion. » Et ils sortirent tous les trois ; 5 et Jéhovah
descendit dans la colonne de nuée et se tint à l'entrée de la tente. Il
appela Aaron et Marie, qui s'avancèrent tous deux ; et il dit : 6 « Ecoutez
bien mes paroles : si vous avez quelque prophète de Jéhovah, c'est en
vision que je me révèle à lui, c'est en songe que je lui parle. 7 Tel n'est
pas mon serviteur Moïse ; il est reconnu fidèle dans toute ma maison ; 8 je
lui parle bouche à bouche, en me faisant voir, et non par énigmes, et il
contemple la figure de Jéhovah. Pourquoi donc n'avez-vous pas craint
de parler contre mon serviteur Moïse ? » 9 Et la colère de Jéhovah s'enflamma contre eux ; et il s'en alla ; 10 la nuée se retira de dessus la tente,
et au même moment, Marie devint lépreuse, *blanche* comme la neige.
Aaron s'étant tourné vers Marie, vit qu'elle était lépreuse, et il dit à
Moïse : 11 « De grâce, mon seigneur, ne mets pas sur nous ce péché que
nous avons follement commis, et dont nous sommes coupables. 12 Ah !
qu'elle ne soit pas comme l'enfant mort-né qui, en sortant du sein de sa
mère, a la chair à demi consumée ! » Moïse cria à Jéhovah, en disant :
13 « O Dieu, je vous prie, guérissez-la ! » 14 Jéhovah dit à Moïse : « Si
son père lui avait craché au visage, ne serait-elle pas pendant sept jours
couverte de honte ? Qu'elle soit séquestrée sept jours hors du camp ;
après quoi elle y sera reçue. » 15 Marie fut *donc* séquestrée sept jours
hors du camp, et le peuple ne partit point jusqu'à ce que Marie eût été
reçue.

Chapitre XIII, 1. — Départ d'Haséroth.

1 Après cela, le peuple partit d'Haséroth, et ils campèrent dans le désert de Pharan.

Chapitre XX, 1-30. — Mort de Marie. Eaux de Mériba. Edom refuse le passage à Israël. Mort d'Aaron.

1 Les enfants d'Israël, toute l'assemblée, arrivèrent dans le premier
mois au désert de Sin, et le peuple séjourna à Cadès. C'est là que mourut Marie et qu'elle fut enterrée.
2 Comme il n'y avait pas d'eau pour l'assemblée, ils s'attroupèrent
contre Moïse et Aaron. 3 Le peuple disputa avec Moïse, et ils dirent :
« Que n'avons-nous péri quand nos frères périrent devant Jéhovah ?
4 Pourquoi avez-vous fait venir l'assemblée de Jéhovah dans ce désert,
pour que nous y mourions, nous et notre bétail ? 5 Pourquoi nous avez-
vous fait monter d'Egypte, pour nous amener dans ce méchant lieu, où
l'on ne peut semer, où il n'y a ni figuier, ni vigne, ni grenadier, ni *même*
d'eau à boire ? » — 6 Alors Moïse et Aaron, quittant l'assemblée, se retirèrent à l'entrée de la tente de réunion. Ils tombèrent sur leur visage,
et la gloire de Jéhovah leur apparut.
7 Jéhovah parla à Moïse, en disant : 8 « Prends le bâton et con-
voque l'assemblée, toi et ton frère Aaron ; vous parlerez au rocher en
leur présence, afin qu'il donne ses eaux ; et tu feras sortir pour eux de
l'eau du rocher, et tu donneras à boire à l'assemblée et à son bétail. »
9 Moïse prit le bâton qui était devant Jéhovah, comme Jéhovah le lui avait
ordonné. 10 Puis Moïse et Aaron convoquèrent l'assemblée en face du
rocher, et Moïse leur dit : « Ecoutez donc, rebelles ! Vous ferons-nous
sortir de l'eau de ce rocher ? » 11 Moïse leva la main et frappa deux fois le
rocher de son bâton ; et il sortit de l'eau en abondance. L'assemblée
but, ainsi que le bétail. 12 Alors Jéhovah dit à Moïse et à Aaron : « Parce
que vous n'avez pas cru en moi, pour me sanctifier aux yeux des enfants d'Israël, vous ne ferez point entrer cette assemblée dans le pays que
je lui donne. » — 13 Ce sont là les eaux de Mériba, où les enfants d'Israël
contestèrent avec Jéhovah, et il se sanctifia en eux.

[14] De Cadès, Moïse envoya des messagers au roi d'Edom, pour lui dire:
« Ainsi parle ton frère Israël : Tu sais toutes les souffrances que nous
avons endurées. [15] Nos pères descendirent en Egypte, et nous y demeurâmes longtemps ; mais les Egyptiens nous maltraitèrent, nous et nos
pères. [16] Nous avons crié à Jéhovah, et il a entendu notre voix ; il a envoyé un ange et nous a fait sortir d'Egypte. Et voici que nous sommes à
Cadès, ville *située* à la limite de ton territoire. [17] Laisse-nous, de grâce,
passer par ton pays ; nous ne traverserons ni les champs, ni les vignes,
et nous ne boirons pas l'eau des puits; mais nous suivrons la route
royale, sans nous détourner à droite ou à gauche, jusqu'à ce que nous
ayons franchi ton territoire. » [18] Edom lui dit : « Tu ne passeras chez
moi, sinon j'irai à ta rencontre avec l'épée. » [19] Les enfants d'Israël lui
dirent : « Nous monterons par la grande route, et si nous buvons de ton
eau, moi et mes troupeaux, j'en paierai le prix. Ce n'est pas une affaire ;
je ne ferai que passer avec mes pieds. » [20] Il répondit : « Tu ne passeras
pas ! » Et Edom sortit à sa rencontre avec un peuple nombreux et une
puissante armée. [21] *C'est ainsi qu'*Edom refusa à Israël le passage sur
son territoire ; et Israël se détourna de lui.

[22] Les enfants d'Israël, l'assemblée entière, partirent de Cadès et arrivèrent à la montagne de Hor. [23] Jéhovah dit à Moïse et à Aaron, à la
montagne de Hor, sur la frontière du pays d'Edom : [24] « Aaron va être
recueilli auprès de son peuple ; car il n'entrera point dans le pays que je
donne aux enfants d'Israël, parce que vous avez été rebelles à mon ordre,
aux eaux de Mériba. [25] Prends Aaron et son fils Eléazar, et fais-les monter sur la montagne de Hor. [26] Tu dépouilleras Aaron de ses vêtements
et tu en revêtiras Eléazar, son fils. C'est là qu'Aaron sera recueilli et
mourra. » [27] Moïse fit ce que Jéhovah avait ordonné ; ils montèrent sur
la montagne de Hor, aux yeux de toute l'assemblée; [28] puis Moïse, ayant
ôté à Aaron ses vêtements, les fit revêtir à Eléazar, son fils ; [29] et Aaron
mourut là, au sommet de la montagne, et Moïse et Eléazar descendirent
de la montagne. [30] Toute l'assemblée vit qu'Aaron était mort, et toute la
maison d'Israël pleura Aaron pendant trente jours.

Chapitre XXI, 1-35. — Attaque du roi d'Arad. Les serpents brûlants. Israël contourne le pays d'Edom. Victoire sur les Amorrhéens. Arrivée dans les plaines de Moab.

[1] Le Chananéen, roi d'Arad, qui habitait le Négeb, apprit qu'Israël venait par le chemin d'Atharim. Il lui livra bataille et lui fit des prisonniers. [2] Alors Israël fit un vœu à Jéhovah, en disant : « Si vous livrez ce
peuple entre mes mains, je dévouerai ses villes à l'anathème. » [3] Jéhovah
entendit la voix d'Israël et livra les Chananéens ; on les dévoua à l'anathème, eux et leurs villes, et ce lieu fut appelé Horma.

[4] Ils partirent de la montagne de Hor par le chemin de la mer Rouge,
pour tourner le pays d'Edom. Le peuple perdit patience dans ce chemin,
et il parla contre Dieu et contre Moïse : [5] « Pourquoi nous avez-vous fait
monter d'Egypte, pour que nous mourions dans le désert ? Il n'y a point
de pain, il n'y a point d'eau, et notre âme a pris en dégoût cette misérable nourriture. » [6] Alors Jéhovah envoya contre le peuple des serpents
brûlants, qui le mordirent ; et il mourut beaucoup de gens en Israël.
[7] Le peuple vint à Moïse et dit : « Nous avons péché, en parlant contre Jéhovah et contre toi. Prie Jéhovah, afin qu'il éloigne de nous ces serpents. »
Moïse pria pour le peuple, et Jéhovah lui dit : [8] « Fais-toi un serpent brûlant et place-le sur un poteau ; quiconque aura été mordu et le regardera,
conservera la vie. » [9] Moïse fit un serpent d'airain et le plaça sur un
poteau, et si quelqu'un était mordu, il regardait le serpent d'airain, et il
était sauvé.

[10] Les enfants d'Israël partirent, et ils campèrent à Oboth. [11] Ils partirent d'Oboth, et ils campèrent à Jeabarim, dans le désert qui est vis-à-
vis de Moab, vers le soleil levant. [12] Etant partis de là, ils campèrent

dans la vallée de Zarèd. 13 Etant partis de là, ils campèrent au delà de
l'Arnon, qui coule dans le désert en sortant du territoire des Amorrhéens ; car l'Arnon est la frontière de Moab, entre Moab et les Amorrhéens. 14 C'est pourquoi il est dit dans le livre des Guerres de Jéhovah :
« *Jéhovah a pris* Vaheb, dans sa course impétueuse, et les torrents de
l'Arnon, 15 et la pente des torrents qui descend du côté d'Ar et s'appuie
à la frontière de Moab. »
16 De là *ils allèrent* à Beer. C'est le puits à propos duquel Jéhovah dit
à Moïse : « Rassemble le peuple, et je leur donnerai de l'eau. » 17 Alors
Israël chanta ce cantique :

Monte, puits ! Acclamez-le !
18 Ce puits, que des princes ont creusé,
Que les grands du peuple ont ouvert,
Avec le sceptre, avec leurs bâtons !

19 Du désert ils allèrent à Matthana ; de Matthana à Nahaliel ; de Nahaliel à Bamoth ; 20 de Bamoth à la vallée qui est dans les champs de Moab,
au sommet du Phasga, qui domine le désert.
21 Israël envoya des messagers à Séhon, roi des Amorrhéens, pour lui
dire : 22 « Laisse-moi passer par ton pays ; nous ne nous écarterons ni
dans les champs, ni dans les vignes, et nous ne boirons pas l'eau des
puits ; nous suivrons la route royale, jusqu'à ce que nous ayons passé la
frontière. » 23 Séhon ne permit pas à Israël de passer sur son territoire ;
il rassembla tout son peuple, et étant sorti à la rencontre d'Israël dans
le désert, il vint à Jasa et livra bataille à Israël. 24 Israël le frappa du
tranchant de l'épée, et se rendit maître de son pays depuis l'Arnon jusqu'au Jaboc, jusqu'aux enfants d'Ammon ; car la frontière des enfants
d'Ammon était forte. 25 Israël prit toutes ces villes et s'établit dans toutes
les villes des Amorrhéens, à Hésebon et dans toutes les villes de son ressort. 26 Car Hésebon était la ville de Séhon, roi des Amorrhéens, qui
avait fait la guerre au précédent roi de Moab et lui avait enlevé tout son
pays jusqu'à l'Arnon. 27 C'est pourquoi les poètes disent :

Venez à Hésebon !
Que la ville de Séhon soit rebâtie et fortifiée !
28 Car il est sorti un feu de Hésebon,
Une flamme de la ville de Séhon ;
Elle a dévoré Ar-Moab,
Les maîtres des hauteurs de l'Arnon.
29 Malheur à toi, Moab !
Tu es perdu, peuple de Chamos !
Il a livré ses fils fugitifs
Et ses filles captives
A Séhon, roi des Amorrhéens.
30 Et nous avons lancé sur eux nos traits ;
Hésebon est détruite jusqu'à Dibon ;
Nous avons dévasté jusqu'à Nophé,
Avec le feu jusqu'à Médéba.

31 *C'est ainsi qu'*Israël s'établit dans le pays des Amorrhéens. 32 Moïse
envoya reconnaître Jaser ; et ils prirent *cette ville et* celles de son ressort, et expulsèrent les Amorrhéens qui y étaient.
33 Puis, changeant de direction, ils montèrent par le chemin de Basan.
Og, roi de Basan, sortit à leur rencontre avec tout son peuple, pour les
combattre à Edraï. 34 Jéhovah dit à Moïse : « Ne le crains point, car je
le livre entre tes mains, lui, tout son peuple et son pays ; tu le traiteras
comme tu as traité Séhon, roi des Amorrhéens, qui habitait à Hésebon. »
35 Et ils le battirent, lui et ses fils, avec tout son peuple, jusqu'à ce qu'il
n'en restât plus un seul, et ils s'emparèrent de son pays.

Chapitre XXII, 1 et 36-41. — Balac, roi de Moab, suborne Balaam pour maudire Israël.

1 Les enfants d'Israël, étant partis, campèrent dans les plaines de
Moab, au delà du Jourdain, *vis-à-vis* de Jéricho.

. . . .

36 Balac ayant appris que Balaam arrivait, sortit à sa rencontre jusqu'à
la ville de Moab, qui est sur la frontière formée par l'Arnon, à l'extrême
frontière. Il dit à Balaam : 37 « N'avais-je pas envoyé déjà vers toi pour
t'appeler ? Pourquoi n'es-tu pas venu vers moi ? Ne suis-je pas en état
de te traiter avec honneur ? » Balaam dit à Balac : 38 « Tu le vois, je
suis venu vers toi ; *mais* maintenant suis-je capable de dire quoi que
ce soit ? Les paroles que Dieu mettra dans ma bouche, je les dirai. »
39 Balaam se mit en route avec Balac, et ils arrivèrent à Qiriath Chut-
soth. 40 *Là*, Balac immola en sacrifice des bœufs et des brebis, et il en
envoya *des portions* à Balaam et aux princes qui étaient avec lui.
41 Le matin, Balac prit *avec lui* Balaam et le fit monter à Bamoth-Baal,
d'où Balaam put apercevoir les derniers rangs du peuple.

Chapitre XXIII, 11-15 et 25-30. — Balaam bénit Israël.

11 Balac dit à Balaam : « Que m'as-tu fait ? Je t'ai pris pour maudire
mes ennemis, et voilà que tu n'as fait que bénir ! » 12 Il répondit : « Ne
dois-je pas avoir soin de ne dire que ce que Jéhovah met dans ma
bouche ? » 13 Balac lui dit : « Viens avec moi à une autre place, d'où tu
le verras ; tu en verras seulement l'extrémité, sans le voir tout entier ;
et de là maudis-le-moi. » 14 Il le mena au champ des Sentinelles, sur le
sommet de Phasga ; et ayant élevé sept autels, il offrit un taureau et un
bélier sur chaque autel. Et Balaam dit à Balac : 15 « Tiens-toi près de ton
holocauste, et moi j'irai à la rencontre de Dieu. »

. . . .

25 Balac dit à Balaam : « Ne le maudis pas et ne le bénis pas. » 26 Balaam répondit et dit à Balac : « Ne t'ai-je pas dit : Je ferai tout ce que dira
Jéhovah ? » Balac dit à Balaam : 27 « Viens donc, je te mènerai à une
autre place ; peut-être plaira-t-il à Dieu que de là tu me le maudisses. »
— 28 Balac mena Balaam sur le sommet du Phogor, qui domine le désert.
29 Et Balaam dit à Balac : « Elève-moi ici sept autels, et prépare-moi ici
sept taureaux et sept béliers. » 30 Balac fit ce que Balaam avait dit, et il
offrit un taureau et un bélier sur chaque autel.

Chapitre XXIV, 1-2. — Balaam *(suite)*.

1 Balaam vit que Jéhovah avait pour agréable de bénir Israël, et il
n'alla pas, comme les autres fois, à la rencontre des signes magiques ;
mais il tourna son visage du côté du désert. 2 Ayant levé les yeux, il vit
Israël campé par tribus ; et l'Esprit de Dieu fut sur lui, et il prononça son
discours.

Chapitre XXV, 1-3. — Idolâtrie d'Israël.

1 Pendant qu'Israël demeurait à Settim, le peuple commença à se
livrer à la débauche avec les filles de Moab. 2 Elles invitèrent le peuple
au sacrifice de leur dieu. Et le peuple mangea et se prosterna devant
leur dieu. 3 Israël s'attacha à Béelphégor, et la colère de Jéhovah s'enflamma contre Israël.

CHAPITRE XXVII, 12-14. — Dieu promet à Moïse de lui faire voir le pays de Chanaan.

12 Jéhovah dit à Moïse : « Monte sur cette montagne d'Abarim, et vois
le pays que je donne aux enfants d'Israël. 13 Tu le verras, et toi aussi
tu seras recueilli auprès de ton peuple, comme Aaron ton frère a été
recueilli, 14 parce que *tous deux* vous avez été rebelles à mon ordre
dans le désert de Sin, lors de la contestation de l'assemblée, au lieu de
me sanctifier devant eux à l'occasion des eaux. Ce sont les eaux de
Mériba, à Cadès, dans le désert de Sin. »

CHAPITRE XXXII, 1-5 et 28-42. — Partage du territoire conquis à l'est du Jourdain.

1 Les fils de Ruben et les fils de Gad avaient des troupeaux en nombre
considérable. Voyant que le pays de Jazer et de Galaad était un lieu
propre pour les troupeaux, 2 ils vinrent auprès de Moïse, d'Eléazar, le
prêtre, et des princes de l'assemblée, et ils leur dirent : 3 « Ataroth,
Dibon, Jazer, Nemra, Hésebon, Eléalé, Saban, Nébo et Béon, 4 ce pays
que Jéhovah a frappé devant l'assemblée d'Israël, est un lieu propre
pour les troupeaux, et tes serviteurs en possèdent *beaucoup*. 5 Si, ajou-
tèrent-ils, nous avons trouvé grâce à tes yeux, que ce pays soit donné
en possession à tes serviteurs, et ne nous fais point passer le Jourdain. »

: :

28 Alors Moïse donna des ordres à leur sujet à Eléazar, le prêtre, à
Josué, fils de Nun, et aux chefs de famille des tribus des enfants d'Israël ; 29 il leur dit : « Si les fils de Gad et les fils de Ruben passent avec
vous le Jourdain, tous les hommes armés pour combattre devant Jéhovah, et que le pays soit soumis devant vous, vous leur donnerez en possession la conquête de Galaad. 30 Mais s'ils ne passent point en armes
avec vous, ils seront établis au milieu de vous dans le pays de Chanaan. » 31 Les fils de Gad et les fils de Ruben répondirent : « Ce que
Jéhovah a dit à tes serviteurs, nous le ferons. 32 Nous passerons en
armes devant Jéhovah au pays de Chanaan, et la possession de notre
héritage nous demeurera de ce côté-ci du Jourdain. »
33 Moïse donna aux fils de Gad et aux fils de Ruben, et à la moitié de
la tribu de Manassé, fils de Joseph, le royaume de Séhon, roi des
Amorrhéens, et le royaume d'Og, roi de Basan, le pays avec ses villes
et le territoire des villes du pays d'alentour.
34 Les fils de Gad bâtirent Dibon, Ataroth, Aroër, 35 Ataroth-Sophan,
Jazer, Jeghaa, 36 Bethnemra et Betharan, villes fortes, et ils firent des
parcs pour le troupeau.
37 Les fils de Ruben bâtirent Hésebon, Eléalé, Cariathaïm, 38 Nabo et
Baalméon, dont les noms furent changés, et Sabama, et ils donnèrent
des noms aux villes qu'ils bâtirent.
39 Les fils de Machir, fils de Manassé, marchèrent contre Galaad, et
s'en étant emparés, ils chassèrent les Amorrhéens qui y étaient.
40 Moïse donna Galaad à Machir, fils de Manassé, qui s'y établit. 41 Jaïr,
fils de Manassé, se mit en marche et prit leurs bourgs, et il les appela
bourgs de Jaïr. 42 Nobé se mit aussi en marche, et s'empara de Chanath
et des villes de son ressort ; il l'appela Nobé, de son nom.

CHAPITRE XXXIII, 1-49. — Campements des Israélites pendant leur voyage.

1 Voici les campements des enfants d'Israël, quand ils sortirent du
pays d'Egypte, selon leurs troupes, sous la conduite de Moïse et d'Aaron. 2 Moïse mit par écrit les lieux d'où ils partirent, selon leurs cam-

pements, d'après l'ordre de Jéhovah, et voici leurs campements selon
leurs départs :
3 Ils partirent de Ramsès le premier mois, le quinzième jour du premier mois. Le lendemain de la Pâque, les enfants d'Israël sortirent la
main levée, à la vue de tous les Egyptiens. 4 Et les Egyptiens enterraient
tous leurs premiers-nés que Jéhovah avait frappés parmi eux ; Jéhovah
exerça aussi des jugements sur leurs dieux.
5 Etant partis de Ramsès, les enfants d'Israël campèrent à Soccoth.
6 Ils partirent de Soccoth et campèrent à Etham, qui est aux confins du
désert. 7 Ils partirent d'Etham, et ayant tourné vers Phihahiroth, vis-à-
vis de Béelséphon, ils campèrent devant Magdalum. 8 Ils partirent de
devant Phihahiroth et passèrent au travers de la mer vers le désert.
Après trois journées de marche dans le désert d'Etham, ils campèrent à
Mara. 9 Ils partirent de Mara et arrivèrent à Elim, où il y avait douze
sources d'eau et soixante-dix palmiers, et ils campèrent en ce lieu. 10 Ils
partirent d'Elim et campèrent près de la mer Rouge. 11 Ils partirent de
la mer Rouge et campèrent dans le désert de Sin. 12 Ils partirent du
désert de Sin et campèrent à Daphca. 13 Ils partirent de Daphca et campèrent à Alus. 14 Ils partirent d'Alus et campèrent à Raphidim, où le
peuple ne trouva pas d'eau à boire. 15 Ils partirent de Raphidim et campèrent dans le désert de Sinaï.
16 Ils partirent du désert de Sinaï et campèrent à Kibroth-Hattaava.
17 Ils partirent de Kibroth-Hattaava et campèrent à Haséroth. 18 Ils partirent
de Haséroth et campèrent à Rethma. 19 Ils partirent de Rethma et campèrent à Remmonpharès. 20 Ils partirent de Remmonpharès et campèrent
à Lebna. 21 Ils partirent de Lebna et campèrent à Ressa. 22 Ils partirent
de Ressa et campèrent à Céélatha. 23 Ils partirent de Céélatha et campèrent à la montagne de Sépher. 24 Ils partirent de la montagne de
Sépher et campèrent à Arada. 25 Ils partirent d'Arada et campèrent à
Macéloth. 26 Ils partirent de Macéloth et campèrent à Thahath. 27 Ils partirent de Thahath et campèrent à Tharé. 28 Ils partirent de Tharé et campèrent à Metcha. 29 Ils partirent de Metcha et campèrent à Hesmona.
30 Ils partirent de Hesmona et campèrent à Moséroth (1). 31 Ils partirent de
Moséroth et campèrent à Bené-Jaacan. 32 Ils partirent de Bené-Jaacan et
campèrent à Hor-Gadgad. 33 Ils partirent de Hor-Gadgad et campèrent à
Jétébatha. 34 Ils partirent de Jétébatha et campèrent à Hébrona. 35 Ils
partirent de Hébrona et campèrent à Asiongaber. 36 Ils partirent d'Asiongaber *b*) et campèrent dans le désert de Sin, c'est-à-dire à Cadès.
37 Ils partirent de Cadès et campèrent à la montagne de Hor, à l'extrémité du pays d'Edom. 38 Aaron, le prêtre, monta sur la montagne de
Hor, sur l'ordre de Jéhovah, et il y mourut, la quarantième année après
la sortie des enfants d'Israël du pays d'Egypte, le cinquième mois, le
premier jour du mois. 39 Aaron était âgé de cent vingt-trois ans lorsqu'il
mourut sur la montagne de Hor. 40 *Ce fut alors que* le Chananéen, roi
d'Arad, qui habitait le Négeb dans le pays de Chanaan, apprit l'arrivée
des enfants d'Israël.
41 *a*) Ils partirent de la montagne de Hor et campèrent à Salmona.
42 Ils partirent de Salmona et campèrent à Phunon. 43 Ils partirent de
Phunon et campèrent à Oboth. 44 Ils partirent d'Oboth et campèrent à
Igé-Abarim, à la frontière de Moab. 45 Ils partirent de Igé-Abarim et
campèrent à Dibon-Gad. 46 Ils partirent de Dibon-Gad et campèrent à
Helmon-Deblathaïm. 47 Ils partirent d'Helmon-Deblathaïm et campèrent
aux monts Abarim, en face de Nébo. 48 Ils partirent des monts Abarim
et campèrent dans les plaines de Moab, près du Jourdain, vis-à-vis de
Jéricho. 49 Ils campèrent près du Jourdain, depuis Bethsimoth jusqu'à
Abel-Satim, dans les plaines de Moab.

(1) On propose de rétablir le texte primitif en transposant les versets
36 *b* à 41 *a* après le verset 30.

LE DEUTÉRONOME

CHAPITRE I, 1-4, 19-26 et 46. — Départ du Sinaï.

1 Voici les paroles que Moïse adressa à tout Israël, de l'autre côté du
Jourdain, dans le désert, dans l'Arabah, vis-à-vis de Souph, entre Pharan, Thophel, Laban, Haséroth et Di-Zahab. — 2 Il y a onze journées de
marche depuis Horeb, par le chemin de la montagne de Séïr, jusqu'à
Cadès-Barné. — 3 En la quarantième année, au onzième mois, le premier
jour du mois, Moïse parla aux enfants d'Israël selon tout ce que Jéhovah
lui avait ordonné de leur dire : 4 après qu'il eut battu Séhon, roi des
Amorrhéens, qui habitait à Hésebon, et Og, roi de Basan, qui habitait à
Astaroth *et* à Edraï.

. . . .

19 Étant partis d'Horeb, nous traversâmes tout ce vaste et affreux
désert que vous avez vu, nous dirigeant vers la montagne des Amorrhéens, comme Jéhovah, notre Dieu, nous l'avait ordonné, et nous arri-
vâmes à Cadès-Barné. 20 Je vous dis *alors* : « Vous êtes arrivés à la
montagne des Amorrhéens, que nous donne Jéhovah, notre Dieu. 21 Vois,
Jéhovah, ton Dieu, te livre ce pays ; monte *et* prends-en possession,
comme te l'a dit Jéhovah, le Dieu de tes pères ; ne crains point et ne
t'effraie point. » — 22 Vous vîntes tous vers moi et vous dîtes : « En-
voyons des hommes devant nous pour explorer le pays et nous faire un
rapport sur le chemin par lequel nous y monterons, et sur les villes où
nous arriverons. » — 23 La chose m'ayant paru bonne, je pris parmi
vous douze hommes, un par tribu. 24 Ils partirent, et après avoir traversé la montagne, ils arrivèrent à la vallée d'Escol et l'explorèrent.
25 Ils prirent avec eux des fruits du pays pour nous les apporter, et ils
dirent dans leur rapport : « C'est un bon pays que celui que nous donne
Jéhovah, notre Dieu. » 26 Cependant vous ne voulûtes point monter, et
vous fûtes rebelles à l'ordre de Jéhovah, votre Dieu.

. . . .

46 — C'est ainsi que vous restâtes de longs jours à Cadès, le temps que
vous y avez séjourné.

CHAPITRE II, 1-37. — De Cadès-Barné au torrent de Zared ; à l'Arnon. Victoire sur le roi Séhon.

1 Changeant de direction, nous partîmes pour le désert, par le chemin
de la mer Rouge, comme Jéhovah me l'avait ordonné, et nous tournâmes
longtemps autour de la montagne de Séïr. 2 Et Jéhovah me dit : 3 « Vous
avez assez fait le tour de cette montagne ; reprenez la direction du septentrion. 4 Donne cet ordre au peuple : Vous allez passer sur la frontière
de vos frères, les enfants d'Esaü, qui habitent en Séïr. Ils auront peur
de vous ; 5 mais prenez bien garde d'avoir des démêlés avec eux, car je
ne vous donnerai rien dans leur pays, pas même ce que peut couvrir la
plante du pied : j'ai donné à Esaü la montagne de Séïr en propriété.
6 Vous achèterez d'eux à prix d'argent la nourriture que vous mangerez,
et même l'eau que vous boirez. 7 Car Jéhovah ton Dieu t'a béni dans
tout le travail de tes mains, il a connu ta marche à travers ce grand
désert ; voilà quarante ans que Jéhovah, ton Dieu, est avec toi ; tu n'as
manqué de rien. » 8 Nous passâmes *donc* à distance de nos frères, les
enfants d'Esaü, qui habitent en Séïr, nous éloignant du chemin de l'Arabah, d'Élath et d'Asiongaber ; nous nous détournâmes et nous prîmes le
chemin qui conduit au désert de Moab.

9 Jéhovah me dit : « N'attaque pas Moab et n'engage pas de combat
avec lui, car je ne te donnerai aucune possession dans son pays : c'est

aux enfants de Lot que j'ai donné Ar en propriété. 10 (Les Emim y habitaient auparavant, peuple grand, nombreux et de haute taille, comme
les Enacim. 11 Eux aussi sont regardés comme des Rephaïm, de même
que les Enacim ; mais les Moabites les appellent Emim. 12 En Séir habitaient aussi jadis les Horrhéens ; mais les enfants d'Esaü les chassèrent,
et, les ayant détruits de devant eux, ils s'établirent à leur place, comme
l'a fait Israël pour le pays qu'il possède *et* que Jéhovah lui a donné.)
13 Maintenant levez-vous et passez le torrent de Zared. » — Et nous passâmes le torrent de Zared.
14 Le temps que durèrent nos marches, de Cadès-Barné au passage du
torrent de Zared, fut de trente-huit ans, jusqu'à ce que toute la génération des hommes de guerre eût disparu du milieu du camp, comme
Jéhovah le leur avait juré. 15 La main de Jéhovah fut aussi sur eux
pour les détruire du milieu du camp, jusqu'à ce qu'ils eussent disparu.
16 Lorsque la mort eut fait disparaître tous les hommes de guerre du
milieu du peuple, 17 Jéhovah me parla, en disant : 18 « Tu vas passer
aujourd'hui la frontière de Moab, Ar, 19 et tu approcheras des enfants
d'Ammon. Ne les attaque pas et ne te mets pas en guerre avec eux, car
je ne te donnerai rien à posséder du pays des enfants d'Ammon : c'est
aux enfants de Lot que j'en ai donné la possession. 20 (On regardait aussi
ce pays comme un pays de Rephaïm ; il y habitait auparavant des
Rephaïm, que les Ammonites appelaient Zomzommim : 21 peuple grand,
nombreux et de haute taille, comme les Enacim. Jéhovah les détruisit
devant les Ammonites, qui les expulsèrent et s'établirent à leur place.
22 C'est ainsi que fit Jéhovah pour les enfants d'Esaü qui habitent en
Séir, lorsqu'il détruisit devant eux les Horrhéens ; les ayant expulsés,
ils s'établirent à leur place jusqu'à ce jour. 23 *De même* les Hévéens, qui
habitaient dans des villages jusqu'à Gaza, furent détruits par les Caph-
torim qui, étant sortis de Caphtor, s'établirent à leur place.) 24 Levez-
vous, partez et passez le torrent de l'Arnon. Voici que je livre entre tes
mains Séhon, roi de Hésebon, Amorrhéen, ainsi que son pays. 25 Commence à t'en emparer, fais-lui la guerre ! Dès aujourd'hui je vais répandre
la frayeur et la crainte de ton nom sur *tous* les peuples qui sont sous le
ciel, en sorte que, au bruit de ta renommée, ils trembleront et seront
dans l'angoisse à cause de toi. »
26 Du désert de Cademoth, j'envoyai des messagers à Séhon, roi de
Hésebon, avec des paroles de paix, lui faisant dire : 27 « Que je puisse
passer par ton pays ; je suivrai le grand chemin, sans m'écarter ni à
droite ni à gauche. 28 Tu me vendras à prix d'argent la nourriture que
je mangerai, et tu me donneras à prix d'argent l'eau que je boirai ; je ne
veux que passer avec mes pieds : — 29 C'est ce qu'ont fait pour moi les
enfants d'Esaü qui habitent en Séir, et les Moabites qui habitent à Ar :
— jusqu'à ce que je passe le Jourdain *pour entrer* dans le pays que
Jéhovah, notre Dieu, nous donne. » 30 Mais Séhon, roi de Hésebon, ne
voulut pas nous laisser passer chez lui, car Jéhovah, ton Dieu, avait
endurci son esprit et rendu son cœur inflexible, afin de le livrer entre
tes mains, comme tu le vois aujourd'hui. Jéhovah me dit : 31 « Voici que
j'ai commencé de te livrer Séhon et son pays. Commence à le conquérir
afin d'en prendre possession. » 32 Séhon sortit à notre rencontre avec
tout son peuple, pour nous livrer bataille à Jasa. 33 Et Jéhovah, notre
Dieu, nous le livra et nous le battîmes, lui, ses fils et tout son peuple.
34 Nous prîmes alors toutes ses villes et nous dévouâmes par anathème
toute ville habitée, avec les femmes et les enfants, sans en laisser vivre
un seul. 35 Seulement nous pillâmes pour nous le bétail et le butin des
villes que nous avions prises. 36 Depuis Aroër qui est sur le bord de la
vallée d'Arnon, depuis la ville qui est dans la vallée, jusqu'à Galaad, il
n'y eut pas de ville assez forte pour nous résister ; Jéhovah, notre Dieu,
nous les livra toutes. 37 Mais tu n'approchas pas du pays des enfants
d'Ammon, ni d'aucun endroit qui est sur la rive du torrent de Jaboc, ni
des villes de la montagne, ni d'aucun des lieux dont Jéhovah, notre
Dieu, t'avait défendu de t'emparer.

CHAPITRE III, 1-29. — Conquête du pays d'Og, roi de Basan. Partage du territoire conquis à l'est du Jourdain. Moïse exclu de la Terre promise.

1 Nous étant tournés, nous montâmes par le chemin de Basan, et Og,
roi de Basan, sortit à notre rencontre, avec tout son peuple, pour nous
livrer bataille à Edraï. 2 Jéhovah me dit : « Ne le crains point, car je l'ai
livré entre tes mains, lui, tout son peuple et son pays ; tu le traiteras
comme tu as traité Séhon, roi des Amorrhéens, qui habitait à Hésebon. »
3 Et Jéhovah, notre Dieu, livra aussi entre nos mains Og, roi de Basan,
avec tout son peuple ; nous le battîmes jusqu'à ce qu'il ne lui restât plus
aucun de ses gens. 4 Nous prîmes alors toutes ses villes, et il n'y en eut
pas une qui ne tombât entre notre pouvoir : soixante villes, toute la
région d'Argob, le royaume d'Og en Basan. 5 Toutes ces villes étaient for-
tifiées, avec de hautes murailles, des portes et des barres, sans compter
les villes sans murailles en très grand nombre. 6 Nous les dévouâmes par
anathème, comme nous l'avions fait pour Séhon, roi de Hésebon, dévouant
par anathème villes, hommes, femmes et enfants. 7 Mais nous pillâmes
pour nous tout le bétail et le butin des villes.

8 *Ainsi*, dans ce temps-là, nous prîmes aux deux rois des Amorrhéens,
le pays qui est au-delà du Jourdain, depuis le torrent de l'Arnon jusqu'à
la montagne d'Hermon 9 (les Sidoniens appellent l'Hermon Sarion, et
les Amorrhéens Sanir) : 10 toutes les villes de la plaine, tout Galaad et
tout Basan, jusqu'à Selcha et Edraï, villes du royaume d'Og en Basan.
11 Car Og, roi de Basan, était resté seul de la race des Rephaïm. Son lit,
un lit en fer, se voit à Rabbath, *ville* des enfants d'Ammon ; sa longueur
est de neuf coudées, et sa largeur de quatre coudées, en coudées
d'homme.

12 Nous prîmes alors possession de ce pays. Je donnai aux Rubénites
et aux Gadites *le territoire* à partir d'Aroër qui est dans la vallée de
l'Arnon, ainsi que la moitié de la montagne de Galaad avec ses villes.
13 Je donnai à la demi-tribu de Manassé le reste de Galaad et toute la
partie de Basan formant le royaume d'Og (toute la contrée d'Argob, avec
tout Basan, c'est ce qu'on appelle le pays des Rephaïm. — 14 Jaïr, fils de
Manassé, obtint toute la contrée d'Argob jusqu'à la frontière des Gessu-
riens et des Macathiens, et il donna son nom aux bourgs de Basan, appelés bourgs de Jaïr jusqu'à ce jour.) 15 Je donnai Galaad à Machir. 16 Aux
Rubénites et aux Gadites, je donnai une partie de Galaad et *le pays* jusqu'au torrent de l'Arnon, le milieu de la vallée servant de limite, et jusqu'au torrent de Jaboc, frontière des enfants d'Ammon, 17 ainsi que
l'Arabah, avec le Jourdain pour limite, depuis Cénéreth jusqu'à la mer
de l'Arabah, la mer Salée, au pied des pentes du Phasga, vers l'orient.

18 En ce temps-là, je vous donnai cet ordre : « Jéhovah, votre Dieu,
vous a donné ce pays pour qu'il soit votre propriété ; vous tous, hommes
forts, vous marcherez en armes devant vos frères, les enfants d'Israël.
19 Vos femmes seulement, vos petits enfants et vos troupeaux, — je sais
que vous avez de nombreux troupeaux, — resteront dans les villes que
je vous ai données, 20 jusqu'à ce que Jéhovah ait accordé le repos à vos
frères comme à vous, et qu'ils possèdent, eux aussi, le pays que Jéhovah,
votre Dieu, leur donne de l'autre côté du Jourdain. *Alors* vous retourne-
rez chacun dans l'héritage que je vous ai donné. »

21 En ce temps-là, je donnai *aussi* des ordres à Josué, en disant :
« Tes yeux ont vu tout ce que Jéhovah, votre Dieu, a fait à ces deux
rois : ainsi fera Jéhovah à tous les royaumes contre lesquels tu vas
marcher. 22 Ne les craignez point ; car Jéhovah, votre Dieu, combat lui-
même pour vous. »

23 En ce temps-là, je suppliai Jéhovah, en disant : 24 « Seigneur, Jéhovah, vous avez commencé à montrer à votre serviteur votre grandeur et
votre main puissante ; car quel dieu y a-t-il au ciel et sur la terre qui

puisse accomplir vos œuvres et vos hauts faits? [25] Que je passe, je vous
prie, que je voie ce bon pays au-delà du Jourdain, cette belle montagne
et le Liban! » [26] Mais Jéhovah s'irrita contre moi à cause de vous, et il
ne m'exauça point. Il me dit : « C'est assez, ne me parle plus de cette
affaire. [27] Monte au sommet du Phasga, porte tes regards vers l'occident,
vers le nord, vers le midi et vers l'orient, et contemple de tes yeux ; car
tu ne passeras pas ce Jourdain. [28] Donne tes ordres à Josué, fortifie-le et
encourage-le, car c'est lui qui marchera devant ce peuple et qui le mettra
en possession du pays que tu verras. » [29] — Nous demeurâmes dans la
vallée vis-à-vis de Beth-Phogor.

Chapitre XXXII, 48-52. — Moïse exclu de la Terre promise.

[48] Ce même jour, Jéhovah parla à Moïse, en disant : [49] « Monte sur le
sommet d'Abarim, sur le mont Nébo, au pays de Moab, vis-à-vis de Jéricho, et regarde le pays de Chanaan, que je donne aux enfants d'Israël
pour être leur propriété. [50] Tu mourras sur la montagne où tu vas monter, et tu seras réuni à ton peuple, de même qu'Aaron, ton frère, est
mort sur la montagne de Hor et a été réuni à son peuple, [51] parce que
vous avez péché contre moi au milieu des enfants d'Israël, aux eaux de
Mériba de Cadès, dans le désert de Sin, et que vous ne m'avez pas sanc-
tifié au milieu des enfants d'Israël. [52] Tu verras le pays en face de toi,
mais tu n'y entreras point, dans ce pays, que je donne aux enfants
d'Israël. »

Chapitre XXXIV, 1-8. — Vision de Moïse. Sa mort.

[1] Moïse monta, des plaines de Moab, sur le mont Nébo, au sommet du
Phasga, qui est en face de Jéricho. Et Jéhovah lui montra tout le pays :
Galaad jusqu'à Dan, [2] tout Nephthali et le pays d'Ephraïm et de Manassé,
tout le pays de Juda jusqu'à la mer occidentale, [3] le Négeb, le district
du *Jourdain*, la vallée de Jéricho qui est la ville des palmiers, jusqu'à
Ségor, [4] et Jéhovah lui dit : « C'est là le pays au sujet duquel j'ai fait
serment à Abraham, à Isaac et à Jacob, en disant : Je le donnerai à ta
postérité. Je te l'ai fait voir de tes yeux ; mais tu n'y entreras point. »
[5] Moïse, le serviteur de Jéhovah, mourut là, dans le pays de Moab,
selon l'ordre de Jéhovah. [6] Et il l'enterra dans la vallée, au pays de
Moab, vis-à-vis de Beth-Phogor. Aucun homme n'a connu son sépulcre
jusqu'à ce jour. [7] Moïse était âgé de cent vingt ans, lorsqu'il mourut ; sa
vue n'était point affaiblie, et sa vigueur n'était point passée. [8] Les
enfants d'Israël pleurèrent Moïse, dans les plaines de Moab, pendant
trente jours, et les jours des pleurs pour le deuil de Moïse furent accom-
plis.

TABLE ALPHABÉTIQUE

Les noms arabes sont écrits en lettres cursives.

E

L

M

IMPRIMERIE
F. PAILLART
Abbeville

www.ingramcontent.com/pod-product-compliance
Ingram Content Group UK Ltd.
Pitfield, Milton Keynes, MK11 3LW, UK
UKHW020152250726
13967UKWH00003B/1006